# ASTRONOMIE PHYSIQUE,

*OU*

# PRINCIPES GÉNÉRAUX DE LA NATURE,

APPLIQUÉS AU MECANISME ASTRONOMIQUE, ET COMPARÉS AUX PRINCIPES DE LA PHILOSOPHIE

# DE M. NEWTON.

*Par M*r. DE GAMACHES, *Chanoine Régulier de Sainte-Croix de la Bretonnerie, de l'Academie Royale des Sciences.*

A PARIS, RUE SAINT JACQUES,

Chez CHARLES-ANTOINE JOMBERT, Librâire du Roy pour l'Artillerie & pour le Génie, à l'Image Notre-Dame.

M. DCC. XL.

*AVEC APPROBATION ET PRIVILEGE DU ROY*

Cochin Filius inv. et Sculp.

# A MONSEIGNEUR LE COMTE DE MAUREPAS, MINISTRE ET SECRETAIRE D'ETAT, COMMANDEUR DES ORDRES DU ROY.

ONSEIGNEUR,

*Si j'ai obtenu de* VOTRE GRANDEUR *la permission de faire paroître mon Ouvrage*

*sous ses auspices, ce n'a pas été sans peine; c'étoit cependant une sorte de justice qu'Elle me devoit; j'avois son aveu pour entreprendre de développer le Méchanisme Astronomique,* VOTRE GRANDEUR *m'avoit même ménagé les ressources dont j'avois besoin pour l'exécution de mon projet, Elle avoit facilité mon Entrée dans un Corps, aux lumieres duquel ne peuvent échaper les démarches les plus secrettes de la Nature; il semble donc qu'après avoir ainsi favorisé mon entreprise,* VOTRE GRANDEUR *ne pouvoit plus se défendre d'accréditer mon travail, en me permettant de faire publiquement connoître qu'Elle ne l'avoit pas jugé indigne de son attention. Peut-être,* MONSEIGNEUR, *craigniez-vous que, suivant l'usage ordinaire, je n'allasse me répandre en louanges dans une brillante & ennuyeuse Epître Dédicatoire, que je n'y parlasse avec appareil de l'éclat que donne à* VOTRE GRANDEUR *la Noblesse de son*

*Extraction, l'Elevation de son Rang, & plus encore cette supériorité de génie, ce goût dominant pour les Sciences, dont Elle sent que les progrès doivent assurer à notre Nation la gloire la plus solide & la moins équivoque; mais que dirois-je sur tout cela que le Public ne sçache aussi-bien que moi; Non,* MONSEIGNEUR, *je me bornerai à la protestation que je fais ici d'être avec un très-profond respect,*

MONSEIGNEUR,

DE VOTRE GRANDEUR,

Le très-humble & très-obéissant Serviteur, GAMACHES.

# TABLE DES DISSERTATIONS ET DES ECLAIRCISSEMENS.



Fin de la Table des Dissertations & des Eclaircissemens.

# FAUTES A CORRIGER.

| *Pages.* | *Lignes.* | *Fautes.* | *Corrections.* |
|---|---|---|---|
| | | **DISCOURS PRELIMINAIRE.** | |
| j | 7 | l'œconionie | l'œconomie. |
| ix | 16 | 21″ | 31″. |
| xv | 13 | $3:72\frac{1}{2}$ | $3:79\frac{1}{2}$. |
| xx | 15 | faſſent | faſſe. |
| xlij | 6 | qu'augmente | qu'augmentent. |
| xliij | 24 | luue | lune. |
| xlvij | 10 | un peu | peu. |
| *ibid.* | 29 | rincipes | principes. |
| | | **DISSERTATIONS.** | |
| 51 | 7 | celles | ceux. |
| 55 | 18 | ſera à $\frac{V}{2N^2}$ | ſera à $\frac{V}{2N}$. |
| 59 | 22 | devroit | devroient. |
| 64 | 17 | ſoit C le | ſoit C (*Fig.* 4.) le. |
| 73 | 29 | $6^e$ | $7^e$. |
| 78 | 14 | l'orbitre | l'orbite. |
| 95 | 12 | PCG | *p*CG. |
| 98 | 25 | cette peſanteur | ſa peſanteur vers le Soleil. |
| 109 | 20 | RSTV une | RSTV (*Fig.* 3.) une. |
| 110 | 13 | de l'axe | du grand axe. |
| 113 | 17 | mêuie | même. |
| 114 | 12 | inégeux | inégaux. |
| 116 | 28 | $\frac{CVVydy^3}{r\times dx^2+dy^2}$ | $\frac{CVVydy^3}{r\times\overline{dx^2+dy^2}}$ |
| 117 | 12 | $\frac{yydy^2}{rr-yy^2}$ | $\frac{yydy}{rr-yy}$ |
| 163 | 23 | particule *a* tende | particule *a* (*Fig.* 22.) tende. |
| 165 | 1 | *gh* | *qh*. |
| 166 | 15 | plus grande | plus petite. |
| 172 | 10 | FRT | *f*RT. |
| 173 | 10 | | *Retranchez un zero.* |
| 176 | 28 | *abcd* | *abcd* (*Fig.* 26.) |
| 177 | 26 | relativement cette | relativement à cette. |

# FAUTES A CORRIGER.

| *Pages.* | *Lignes.* | *Fautes.* | *Corrections.* |
|---|---|---|---|
| 200 | 11 | $\frac{prr}{4tt\ \ pr}$ | $\frac{prr}{4tt-pr}$ |
| 208 | 1 | $^{bb}_{a}$ | $\frac{bb}{a}$. |
| 222 | 21 | $\frac{\sqrt{2-R}}{p\sqrt{R}}$ | $\frac{\sqrt{2x-R}}{p\sqrt{R}}$ |
| 239 | 25 | $\sqrt{AP}$ | $\sqrt{aP}$. |
| 252 | 17 | la premiere hyperbole, | l'hyperbole. |
| *ibid.* | 23 | $^{\pi rr}_{b}$ | $\frac{\pi rr}{b}$. |
| 253 | 26 | 5 53 4 | $5' \; 53'' \; 4'''$. |
| 254 | 26 | la circonférence du cercle, | le tems de la révolution. |
| 257 | 16 | cet | cette. |
| 258 | 9 | B*p* | BP. |
| 259 | 14 | 540': | 440': |
| 269 | 9 | de ces ſignes | des ſignes. |
| *ibid.* | 11 | preſſion | preceſſion. |
| 273 | 13 | le P | le point P. |
| 277 | 4 | occidentale | orientale. |
| 282 | 1 | R & *r* | *r* & R. |
| 293 | 14 | (*Diſſ.* 6. *Art.* 32.) | (*Diſſ.* 4. *Art.* 22.) |
| 309 | 23 | ABCD | ABDC. |
| *ibid.* | 31 | celles | ceux. |
| 311 | 17 | & le petit axe | & la moitié du petit axe. |
| 320 | 3 | un Orbite | une Orbite. |
| 333 | 28 | la Terre | la Lune. |
| 339 | 14 | qu | que. |
| *ibid.* | 15 | frapper N | frapper M. |
| *ibid.* | 21 | que M | que N. |
| 341 | 27 | S & T | T & S. |
| 357 | 9 | $\frac{aabb \times S}{v^3 r^3}$ | $\frac{aabb \times S^3}{v^3 r^3}$. |
| *ibid.* | 23 | demandroit | demanderoit. |

# DISCOURS PRÉLIMINAIRE.

C'EST avec ſageſſe que l'Académie Royale des Sciences eſſaye de réveiller en nous le goût du Syſtême qui ſembloit ſe perdre inſenſiblement ; la réſolution des queſtions qu'Elle propoſe de tems en tems, dépend de l'œconomie qui régne dans le Plan général de la Nature ; un ſeul Phénomene bien expliqué, ſuppoſe ce qui doit ſervir à les expliquer tous. La Nature eſt ſimple dans ſes voyes, quoique variée dans ſes opérations.

Ici j'entreprens de démontrer que les Principes que fournit la Philoſophie Cartéſienne, ſont les ſeuls qu'on puiſſe adapter au Méchaniſme Aſtronomique. Quelque ſuccès qu'ait mon travail, je me flate du moins qu'on me tiendra compte de mon zéle à ſoutenir la cauſe de Deſcartes ; c'eſt défendre la nôtre, & remplir même un devoir de juſtice. C'eſt à ce grand Philoſophe que nous devons l'habitude de lier nos idées, & de nous ſuivre dans nos raiſonnemens ; Nous nous ſommes appropriés ſes méthodes ; elles ſont devenues notre propre bien, & nous valent l'honneur d'avoir ſervi de modéles à nos voiſins ; car il faut convenir que l'eſprit ſiſtématique qui, du tems de Deſcartes, caractériſoit ſi avantageuſement le génie de notre Nation, fait à préſent de rapides progrès chez les illuſtres Emules des Sçavans que fournit la France ; on ſe dégraderoit maintenant parmi eux, ſi pour l'explication d'un Phénomene embaraſſant, on ſe permettoit d'avoir recours à quelque principe iſolé ; on ne pourroit impunément ni penſer, ni raiſonner au hazard. Des idées aſſorties & réduites en corps de ſiſtême, deviennent pour eux la regle invariable de leurs jugemens ; ils ſe prêtent à tout, mais ils penſent toujours conſéquemment ; en un mot, ce ſont de grands Hommes qui doivent beaucoup à notre Nation, mais qui à leur tour lui fourniſſent de grands exemples.

Le ſiſtême que M. Newton oppoſe à celui de Deſcartes, eſt un Chef-d'œuvre dans ſon genre, ſon Ouvrage intitulé, *Philoſophiæ Naturalis Principia Mathematica*, honorera à jamais ſa Patrie. Je ne tiens point compte ici à cet illuſtre rival de Deſcartes des richeſſes immenſes qu'il tire des replis les plus cachés de la plus ſublime Géométrie, & qu'il prodigue ſans ménagement & ſans meſure. Un Géométre qui ne ſeroit que grand Géométre, pourroit à la rigueur être quelque choſe de moins qu'un grand homme ; mais ce qu'on doit admirer le plus dans l'Ouvrage de M. Newton, c'eſt cet enchaînement de principes d'où ſemblent éclore tous les Phénomenes de la Nature ; c'eſt cette ſage ordonnance qui réduit ſous un même point de vue toutes les parties de ſon ſiſtême ; en un mot, c'eſt ce corps de principes où régne une harmonie ſi ſéduiſante & ſi propre à ſurprendre la raiſon.

Cependant ne diſſimulons rien : le ſiſtême de M. Newton, quoique parfaitement lié dans toutes ſes parties, n'eſt point encore exempt de défauts ; ce n'eſt que ſur des principes d'expérience qu'il eſt établi, & l'on ſçait que les inductions qui ſe tirent de ces ſortes de principes ſont toujours équivoques. La loi de Galilée qui rendoit la peſanteur partout égale à elle-même, trompa M. Huyghens : cet illuſtre Géométre fit prendre à la Terre une forme qu'elle ne devoit point avoir ; ce que donne l'expérience eſt toujours limité ; l'analyſe géométrique de la loi de Kepler juſtifie que les Planetes peſent vers le Soleil, mais elle ne prouve en aucune façon que le Soleil doive peſer vers les Planetes, le ſuppoſer, comme fait M. Newton, c'eſt deviner : je dis plus, c'eſt faire une ſuppoſition illégitime, & contre laquelle tout dépoſe dans la Nature ; je le ferai voir dans mon Ouvrage. Les principes d'expérience portés au-delà des faits dont ils ſont tirés, conduiſent preſque toujours à l'erreur ; la Phyſique ſeule ſçait leur aſſigner des bornes, mais M. Newton ne la conſulte nulle part, auſſi qu'eſt-il arrivé ? C'eſt que comme dans ſon ſiſtême il affecte de ne rien rapporter aux loix communes de la mécanique, la plûpart de ses Sectateurs se sont crû autorisés à transformer tantôt en loix primordiales, tantôt en qualités occultes les principes cachés des faits qu'il suppose ; selon eux, les Planetes pesent vers le Soleil, & le Soleil pese vers les Planetes, parce qu'il leur est également donné d'agir en distance sur tout ce qui les environne ; & ce principe qu'ils prêtent à M. Newton, & que M. Newton désavoue dans ses derniers Ouvrages, ils le font entrer malgré lui dans son sistême, à titre de dépendance nécessaire du vuide qu'il y introduit. Ce sistême défiguré fait la matiere de ma troisiéme & de ma quatriéme Dissertation ; dans l'exposition que j'en fais, je parle le langage de ceux qui s'en déclarent les défenseurs, leur façon de penser en sera plus reconnoissable.

A l'égard du sistême astronomique de Descartes, s'il a quelques défauts, on verra que les principes mêmes sur lesquels il est appuyé les feront disparoître.

Dans cet Ouvrage, je suppose les Phénoménes tels qu'ils se tirent des observations dont a fait choix le sçavant Editeur de l'Astronomie de Gregori, imprimée à Geneve ; peut-être ne sera-t-il pas hors de propos de les rappeller ici.

## *Phénomenes Généraux de la Nature.*

Le Soleil est au foyer commun des courbes elliptiques que décrivent les Planetes suivant l'ordre des Signes ; il tourne lui-même d'Occident en Orient, mais autour de son centre propre, & fait sa révolution en vingt-cinq jours & demi par rapport aux étoiles fixes, & en vingt-ſept jours un tiers ou environ par rapport à la Terre : ſon Pôle boréal répond au dixiéme dégré des Poiſſons avec une latitude ſeptentrionale de quatre-vingt-deux dégrés & demi, & conſéquemment à cette poſition, ſon Pôle auſtral répond au dixiéme dégré de la Vierge, avec une latitude méridionale de quatre-vingt-deux dégrés & demi ; il ſuit delà que l'inclinaiſon de l'Equateur du Soleil ſur l'Ecliptique, eſt de ſept dégrés & demi, que ſon nœud aſcendant ou boréal eſt au dixiéme dégré des Gemeaux, & ſon nœud deſcendant ou auſtral, au dixiéme dégré du Sagittaire.

Lorſque la Terre eſt dans un de ces nœuds, les Pôles du Soleil ſont également viſibles, ils ſe trouvent ſur le limbe de ſon diſque, éloignés de ſept dégrés & demi des Pôles de l'Ecliptique toujours placés ſur ce limbe, & alors la projection de l'Equateur du Soleil & de ſes paralleles, forment des lignes droites, avec cette différence, que le Soleil rapporté au dixiéme dégré des Gemeaux, les cercles projettés ſur ſon diſque, & déſignés par le cours de ſes taches, que nous voyons toujours ſe mouvoir d'Orient en Occident, s'abaiſſent par rapport à nous, du côté du midi ; & qu'au contraire, les cercles que décrivent ces taches, s'élevent du côté du Septentrion, lorſque le Soleil paroît répondre au dixiéme dégré du Sagittaire.

A meſure que la Terre s'éloigne du dixiéme dégré des Gemeaux, & qu'elle s'approche du dixiéme dégré de la Vierge, en s'abaiſſant au-deſſous du plan de l'Equateur du Soleil, la projection de cet Equateur &

de ſes paralleles, forment des demi-Ellipſes qui ont leur convexité tournée vers le Septentrion, & qui après s'être toujours ouvertes de plus en plus, ſe reſſerrent enſuite lorſque la Terre partant du dixiéme dégré de la Vierge, paſſe au dixiéme dégré du Sagittaire. Pendant que nous ſommes au-deſſous du plan de l'Equateur du Soleil, ſon Pôle ſeptentrional ſe cache, & ſon Pôle auſtral paroît décrire une demi-Ellipſe autour de celui de l'Ecliptique toujours placé ſur le limbe de la partie inférieure du diſque du Soleil.

A meſure que la Terre s'éloigne du dixiéme dégré du Sagittaire, & qu'elle s'approche du dixiéme dégré des Poiſſons, en s'élevant au-deſſus du plan de l'Equateur du Soleil, la projection de cet Equateur & de ſes paralleles forme des demi-Ellipſes qui ont leur convexité tournée vers ſon Pôle auſtral, & qui après s'être toujours ouvertes de plus en plus, ſe reſſerrent enſuite lorſque la Terre partant du dixiéme dégré des Poiſſons, paſſe au dixiéme dégré des Gemeaux. Pendant que nous ſommes au-deſſus du plan de l'Equateur du Soleil, ſon Pôle auſtral ſe cache, & ſon Pôle ſeptentrional nous paroît décrire une demi-Ellipſe autour de celui de l'Ecliptique toujours placé ſur le limbe de la partie ſupérieure du diſque du Soleil.

Lorſque la Terre eſt de ſept dégrés & demi au-deſſus ou au-deſſous du plan de l'Equateur du Soleil, la demi-Ellipſe que forme la projection de ce plan, a pareillement ſept dégrés & demi d'ouverture la plus grande qu'elle puiſſe avoir, & alors l'Ecliptique projettée ſur le diſque apparent du Soleil, ſert de grand axe à cette Ellipſe.

Lorſque la Terre s'approche de l'un des points d'interſection des deux plans, ce point s'approche auſſi du centre de l'hemiſphere qui nous regarde, & dès qu'il joint ce centre, le grand axe de l'Ellipſe infiniment rétrecie que forme la projection de l'Equateur du Soleil, ſe confond avec le diametre que donne alors cette projection.

Les orbites des Planetes ſont differemment inclinées les unes ſur les autres, & leurs nœuds répondent à differens points du Ciel.

| Inclinaisons des Orbites des Planetes rapportées à l'Ecliptique. | | | | Noeuds ascendans pris ſur l'Ecliptique pour l'année 1700. complete. | | | |
|---|---|---|---|---|---|---|---|
| Saturne | 2d | 33' | 30" | ♋ | 21d | 56' | 29" |
| Jupiter | 1 | 19 | 20 | ♋ | 7 | 11 | 44 |
| Mars | 1 | 51 | 0 | ♉ | 17 | 25 | 20 |
| La Terre | 0 | 0 | 0 | 0 | 0 | 0 | 0 |
| Venus | 3 | 23 | 5 | ♊ | 13 | 54 | 19 |
| Mercure | 6 | 52 | 0 | ♉ | 14 | 53 | 14 |

La poſition des orbites des Planetes rapportée à l'Ecliptique étant connue, il ſera facile d'avoir leurs poſitions reſpectives ſur toute autre orbite à laquelle on voudra les rapporter; car qu'on ait l'inclinaiſon de deux orbites quelconques ſur l'Ecliptique & la diſtance de leurs nœuds, on aura & la baſe d'un triangle ſpherique & les deux angles pris ſur cette baſe; on aura donc auſſi & l'angle ſoutenu, & les côtés de cet angle dont le ſommet donnera l'interſection des deux orbites.

Qu'on détermine les poſitions reſpectives des orbites

des Planetes par rapport au plan de l'Equateur du Soleil, on les trouvera telles que les donne la Table ſuivante.

| Inclinaisons des Orbites des Planetes rapportées à l'Equateur du Soleil. | | | | Noeuds descendans pris ſur l'Equateur du Soleil pour l'année 1700 complette. | | | |
|---|---|---|---|---|---|---|---|
| Saturne | 5ᵈ | 51′ | 3″ | ♉ | 22ᵈ | 58′ | 59″ |
| Jupiter | 6 | 21 | 10 | ♊ | 4 | 31 | 50 |
| Mars | 5 | 50 | 10 | ♊ | 17 | 0 | 10 |
| La Terre | 7 | 30 | 0 | ♊ | 10 | 0 | 0 |
| Venus | 4 | 7 | 46 | ♊ | 6 | 47 | 56 |
| Mercure | 3 | 10 | 30 | ♌ | 16 | 19 | 0 |

Si les Aſtronomes déterminent le lieu des nœuds des Planetes pour un tems marqué, c'eſt qu'ils ſuppoſent que ces nœuds ſont variables ; du moins auroient-ils un mouvement apparent, en ſuppoſant qu'ils fuſſent réellement immobiles ; car les obſervations des anciens Aſtronomes comparées avec celles des Modernes, juſtifient que l'axe de la Terre tourne d'Orient en Occident autour d'un Pôle voiſin de celui de l'Ecliptique ; il faut donc que les nœuds de l'Equateur terreſtre rétrogradent, & que les étoiles fixes nous paroiſſent avoir un mouvement en longitude d'Occident en Orient ; donc les orbites des Planetes ne pourroient couper conſtamment l'Ecliptique aux mêmes points pris dans le Ciel, ſans ſuivre leurs mouvemens apparens, ſans paroître changer de longitude & de déclinaiſon. Afin que les nœuds des Planetes nous paruſſent immobiles, il faudroit qu'ils euſſent réellement un mouvement rétrograde égal au mouvement apparent de l'Ecliptique, c'eſt qu'alors les diſtances de ces nœuds au point équinoxial du Printems

ſeroient

ſeroient toujours les mêmes : dans ce cas leurs rétrogradations annuelles égales à celle du nœud de l'Equateur terreſtre ſeroient de 51 ſecondes. Il ſuit delà que ſi les nœuds des Planetes ont un mouvement réel, ce mouvement eſt égal à la différence de leur mouvement apparent & de celui des étoiles fixes ; ainſi que dans l'eſpace d'une année ils paroiſſent avancer ſuivant l'ordre des Signes de plus de 51 ſecondes, leur mouvement réel ſera direct ; qu'ils paroiſſent ou moins avancer ou rétrograder, leurs mouvemens ſeront réellement rétrogrades.

| Mouvemens annuels & apparens des nœuds des Planetes, pris par rapport au point équinoxial du Printems. | | | Mouvemens réels ou pris par rapport aux étoiles fixes. | |
|---|---|---|---|---|
| Saturne | 1′ 22″ | *direct.* | 21″ | *direct.* |
| Jupiter | 14 | *direct.* | 37 | *rétrograde.* |
| Mars | 37 | *direct.* | 14 | *rétrograde.* |
| La Terre | 0 | | 0 | |
| Venus | 46 | *direct.* | 5 | *rétrograde.* |
| Mercure | 1′ 25 | *direct.* | 34 | *direct.* |

Comme les grands cercles ſe coupent tous en deux points diamétralement oppoſés, on conçoit qu'il n'y en a aucun auquel on ne puiſſe rapporter les nœuds des orbites que décrivent les Planetes ; mais parce que chaque orbite affecte toujours une même inclinaiſon par rapport à quelque plan fixe & déterminé ſur lequel on ſuppoſe que ſes nœuds ont un mouvement uniforme, il eſt clair que ſi la poſition de ce plan eſt inconnue, les mouvemens de la Planete combinés avec ceux de ſon orbite, nous mettront continuellement en défaut.

Soit (*Fig.* 1.) S le centre de la ſuperficie d'un hemiſphere projetté ſur le grand cercle MA*ma*, ſoient AS*a*, BS*b*, DS*d*, GS*g*, quatre autres grands cercles qui ſe coupent au point S; ſi on ſuppoſe que DS*d* repréſente l'orbite d'une Planete quelconque, & que cette orbite toujours également inclinée ſur AS*a*, coupe ſucceſſivement ce cercle en différens points qui avancent uniformément ſuivant la direction S*a*, & qu'ainſi le plan DS*d* ait de ſuite les différentes poſitions DS*d*, AH*a*, KSk, & A*ha* (*Fig.* 2.) on verra que ce plan changera continuellement d'inclinaiſon par rapport aux plans BS*b* & GS*g* & que le mouvement du nœud S ſuppoſé uniforme ſur le cercle AS*a*, ne pourra l'être ſur les cercles BS*b* GS*g*; on verra auſſi que ce mouvement deviendra oſcillatoire par rapport au plan du cercle GS*g* plus incliné ſur AS*a* que le plan de l'orbite DS*d*; car qu'on partage le tems de la révolution du nœud S ſur AS*a* en quatre tems égaux, ce nœud parcourra d'abord l'arc S*i*, enſuite l'arc *i*S, puis l'arc S*l*, & enfin l'arc *l*S; ainſi ſon mouvement borné par l'arc *il*, ſera tantôt direct & tantôt rétrograde.

On voit que comme les orbites des Planetes ſe meuvent avec une extrême lenteur, on ne pourra de long-tems avoir aſſez d'obſervations, pour être en état de déterminer au juſte quels ſont leurs mouvemens, d'autant plus qu'il y a de l'apparence que chaque orbite a ſon plan particulier relativement auquel elle change régulierement de ſituation : cependant on peut ſuppoſer que ce plan eſt le même que celui de l'Equateur de la couche ſpherique dans l'épaiſſeur de laquelle ſe trouvent l'Aphelie & le Perihelie de la Planete.

Le changement de poſition des orbites influe ſur les mouvemens des apſides, mais ces mouvemens ſont toujours plus ſenſibles que ceux des nœuds, & ne paroiſſent jamais rétrogrades.

| Mouvemens annuels des apſides rapportés au point équinoxial du Printems. | | | Mouvemens annuels des apſides rapportés au Ciel des étoiles fixes. | Lieux des Aphelies rapportés à l'Ecliptique pour l'année 1700. complete. | | | |
|---|---|---|---|---|---|---|---|
| Saturne | 1′ | 22″ | 31″ | ♐ | 29$^{d}$ | 14′ | 41″ |
| Jupiter | 1 | 34 | 43 | ♎ | 10 | 17 | 14 |
| Mars | 1 | 7 | 16 | ♍ | 0 | 35 | 25 |
| La Terre | 1 | 2 | 11 | ♋ | 8 | 7 | 30 |
| Venus | 1 | 26 | 35 | ♒ | 6 | 56 | 10 |
| Mercure | 1 | 39 | 48 | ♐ | 13 | 3 | 40 |

Les plus grandes & les plus petites diſtances des Planetes au Soleil, donnent les excentricités des Ellipſes qu'elles décrivent.

## *Grande, Moyenne, et Petite Distances*

*évaluées en* 100000$^{es}$ *parties de la moitié du grand axe de l'Orbite de la Terre.*

| | Grande Distance. | Moyenne Distance. | Petite Distance. | Excentricité. |
|---|---|---|---|---|
| Saturne | 1005207 | 951000 | 896793 | 54207 |
| Jupiter | 544708 | 519650 | 494592 | 25057 |
| Mars | 166465 | 152350 | 138235 | 14115 |
| La Terre | 101800 | 100000 | 98200 | 1800 |
| Venus | 72900 | 72400 | 71900 | 500 |
| Mercure | 46955 | 38806 | 30657 | 8149 |

*Distances évaluées en demi-diamétres de la Terre.*

| | GRANDE DISTANCE. | MOYENNE DISTANCE. | PETITE DISTANCE. | EXCENTRICITÉ. |
|---|---|---|---|---|
| SATURNE | 221145:54 | 209220: | 197294:46 | 11925:54 |
| JUPITER | 119835:76 | 114323: | 108810:24 | 5512:76 |
| MARS | 36622:30 | 33517: | 30411:70 | 3105:30 |
| LA TERRE | 22396: | 22000: | 21604: | 396: |
| VENUS | 16038: | 15928: | 15818: | 110: |
| MERCURE | 10330:10 | 8537:32 | 6744:54 | 1792:78 |

Ces distances sont celles que donne Kepler.

Cet illustre Astronome détermine aussi les tems des révolutions.

| | TEMS DES REVOLUTIONS par rapport aux étoiles fixes. | | | | | TEMS DES REVOLUTIONS prises rélativement au point équinoxial & tirés des Tables de M. de la Hire. | | | |
|---|---|---|---|---|---|---|---|---|---|
| | j | h | ′ | ″ | ‴ | j | h | ′ | ″ |
| SATURNE | 10759 | 4 | 58 | 25 | 30 | 10748 | 14 | 8 | 29 |
| JUPITER | 4332 | 14 | 49 | 31 | 56 | 4330 | 14 | 12 | 13 |
| MARS | 686 | 23 | 31 | 56 | 49 | 686 | 22 | 22 | 12 |
| LA TERRE | 365 | 5 | 49 | 24 | 0 | 365 | 5 | 48 | 50 |
| VENUS | 224 | 17 | 44 | 55 | 14 | 224 | 16 | 40 | 25 |
| MERCURE | 87 | 23 | 14 | 24 | 0 | 87 | 23 | 14 | 16 |

Les Comètes peuvent être mises au rang des Planetes principales, elles font leurs révolutions autour du Soleil, mais sans affecter aucune direction particuliere ; les unes, suivant M. Newton, vont d'Occident en Orient, d'autres d'Orient en Occident, d'autres du Septentrion au Midi, d'autres enfin du Midi au Septentrion. Jusqu'à present on n'a pu suivre aucune Comète dans tout son cours ; après de courtes apparitions elles nous échapent toutes, nous les perdons totalement de vue, c'eſt que les Ellipſes qu'elles décrivent ſont extrémement allongées. Les tems de leurs révolutions ne ſont point encore déterminés. Qu'une Cométe ſoit accompagnée d'une vapeur fuligineuſe, cette vapeur ſuivra toujours la direction des rayons du Soleil.

Les Planetes tournent d'Occident en Orient ſur leurs centres propres, Jupiter en $9^{h}$ $56'$, Mars en $24^{h}$ $40'$, la Terre en $23^{h}$ $56'$, Venus en $23^{h}$ $20'$ ſelon M. Caſſini, & en $24^{j}$ $8^{h}$ ſelon M. Bianchini. Les tems qu'emploient Saturne & Mercure à faire leurs révolutions ſur eux-mêmes ne ſont point encore déterminés. L'Equateur de Jupiter & celui de Mars ſont preſque paralleles aux plans des orbites que décrivent ces Planetes. L'angle que fait notre Equateur avec l'Ecliptique, eſt maintenant de $23^{d}$ $29'$ ou environ; du tems d'Hipparque cet angle étoit de $23^{d}$ $51'$. Pour l'Equateur de Venus, il ſort preſque de la regle commune. L'angle qu'il fait avec l'orbite de la Planete eſt de $75^{d}$; c'eſt-à-dire qu'à proprement parler, Venus en tournant ſur elle-même, tourne moins d'Occident en Orient, que du Septentrion au Midi d'un côté, & du Midi au Septentrion de l'autre.

Le volume du Soleil vaut 12.310.523.801.000.000 lieues cubiques, & ſi on évalue en millioniémes parties de ce volume, ceux des Planetes principales, on aura la proportion ſuivante.

| | |
|---|---|
| SATURNE - - - - - - - | 980 |
| JUPITER - - - - - - - - | 1170 |
| MARS - - - - - - - - - - - - | $\frac{1}{5}$ |
| LA TERRE - - - - - - - - - | 1 |
| VENUS - - - - - - - - - - | 1 |
| MERCURE - - - - - - - - - - - | $\frac{1}{27}$ |

### *RAPPORTS DES DIAMETRES.*

| | | |
|---|---|---|
| LE SOLEIL - - - - - - - - | 100 | |
| SATURNE - - - - - - - - - - | 10 | *un peu moins.* |
| JUPITER - - - - - - - - - - | 10 | *un peu plus.* |
| MARS - - - - - - - - - - - - | $\frac{3}{5}$ | |
| LA TERRE - - - - - - - - - | 1 | |
| VENUS - - - - - - - - - - - | 1 | |
| MERCURE - - - - - - - - - - - | $\frac{1}{3}$ | |

Les Planetes ne ſont pas exactement ſphériques, du moins ſçait-on que le diametre de l'Equateur de Jupiter eſt à ſon axe comme 15 à 14.

Saturne offre un ſpectacle ſingulier, il eſt ſurmonté d'un anneau entierement détaché de ſa maſſe, & comme on le ſoupçonne couché ſur le grand cercle de ſa révolution journaliere ; cet anneau eſt preſque parallele au plan de notre Equateur, l'angle qu'il fait avec l'orbite de la Planete eſt de 23$^d$ 30'. En 1659. il coupoit l'Ecliptique au vingtiéme dégré & demi de la Vierge & au vingtiéme dégré & demi des Poiſſons ; il ne devient viſible pour nous que quand la Terre & le Soleil ſe trouvent enſemble, ou au-deſſus ou au-deſſous de ſon

Plan. Qu'on partage ſon rayon en dix-huit parties égales, on en aura huit pour celui de la Planete, cinq pour l'eſpace vuide compris entre la Planete & le Limbe inférieur de l'anneau, les cinq autres donneront la largeur de la ſurface annulaire.

## *THEORIE GENERALE DE LA LUNE.*

Qu'on évalue les diſtances de la Lune en demi-diamétres de la Terre, on aura

| | *Suivant M. de la Hire.* | *Suivant la connoiſſance des Tems.* |
|---|---|---|
| Sa plus grande diſtance | de 63 : 56 | ........... 62 |
| Sa moyenne diſtance | de 59 : 76½ | ........... 58 |
| Sa petite diſtance | de 55 : 97 | ........... 54 |
| Et ſon excentricité | de 3 : 72½ | ........... 4 |

L'Orbite de la Lune change d'inclinaiſon.

| | | | |
|---|---|---|---|
| Sa plus grande inclinaiſon eſt de | $5^d$ | $20'$ | $30''$ |
| Sa moyenne inclinaiſon de | 5 | 11 | 0 |
| Et ſa plus petite inclinaiſon de | 5 | 1 | 30 |

| | | | | |
|---|---|---|---|---|
| La Lune fait ſa révolution ſinodique en | $29^j$ | $12^h$ | $44'$ | $3''$ |
| Et ſa révolution périodique en | 27 | 7 | 43 | 5 |

Les apſides de l'Orbite de la Planete avancent ſuivant l'ordre des Signes.

Leur mouvement annuel eſt de $1^s$ $10^d$ $39'$ $52''$

Les nœuds de cette Orbite ſont rétrogrades.

Leur rétrogradation annuelle eſt de $19^d$ $19'$ $43''$

La Lune tourne ſur ſon centre en $27^j$ $7^h$ $43'$ $5''$ ou environ, c'eſt-à-dire que ſon mouvement de rotation s'achève dans un tems égal au tems qu'elle emploie à faire ſa révolution autour de la Terre.

Son axe eſt perpendiculaire au plan de l'Orbite qu'elle décrit; mais parce que les mouvemens angulaires qu'a la Lune ſur elle-même ſont uniformes, & que ceux de ſon rayon vecteur ne le ſont pas, la Planete doit paroître balancer tantôt d'Orient en Occident, tantôt d'Occident en Orient.

Son volume, ſuivant M. de la Hire, eſt à celui de la Terre comme 1 à 49 ½.

Les mouvemens de la Lune ſont extrémement variés.

1°. La Lune va plus vîte dans ſon Perigée que dans ſon Apogée.

2°. Son mouvement, toutes choſes ſuppoſées égales d'ailleurs, s'accelere des quadratures aux Sizigies, & ſe ralentit des Sizigies aux quadratures.

3°. Les nœuds & les apſides de l'Orbite de la Lune changeant promptement de poſition, ont leurs aſpects relativement au Soleil & à la Terre, mais leurs mouvemens ne ſont point uniformes; les nœuds de l'Orbite rétrogradent plus dans leurs quadratures que dans leurs Sizigies, ſes apſides avancent plus dans leurs Sizigies que dans leurs quadratures.

4°. Plus la Lune s'approche des Sizigies, plus, toutes choſes ſuppoſées égales d'ailleurs, les mouvemens des nœuds & des apſides de ſon Orbite s'accelerent.

5°. L'Orbite de la Lune a ſa plus grande inclinaiſon lorſque ſes nœuds ſont dans les Sizigies, & que la Planete

nete ſe trouve dans les quadratures ; cette Orbite a ſa moindre inclinaiſon lorſque ſes nœuds étant dans les quadratures, la Planete ſe trouve dans les Sizigies.

6°. Suivant M. de la Hire la grande diſtance de la Lune eſt toujours de 63:56 demi-diametres de la Terre, ſa petite diſtance de 55:97 dans les Sizigies & de 57:69 dans les quadratures ; c'eſt-à-dire que plus les apſides de l'Orbite que décrit la Planete s'éloignent des Sizigies, moins cette Orbite a d'excentricité.

7°. Quand la Terre s'approche de ſon Aphelie, le tems de la révolution de la Lune en devient plus court, les viteſſes qu'a la Planete en paſſant des quadratures aux Sizigies & des Sizigies aux quadratures different moins entr'elles, les mouvemens de ſes nœuds & de ſes apſides ſe ralentiſſent, la plus grande & la plus petite inclinaiſon de ſon Orbite ſe rapprochent de l'inclinaiſon moyenne, & l'excentricité de cette Orbite eſt moins ſujette à changer.

Tels ſont les Phénoménes dont j'eſſaye de rendre raiſon dans mon Ouvrage ; on va voir que les Principes qui les lient ſont également ſimples & féconds.

## *PLAN DE L'OUVRAGE.*

J'entame cet Ouvrage par l'Examen des Principes Généraux que fournit la Philoſophie moderne ; je fais voir que (1) ſi l'eſpace & la matiere ſont une même choſe, tout mouvement eſt néceſſairement relatif & réciproque, que Dieu ſeul (2) meut les corps, & que

(1) *Page* 1 *& ſuivantes.*

(2) *Pag.* 3[illegible]

(1) Page 37. (1) l'attraction, comme loi générale, ne peut avoir lieu dans la Nature.

Je démontre ensuite, qu'en supposant que le mouvement soit quelque chose d'absolu, il y avoit une infinité de loix possibles suivant lesquelles il auroit pû se
(2) Pag. 49. & suiv. communiquer; mais que (2) celles qui sont établies deviennent nécessaires, dès qu'on se renferme dans l'hipotèse du mouvement relatif.

Delà je passe aux principes d'expérience que donne l'analyse géométrique de la Loi de Kepler, & qui servent de fondement au sistême de M. Newton. On voit d'abord que puisque les Planetes décrivent autour du Soleil des aires proportionnelles aux tems employés à les décrire,
(3) Pag. 70. & suiv. il faut (3) qu'elles se meuvent comme si elles étoient dans le vuide, mais que le Soleil les rappellât continuellement à lui; on voit aussi que puisqu'elles décrivent des Ellipses ausquelles le Soleil sert de foyer commun, & que les tems de leurs révolutions sont comme les racines des cubes de leurs distances moyennes, il
(4) Pag. 73. & suiv. faut (4) qu'elles pesent toutes en raison inverse des quarrés de leurs rayons vecteurs.

Que les Neutoniens en fussent demeurés là, on n'auroit eu aucun reproche à leur faire; comme Géométres, ils étoient dispensés de rendre raison des principes d'expérience que fournissent les observations; mais ne pouvant se résoudre à laisser leur sistême imparfait, & se figurant d'ailleurs qu'il n'étoit pas possible qu'aucun corps pût se mouvoir librement dans le plein, le parti qu'ils crurent devoir prendre, fut de réaliser le vuide qu'on n'avoit d'abord admis que par ſuppoſition ; & comme l'impulſion ne peut avoir lieu où manque la matiere, & que les Planetes ſe détournent continuellement de leur chemin pour s'approcher du Soleil, ils jugerent qu'il falloit les faire attirer ; ainſi l'attraction & le vuide banis de la nouvelle Philoſophie, trouverent place dans leur ſiſtême.

Mais ſi on s'égare lorſqu'on fait mouvoir les Planetes dans le vuide, on ne s'égare pas moins lorſqu'on les abandonne à l'impreſſion de la matiere étherée ; c'eſt cependant ce que font la plupart des Cartéſiens. Selon eux, les Planetes ne circulent autour du Soleil, que parce qu'elles ſe trouvent aſſujetties à ſuivre les mouvemens des couches ſphériques de ſon tourbillon, ce qui ne peut ſe concilier avec les Phénomenes que renferme la Loi de Kepler ; car ſi l'on veut que les viteſſes tranſlatives ſoient en raiſon renverſée des diſtances, il eſt vrai (1) que les aires que décrira chaque Planete ſeront (1) *Pag.* 70.
proportionnelles aux tems employés à les décrire, mais (2) les tems des révolutions ne ſeront plus comme les (2) *Pag.* 72
racines des cubes des diſtances moyennes ; & ſi l'on veut que les viteſſes ſoient en raiſon renverſée, non des diſtances, mais des racines de ces diſtances, les tems des révolutions (3) répondront à la vérité à ceux que demandent (3) *Pag.* 79
les obſervations, mais (4) les aires décrites ne ſuivront plus (4) *Pag.* 70.
la proportion des tems employés à les décrire.

Les Cartéſiens ont beau faire, jamais ils ne pourront s'écarter impunément des principes qui ſe tirent de la Loi de Kepler. Ces principes tiennent néceſſairement au Mécaniſme Aſtronomique ; mais il s'agit de les juſtifier en ſe renfermant dans l'hipotèſe de la plenitude univerſelle ; c'eſt-à-dire qu'il faut démontrer que dans cette hipothèſe, 1°. les Planetes peuvent ſe mouvoir comme ſi elles étoient dans le vuide, 2°. qu'elles doivent peſer vers le Soleil & toujours ſuivant la direction de leurs rayons vecteurs ; 3°. enfin que leurs chutes initiales doivent toujours être en raiſon inverſe des quarrés de ces rayons.

Je commence donc par faire voir qu'il peut y avoir tel fluide où un corps en mouvement ne doit perdre qu'une partie finie de ſa viteſſe dans un tems indéfiniment grand ; ce qui ſuffit pour s'aſſurer qu'il n'eſt pas contraire aux loix de la Nature, que le milieu où ſe meuvent les Planetes ne faſſent aucun obſtacle ſenſible à leurs mou-
(1) *Pag.* 120. vemens tranſlatifs ; je prouve même (1) que ce n'eſt que dans le plein qu'on peut trouver des fluides non réſiſtans.

Il eſt vrai que M. Newton eſſaye de démontrer qu'en ſuppoſant que tout ſoit plein, il ne peut y avoir aucun fluide où un corps en mouvement ne doive perdre une partie ſenſible de ſa viteſſe dans un tems fini, quelque petite que puiſſe être la durée de ce tems ; qu'une ſphere,
(2) *Pag.* 124. *& ſuiv.* par exemple (2), dont la denſité ſeroit la même que celle du milieu dans lequel on la feroit mouvoir, perdroit la moitié de ſa viteſſe dans un tems égal à celui qu'elle employeroit à parcourir huit tiers de ſon diamétre d'un mouvement uniforme ; j'analiſe le raiſonnement de
(3) *Pag.* 130. 31. ce Géométre, & je fais voir qu'il (3) n'eſt appuyé que ſur une ſuppoſition illegitime.

Il s'agit encore de juſtifier que les Planetes doivent peſer vers le Soleil, & qu'il faut que leurs chutes initiales ſoient partout en raiſon inverſe des quarrés de leurs rayons vecteurs ; ce que je fais voir être une dépendance néceſſaire du Méchaniſme des Tourbillons; comme aucun Phénomene n'échappe aux principes que donne ce Méchaniſme, on ne peut le développer avec trop de ſoin.

Que dans le plein on faſſe mouvoir comme au hazard les différentes parties de la matiere, on concevra que de l'aſſociation des particules qui éprouveront les mêmes réſiſtances, & dont les mouvemens ſeront ſemblablement dirigés, naîtront de toutes parts des Tourbillons plus ou moins étendus, ſuivant que les courans qui leur donneront naiſſance, renfermeront plus ou moins de matiere propre ; c'eſt-à-dire que ſi les tourbillons ne ſont point une émanation ſubite de la Toute-puiſſance de l'Auteur de la Nature, ils doivent s'être formés à peu près comme ſe forment ces Tourbillons d'air produits par des courans particuliers, qui, obligés de ſe détourner de leur chemin, avancent du côté où le fluide dans lequel ils ſe meuvent fait la moindre réſiſtance.

Mais afin qu'un Tourbillon s'arondiſſe, il faut qu'il ſoit également pouſſé de toutes parts, ou que de toutes parts il pouſſe également la matiere dont il eſt environné; & alors rien n'empêche qu'on ne le regarde comme un fluide renfermé dans une ſphere creuſe qui s'oppoſe inceſſamment à ſa dilatation.

Or, parce que toute impreſſion de mouvement que reçoit un corps, eſt toujours dirigée perpendiculairement à la surface par l'entremise de laquelle il est poussé, les couches sphériques du Tourbillon arondi n'auront d'action les unes sur les autres que suivant la direction des rayons de la sphere ; & comme à chaque point de tout parallele la tangente qu'affectera de décrire un corpuscule, servira pareillement de tangente au grand cercle qui touchera le parallele au même point, il est aisé de s'appercevoir qu'il faudra que la force centrifuge du corpuscule soit toujours prise rélativement au centre commun des couches spheriques vers lequel les réactions seront dirigées ; aussi un corps qu'on feroit mouvoir seul au-dedans d'une sphere creuse, décriroit-il toujours un grand cercle. Ce qui fait que les différentes particules d'une couche spherique qu'une autre enveloppe, continuent de se mouvoir sur la circonférence des paralleles qu'elles ont une fois commencé à décrire, c'est que la matiere interposée entre ces paralleles, & l'Equateur du Tourbillon s'oppose incessamment à leur passage.

Ces observations faites, je démontre qu'afin que dans
(1) *Pag.* 142. un Tourbillon tout soit en équilibre, il faut (1) que les vitesses soient partout en raison renversée des racines
(2) *Pag.* 143. des distances au centre de la masse du fluide, & que (2) les forces centrifuges suivent la proportion inverse des quarrés de ces distances.

(3) *Pag.* 144. Et delà il suit (3) que le tems de la révolution d'une particule quelconque du fluide est proportionnel au rayon du parallele qu'elle décrit, multiplié par la racine du rayon de la couche spherique qui termine le parallele.

Que dans un grand Tourbillon il vienne à s'en former

d'autres, on démontre (1) que ceux-ci ſont ordinairement déterminés à ſuivre la direction des couches entre leſquelles ils ſe forment, que (2) c'eſt encore dans le même ſens qu'ils doivent tourner ſur eux-mêmes, & que (3) les plus voiſins du centre du grand tourbillon ne peuvent guéres s'écarter du plan de ſon Equateur.

(1) *Pag.* 145 (2) *Pag.* 146 (3) *Pag.* 14 & 149.

A l'égard de ceux qui commencent à prendre leur cours entre les couches ſphériques les plus élevées, on fait voir (4) que nulle loi générale ne peut déterminer ni la direction de leurs mouvemens, ni la poſition de leurs orbites; auſſi les Cométes qu'enveloppent ces ſortes de tourbillons n'ont-elles point de routes déterminées qu'elles ſoient obligées de ſuivre.

(4) *Pag.* 14 & 150.

Que Mercure, Venus, la Terre, Mars, Jupiter & Saturne circulent autour du Soleil dans le ſens que le Soleil tourne ſur ſon axe; que ce ſoit encore ſuivant la même direction que les Planetes ſubalternes tournent autour des Planetes principales auſquelles elles ſervent de Satellites, ce ſont des Phénomenes qui échappent au principe de l'attraction, & qui par conſéquent décellent ſon inſuffiſance. Il y a plus, je fais voir (5) que ſi ç'avoit été en conſéquence de ce principe qu'un Satellite ſe fut d'abord attaché à la Planete qu'embraſſe ſon orbite, ç'auroit été contre l'ordre des Signes qu'il auroit circulé.

(5) *Pag.* 7 & 79.

On ſent bien que l'idée des tourbillons ne s'eſt offerte à Deſcartes que parce que les Planetes ſe meuvent toutes du même côté, & qu'il eſt naturel de penſer que ſi elles ſuivent une même direction, c'eſt qu'un grand fluide les emporte & les oblige de circuler autour d'un centre commun.

Cependant c'eſt en cela même que ſe trompent les Cartéſiens ; car puiſque chaque Planete décrit autour du Soleil des aires proportionnelles aux tems employés à les décrire, il faut, comme je l'ai déja dit, que ſes mouvemens tranſlatifs ſoient à chaque inſtant en raiſon inverſe de ſon rayon vecteur ; il faudroit donc auſſi que depuis ſon Aphelie, juſqu'à ſon Perihelie les viteſſes de la matiere ſuiviſſent la même proportion, ce qui ne pourroit cadrer avec les loix de la Méchanique, puiſqu'alors les forces centrifuges des couches inférieures l'emporteroient ſur celles des couches ſupérieures. Donc ſi les tourbillons particuliers des Planetes vont tous d'Occident en Orient, ce n'eſt point que ces tourbillons ſoient entraînés par les couches ſpheriques de celui du Soleil, c'eſt que les particules dont ils ſont formés ſuivoient déja le cours de ces couches avant que de s'aſſocier & de faire corps entr'elles.

De plus, comme il eſt démontré que de la maniere dont ſe forment les tourbillons des Planetes, il faut qu'ils tournent auſſi ſur eux-mêmes dans le ſens que circule la matiere autour du Soleil, on voit qu'en ſuppoſant que dans un tourbillon, il vienne à s'en former d'autres, ceux-ci conjointement avec leurs maſſes centrales doivent encore circuler d'Occident en Orient autour des Planetes principales dont ils enveloppent les Satellites.

Au reſte, on conçoit aiſément qu'un tourbillon une fois formé dans quelque fluide que ce puiſſe être, doit s'y conſerver de même que s'il étoit enveloppé d'une couche impénétrable; car quand les particules qui font corps entre elles & qui circulent de compagnie, tendent à s'échapper par les tangentes des arcs qu'elles décrivent, il est clair qu'elles trouvent toujours plus de facilité à remplacer celles qui les précedent, & qui fuient devant elles, qu'à se faire jour à travers le fluide dont les particules étrangeres s'opposent à leurs écarts, soit par leur inertie, soit par la contrarieté de leurs mouvemens.

Mais pour donner à l'hipotèse Cartésienne toute l'étendue qu'elle doit avoir, je dis qu'aux tourbillons de Descartes il faut ajouter les petits tourbillons dont on doit la découverte aux Phisiciens modernes, & que la loi de l'analogie offre à tout esprit attentif. Car si rien n'est ni grand ni petit que par comparaison, & que le même Méchanisme qui distribue le mouvement dans les espaces finis doive pareillement le distribuer dans ceux que leur petitesse nous dérobe, on sent qu'on ne peut remplir l'Univers de tourbillons entassés les uns sur les autres, sans s'obliger à reconnoître que l'éther n'est autre chose qu'un assemblage de petits tourbillons composés d'une infinité d'autres plus petits, qui eux-mêmes en renferment de plus petits encore, & ainsi à l'infini; c'est qu'on ne peut assigner aucunes bornes à la divisibilité de la matiere, & que le moindre atôme est immense dans son genre.

J'ajoute qu'il faut encore supposer avec M. l'Abbé de Molieres, que le fluide qui coule entre les pores de la matiere étherée, n'est de même qu'un amas de petits tourbillons d'un autre ordre que ceux de l'éther, mais élaſtiques comme eux, puiſqu'ils ont leurs forces centrifuges.

L'hipotèſe des petits tourbillons eſt pleinement juſtifié par les lumieres qu'elle répand ſur les procédés les plus ſecrets de la Nature ; l'illuſtre Philoſophe que je viens de nommer en fait tous les jours d'heureux eſſais qui ne prouvent pas moins la juſteſſe des principes ſur leſquels il raiſonne, que l'étendue de ſon génie.

Si les tourbillons ſont compoſés de particules élaſtiques, il n'en eſt aucun qu'on ne doive regarder comme un fluide qui peſe alternativement du centre vers la circonférence & de la circonférence vers le centre, car comme les petits tourbillons de la matiere étherée changent inceſſamment de poſition en circulant, il eſt clair que leurs reſſorts doivent ſe tendre & ſe relâcher ſans ceſſe.

Que *a*, *b*, *c*, *d*, *e*, *f*, &c. ſoient les élémens d'un cercle pris pour un Poligone d'une infinité de côtés, & qu'au dedans du Poligone ſe meuve un corpuſcule infiniment petit, ſi ce corpuſcule manque d'élaſticité, & qu'il frappe le côté *b*, après avoir parcouru le côté *a*, comme ſon mouvement ſuivant la perpendiculaire ſur l'élément *b* s'éteindra, il ne lui reſtera de ſon mouvement primitif, que celui qui lui fera parcourir cet élément ; & parce que la même choſe arrivera ſur chacun des côtés du Poligone, le corpuſcule les cotoyera tous ; mais qu'on le rende élaſtique, chaque élément qu'il ira frapper le fera rejaillir, il ne cotoyera donc plus les côtés du Poligone, il s'en approchera par son mouvement translatif, & s'en éloignera ensuite par l'action de son ressort; c'est-à-dire que ce ne sera qu'avec un mouvement oscillatoire qu'il fera sa révolution dans le cercle.

Comme les forces centrifuges des couches spheriques d'un tourbillon les obligent à se dilater le plus qu'il est possible, & que le fluide destiné à remplir les pores de la matiere étherée n'est point assujetti à suivre ses mouvemens translatifs, il est évident qu'il faut qu'autour du centre du tourbillon soit un espace uniquement rempli de la surabondance de ce fluide intermédiaire, qu'on voit être précisément ce qu'est la matiere subtile de Descartes.

Or ce fluide est à la matiere étherée, ce que la matiere étherée est aux corps sensibles, ainsi comme l'éther ne s'oppose en aucune façon aux mouvemens de ces corps, la matiere subtile ne fait de même aucun obstacle aux mouvemens des particules de l'éther.

Lorsque les couches sphériques d'un tourbillon se dilatent, leurs ressorts se tendent; lorsqu'elles rentrent dans leurs bornes, leurs ressorts se relâchent; & alors les petits tourbillons de la matiere étherée reprennent leur premiere sphéricité.

De ce que les couches sphériques d'un tourbillon ne se compriment que suivant des directions perpendiculaires sur leurs surfaces, & que c'est sur la trace de ces directions, mais en sens contraire, que se détendent les ressorts de l'éther, il suit évidemment que la matiere étherée reflue, non vers l'axe sur lequel tourne la masse du tourbillon, mais vers le centre de cette maſſe.

De ce que le retour des particules qui forment les couches ſupérieures n'eſt parfaitement libre que quand les couches inférieures ſont parvenues au point de leur plus grande dilatation, il ſuit encore qu'elles doivent toutes s'aſſujettir à ſe dilater & à ſe reſſerrer comme de concert & dans les mêmes inſtans.

Qu'on partage un tourbillon en une infinité de Piramides droites unies par leurs ſommets au centre de la maſſe totale, & que chaque Piramide ſoit coupée en une infinité de tranches également épaiſſes, on concevra que la viteſſe avec laquelle refluera la matiere dans ces différentes tranches ſera néceſſairement en raiſon renverſée de leur étendue, ou du quarré de leur diſtance au centre du tourbillon ; ce qui fait voir que quand un tourbillon ſe forme, il faut que le mouvement s'y diſtribue de maniere que les couches inférieures ſoient réduites à n'avoir ni plus ni moins de forces centrifuges que les couches ſupérieures, & que de quelque façon que l'équilibre vint à ſe rompre, il ſe rétabliroit auſſitôt.

Que la matiere étherée peſe du centre vers la circonférence, elle a pour appui ce qui s'oppoſe à la dilatation des couches ſpheriques du tourbillon.

Qu'elle reflue de la circonférence vers le centre, elle n'a plus beſoin d'être appuyée, elle ſe ſoutient par l'efficace de ſa force centrifuge qui alors la dérobe à toute réaction ; ce ſeroit par cette force que ſe ſoutiendroient les couches ſpheriques du tourbillon, en ſuppoſant qu'au-deſſous d'elles fut un eſpace entierement vuide de matiere.

Ajoutons à cela, qu'il ne ſeroit pas même poſſible de ménager un appui aux colonnes qui obéiſſent à l'impreſſion de leur mouvement réactif; c'eſt que le fluide qui environne le centre du tourbillon eſt infiniment pénétrable à l'éther, & que la croute * qui enveloppe ce fluide, & dont on démontre l'exceſſive poroſité, ne peut au plus appuyer qu'une indéfinitiéme partie des filets de matiere qui refluent de la circonférence vers le centre. Il n'y a d'abſolument impénétrable à la matiere propre du tourbillon que celle d'un autre tourbillon qu'elle preſſe, ſoit par ſa force centrifuge, ſoit par ſa force réactive; les tourbillons ne pourroient ſe pénétrer ſans ſe confondre.

Enfin nous voici arrivés au principe général de la peſanteur des Planetes qu'enveloppent leurs tourbillons particuliers. On voit d'abord que quand la matiere propre du grand tourbillon qui leur donne la loi, flue du centre vers la circonférence où ſe trouve ſon appui, il faut que ſuivant la loi de l'Hydroſtatique, elle peſe en tout ſens ſur les tourbillons ſubalternes qu'elle embraſſe de toutes parts; mais qu'elle reflue de la circonférence vers le centre, comme rien ne la ſoutient alors, elle ne charge plus ces tourbillons que du côté de leurs hemiſpheres ſupérieurs, c'eſt qu'elle n'éprouve aucune réaction en réfluant.

Maintenant ſi on conçoit que chaque tourbillon ſoit embraſſé par une Piramide droite qui ait le centre du Soleil pour ſommet, on concevra auſſi que puiſque,

* On verra dans la ſuite comment ſe forme cette croute.

ſuivant ce qu'on a déja fait voir, toutes les tranches paralleles à la baſe auront des forces réactives égales, le poids de toutes celles qui chargeront le tourbillon de la Planete, & qui le rabatteront vers le Soleil, égalera le poids d'une colonne qui s'éleveroit juſqu'à l'extremité du grand tourbillon, & qui auroit pour viteſſe réactive celle de la tranche inférieure de la Piramide tronquée qui réagira ſur la Planete.

Si, comme on le ſuppoſe ici, la maſſe de la colonne eſt indéfiniment plus grande que celle du tourbillon particulier qui lui ſervira d'appui, elle communiquera (1) *Pag.* 57. à ce tourbillon toute ſa viteſſe réactive (1). Donc il ſuit du Méchaniſme des tourbillons que les chutes initiales des Planetes, ſont partout en raiſon inverſe des quarrés de leurs diſtances au Soleil,

(2) *Pag.* 104. On démontre (2) que quand une Planete décrit ſon orbite, elle ne rencontre à chaque inſtant que des ſurfaces dont les parties ſe dérobant de toutes parts, & toujours parallelement aux plans qui ſe touchent, ne peuvent recevoir en avant qu'une viteſſe infiniment plus petite que celle qu'a la Planete qui les oblige à lui donner paſſage. La Planete ſe meut donc à cet égard comme ſi elle étoit dans le vuide. Mais quand elle tend à s'écarter par les tangentes des arcs qu'elle décrit, la force qui la rabat vers le Soleil eſt celle d'une maſſe infinie qui la charge de tout ſon poids, & cela parce que les parties du fluide qui forme la colonne à laquelle ſon tourbillon ſert d'appui, ne peuvent ſe répandre ni d'un côté ni d'autre, à cauſe de l'égalité des forces réactives

que leur oppoſent les colonnes latérales.

C'eſt auſſi de la même façon que peſent les corps que pénétre l'éther, excepté qu'à cauſe de leur infinie poroſité juſtifiée par le raiſonnement, & conſtatée par l'expérience, ce que leurs parties intégrantes interceptent de filets de matiere, ne vaut au plus que l'indéfinitiéme partie de ceux auſquels ces corps laiſſent un libre paſſage.

Voilà donc les conditions que ſuppoſe la loi de Kepler parfaitement remplies.

1°. Les Planetes ſe meuvent comme ſi elles étoient dans le vuide.

2°. Elles peſent toutes vers le Soleil.

3°. Leurs chutes initiales ſont partout en raiſon inverſe des quarrés de leurs rayons vecteurs.

De cette Théorie, je paſſe à l'examen d'une difficulté qu'oppoſent les Neutoniens à l'éxiſtence des tourbillons.

Qu'un tourbillon ſoit partagé en une infinité de couches ſpheriques de même épaiſſeur; on conçoit auſſitôt qu'en donnant aux couches inférieures un mouvement angulaire plus prompt que celui des couches ſupérieures, l'ordre des circulations ne peut être conſervé, à moins que le mouvement qu'acquert chacune de ces couches par le frottement de ſa ſurface concave, elle ne le perde par celui de ſa ſurface convexe. Sur cela, M. Newton calcule, & croit trouver (1) qu'afin que l'impreſſion des frottemens fut partout la même, il faudroit que les tems des révolutions ſuiviſſent la proportion des quarrés des diſtances, proportion (2) bien différente de celle

(1) Pag. 18[illegible] & ſuiv.

(2) Pag. 75.

que donnent les obſervations ; j'analiſe ſon calcul, &
(1) *Pag.* 183. je fais voir (1) que l'expérience dément les principes
*& ſuiv.* dont il le fait dépendre ; à ces principes déja proſcrits
(2) *Pag.* 184. dans les Mémoires de l'Académie, je ſubſtitue (2) ceux
*& ſuiv.* auſquels doit ſe rapporter l'impreſſion des frottemens &
(3) *Pag.* 186. je retrouve (3) les tems des révolutions tels que les de-
187. mande la loi de Kepler.

Ce qui ſuit immédiatement le Méchaniſme des tourbillons, eſt purement géométrique.

Qu'un corps continuellement rappellé vers un même
point ſe meuve dans un milieu non réſiſtant, on déter-
(4) *Pag.* 202. minera (4) par une formule ſimple & generale, ou (5)
*&* 203. (5) *Pag.* 205. quelle courbe décrira le mobile en ſuppoſant la loi de
(6) *Pag.* 203. la peſanteur, ou (6) quelle ſera cette loi, la courbe étant
*&* 204. (7) *Pag.* 175. ſuppoſée ; mais (7) parce que dans un tourbillon ſpherique les peſanteurs ſont toujours en raiſon inverſe des
quarrés des diſtances au centre du tourbillon, un corps
(8) *Pag.* 205. (8) ne pourra jamais décrire qu'une ſection conique qui
aura ce centre là même pour foyer. Delà paſſant à la théorie générale des Planetes, on donne la maniere de déterminer leurs orbites, les tems de leurs révolutions, & leurs mouvemens tant abſolus que reſpectifs.

Conſidérant enſuite les Planetes en elles-mêmes, on cherche les Principes généraux, en conſéquence deſquels elles auroient pû ſe former ; ces Principes ne ſont point différens de ceux par leſquels elles ſe conſervent.

On conçoit que la matiere propre d'un tourbillon eſt toujours mêlée d'une infinité de particules hétérogenes plus ou moins groſſieres, & qui par conſéquent ont

plus

plus ou moins de facilité à percer le fluide de l'éther. Or suivant ce qu'on démontre (1) les unes vont se ranger dans le plan de l'Equateur du tourbillon, ce qui en effet se trouve vérifié par le Phénomene de la lumiere réflechie à laquelle on donne le nom de lumiere zodiacale. D'autres plus solides & ausquelles la matiere étherée ouvre un libre passage, décrivent des orbites régulieres, mais qui se croisent de toutes parts; d'où il suit que plus l'éther renferme de particules hétérogenes, plus leurs rencontres sont fréquentes, ce qui ralentit à proportion leurs mouvemens translatifs: ces particules obéissant donc alors à l'impression générale de la pesanteur, & commençant (2) à décrire des Ellipses allongées, se rapprochent les unes des autres à mesure qu'elles descendent vers leurs apsides inférieurs voisins du centre du tourbillon; qu'elles atteignent ces apsides, elles s'entrelacent de maniere qu'il ne leur est plus possible de suivre leurs cours; ainsi obligées de s'associer, elles forment une croute plus ou moins épaisse autour de cet espace central, qu'on a dit devoir renfermer la surabondance du fluide destiné par la Nature à remplir les pores de l'éther.

(1) *Pag.* 22[illegible] & 226.

(2) *Pag.* 22[illegible]

On fait voir (3) que ces masses creuses ne peuvent tourner que lentement sur elles-mêmes, mais qu'elles tournent toujours dans le sens que circule la matiere étherée.

(3) *Pag.* 230

Ajoutons à cela que la force avec laquelle se choquent les particules qui viennent à faire corps entre elles, peut causer une fermentation capable d'embrâser la masse

qui les rassemble. C'est ce qui doit arriver dans les grands
(1) Pag. 231. & suiv. tourbillons ; on trouve par exemple (1) que le choc des particules qui par leurs rencontres ont formé le Soleil, a dû être plus de cinquante fois plus fort que celui des particules qu'a ramassé la Terre.

C'est en conséquence du même Méchanisme que se réparent les pertes continuelles que font le Soleil & les Planetes par l'évaporation de leurs parties.

Observons en passant que les Partisans du sistême de Ticho ne sont plus fondés à nous reprocher l'excessive étendue qu'il faut donner au tourbillon du Soleil pour sauver le défaut de parallaxe des étoiles fixes ; je démontre qu'en supposant ce tourbillon en équilibre avec ceux dont il est environné, nous ne pourrions rapprocher ses bornes sans faire perdre au Soleil une partie de la lumiere & de la chaleur qu'il doit avoir relativement
(2) Pag. 235. aux fonctions ausquelles il est destiné ; c'est que (2) suivant les principes qu'on établit ici, ce que le Soleil a de chaleur & de lumiere, est nécessairement proportionnel à la racine du diamétre de son tourbillon.

Lorsqu'une masse centrale tourne sur elle-même, il faut que depuis ses Pôles où les forces centrifuges doivent être nulles, jusqu'à son Equateur où ces forces ont leur plus grands accroissemens, les pesanteurs absolues soient toujours altérées de plus en plus, & qu'entre ces deux termes les directions des pesanteurs réduites, s'écartent plus ou moins du centre de la masse, le même que celui des tendances.

Or, je fais voir qu'il suit delà qu'afin qu'une masse

centrale présente toujours perpendiculairement sa surface à la direction des chutes, il faut qu'elle prenne la forme d'un spheroïde applati vers ses Pôles, & que (1) la courbe que forme chacun de ses meridiens soit telle, que les différences des ordonnées à l'axe, soient à celles des rayons, comme les pesanteurs absolues, aux forces centrifuges.

(1) Pag. 245.

Que la masse devint entierement fluide, elle ne changeroit pas pour cela de forme (2); ce que suppose la perpendicularité des chutes n'est point différent de ce que demande la loi de l'équilibre.

(2) Pag. 246.

Si on supposoit que dans le cas de la fluidité, les densités ou les pesanteurs aux mêmes distances fussent différentes dans les différens rayons de la masse, on trouveroit (3) que les directions des chutes ne seroient plus perpendiculaires aux surfaces; ou bien (4) il faudroit qu'il se fit alors une compensation, & que dans chaque rayon la pesanteur fut exactement en raison inverse de la densité; ce qui, comme on voit, n'altéreroit en rien la figure de la masse.

(3) Pag. 246. & 247.
(4) Pag. 248.

Il est donc constaté qu'une Planete à la surface de laquelle les chutes sont perpendiculaires, a précisément la figure qu'elle auroit, en supposant qu'elle devint entierement fluide, & que sa densité fut partout la même.

La loi de la pesanteur étant supposée répondre à une puissance quelconque de la distance au centre commun des tendances, on aura en général (5) la nature de la courbe que formera chacun des méridiens de la Planete.

(5) Pag. 250.

Mais parce que les pesanteurs suivent toujours la pro-

(1) Pag. 74. & 75. portion inverse des quarrés des distances, proportion (1)
(2) Pag. 143. que suppose la loi de Kepler, & que (2) donne le mé-
(3) Pag. 252. chanisme des tourbillons, on trouvera (3) qu'un rayon quelconque de la Planete sera à son demi-axe, comme deux fois la pesanteur du point auquel aboutira le rayon, plus sa force centrifuge, a deux fois sa pesanteur, & qu'ainsi dans chaque méridien la différence des deux axes, sera au petit axe, comme la force centrifuge sur l'Equateur, a deux fois la pesanteur absolue.

C'est sur ce pied-là que je détermine les rayons de la Terre en faisant servir le dégré de M. Picard de commune mesure. Qu'on accourcisse ou qu'on alonge ce dégré, le principe que j'ai suivi, déterminera toujours & la grandeur & la proportion des diametres.

La figure que je donne à la Terre, est différente de celle qu'on est obligé de lui donner, en se renfermant dans l'hipotèse de l'attraction réciproque ; c'est qu'alors
(4) Pag. 256. & 257. (4) on doit supposer que la différence des deux axes de la masse spheroïdale est au petit axe, comme cent une fois la force centrifuge sur l'Equateur, à quatre-vingt fois la pesanteur absolue.

Dans cette hipothèse les pesanteurs réduites nécessairement proportionnelles aux différentes longueurs du
(5) Pag. 257. pendule, sont toujours (5) en raison renversée des rayons ; ce qui ne peut être si la pesanteur a l'impulsion
(6) Pag. 259. pour principe ; mais aussi (6) par ce principe le pendule est par-tout tel que le déterminent les observations les plus récentes, ce qu'on ne retrouve plus dans l'hipothèse de M. Newton. On sçait que l'attraction supposée,

il faudroit qu'à l'Equateur le pendule fut d'une demi-ligne plus long qu'il ne l'est en effet.

Pour remédier à cet inconvénient M. Newton demande qu'on épaississe le noyau de la Terre par une addition réelle de matiere ; c'est qu'alors comme cette matiere surabondante aura sa force attractive dont l'action suivra la proportion inverse des quarrés des distances au centre de la masse, & que le noyau épaissi sera plus proche des Pôles que de l'Equateur, le rapport de la pesanteur à l'Equateur & aux Pôles sera plus grand que le rapport renversé des rayons ; ce qui rétablira la proportion des longueurs du pendule à laquelle se refusoit d'abord le principe de l'attraction.

De la figure de la Terre, je passe à celle de Jupiter. D'abord je fais voir (1) de quelle maniere on détermine le rapport de la pesanteur à la force centrifuge sur l'Equateur de la Planete ; & ce rapport déterminé, je trouve (2) que suivant nos principes, & conformément à ce que nous donnent les observations, il faut que les deux axes de la courbe que forme chaque méridien, soient entre eux comme 15 à 14, rapport bien différent de celui de 7 à 6, tel qu'on le trouveroit (3) en partant du principe de M. Newton.

(1) Pag. 261

(2) Pag. 262

(3) Pag. 262 & 263.

Qu'on épaissit le noyau de la masse spheroïdale, on ne feroit qu'augmenter la différence des deux axes. Voilà donc un nouvel inconvénient auquel il faut encore remedier ; c'est ce que M. Newton essaye de faire en disant que la masse de Jupiter est autrement formée que celle de la Terre, que dans celle-ci la matiere est plus denſe vers le centre que partout ailleurs, & que dans l'autre c'eſt vers le plan de l'Equateur que s'épaiſſit la matiere, qu'ainſi plus les colonnes rangées ſur ce plan auront de denſité, moins faudra-t-il les élever pour les mettre en équilibre avec celle qui ſervira d'axe à la Planete, ce qui en effet eſt vrai; mais malgré cela diſons à notre tour qu'il eſt toujours un peu fâcheux pour M. Newton que pour faire uſage de ſon principe, il faille autant d'expédiens nouveaux qu'on en fait d'applications différentes.

Avant que d'abandonner l'analiſe des principes dont dépendent la formation & la figure des Planetes, j'examine comme en paſſant dans quel cas une Planete doit être ſurmontée d'un anneau détaché de ſa maſſe, & ce qu'on doit juger de celles qui après de courtes apparitions ſe dérobent à nos regards, & auſquelles on donne le nom de Cométes.

Au reſte, on a vu que pour la facilité des calculs j'ai ſuppoſé juſqu'ici le fluide de l'éther parfaitement fluide, les colonnes qui réagiſſent ſur les maſſes qui leur ſervent d'appui infiniment élevées, & les tourbillons tant principaux que ſubalternes exactement ſpheriques. Mais parce que ces ſuppoſitions ont trop d'étendue, je les limite dans ma derniere Diſſertation, & je fais voir que de leur limitation naiſſent les Phénomenes dont je n'avois pas fait mention dans les Diſſertations précédentes.

Suppoſons d'abord que la matiere qui circule autour du Soleil ne ſoit pas infiniment fluide, & qu'ainſi elle ait quelque priſe ſur les Planetes, ou plutôt ſur les tourbillons particuliers qui les enveloppent ; je dis qu'on aura la preceſſion des équinoxes ; car pour ne parler que de la Terre, comme (1) à ſon aphelie ſon mouvement tranſlatif eſt moins prompt que celui de la matiere, & que celui de la matiere (2) eſt en raiſon inverſe des racines des diſtances au Soleil, il eſt évident que l'hemiſphere inférieur du tourbillon de la Terre, eſt plus pouſſé en avant que l'hemiſphere ſupérieur, & qu'au contraire quand la Terre ſe trouve dans ſon Perihelie, où (3) ſa viteſſe tranſlative l'emporte ſur celle de la matiere, l'hemiſphere ſupérieur de ſon tourbillon eſt plus repouſſé que l'hemiſphere inférieur ; donc il faut que dans l'un & dans l'autre cas, la Terre conjointement avec la maſſe totale de ſon tourbillon, tourne contre l'ordre des Signes, & que les nœuds de ſon Equateur rétrogradent ; car on fait voir (4) qu'une Planete ne peut ſe refuſer aux mouvemens généraux du tourbillon particulier dont elle eſt enveloppée.

(1) *Pag.* 21. & 215.

(2) *Pag.* 142.

(3) *Pag.* 214 & 215.

(4) *Pag.* 176 & *ſuiv.*

Que l'hemiſphere ſupérieur & l'hemiſphere inférieur du tourbillon d'une Planete, ſoient chacun partagés en deux parties égales, par un plan qui tombe perpendiculairement ſur celui de l'orbite que décrit le centre du tourbillon, on concevra (5) qu'à la partie la plus baſſe, & qui aura le moins de latitude dans l'un & dans l'autre hemiſphere, répondront toujours les plus longs filets de matiere, ceux qui ſerviront de tangentes aux plus grands cercles décrits. Mais dans la ſuppoſition que l'éther ne ſoit pas infiniment fluide, la longueur de ces filets tangens (6) entrera néceſſairement pour quelque choſe

(5) *Pag.* 270.

(6) *Pag.* 269 & *ſuiv.*

dans l'action du fluide sur la Planete ; donc puisqu'alors le centre des forces s'abaissera au-dessous du plan de l'orbite, la Planete sera incessamment sollicitée à s'élever au-
(1) Pag. 276. & 277. dessus de ce plan ; ce qui comme on le démontre (1) obligera les nœuds de son orbite à se mouvoir, & toujours suivant l'ordre des Signes.

Qu'une Planete se trouvât dans le vuide, & qu'elle fût simplement attirée vers un point fixe ou déterminé, jamais elle ne sortiroit du plan sur lequel elle auroit d'abord commencé à se mouvoir ; donc le mouvement direct des nœuds des Planetes, est encore un de ces Phénomenes que ne peuvent donner les principes de M. Newton. Il est vrai que la réalité de ce mouvement, quoiqu'appuyée sur la foi des observations, paroît suspecte aux Neutoniens ; ils trouvent mieux leur compte à révoquer en doute un fait qui ne les accommode pas, qu'à reconnoître l'insuffisance de leurs principes.

(2) Pag. 281. & suiv. En limitant ma seconde supposition, on verra (2) que de ce que les tourbillons sont bornés, & qu'ils terminent les hauteurs des colonnes qui par leurs réactions, s'appesantissent sur tout ce qui leur sert d'appui, il suit que les pesanteurs des Planetes sont dans un plus grand rapport que le rapport renversé des quarrés de leurs distances au centre commun vers lequel elles sont incessamment rabatues ; car les chutes initiales d'une Planete, doivent être proportionnelles au mouvement primitif de la colonne qui réagit sur elle, divisé par la somme des deux masses ; ainsi que ces masses ayent entre elles
(3) Pag. 157. un rapport fini, la Planete (3) ne recevra qu'une partie de

de la viteſſe réactive de l'éther ; cependant (1) comme (1) *Pag.* 28
elle participera d'autant plus aux réactions de la matiere, que les différentes colonnes dont elle ſera ſucceſſivement chargée auront plus de hauteur, il eſt clair que quand elle paſſera de ſon Aphelie à ſon Perihelie, ſes peſanteurs (2) augmenteront dans un plus grand rapport (2) *Pag.* 28
que ne diminueront les quarrés de ſes diſtances au So- 282.
leil ; ce qui, comme on le démontre (3) obligera les (3) *Pag.* 28.
abſides de ſon orbite à ſe mouvoir ſuivant l'ordre des 285.
Signes.

Mais que la peſanteur eut l'attraction pour principe, la Planete peſeroit partout exactement en raiſon inverſe du quarré de ſon rayon vecteur ; donc les abſides de ſon orbite ſeroient immobiles ; donc s'ils ſe meuvent, leur mouvement met le principe de l'attraction en défaut.

On voit bien que plus une Planete eſt éloignée du Soleil, plus les colonnes qui répondent aux différens points de ſon orbite ſont inégales ; donc (4) toutes pro- (4) *Pag.* 28
portions gardées, les apſides des Planetes ſupérieures doivent plus avancer dans le tems d'une révolution entiere que ceux des Planetes inferieures ; ce qu'on fait voir être conforme à ce que nous apprennent les obſervations.

Puiſque les colonnes qui peſent ſur les Planetes ſupérieures ſont les plus courtes, ces Planetes (5) doivent (5) *Page* 28
moins participer que les autres aux réactions de la ma- 281.
tiere étherée ; or on fait voir (6) qu'à une diſtance don- (6) *Pag.* 28
née, le tems qu'employe une Planete à faire ſa révo- 290.

lution, eſt en raiſon inverſe de la racine de ſes chutes initiales. Donc 1°. non-ſeulement les tems des révolutions des Planetes ſont plus longs que ceux des révolutions de la matiere, déterminés par la loi de Kepler; Mais 2°. le rapport de ces tems s'éloigne encore du rapport d'égalité, à meſure qu'augmentent les diſtances, ce qu'a reconnu Kepler lui-même; auſſi ne donne-t-il ſa loi que comme une loi approchée de celle que ſuit la Nature.

Qu'on eſſaye le principe de M. Newton ſur ces Phénomenes, on trouvera (1) que loin que les tems des révolutions des deux Planetes ſupérieures Jupiter & Saturne, duſſent être plus longs que ceux qui répondroient à leurs diſtances, ces tems ſeroient néceſſairement plus courts dans le rapport de la racine de la diſtance du centre commun de gravité de la maſſe du Soleil & de celle de l'une ou de l'autre Planete, à la diſtance totale des deux maſſes. Ainſi rien ne ſe prête au principe de l'attraction mutuelle.

(1) *Page* 294.

Obſervons maintenant qu'à cauſe du peu d'élévation qu'ont les colonnes qui réagiſſent ſur le tourbillon de la Lune, le rapport de ſes chutes initiales à celles des corps qui ſont voiſins de la ſurface de la Terre, doit s'écarter ſenſiblement (2) du rapport renverſé des quarrés des diſtances. Je fais voir qu'en ſuppoſant qu'à notre latitude les corps ne parcouruſſent en tombant que l'eſpace qu'ils devroient parcourir rélativement aux chutes de la Lune, & déterminant la diſtance de cette Planete comme la détermine M. de la Hire, il fau-

(2) *Pag.* 280. 281.

droit (1) que le pendule fut accourci d'environ huit (1) Pag. 29
lignes & demie ; ou que ſi on vouloit que dans le tour- 298.
billon de la Terre les peſanteurs fuſſent partout relatives à celles des corps qui ſont proches de nous, il faudroit
(2) que le tems de la révolution de la Lune fût de ſix (2) Pag. 30
heures dix-huit minutes cinq ſecondes plus court que 307.
le tems réel.

On voit donc que conformément aux principes ſur leſquels nous nous appuyons, le rapport des peſanteurs l'emporte ſur le rapport renverſé des quarrés des diſtances, ce qui ne pourroit être, ſi le principe de l'attraction avoit lieu dans la Nature. Ainſi pendant que tout juſtifie notre ſiſtême, tout dépoſe contre celui de M. Newton.

Donnant encore peu d'élevation aux colonnes qui réagiſſent ſur le tourbillon de la Lune, & ſuppoſant que ce tourbillon ſoit renfermé dans des bornes étroites, on concevra comment il ſe peut faire que la Planete en tournant autour de nous, ſoit déterminée à nous préſenter toujours la même face, mais en balançant à notre égard, tantôt d'Occident en Orient, tantôt d'Orient en Occident.

Qu'à cauſe de l'irrégularité des particules qui compoſeront la maſſe de la Lune, ſon centre de gravité s'écarte du centre de ſon volume, le centre commun de gravité de cette maſſe & de celle de ſon tourbillon ne ſe trouvera pas non plus au centre de la figure de la maſſe totale ; cette maſſe aura donc un hemiſphere plus chargé de matiere que l'autre ; donc ſi elle affecte d'abord

de garder ſon paralleliſme en tournant autour de la Terre, & qu'ainſi elle ſe préſente ſucceſſivement par différens côtés à l'action des colonnes dont elle portera le poids, l'hemiſphere le moins denſe ſera toujours celui qui participera le plus aux viteſſes réactives de l'Ether; donc après quelques oſcillations variées auſquelles la
(1)*Pag.* 178. Lune (1) ſera obligée de ſe prêter, & qui détruiront ſon mouvement propre, il faudra que cet hemiſphere s'aſſujettiſſe à regarder conſtamment la Terre; donc l'ordre des circulations des couches ſpheriques du tourbillon de la Lune reſtant toujours le même, la maſſe totale tournera enfin ſur ſon centre de gravité dans un tems égal à celui qu'elle employera à faire ſa révolution périodique autour de la Terre; & parce que tout corps qui tourne ſur lui-même, tire de ſa force primitive celle qui le maintient dans l'état où il ſe trouve, ce ſera d'un mouvement uniforme que circulera la Lune ſur ſon axe; or puiſqu'en même-tems elle décrira ſon orbite elliptique, & que le mouvement angulaire de ſon rayon vecteur ne répondra point à celui qu'aura la Planete ſur elle-même, il eſt clair qu'elle nous paroîtra balancer tantôt d'Occident en Orient, tantôt d'Orient en Occident.

Suppoſant toujours que les maſſes des colonnes qui peſent ſur les tourbillons des Planetes, ne puiſſent leur communiquer toute la viteſſe réactive de l'éther, je dis qu'en mettant deux Planetes en conjonction par rapport au Soleil, la Planete ſuperieure interceptera néceſſairement une partie de l'impreſſion que devroit recevoir la Planete la moins élevée, & que par conſéquent celle-ci, en obéiſſant à ſa force centrifuge dont l'action ſera moins balancée qu'elle ne l'étoit, s'écartera du centre commun des tendances ; auſſi les Aſtronomes remarquent-ils que quand Jupiter & Saturne ſe trouvent ſur un même rayon vecteur, le mouvement de Jupiter éprouve toujours quelque altération ſenſible.

Pour limiter ma troiſiéme ſuppoſition, j'obſerve que ſi le tourbillon du Soleil & ceux des étoiles fixes ſont ſpheriques, c'eſt qu'ils ſe compriment également de toutes parts ; mais les tourbillons des Planetes ne ſont point dans ce cas. Car comme l'hemiſphere inférieur de chacun de ces tourbillons eſt pouſſé par les rayons du Soleil, auſquels mille expériences nous obligent de donner de la force, & qu'en même-tems l'hemiſphere ſupérieur eſt repouſſé par les colonnes dont il porte le poids, il eſt clair que ces forces rompant l'équilibre, la maſſe du tourbillon doit néceſſairement prendre la forme d'un ſpheroïde applati, qui ait ſon petit axe tourné vers le Soleil.

Dans ce cas, non-ſeulement les rayons de la maſſe deviennent inégaux, mais, comme on le démontre, il arrive encore que plus ces rayons s'alongent, plus (1) les peſanteurs augmentent (les diſtances au centre ſuppoſées les mêmes.)

(1) *Pag.* 326

C'eſt en développant le méchaniſme du tourbillon ſpheroïdal de la Terre que je rends raiſon des différentes irrégularités qu'offre la théorie de la Lune. Un détail circonſtancié juſtifie que ces irrégularités naiſſent toutes de l'augmentation de la peſanteur dans les plus grands rayons, dans ceux qui font les plus grands angles avec le petit axe du ſpheroïde.

Suivons nos principes, nous trouverons encore la cauſe du flux & du reflux de la mer.

Que le tourbillon de la Lune intercepte une partie de l'impreſſion de la piramide tronquée à laquelle il ſervira d'appui, la piramide entiere peſera moins ſur la terre que celle qui lui ſera diamétralement oppoſée. Donc l'équilibre étant rompu, la Terre s'approchera de la Lune, mais un peu moins que les eaux de la mer, qui, ſuivant la loi de l'hydroſtatique, s'éleveront au-deſſus de leur niveau en obéiſſant à l'impreſſion des piramides laterales dont rien n'affoiblira la réaction ; & comme du côté oppoſé les eaux ſeront pareillement ſoutenues en conſéquence de la même impreſſion, elles ne pourront avancer autant que la Terre ; il ſe formera donc alors deux promontoires d'eaux, qui feront prendre à la mer la forme d'un ſpheroïde alongé, dont le grand axe ſera dirigé vers la Lune.

Or, parce que la Terre en tournant ſur elle-même emportera avec elle les deux promontoires, qui en ſe formant auront produit le reflux, il eſt évident que quand ces promontoires viendront à ſe dégager de deſſous le meridien où ſe trouvera la Lune, les eaux qui ne ſeront plus ni pouſſées ni ſoutenues au-deſſus de leur niveau retomberont néceſſairement par leur propre poids, & flueront vers les endroits dont elles avoient été chaſſées.

Puiſque dans un tourbillon applati les piramides les

plus voiſines du petit axe ſont les plus peſantes, il eſt clair qu'en ſuppoſant que la Lune fut anéantie, l'inégalité des compreſſions obligeroit toujours les eaux de la mer à former deux promontoires oppoſés qui auroient pour axe commun celui du ſpheroïde, & alors les marées ſuivroient les retours du Soleil dans les mêmes méridiens.

On voit donc que ſi dans le tems des quadratures les eaux de la mer s'enflent encore du côté de la Lune, c'eſt que notre tourbillon étant peu applati, ce que la Planete retranche du poids de la colonne qu'elle partage, l'emporte ſur la différence de ce poids & de celui de la colonne qui s'éleve vers le Soleil, ſuivant la direction du petit axe de la maſſe ſpheroïdale.

Dans le tems des quadratures la préſence de la Lune ne produit ſon effet qu'aux dépens de celui qui réſulteroit de la figure du tourbillon de la Terre. Dans le tems des nouvelles & des pleines Lunes, ces deux effets ſe réuniſſent.

Les eaux à cauſe de leurs forces centrifuges peſent moins vers l'Equateur que vers les Tropiques ; mais moins elles peſent, plus elles doivent obéir aux impreſſions qui les obligent à s'élever ; il faut donc que ce ſoit aux nouvelles & aux pleines Lunes des Equinoxes qu'arrivent les plus grandes marées, c'eſt qu'alors les promontoires d'eaux d'où naiſſent le flux & le reflux portent ſur l'Equateur.

Maintenant il eſt aiſé de voir que l'enchaînement des principes que j'ai ſuivis, fait celui des Phénomenes.

Mais ne nous flatons pas, quelque heureux que puiſſe être un ſiſtême, jamais nous ne lui concilierons tous les ſuffrages. La plupart des hommes ne ſçavent ſe prêter qu'aux idées dont ils ſont déja prévenus ; le hazard a fixé leur choix, ils ſont décidés.

D'autres plus propres à ſaiſir des faits détachés, qu'à démêler les principes qui les aſſortiſſent, bornent leurs recherches aux opérations ſenſibles de la Nature ; ſes procédés ſecrets ne les regardent pas ; & parce que rien de réflechi ne nous vient de leur part, ils affectent de ſe défier de tout ce que donne le raiſonnement. Selon eux, pour devenir Phiſicien, il ne faut plus ſçavoir remonter des effets à leurs cauſes, il ne faut qu'avoir des yeux, & les ouvrir ; façon de philoſopher qui ne pouvoit gueres manquer d'avoir cours, trop de gens étoient intéreſſés à l'accréditer. Cependant raſſurons-nous, rien ne preſcrit contre la raiſon, tôt ou tard elle ſera conſultée, & le génie de la Nation reprendra le deſſus ; oui, nous verrons renaître parmi nous ce gout de réflection, cet eſprit ſiſtématique, qui ſeul a formé les grands hommes auſquels les Sciences doivent tout leur éclat.

PRINCIPES

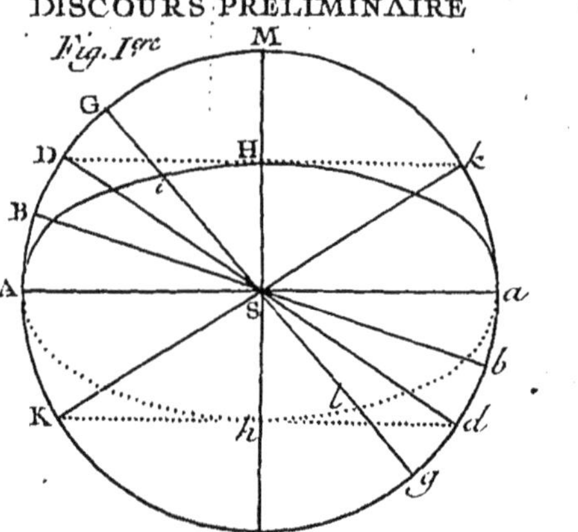
Fig. Ière
M
G
D
H
k
i
B
A
a
S
b
l
K
h
d
g
m

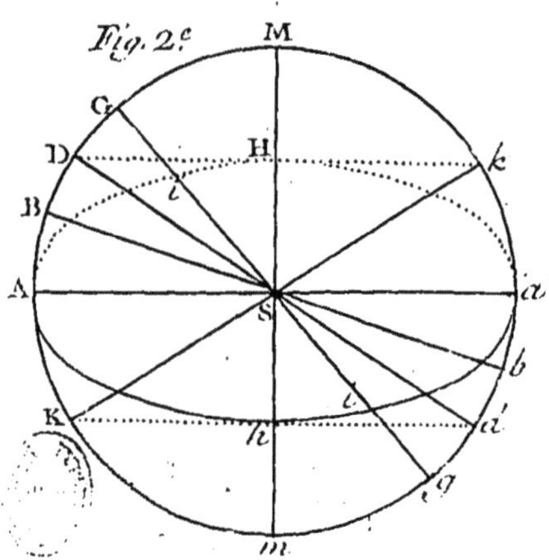
Fig. 2e
M
G
D
H
k
i
B
A
a
S
b
l
K
h
d
g
m

# PRINCIPES GÉNÉRAUX DE LA NATURE, APPLIQUÉS AU MECANISME ASTRONOMIQUE, ET COMPARÉS AUX PRINCIPES DE LA PHILOSOPHIE DE M. NEWTON.

## PREMIERE DISSERTATION.

### *La Nature du Mouvement.*

* LES Questions qui regardent le Mouvement en général, sont très-difficiles à résoudre, du moins quand on ne veut raisonner que sur des idées claires, & ne dire que ce qui peut être dit avec preuve; ce qu'on croit le mieux sçavoir, est souvent ce qu'on

* Ceux à qui les idées Métaphysiques ne sont point familieres, peuvent se dispenser de lire cette premiere Dissertation.

auroit le plus de peine à justifier. Je suis sûr, par exemple, qu'on se trouveroit fort embarrassé si l'on avoit à faire voir qu'il y a du mouvement. C'est qu'avant toutes choses il faudroit prouver l'existence des corps: existence dont nous ne pouvons guéres nous assûrer que par provision; que cela soit dit cependant sans déplaire à ceux à qui l'autorité des sens tient lieu de preuve. Il s'agit ici de philosopher, & de philosopher sur des idées claires. Je demande donc, comment pouvons-nous être surs que les corps existent? Est-ce parce que nous les voyons? Mais pour cela il faudroit que nous les vissions en eux-mêmes: Or tout Philosophe conviendra que nous ne les sçaurions voir que par les Images, ou par les idées qui nous les représentent. Eh! qui peut nous assûrer que ces idées, ou ces images ne se présentent point à faux à notre esprit?

Accordons cependant qu'il y a des corps; faisons plus, ces corps dont nous voulons bien passer l'existence, supposons-les visibles par eux-mêmes; je dis qu'avec cela nous ne pourrions encore rien conclure de certain sur la réalité du mouvement. Voici pourquoi: que les objets qui se présentent à nous, soient de simples apparences, ou que ce soient les corps mêmes que les Philosophes supposent ne pouvoir être que représentés; quelque supposition que l'on fasse, il faudra toujours convenir que les qualités sensibles qui nous font distinguer ces objets, ne sont en eux que des qualités apparentes, dont nous possédons toute la réalité. Ainsi quand il nous paroît qu'un corps est en mouvement, que sçavons-nous si cela ne vient point de ce que différentes parties de la matiere nous présentent successivement les mêmes qualités sensibles? Peut-être sont-ce nos sentimens qui se promenent dans les espaces que les corps nous paroissent parcourir. Ce n'eſt pas tout, je dis que dans quelque ſyſtême que ce ſoit, le mouvement ne peut être viſible ; car un corps ne ſe meut que quand il ſe trouve ſucceſſivement en différens endroits, que quand il paſſe d'un lieu dans un autre : Or il eſt évident que nous ne ſçaurions le voir que dans un ſeul endroit à la fois : Nous ne le voyons donc point changer de place, nous nous reſſouvenons ſeulement qu'il en a changé ; mais comment nous en reſſouvenons-nous ? C'eſt par une idée préſente, qui à la rigueur pourroit exiſter, ſans qu'il y eût jamais eu rien de ſemblable à ce que nous croyons qu'elle nous rappelle.

Après tout, je conviens que ce ne ſont là que des doutes philoſophiques, on ſe mocqueroit de quiconque voudroit s'y arrêter. Auſſi pour éviter le ridicule, vaut-il ſouvent mieux croire ſans preuve, que de douter avec raiſon. Sur ce pied-là, je paſſe la réalité du mouvement ; mais on demande quelle eſt ſa nature, quelle eſt ſa cauſe, & comment il ſe communique : ce ſont trois queſtions que je vais eſſayer de réſoudre. Si je m'éloigne en quelque choſe des ſentimens reçûs, ou même juridiquement approuvés ; ce ne ſera point par affectation : J'uſerai ſeulement de la liberté qu'ont les Philoſophes, de ne prendre que la raiſon pour guide lorſqu'il s'agit de philoſopher ; c'eſt un privilége qui leur eſt acquis, & peut-être ne trouvera-t-on pas mauvais que j'en veuille jouir avec eux. Quoiqu'il en ſoit, je crois devoir avertir qu'il eſt néceſſaire de ſe rendre attentif, il faut que j'entre dans des raiſonnemens métaphyſiques, & l'on ſçait que ces ſortes de raiſonnemens ſont moins faciles à ſuivre que ceux qui roulent ſur les choſes dont on eſt frappé, ou ſur les idées palpables de ce qui ſe compte, ou de ce qui se mesure. Il nous en coûte pour nous fixer à ce qui se dérobe à nos sens, & à notre imagination : ce qui n'est que l'objet de l'esprit pur, semble n'avoir point de prise pour nous. Cela ne nous fait en vérité pas d'honneur, & il est étonnant qu'après d'aussi grands maîtres que ceux que nous a fourni notre siécle, nous n'ayons point encore acquis la facilité de nous élever au-dessus des conceptions communes : Si ce n'est pas notre faute, nous en sommes plus à plaindre ; mais du moins notre attention dépend-t'elle de nous : donnons-là donc à ce que nous avons à rechercher ici.

Comme les principes de la nature ont un enchaînement nécessaire, je crois qu'avant que d'entamer les questions qui regardent le Mouvement, il est à propos que nous examinions ce que c'est que la matiere, & quelle est son essence. Les premiers principes sont toujours les plus féconds, & ceux qu'il importe le plus d'éclaircir. On refuse quelquefois de s'y arrêter ; c'est un effet de l'impatience naturelle de l'esprit humain. Quelquefois aussi affecte-t-on de les négliger, parce qu'ils sont difficiles à saisir ; c'est un détour de l'amour propre. Pour nous, prenons la voye la plus sûre, & conduisons ici nos réfléxions avec ordre.

On convient déja de ces deux principes ; l'un, que tout ce qui est, est ou substance, ou mode ; l'autre, que comme une substance est, ainsi que le mot le porte, ce qui subsiste par soi-même, on peut toujours la concevoir seule, & comme isolée ; au lieu qu'une modalité n'étant que la maniere d'être d'une substance, l'idée qui la représente renferme nécessairement celle de la substance dont elle est la modalité. Or voilà tout ce qu'il nous faut pour découvrir quelle est l'essence des corps ; car comme il n'y a point de matiere qui ne ſoit étendue, il faut néceſſairement que l'étendue ſoit un mode des corps, ou qu'elle en ſoit elle-même la ſubſtance; mais il eſt certain d'un autre côté que l'étendue peut être apperçûe ſeule, qu'on peut penſer à des eſpaces, qu'on peut ſe les repréſenter, ſans que l'idée qu'on s'en forme tienne par elle-même à aucune autre idée : l'étendue ne doit donc point être miſe au rang des ſimples modalités; c'eſt donc une ſubſtance; c'eſt donc la ſubſtance même des corps.

Mais ſi les corps ne ſont que de l'étendue, il faut que toutes leurs propriétés ſe réduiſent à des figures, & à des changemens de rapports de diſtance; car l'idée de l'étendue ne nous offre rien de plus. Ainſi nous nous trompons, quand nous croyons que la lumiere, les couleurs, les ſons, les odeurs, appartiennent en propre à la matiere : ce ne ſont que les impreſſions ſenſibles, que les objets extérieurs font ſur nous, & que nous leur rapportons par un jugement naturel. Je dis la même choſe de la peſanteur, de la force & des tendances; ce ne ſont que les ſentimens pénibles qui nous ſont occaſionnés par les corps que nous voulons faire changer de ſituation, ou qui nous en font changer nous-mêmes : ſentimens que notre imagination transforme en qualités ſenſibles; auſſi éprouvons-nous que ces ſortes de qualités ſe fortifient ou s'affoibliſſent ſelon que les parties organiques de notre corps ont plus ou moins de ſolidité, ſelon que les eſprits qui les animent y coulent ou plus ou moins abondamment.

Mais une erreur encore plus groſſiere, c'eſt celle où nous tombons, quand de nos ſentimens ainſi transformés, nous en faiſons un principe actif dans la matiere.

Cette erreur toute grossiere qu'elle est, ne laisse pourtant pas d'être difficile à éviter : c'est que nous appercevons le mouvement sans que son principe se manifeste : Or nous voulons tout sçavoir & tout entendre ; ainsi quand la cause d'un effet qui nous frappe ne se présente point à nous, nous aimons mieux risquer de la mettre où elle n'est pas, que de nous résoudre à l'ignorer.

Tâchons donc de ne nous point méprendre ici par un jugement précipité : consultons avec attention l'idée de la matiere, nous nous apperçevrons bien-tôt qu'elle ne nous offre rien que de passif, & que nous n'avons droit d'attribuer aux corps qui s'arrangent entr'eux dans un ordre déterminé, que la même vertu que nous attribuerions à leurs images apperçûes dans un miroir où nous leur verrions prendre les mêmes arrangemens ; ne nous trompons point, la loi sur laquelle ces arrangemens seroient réglés, est tout ce qu'on peut raisonablement appeller force ou vertu dans les corps ; c'est que, comme je l'ai déja dit, nous ne pouvons trouver dans la matiere que des figures & de simples changemens de rapport de distance : c'est là à quoi se réduisent toutes les qualités que nous sçavons sûrement lui appartenir ; mais supposé qu'il fut possible que quelque chose de plus lui appartînt à notre insçû, du moins serions-nous sûrs que ce ne seroit rien de semblable à ce que nos sens & notre imagination y mettent ; car prenons-y garde, il n'est nullement nécessaire de connoître toutes les qualités qu'une chose peut avoir, pour être fondé à donner l'exclusion à celles que sa nature lui refuse. Supposons, par exemple, qu'on ne connût pas toutes les propriétés du Cercle, cela empêcheroit-il qu'on ne pût s'assurer que la pensée n'est pas du nombre de celles qui lui conviennent ? Nullement ; pourquoi cela ? C'eſt que toutes les propriétés qu'une choſe peut avoir, étant ſon eſſence même conſidérée ſous différens regards, il faut de néceſſité qu'elles ſoient toutes du même genre : Or il eſt évident que la penſée eſt d'un genre tout différent de ce que nous voyons couler de l'eſſence du Cercle. Je raiſonne de même ſur ce qui regarde la matiere ; je dis que, puiſque la force & les efforts n'ont rien de commun avec les qualités que nous lui connoiſſons, nous ne devons leur donner aucun rang parmi elles; & ce que je dis, je l'étends à toutes les qualités ſenſibles, qu'on ſçait n'avoir aucun rapport ni avec des figures, ni avec des mouvemens, ſeules propriétés que nous offre l'idée de l'étendue.

Voilà donc la matiere entierement dépouillée de tout ce qui en diſtingue, ou en caractériſe les différentes parties ; Mais dans cet état que devient-elle ? Ne feignons point de le dire, elle devient préciſément ce que le commun des Philoſophes déſigne par le mot de *vuide* : car le vuide, de la maniere même dont ils le conçoivent, eſt réellement un eſpace qui a des parties de différentes figures & de différentes grandeurs ; des parties réellement diſtinguées les unes des autres, & qui ſubſiſtent par elles-mêmes, ce qui reſſemble déja fort à la matiere. Ajoûtons à cela que ces parties n'ayant entr'elles aucun arrangement qu'on puiſſe ſuppoſer néceſſaire, rien n'empêche que l'Auteur de la nature ne les dérange, quand bon lui ſemble ; ainſi le mouvement convient encore aux eſpaces qu'on prend pour le vuide. Que manque-t-il donc à ces eſpaces pour nous paroître des corps ? Il leur manque de ſe préſenter à nous revêtus de qualités ſenſibles ; mais c'eſt à nos ſens & à notre imagination à les en revêtir.

Tout eſt maſqué pour nous dans la nature : l'Univers eſt un ſpectacle où tout nous fait illuſion ; & ce qu'il y a de fâcheux, c'eſt que la premiere forme ſous laquelle nous le voyons, fait en quelque maniere l'unique régle de nos jugemens. Dans l'enfance, il nous ſemble que l'eſpace qui nous ſépare des corps céleſtes, eſt un grand vuide, qui peut ſe meſurer, & qui a des parties ; mais nous ne prenons point cela pour de la matiere. Il eſt vrai que l'expérience nous oblige enſuite à revenir un peu de ce préjugé : Nous voyons que l'air qui nous environne, agite ſouvent les corps ſenſibles ; & puis il nous paroît qu'il a du reſſort. Nous voyons outre cela que les rayons de la lumiere s'étendent ſans interruption depuis les corps qui les pouſſent juſqu'à nous, qu'ils ſe réfléchiſſent ſur ceux qui s'oppoſent à leur paſſage, & qu'ils ſe rompent dans les différens milieux par où ils paſſent. Nous voyons auſſi que, lorſque nous les raſſemblons, ils ébranlent, ils agitent même violemment les parties des corps qui ſe trouvent au point de leur réunion. Ainſi il nous a fallu admettre de la matiere où nous n'en ſoupçonnions pas ; mais ç'a été comme malgré nous ; & même à préſent nous ne l'admettons que le moins qu'il nous eſt poſſible. Nous ne ſçaurions nier que les corps ſur leſquels nos ſens n'ont point de priſe, ne nous paroiſſent toujours un peu moins corps que les autres : Il ſemble que nous ne leur accordions qu'une demi-réalité. Il n'y a guéres que ce qui nous frappe que nous regardions volontiers comme ſubſtance. Quelque déſabuſés que nous penſions être, il eſt certain qu'un bloc de marbre nous paroîtra toujours quelque choſe de plus qu'un pareil volume de matiere éthérée. J'avoue que cette erreur n'eſt que dans notre imagination ; notre eſ-

prit

prit la rejette ; mais de quelle maniere ? C'eſt en nous fourniſſant d'autres fauſſes idées, qui, à la honte de la Philoſophie, ont trouvé grace dans l'école. On admet le vuide comme poſſible, ou bien même on le ſuppoſe exiſtant, & l'on en fait le lieu des corps, comme ſi deux étendues pouvoient ſe pénétrer, & être réduites à n'en faire plus qu'une.

Ces deux erreurs étoient pourtant généralement répandues, quand M. Deſcartes parut. Ce grand homme entreprit de dévoiler la nature ; ce ne fut pas une petite entrepriſe. Il falloit convaincre le genre humain d'ignorance : Auſſi quelle contradiction n'eut-il pas à eſſuyer ? Ce ne fut pas ſimplement parmi le peuple qu'il trouva des obſtacles à l'établiſſement de la vérité, ce fut principalement parmi les ſçavans, parmi ceux qui ſe trouvoient en poſſeſſion d'inſtruire les autres, & qui avoient réduit en Dogmes les préjugés vulgaires. Ce ſont preſque toujours les ſçavans, ceux qui le ſont de profeſſion, qui retardent le plus le progrès des Sciences : Ils ne veulent rien apprendre de leurs Contemporains ; il en coûteroit à leur vanité : ceux dont ils ſont trop proches, leurs font ombrage ; & puis le moyen de recommencer à penſer ſur nouveaux frais ? On veut jouir de ce qu'on a acquis, & quand une fois on a ſa proviſion d'idées, on cherche à ſe repoſer ; on a trop de peine à déſaprendre ; ceux qui ne ſçavent encore rien, en ont moins à s'inſtruire : Auſſi la Philoſophie de M. Deſcartes ne commença-t-elle à s'accréditer que quand les Sçavans déja formés, commencerent à faire place à ceux qui ſe formoient. Il ne jouit point du fruit de ſon travail ; la vérité ne triompha que par le zéle de ceux qui le ſuivirent ; il ne fut pas témoin du deshonneur de ceux qui l'avoient combattue : car les faux ſçavans furent dégradés : quel nom en effet leur reſte-t-il parmi nous ? Si M. Deſcartes eût prévû cela, je ſuis ſûr qu'il n'eût fait grace à aucune erreur philoſophique ; mais ceux à qui il avoit affaire, l'intimidoient ; il craignoit leurs préventions, & peut-être leur manque d'intelligence ; il en convient lui-même dans une de ſes Lettres : il lui paroiſſoit qu'il n'avoit déja que trop choqué les préjugés ; ſelon lui, il n'étoit pas à propos de tout dire, il falloit uſer de ménagemens : il en uſa donc, & ce fut principalement ſur ce qui regarde le mouvement qu'il ſçavoit être purement relatif, & ne pouvoir rien renfermer d'abſolu ; mais qu'arriva-t-il ? C'eſt qu'en déguiſant aux autres la vérité, il ſe la déguiſa inſenſiblement à lui-même, & il en fut puni : car dès l'entrée de ſa phyſique, il tomba dans des erreurs marquées ſur les Loix de la communication des mouvemens : erreurs qu'il eût évitées ſans peine, s'il eût rappellé ſes propres principes, & qu'il eût oſé les ſuivre.

Ce qui m'étonne, c'eſt qu'entre ceux qui ſe déclarent ſes Partiſans, à peine en trouve-t-on qui ayent voulu lui tenir compte des ouvertures qu'il nous donne ſur la nature du mouvement. Cependant les déguiſemens ne ſont plus néceſſaires, la raiſon jouit préſentement de tous ſes droits ; on n'eſt plus ſcandaliſé de voir les Philoſophes faire tête aux erreurs populaires. D'où peut donc venir l'infortune du mouvement relatif ? Pourquoi n'eſt-il pas encore en honneur dans la Philoſophie Cartéſienne ? Je n'en ſçais rien ; tout ce que je ſçais, c'eſt qu'avec un peu de juſteſſe d'eſprit on s'apperçoit aiſément que les principes qui ſervent de fondement à cette Philoſophie, ſont directement contraires à l'opinion du mouvement absolu.

En effet, afin qu'un corps pût être absolument en mouvement, il faudroit qu'il eût quelque *qualité intime*, ou du moins quelque *relation externe*, qui le distinguât de ceux qu'on regarde comme en repos ; mais c'est ce qu'on ne peut supposer dans le Systême établi par M. Descartes ; car premierement, s'il n'y a dans la matiere nulle force, nul effort, nulle tendance, en un mot nul principe actif, quelle espece de qualité pourroit-on mettre dans les corps qu'on dit se mouvoir d'un mouvement absolu ? Quelle vertu, quelle entité recevroient-ils à l'exclusion des autres ? On dit qu'ils reçoivent l'action de Dieu, car présentement on convient assez volontiers que Dieu seul peut mouvoir les corps, & ce n'est pas peu qu'on veuille bien se résoudre à proscrire les causes secondes ; mais je demande, qu'entend-t-on par l'action de Dieu reçûe dans les corps ? Cela ne se dit pas de sa volonté par laquelle seule il agit ; cela ne se peut dire que de l'effet que produit sa volonté : Or cet effet, les Cartésiens en conviennent, ne peut être ni une *qualité intime*, ni une nouvelle entité ajoûtée à la substance des corps mûs ; ce n'est donc qu'un simple changement de rapport de distance ; changement nécessairement réciproque. Mais on insiste, & l'on dit que quand ces sortes de changemens s'opérent, la volonté de Dieu s'applique directement à de certains corps, pendant qu'elle n'est appliquée qu'indirectement aux autres. Si je détaille ici une pareille objection, on me le doit pardonner ; il faut bien donner quelque chose à la réputation de ceux qui la font ; je dois les servir à leur mode, & si je ne le faisois pas, peut-être s'en feroient-ils un titre pour autoriser leurs préventions. Je réponds donc que ce que disent ceux qui philosophent ainsi, ne peut au plus être regardé que comme une simple hypotèse, dont ils n'ont nul droit de se prévaloir; ils devinent; à moins qu'ils n'ayent sur ce point quelque révélation qui nous manque. Je dis de plus que ce qu'ils veulent que nous croyons sur leur parole, ou sur la foi de leurs préjugés, est injurieux à la divinité. Ils humanisent Dieu dans ses opérations. Nous, parce que nous sommes bornés, & que nous n'opérons rien sur la matiere, comme causes véritables, nous pouvons vouloir qu'un corps change de rapport de distance avec un autre sans appliquer notre volonté, sans même fixer notre esprit à tous les différens rapports qui naissent du changement que nous voulons opérer. Mais il n'en est pas ainsi de Dieu; nous devons croire qu'il apperçoit d'une simple vûe tout ce qu'il fait, & que sa volonté s'applique directement à tout ce qu'elle opére: & puis ce n'est point du tout là de quoi il est question présentement. Il ne s'agit point ici de la cause du mouvement, il s'agit de sa nature; il s'agit de sçavoir si le mouvement considéré en lui-même suppose quelque *qualité intime* dans les corps qui sont censés se mouvoir: mais on voit bien que c'est ce que les Philosophes modernes n'auroient garde d'admettre; ils démentiroient l'idée qu'ils nous donnent eux-mêmes de la matiere. Il ne faut ni vouloir se tromper de gayeté de cœur, ni prétendre nous donner le change. Il est manifeste que chercher ce que c'est que le mouvement, c'est chercher ce qu'il est dans les corps mêmes, c'est chercher quel est l'effet que produit la cause motrice quelle qu'elle puisse être, & de quelque maniere qu'on la suppose déterminée: or dès qu'on reconnoît que cet effet n'est dans la matiere qu'un simple changement de rapport de diſtance, on eſt obligé de convenir qu'il n'y a rien que de relatif & de réciproque dans ce qui conſtitue la nature du mouvement. Tout faux-fuyant ſeroit inutile ici, & même il ſieroit mal à des Philoſophes de bonne foi de vouloir ſauver une mépriſe aux dépens de ce qu'ils doivent à l'évidence.

Mais il me reſte à faire voir qu'on ne peut pas non plus déterminer l'état des corps par aucune *relation externe*, quand une fois on ſuppoſe qu'il n'y a point d'autre étendue que celle de la matiere; ainſi c'eſt encore aux Cartéſiens, * que je parle : car pour les autres Philoſophes, qui ſe figurent que la matiere eſt renfermée dans des eſpaces immobiles, ils ſe repréſentent les corps qu'ils diſent ſe mouvoir, comme répondant ſucceſſivement à différentes parties de ces eſpaces, & ceux qu'ils ſuppoſent en repos comme répondant toujours aux mêmes. Ainſi voilà, ſelon leur maniere de penſer, des relations externes, propres à déterminer l'état de chaque corps en particulier : il n'eſt donc pas étonnant que ces gens-là admettent le mouvement abſolu; ils ont de quoi le déſigner : ſi leurs idées ſont fauſſes, du moins ſont-elles aſſorties; mais ceux qui ſçavent que le lieu des corps ſont les corps mêmes, de quelles relations, de quels rapports ſe ſerviront-ils pour nous faire trouver quelque choſe d'abſolu dans le mouvement? Car enfin on ne ſçauroit diſconvenir que l'idée du mouvement abſolu ne renferme celle d'un lieu fixe & immobile, aux différentes parties duquel les corps mûs ſont ſucceſſivement

* Ceux que j'appelle Cartéſiens, ce ne ſont pas les gens ſervilement attachés à tous les ſentimens de M. Deſcartes; ce ſont les Philoſophes qui reconnoiſſent que la matiere n'eſt capable que de figures, & de changemens de rapports de diſtance.

appliqués ; mais ce lieu immobile, ce lieu fixe, où le trouver dans la nature, s'il n'y a point d'autre étendue que celle de la matiere ? Les Cartésiens n'ont apparement pas fait attention à cela ; mais ceux qui y ont pensé, & qui l'ont fait sans abandonner l'opinion commune sur la nature du mouvement ; je le dis, ces gens-là n'ont en vérité aucun reproche à faire aux Partisans de l'ancienne Philosophie. Il est moins honteux d'avoir de faux principes, quand on peut les suivre, que d'en avoir de bons, & de n'en sçavoir pas faire usage : souvent on pense bien par hazard ; mais il faut avoir l'esprit juste pour raisonner conséquemment. Nous aurions cependant tort de nous décourager : les mêmes idées ne prennent pas toujours avec la même facilité dans tous les esprits ; mais le tems amene tout, & tôt ou tard la vérité dissipe les préjugés qu'on lui oppose. Continuons donc à éclaircir les raisons qui justifient le mouvement réciproque & relatif.

Les corps qu'on dit en mouvement, & ceux qu'on dit en repos, ont toujours la même relation au *lieu intérieur* qu'ils occupent ; car ce lieu, c'est leur propre substance, c'est l'étendue même qui constitue leur nature. Un corps ne peut donc avoir d'état déterminé que relativement aux autres corps qui l'environnent, & qui lui servent de *lieu extérieur*, ou si l'on veut de lieu Physique. Cela est clair pour les Philosophes à qui je parle : c'est leur principe même que j'expose ; ils ne peuvent pas le méconnoître : je n'ai donc plus qu'à montrer que de-là se tire nécessairement le mouvement relatif & réciproque : Mais rien n'est plus facile. On voit d'abord que la masse totale de la matiere ne peut être ni en mouvement, ni en repos ; car qui dit repos ou mouvement, dit comme on en convient, relation à quelque chose d'extérieur : Or que pourroit-on ſuppoſer au-delà de l'étendue? Mais ſi l'état de la maſſe de la matiere n'eſt point déterminé, celui de ſes parties ne peut l'être non plus; l'un eſt une ſuite néceſſaire de l'autre. Il eſt vrai que chaque corps particulier comparé à chacun de ceux qui l'environnent, & qui lui ſervent de lieu Phyſique a néceſſairement différens états relatifs, & cela tout à la fois; il n'y en a point qu'on ne puiſſe dire être en même tems, & en repos, & en mouvement, & avoir toutes les directions & tous les différens degrés de viteſſe déterminés dans l'ordre de la nature. Ce n'eſt pas tout, car les corps ſe ſervant mutuellement de lieu extérieur la détermination de leur état doit auſſi être mutuelle: Ainſi quand ils changent entre eux de rapports de diſtance, le mouvement eſt néceſſairement réciproque, & ne peut être attribué aux uns plûtôt qu'aux autres que par ſuppoſition. Tout cela ſuit néceſſairement des principes que j'ai d'abord établis, & qu'on ſçait être le fondement de la nouvelle Philoſophie.

Je reviens donc à ma propoſition générale, & je dis qu'avec un peu de juſteſſe d'eſprit, on s'apperçoit aiſément que les principes de cette Philoſophie une fois reçûs, il n'eſt plus permis d'admettre le mouvement abſolu: pourquoi les Philoſophes de l'ancienne école l'admettent-ils? C'eſt qu'ils croyent que les corps qu'ils ſuppoſent ſe mouvoir, ont en eux une force que n'ont pas les autres, ou bien ils ſe figurent que ces corps ſont ſucceſſivement appliqués à différentes parties d'un eſpace fixe & diſtingué de la matiere; mais ſuppoſons que ſans changer de principes, ils allaſſent s'aviſer de conclure que tout mouvement eſt relatif & réciproque; je ſuis ſûr que nous ne trouverions pas que cela dût faire honneur à leur jugement. Or mettons-nous présentement à leur place, & voyons ce qu'eux-mêmes peuvent penser, quand ils voyent un Cartésien priver les corps de toute vertu, de toute force, & puis ne vouloir aucune étendue distinguée de la matiere, & par conséquent ne reconnoître aucun lieu fixe dans la nature, & malgré cela admettre le mouvement absolu, & prononcer en sa faveur : on voit bien qu'il n'est pas possible que les Partisans de l'ancienne Philosophie ne soient alors surpris de cette nouvelle maniere de philosopher ; car c'est penser le pour & le contre tout à la fois ; c'est vouloir qu'il n'y ait rien ni *dans les corps* ni *hors des corps* qui détermine leur état, & décider en même tems que leur état est déterminé.

Les Cartésiens qui s'accommodent d'une pareille disparate, ne contribueront certainement pas à relever le mérite de la Philosophie de M. Descartes : Nous nous passerions volontiers d'avoir de tels ajoints: par eux les sectateurs d'Aristote & d'Epicure ont présentement de l'avantage sur nous; nous leur reprochons des préjugés, mais ils peuvent nous reprocher des contradictions ; & le malheur, c'est que quand un Philosophe a de fausses idées, on ne peut pas le convaincre absolument qu'il pense mal, au lieu que quand il tire des conséquences contraires à ses principes, dès-lors il est convaincu de ne sçavoir pas philosopher.

Désavouons donc pour notre honneur ceux qui se mettent au rang des nouveaux Philosophes, sans rejetter le mouvement absolu; renvoyons-les à l'ancienne Philosophie de l'école ; il est même de leur intérêt d'en adopter les principes ; ils ne peuvent se justifier que par là. Il est vrai que d'illustres défenseurs du Cartésianisme ſe ſont quelquefois prêtés aux idées communes en parlant du mouvement, & je n'en ſuis point ſurpris : il ſe peut fort bien faire que des perſonnes d'eſprit, que de grands hommes même, ne tirent pas toujours de leurs principes tout ce qu'il eſt poſſible d'en tirer. On ne peut éclaircir que ce qu'on examine, & il y a ſouvent des choſes qu'on ne s'aviſe pas d'examiner. Mais ce qui doit nous ſurprendre, c'eſt que des Philoſophes, après s'être ſuffiſamment inſtruits des deux opinions qui nous partagent ſur la nature du mouvement, ſe ſoient eux-mêmes trahis en prononçant en faveur de celle qui renverſe manifeſtement leur ſyſtême : quel beſoin avoient-ils de ſe commettre en riſquant leur jugement ? Perſonne n'exigeoit d'eux cet eſſai d'inſuffiſance. Je conviens qu'on a de la peine à ſe repréſenter les corps dans un état indéterminé : cela étonne l'imagination, cela la bleſſe même; mais l'idée, dont celle-ci eſt une dépendance néceſſaire, eſt-elle moins difficile à ſaiſir ? En coûte-t-il moins pour gagner ſur ſoi, de ne mettre aucune différence entre l'eſpace & la matiere ? Cependant ceux de qui nous parlons ſe ſont rendus ſur ce point : on ne doit pas à la vérité leur en faire un mérite; ils ont trouvé la Philoſophie de M. Deſcartes en crédit, & ils ont ſçû en apprendre les principes. Quand ces gens-là ſe déterminent à croire, c'eſt toujours ſur la foi du grand nombre, encore leur faut-il des garants accrédités : toute nouvelle induction de la doctrine même qu'ils profeſſent, leur paroîtra toujours ſuſpecte : c'eſt qu'ils n'ont que des idées empruntées, dont ils ne ſçavent pas ſe rendre maîtres. Mais tous les Cartéſiens ne leur reſſemblent pas : il s'en trouve à qui il eſt donné de pouvoir penſer par eux-mêmes, & il n'eſt pas poſſible qu'auprès de ceux-ci le mouvement relatif ne ſoit pleinement juſtifié. Ne laiſſons pourtant pas de l'éclaircir encore, & d'en développer la nature.

Tout bon Philoſophe convient préſentement avec les Théologiens, que la conſervation des Eſtres créés, eſt une émanation de la toute-puiſſance de Dieu, que c'eſt une ſuite non interrompue de réproductions, une création continuellement réitérée : Or ce principe poſé, repréſentons-nous la matiere dans le premier inſtant où il plaît à Dieu qu'elle exiſte; tout ce que nous voyons alors, c'eſt que les parties qu'elle renferme ſe trouvent rangées dans un ordre purement arbitraire. Auſſi à cet ordre en voyons-nous bien-tôt ſucceder un autre, & puis un autre encore, & ainſi de ſuite : c'eſt-à-dire qu'il nous paroît que chaque nouvelle création nous donne un nouvel arrangement, & qu'il n'y a point d'inſtant où l'action de Dieu ne tombe ſur toutes les parties de la matiere à la fois. Mais que nous faudroit-il de plus pour fixer nos idées ? Il me ſemble que nous voilà préſentement en état de ſentir que les corps qu'on dit en mouvement, n'ont rien qui les diſtingue de ceux qu'on regarde comme en repos, ou bien il faudroit que nous nous figuraſſions que pendant que les uns ſeroient ſucceſſivement créés dans différens endroits d'un eſpace fixe & immobile, & par conſéquent diſtingué de la matiere, les autres ſe trouveroient continuellement recréés dans les mêmes endroits de ces eſpaces ; ce qui ne cadreroit plus avec les ſaines idées de la nouvelle Philoſophie : car ſelon nous, la matiere conſidérée dans ſa totalité, n'eſt placée nulle part; elle n'eſt renfermée qu'en elle-même. Tout nous oblige donc de reconnoître que les corps ne peuvent avoir d'état déterminé que relativement les uns aux autres, & qu'ainſi tout mouvement eſt par lui-même reſpectif & réciproque.

En effet, il eſt évident que dès que Dieu reproduit un corps en le mettant dans une nouvelle ſituation à l'égard du reſte de la matiere, il faut, ſelon le principe reçû, qu'il reproduiſe auſſi le reſte de la matiere, en lui faiſant changer de ſituation à l'égard de ce corps. Enſorte que tout ce qu'on peut alors ſuppoſer d'un côté, on peut également le ſuppoſer de l'autre.

Mais je ne dois pas diſſimuler deux difficultés ingénieuſes, dont on demande la ſolution, pour éclaircir davantage la nature du mouvement; voici la premiere: elle eſt un peu métaphyſique. On dit, tout changement de rapport ſemble ſuppoſer un changement abſolu. Il eſt ſûr, par exemple, qu'aucun rapport de grandeur ne peut changer qu'il n'y ait ou une augmentation réelle, ou une diminution effective du côté des quantités comparées; il ſemble donc auſſi que quand les corps changent entr'eux de rapports de diſtance, il doive arriver quelque changement abſolu dans leur état. On ne peut pas nier que ce raiſonnement n'ait quelque choſe de ſpécieux. Cependant en y regardant de près on s'apperçoit aiſément que la parité qu'il renferme n'eſt point exacte, & qu'elle impoſe. En effet, dans un changement de rapport de grandeur, on n'a que les quantités comparées, ſur quoi puiſſe tomber le changement abſolu qui ſert de fondement à la nouvelle relation; mais dans un changement de rapport de diſtance, ſi l'on a deux corps qui qui s'approchent ou qui s'éloignent l'un de l'autre, on a auſſi l'eſpace qui les ſépare, & qui par ſes extentions & par ſes rétréciſſemens détermine leurs différens états relatifs. Ainſi ce n'eſt point du côté des corps, c'eſt du côté de cet eſpace qu'il faut chercher le changement abſolu qu'on veut trouver dans le mouvement. Repréſentons-nous deux corps éloignés l'un de l'autre; & puis ſuppoſons que l'eſpace par lequel ils ſeroient ſéparés fût tout d'un coup anéanti : on voit bien qu'alors les deux corps venant à ſe toucher, changeroient d'état relatif ſans que leur nouvelle relation ſupposât de leur côté aucun changement abſolu. On voit auſſi qu'il en ſeroit de même ſi après leur union un nouvel eſpace créé venoit tout-à-coup à les ſéparer. Or je dis que cela repréſenteroit parfaitement l'état où ſont les choſes ; car la matiere eſt anéantie pour tout lieu où elle ceſſe d'être, & elle eſt créée pour chaque lieu qu'elle vient occuper ; mais qu'on voulût avoir la cauſe des différentes relations ſucceſſives que les corps ont entr'eux, je dis qu'il faudroit la chercher dans l'action de Dieu, qui, ſelon nos principes, tombe à chaque inſtant ſur toutes les parties de la matiere à la fois, & les aſſujettit à une ſuite d'arrangemens variés, d'où naiſſent leurs différens états relatifs.

Venons préſentement à la ſeconde difficulté : Elle tombe ſur le mouvement conſidéré comme réciproque ; la voici telle qu'on la propoſe : que nous nous déterminions à changer de ſituation par rapport à notre lieu phyſique, auſſi-tôt nous en changeons ; mais que ce ſoit notre lieu phyſique que nous voulions faire changer de ſituation par rapport à nous, l'acte de notre volonté n'eſt alors ſuivi d'aucun effet : pourquoi donc cette différence ? D'où peut-elle venir ? Car enfin ſi le mouvement eſt réciproque, tout doit l'être du côté de ſa cauſe. De pareilles difficultés méritent d'être propoſées ; auſſi méritent-elles d'être éclaircies. Je réponds donc qu'à la vérité tout doit être réciproque dans la cause qui produit le mouvement; mais notre volonté ne le produit pas; elle ne peut que l'occasionner: or toute cause occasionnelle est d'une institution purement arbitraire; & il est établi qu'afin que nous puissions figurer à notre gré, avec les parties de notre lieu physique, il faut que notre volonté s'applique directement à nous.

Au reste, quand des corps changent entr'eux de relation, il ne faut pas croire que ceux du côté desquels est la cause du changement, soient les seuls qui puissent être censés se mouvoir: cela seroit bon, si les causes secondes étoient efficaces par elles-mêmes; car il paroît que ce qui agit par sa propre vertu, ne peut jamais agir en distance; mais pour nous nous ne connoissons dans la nature que de simples causes occasionnelles, & nous sçavons qu'il n'est nullement nécessaire que ce qui occasionne la détermination d'une cause réelle, se trouve du côté de chacun des sujets sur lesquels tombe l'effet que produit cette cause. Ajoûtons à cela que rien ne peut agir sur la matiere, sans la faire passer dans différens états à la fois. Imaginons-nous, par exemple, que je me trouvasse dans un Batteau, & que pendant que j'avancerois en suivant l'impression que je suppose qu'il me donneroit, je me déterminasse à aller de la Proue à la Poupe avec une vîtesse égale à celle que j'aurois en sens contraire: Il est évident qu'en même tems que je changerois de place par rapport à mon lieu Physique, je me mettrois en repos par rapport à ceux qui pourroient me voir du rivage: c'est qu'à leur égard ce seroit le Batteau qui fuiroit sous mes pas. Il arriveroit donc alors que par le même acte de ma volonté, je passerois dans deux états non-seulement différens, mais qui paroîtroient même incompatibles, s'ils n'étoient purement relatifs.

Les doutes que nous pouvons avoir ſur le mouvement relatif, ne doivent point nous embarraſſer ; il nous ſera toujours facile de les éclaircir : mais ce qui peut nous faire de la peine, ce ſont nos préjugés. Ce que nous avons une fois crû, nous ceſſons difficilement de le croire. Ainſi jugeons-nous qu'il y a dans les corps qui ſont cenſés ſe mouvoir, quelque choſe de plus que dans ceux qu'on ſuppoſe en repos ; nous nous perſuadons qu'il y a en eux une force qui reſſemble à l'impreſſion ſenſible que font ſur nous les corps étrangers qui rencontrent le nôtre ; c'eſt-à-dire qu'il en eſt à peu près de cette force comme de la peſanteur que nous nous figurons être de même nature que l'effort qu'il nous en coûte pour nous mettre en équilibre avec les corps que nous voulons ſuſpendre ; effort qui cependant ne peut appartenir qu'à notre ame ; mais nous ſommes accoutumés à donner à tous les objets qui nous environnent des qualités ſemblables aux ſentimens dont nous ſommes affectés à leur occaſion ; & ce qu'il y a de fâcheux, c'eſt que les erreurs des ſens ſont toujours celles dont il eſt le plus difficile de revenir. Qui ne conſulteroit que la raiſon, n'auroit nulle peine à ſe perſuader qu'il n'y a point d'autre force dans la matiere que la loi ſelon laquelle ſes différentes parties doivent changer entr'elles de rapport de diſtance : c'eſt ce que peut rendre ſenſible une comparaiſon dont j'ai déja fait naître l'idée : imaginons-nous deux corps repréſentés dans un miroir, où leurs images après s'être rencontrées, ſe ſépareroient, ou bien iroient de compagnie, conformément aux loix de la communication des mouvemens ; il eſt clair qu'il n'y auroit ni force ni effort dans tout cela, mais je dis qu'il n'y en auroit pas davantage du côté des deux corps repréſentés, auxquels je ſuppoſe qu'arriveroit ce que nous feroient voir leurs apparences.

Une autre ſource d'erreur, c'eſt que d'ordinaire nous jugeons de l'état des corps par rapport à la terre qui nous ſert de lieu phyſique; & en cela nous avons tort: car ſuppoſons qu'il y eût des Spectateurs dans quelqu'une des Planettes, & que de l'endroit où ils ſeroient, ils puſſent appercevoir les mêmes objets que nous; il eſt aiſé de comprendre que ſouvent ils verroient en repos ce que nous jugerions en mouvement, & qu'ils jugeroient en mouvement ce qui nous paroîtroit en repos.

On ne peut donc, ſans ſe tromper, juger de l'état des corps par rapport à quelque lieu phyſique que ce ſoit. En effet, qu'un boulet de Canon en obéiſſant à l'impreſſion de la poudre, ceſſât de ſuivre celle du mouvement de la terre; il eſt certain que le boulet dans cet état nous paroîtroit ſe mouvoir, & cela, parce que nous le verrions répondre ſucceſſivement à différentes parties d'un eſpace que nous jugerions ne point changer de place; mais un Aſtronome penſeroit autrement que nous; accoûtumé à former ſon lieu phyſique de l'aſſemblage des étoiles fixes, il jugeroit le boulet arrêté, & ſuppoſeroit qu'au-deſſous ſe déroberoit la ſurface de la terre. Or je dis que ſa mépriſe ſeroit égale à la nôtre; car ce qu'il regarderoit comme fixe, n'a nul caractere de ſtabilité qui le diſtingue du lieu que nous occupons. Nous ne ſommes pas ſûrs que toutes les étoiles ſoient toujours dans la même ſituation les unes à l'egard des autres; mais quand elles conſerveroient toujours entre elles les mêmes rapports de diſtance, je ne vois pas qu'on en pût conclure autre chose, sinon qu'elles se trouveroient dans le cas où se trouvent les parties de tout corps solide; leur repos seroit relatif. On aura donc beau prendre leur assemblage pour le lieu physique de tous les corps qui sont à la portée de nos sens, nous serons toujours en droit de regarder ce lieu, comme un corps particulier, capable lui-même de changer d'état par rapport à quelqu'autre espace plus étendu, dans lequel, si bon nous semble, nous le supposerons renfermé; car quelles bornes peut-on donner à l'Univers? Ajoûtons à cela que quelque supposition que l'on fasse, l'état d'aucun lieu physique ne peut jamais être déterminé; car s'il est vrai, comme je l'ai déja fait voir, que la masse totale de la matiere ne soit ni absolument en repos, ni absolument en mouvement, on doit convenir que quand toutes ses parties se trouveroient dans un parfait repos relatif, le tout n'en deviendroit pas plus propre à former un lieu physique sur l'état duquel on pût rien statuer. Ainsi que dans cette supposition un seul Atome vint à se mouvoir par rapport à tout le reste; on pourroit dire, si l'on vouloit, que tout le reste seroit en mouvement par rapport à l'Atome; De même en reprenant le boulet qui, selon la supposition que j'ai faite, nous paroîtroit aller d'Orient en Occident avec la même vîtesse qu'un Astronome donneroit à la terre d'Occident en Orient, on voit bien que si dans ce cas le boulet rencontroit un autre corps auquel il communiquât toute sa vîtesse, alors l'Astronome pourroit dire que ce seroit ce corps-là même qui communiqueroit toute la sienne au boulet, & qu'après il ne changeroit de rapport de distance avec les parties de la surface de la terre, que parce que la terre continueroit de se mouvoir.

Tout

Tout cela doit entrer aisément dans l'esprit de ceux qui sont accoutumés à penser; ils voyent bien que puisque le mouvement n'est dans les corps qu'un simple changement de rapport de distance, il faut de nécessité qu'il y soit réciproque.

Pour ne nous point tromper, il faudroit que nous ne regardassions les différentes parties de la matiere, que comme feroit une pure intelligence spectatrice de l'Univers entier, & qui ne seroit attachée à aucun lieu physique; c'est qu'alors, comme rien ne nous serviroit de point fixe, nous n'aurions nulle peine à concevoir que tout est respectif dans le mouvement; je veux dire que nous jugerions, par exemple, qu'on pourroit également penser que c'est la terre qui se meut, ou que ce sont les Cieux qui tournent autour de la terre: toute hypothese, toute supposition nous paroîtroit également fondée: c'est ce que semble vouloir nous faire entendre M. Descartes, quand il nous dit que le *mouvement est l'éloignement d'un corps du voisinage de ceux qui le touchent immédiatement, & qu'on regarde comme en repos.* En effet, pourquoi veut-il que pour juger de l'état d'un corps, on ne fasse pas attention à ceux qui sont éloignés de lui, comme à ceux qui lui sont immédiatement appliqués? C'est qu'il arrive souvent que lorsqu'avec les uns il a des rapports de distance successifs, il en a de permanens avec les autres. Pourquoi veut-il encore qu'on suppose en repos le lieu extérieur qu'il lui plaît de donner aux corps qui se meuvent? C'est que l'étendue & la matiere étant une même chose, on ne peut admettre aucun point fixe dans la nature, & qu'ainsi quand les corps ont entr'eux des rapports de distance successifs, le mouvement ne peut être attribué aux uns plûtôt qu'aux autres que par ſuppoſition.

C'eſt ainſi que raiſonnera tout Philoſophe exact, & qui ſçaura ſe rendre maître du principe fondamental de la nouvelle Philoſophie ; car ſi l'étendue créée eſt la ſeule qu'on puiſſe ſuppoſer dans la nature, il faut de néceſſité convenir qu'un corps ne peut être ni en repos, ni en mouvement, que relativement aux autres corps dont chacun lui ſert de lieu phyſique, comme il en ſert lui-même à chacun des autres.

Et dans le fond, quel autre lieu pourroit-on raiſonnablement donner à la matiere? Que ſeroit-ce que ces eſpaces où l'ancienne Philoſophie prétend la renfermer? On auroit aſſez de peine à le dire ; il eſt vrai que ceux qui les admettent eſſayent de les définir. Les uns diſent que c'eſt un rien étendu dont les dimenſions ſont poſitives, d'autres que c'eſt un Eſtre réel qui n'eſt pourtant pas une ſubſtance, d'autres que c'eſt l'immenſité même de Dieu : & tout cela ſe dit ſérieuſement ; mais que nous importe? Qu'on définiſſe comme on voudra l'eſpace incréé, il reſtera toujours à nous faire voir que cet eſpace exiſte ; car enfin, rien ne manifeſte ſon exiſtence. On ſçait que les Philoſophes qui ſe déclarent pour la plénitude univerſelle, ſont obligés de reconnoître qu'ils n'ont jamais apperçû que l'étendue de la matiere ; on ſçait de plus que nulle opération de la nature n'annonce le vuide ; il ſeroit donc inutile de le produire ici contre nous, nous ne l'admettrons que quand on fournira ſes titres : peut-être auſſi ceux qui l'admettent ne le font-ils que parce qu'ils ſont déja prévenus que l'état des corps doit être déterminé : car s'il faut que les corps ſoient ou abſolument en repos, ou abſolument en mouvement, il eſt néceſſaire de leur trouver un lieu fixe, &

distingué de la matiere, dont les parties n'ont nulle stabilité. Les erreurs se tiennent comme les vérités; aussi est-ce par-là qu'il est aisé de les reconnoître. On s'assure qu'il n'y a rien d'absolu ni dans le mouvement, ni dans le repos, parce qu'il est manifeste que l'étendue fixe qu'on suppose renfermer les corps, & qui seule pourroit déterminer leur état, ne peut être raisonnablement admise de quelque maniere qu'on la conçoive. En effet, vouloir que cette étendue soit un néant, ou un rien qui puisse se mesurer, & où l'on puisse distinguer des parties de différentes figures, ou de différente grandeur, ou bien vouloir que ce soit un Estre qui subsiste par lui-même, & refuser en même tems de le mettre au rang des substances, ce sont deux opinions dont on sent d'abord le ridicule. Mais ce seroit bien pis de confondre cette étendue increéée avec l'immensité Divine: C'est que comme chaque corps a son lieu particulier, il s'ensuivroit qu'il y auroit en Dieu des parties distinguées les unes des autres; ce qui le dégraderoit, ce qui le feroit déroger à sa simplicité.

Attachons-nous à des principes moins dangereux & plus solides. Reconnoissons que tout espace est espace créé. Ce sera sur ce pied-là que nous admettrons le vuide: car, comme je l'ai déja dit, le vuide conçû sous l'idée qu'on doit s'en former, n'est que la matiere dépouillée de qualités sensibles, & réduite à n'avoir que ce qu'elle tire de son propre fond. En effet, ôtons-en les couleurs, les sons, les odeurs, la force, les tendances, en un mot tout ce qui nous en fait distinguer les différentes parties, que nous offrira-t-elle alors? Une simple étendue, un espace divisible & mesurable.

Il semble qu'on soit à l'égard du vuide dans le même

préjugé, où l'on est à l'égard du tems, quand on le regarde comme renfermant l'existence successive des Estres créés : c'est qu'à proprement parler, le tems est la succession même attachée à l'existence de la créature : * car le tems a commencé, & il finiroit aussi dans la supposition que la créature fut anéantie. De même on s'imagine que le vuide est le lieu des corps, qu'il les renferme, quoique les corps & le vuide soient précisément la même chose : car l'Univers anéanti, s'il restoit encore quelque lieu, quelqu'espace, ce qui resteroit, seroit immuable & nécessaire, ce seroit quelque chose que Dieu ne pourroit détruire, & qui se déroberoit à sa souveraine puissance : dépendance fâcheuse de l'idée qu'on se forme du vuide ; aussi cela seul suffiroit-il pour nous faire rejetter l'opinion commune. Ne feignons donc point de reconnoître que tout lieu, que tout espace est créé ; mais ce principe une fois admis, nous concluerons sans peine que les corps se servant mutuellement de lieu physique, il faut que tout mouvement soit par lui-même respectif & réciproque.

Ce qui devroit faire impression sur l'esprit de ceux qui défendent le mouvement absolu, c'est l'embarras où ils voyent que sont les Philosophes, quand ils veulent déterminer l'état de chaque corps en particulier. On voit même que les Défenseurs du vuide ne sçavent alors

* On se figure par une erreur d'imagination qu'indépendamment de l'existence des créatures, il y a une certaine durée successive, qui n'a point eu de commencement, & qui ne peut avoir de fin. C'est même de cette durée qu'on forme l'Eternité de Dieu ; comme si l'Estre infiniment parfait pouvoit éprouver quelque succession, lui qui possede son Estre tout à la fois. Ayons des idées plus saines, Dieu n'a point été, il ne sera point, mais il est. Pour la créature, elle ne jouit de son existence qu'en détail : nous n'existons pas encore pour l'avenir, & nous ne sommes pour le présent, qu'en cessant d'être pour le passé ; nous nous succedons continuellement à nous-mêmes.

comment s'y prendre; ils ont beau se représenter la matiere comme renfermée dans des espaces immobiles, ils n'en sont pas plus avancés pour cela: car comment peuvent-ils connoître la nature des rapports que les corps ont avec les parties de ces espaces, sur lesquels nos sens n'ont point de prise? Comment peuvent-ils s'assurer si ces rapports sont permanens ou successifs? Cela ne leur est nullement possible; mais les nouveaux Philosophes ne sont pas même dans le cas de l'incertitude à cet égard, car dès qu'ils sçavent qu'il n'y a point d'autre étendue que celle de la matiere; il est clair que s'ils veulent s'en rapporter à leurs propres idées, il faut qu'ils reconnoissent que l'état des corps est non-seulement indéterminé par rapport à nous; mais qu'il est encore indéterminable en lui-même.

Je suis sûr qu'il n'y a point de Cartésien dévoué à l'erreur du mouvement absolu, qui ayant fait cette réfléxion, n'ait souvent été tenté de reconnoître un espace distingué de la matiere; mais l'embarras, c'est qu'on sent bien que si la matiere est autre chose que de l'étendue, il ne faut plus la restraindre à n'avoir pour propriétés que des figures & de simples changemens de rapports de distance, & dès-lors on n'est plus en droit de lui refuser ni les forces, ni les vertus, ni les qualités sensibles dont le Cartésianisme la dépouille. Il faut même souffrir qu'on réhabilite les causes secondes, les qualités ocultes, & les formes substantielles: car tout cela peut fort bien être l'appanage de ce qui constitue l'essence de la matiere, si la matiere & l'étendue ne sont plus une même chose. Vous trouveriez à la vérité des Cartésiens que cela n'embarrasseroit pas beaucoup, les idées philosophiques se trouvent pêle mêle dans leur esprit ; c'eſt le hazard qui les y aſſemble ; tout ſyſtême lié dans ſes parties les fatigueroit ; ils philoſophent commodément ; ils reçoivent volontiers les principes qui leur conviennent ; mais auſſi ont-ils ſoin d'en rejetter les conſéquences, quand elles ne les accommodent pas. Suppoſons donc que des Philoſophes de ce caractere admiſſent une autre étendue que celle des corps, je ſoutiens qu'ils n'y trouveroient pas encore leur compte : car j'ai trop accordé à ceux qui défendent le vuide, quand j'ai dit qu'en admettant un eſpace diſtingué de la matiere, ils avoient de quoi caractériſer le mouvement abſolu. En effet, quand on leur paſſeroit leur ſuppoſition, cela ne les avanceroit de rien : Il eſt clair qu'afin qu'ils puſſent trouver quelque choſe d'abſolu dans l'état des corps, il ne ſuffiroit pas que toutes les parties de l'eſpace auquel ils ont recours, fuſſent dans un parfait repos relatif ; il faudroit encore que l'état de l'eſpace entier fût lui-même déterminé. Mais d'où pourroit venir ſa détermination ? Car on convient de ce principe, qu'il ne peut y avoir ni repos ni mouvement ſans relation externe, ſans rapport de diſtance ou permanent, ou ſucceſſif : l'eſpace qui ne ſeroit pas matiere, ſeroit donc dans le cas où, ſelon nous, ſe trouveroit tout corps particulier qui exiſteroit ſeul, & qui n'ayant aucun lieu extérieur aux parties duquel il pût répondre, ne pourroit être dit ni en mouvement, ni en repos. Les Cartéſiens, ceux à qui nous avons affaire, auroient donc bien tort de recourir à l'eſpace imaginé par les anciens Philoſophes, ils ne pourroient l'admettre qu'en pure perte pour eux ; ainſi toute reſſource leur manque de ce côté-là. Jugeons donc où ils en ſeroient, ſi après s'être inſtruits des raiſons qui nous font déclarer pour le mouvement relatif, ils ſe trouvoient obligés à leur tour de nous développer leurs idées, & de nous faire voir sur quels principes ils prétendent établir le mouvement absolu. Je crois qu'il y auroit du plaisir à les suivre : ce seroit un grand hazard s'ils s'accordoient mieux entr'eux, qu'ils ne s'accordent avec eux-mêmes. Dispensons-les cependant de s'expliquer, qu'ils s'en tiennent à des décisions vagues, autorisées des préjugés vulgaires, & qu'ils ne mettent point au jour les raisons qui les font décider ; ils n'intéressent déja que trop l'honneur du Cartésianisme. Laissons-les penser à leur maniere. Eh que nous importe de sçavoir ce qu'ils pensent ! peut-être ne le sçavent-ils pas eux-mêmes. N'occasionnons point de nouveaux reproches à la Philosophie de M. Descartes ; nous ne sçaurions ménager ses intérêts avec trop de soin ; de nouveaux ennemis, mais dangereux, s'élevent pour la combattre, & ceux qui devroient prendre sa défense, sont sur le point de lui échapper. Il se trouve à présent moins de Philosophes qu'on ne pense ; nous avons d'habiles gens en tout genre, il est vrai ; mais un talent n'annonce pas toujours tous les autres. Voyez les illustres Emules des sçavans de notre Nation ; quels progrès ne font-ils pas dans les Arts ? La Géométrie semble n'avoir rien de caché pour eux, tout paroît soumis à leurs calculs ; mais écoutez-les philosopher, vous ne les reconnoissez plus ; ce ne sont plus les mêmes hommes. C'est que dans la recherche des vérités abstraites, l'esprit est entierement abandonné à lui-même, nulle voye méchanique ne peut alors le conduire, tout lui fait même obstacle, s'il n'a la force de s'élever au-dessus des impressions sensibles, & de se dépouiller des préventions qu'il confond avec les notions communes, & qui semblent lui être inspirées par la nature même. Aussi ceux que les idées métaphyſiques n'accommodent pas, ſont-ils en ſûreté; ils ne doivent point craindre que les principes abſtraits, qu'on oppoſe à leurs préjugés, puiſſent prévaloir dans l'eſprit du commun des hommes. Pour les préventions que favoriſent les ſens & l'imagination, elles ſont toujours bien reçûes; elles obtiennent aiſément les ſuffrages, & de ceux qui ne ſçavent rien, & de ceux qui ne ſont que ſçavans; il faut s'y attendre, ce mal eſt néceſſaire; mais ce qu'il y a de plus fâcheux, c'eſt que la ſcience même ſert ſouvent de paſſeport à l'erreur. Un homme aura de meilleurs yeux que les autres; il aura épié avec perſévérance ce qu'il y a de délié dans les opérations de la nature, & ce qui communément doit échapper; en voilà aſſez pour lui faire obtenir un titre; il s'en prévaut, il décide, & ſouvent au hazard; il n'importe; on ſe rend à ſes déciſions, le préjugé eſt pour lui; c'eſt-à-dire que parce qu'il a mieux vû que les autres, on croit qu'il ſçait mieux penſer. Des gens par un travail aſſidu ſe ſeront rendu familiers certains caractères ſymboliques; ils ſçauront les ranger & les combiner ſuivant les régles invariables de leur Art; ſi le hazard veut que dans leur chemin ils rencontrent quelque ſingularité dont on ne ſoit pas encore inſtruit; en voilà aſſez pour les mettre en crédit; qu'ils parlent bien ou mal, & ſur ce qu'ils voudront; leur nom décidera, ſi la raiſon n'eſt pas pour eux.

Ceux qui exercent leur eſprit ſur des ſujets palpables, ont un grand avantage, ils ſurprennent aiſément & l'eſtime & la confiance des perſonnes dont les lumieres ſont renfermées dans la Sphere des idées ſenſibles, je veux dire qu'ils ne peuvent guéres manquer d'avoir un grand nombre d'Approbateurs : on eſt intéreſſé à faire valoir

valoir en eux un mérite auquel on se flatte de pouvoir atteindre ; les approuver, c'est s'estimer soi-même, ainsi tout leur est favorable ; & avec des talens souvent médiocres, ils ont le bonheur d'être plus de mise qu'ils ne le seroient avec de rares qualités. Pour nous, ne soyons point les dupes des préventions vulgaires ; songeons qu'il est toujours aisé d'apprendre, il n'en coûte que de le vouloir : Aussi combien voyons-nous de gens, de qui l'on pourroit dire qu'ils sçauroient tout, s'il ne leur manquoit de sçavoir penser : mais le malheur, c'est que l'élevation du génie n'est pas toujours le fruit de la science. Il est vrai qu'il y a des Arts qui aident l'esprit dans ses opérations, & qui, pour ainsi dire, le fertilisent, & lui font produire tout ce qu'il peut tirer de son propre fond, du moins faut-il convenir que la Géométrie lui procure cet avantage ; ses méthodes lui présentent les rapports de toutes les idées ausquelles il est en état d'atteindre ; elles le conduisent, elles le guident dans ses démarches ; mais malgré cela, nous ne voyons que trop qu'elles ne lui donnent ni plus de force, ni plus d'élevation: la facilité de s'élever au-dessus des idées sensibles & des conceptions communes, est toujours un présent de la nature. Heureux qui se trouve favorisé de ce côté-là ; mais plus heureux encore celui qui sur un génie élevé ente un esprit géométrique ; il peut tout se promettre, & nous devons tout attendre de lui. Où M. Descartes n'a-t-il pas porté ses vûes, conduit par ce double esprit ? Car ne lui reprochons plus l'obscurité affectée qu'il jette sur la nature du mouvement ; il s'explique assez pour qui veut l'entendre, * rendons-lui

* Il dit Article 24. 2. Partie de ses principes, comme une chose en même tems change de lieu & n'en change point, de même nous pou-

justice; c'est de lui qu'on tient le mouvement relatif & réciproque. C'est aussi de lui que nous tenons toutes les vérités abstraites qui dissipent les erreurs de nos sens, & celles de notre imagination. Nous n'avons présentement que le mérite de nous prêter à ses lumieres : Ayons de la reconnoissance; il nous épargne un travail qui peut-être seroit au-dessus de nos forces.

Il est certain que la Géométrie a d'abord contribué à la naissance de la Philosophie Cartésienne ; ajoûtons qu'elle a aussi servi à son établissement: Pourquoi donc par un fâcheux retour, en arrête-t-elle à présent les progrès? C'est que nos Géométres se renferment tellement dans leur Art, que leur esprit ne trouve plus de prise à ce qui se dérobe à leur imagination. Ce n'est pas tout, ils tombent dans un abus qui les conduit nécessairement à l'erreur; ils font des suppositions pour se mettre en état de suivre plus aisément leurs méthodes, & pour faciliter l'application de leurs régles ; mais leurs suppositions sont-elles faites ? ils les réalisent, & les donnent pour des principes : veulent-ils, par exemple, faire mouvoir les corps librement ? Ils les regardent comme renfermés dans un espace degagé de toute matiere, & puis ils tirent de-là qu'il y a du vuide dans la nature, ou du moins qu'il y en peut avoir. Si quelquefois pour éviter

vons dire qu'en même tems elle se meut & ne se meut point ; & plus bas Article 29. il (le mouvement) est réciproque, & nous ne sçaurions concevoir que le corps A B soit transporté du voisinage du corps C D que nous ne sçachions aussi que le corps C D est transporté du voisinage du corps A B, & qu'il faut autant d'action pour l'un que pour l'autre, tellement que lorsque nous verrons que deux corps qui se touchent immédiatement, seront transportés l'un d'un côté, & l'autre d'un autre, & seront réciproquement séparés, nous ne ferons point difficulté de dire qu'il y a autant de mouvement en l'un qu'en l'autre. J'avoue qu'en cela nous nous éloignerons beaucoup de la façon de parler qui est en usage.

d'entrer dans des discutions inutiles, ils supposent de la pesanteur, de la force, & des tendances dans les corps, aussi-tôt ils en concluent que tout cela doit s'y trouver à titre de qualités réelles. Ils s'y prennent de même par rapport à l'état de la matiere ; ils le déterminent d'abord par supposition, & le regardent après cela comme absolument déterminé. On voit bien qu'en voilà plus qu'il n'en faut pour les engager à proscrire le Cartésianisme dans son entier ; car n'en détachât-t-on qu'un seul principe, il faudroit que tous les autres tombassent d'eux-mêmes ; mais cette dépendance mutuelle de toutes ses parties n'est pas ce qui fait son moindre mérite.

Au reste, les suppositions qu'on ne donne que pour ce qu'elles sont, ont toujours leur utilité ; elles soulagent notre imagination en fixant nos idées. Les opérations physiques demandent souvent qu'on en fasse, & alors c'est aux plus simples qu'on doit s'attacher. Ainsi que je voulusse faire des expériences pour justifier les loix du mouvement, je commencerois par supposer la terre en repos ; car autrement je ne pourrois avoir que des mouvemens compliqués, dont l'examen fatigueroit plûtôt l'esprit qu'il ne l'éclaireroit. Mais si je voulois établir le Systême du monde, je ferois le contraire ; je supposerois la terre en mouvement ; c'est que le jeu méchanique des parties de l'Univers en deviendroit plus facile à suivre, & puis cette supposition fourniroit même plus d'uniformité. Car dès qu'on fait mouvoir les Planettes, pourquoi une seule se trouveroit-elle exceptée ? Mais avec tout cela je ne ferois que des suppositions, & si je prenois les plus simples, ce ne seroit que parce que je les trouverois les plus commodes : c'est que rien ne m'obligeroit absolument à leur donner la préférence.

En effet, quelque ſuppoſition qu'on voulût faire, on trouveroit toujours un méchaniſme qui s'ajuſteroit parfaitement aux loix de la communication des mouvemens, à celles que l'expérience nous a fait découvrir. Il eſt vrai que toutes autres loix ſe fuſſent continuellement démenties dans les différens états, où peuvent être ſuppoſées les différentes parties de la matiere, comme je le ferai voir dans la Diſſertation ſuivante, & peut-être paroîtra-t-il étonnant qu'entre une infinité de loix poſſibles que Dieu pouvoit choiſir, ſuppoſé que le mouvement ſoit quelque choſe d'abſolu, ſon choix ſoit juſtement tombé ſur les ſeules que pouvoit comporter l'hypothèſe du mouvement relatif. Si cette hypothèſe eſt fauſſe, l'erreur eſt trop favoriſée.

Mais il me reſte à examiner ce qui peut produire le mouvement, & de quelle maniere il ſe communique; deux queſtions, dont voici ce me ſemble la réſolution: on voit d'abord que le principe du mouvement ne peut ſe trouver dans les corps, qu'il ne doit point être mis au rang de leurs qualités; car toute qualité eſt néceſſairement attachée à quelque ſujet particulier. Or, puiſque le mouvement eſt toujours reſpectif & réciproque, il s'enſuit que quand deux corps changent entr'eux de rapports de diſtance, la vertu motrice n'eſt pas plus la qualité de l'un que la qualité de l'autre, & qu'ainſi elle n'eſt la qualité ni de l'un ni de l'autre. Le principe du mouvement eſt donc un principe général, il ne faut donc le chercher que dans la volonté toute-puiſſante d'un Eſtre ſupérieur, qui range à ſon gré toutes les parties de l'Univers, & qui met entr'elles tous les rapports que bon lui ſemble.

De-là il ſuit qu'un corps n'en peut mouvoir un autre,

il ne peut que lui occaſionner du mouvement ; mais comment lui en occaſionnera-t-il ? On croiroit d'abord que pour le découvrir il ſeroit néceſſaire de conſulter l'expérience ; car toute occaſion phyſique ſemble n'être déterminée que par une inſtitution purement arbitraire. Cependant regardons-y de près, nous nous appercevrons bien-tôt que la rencontre des corps peut ſeule être la cauſe de la diſtribution du mouvement, du moins s'il faut que cette cauſe ſoit générale. En effet, ſuppoſons qu'il y eût une loi par laquelle tous les corps duſſent ou s'attirer ou ſe repouſſer en ſe préſentant ſimplement les uns aux autres ; il eſt clair que comme l'attraction ou l'expulſion ſeroit réciproque de toute part, tout demeureroit en équilibre, & qu'ainſi le mouvement ſeroit détruit par la loi même, ſuivant laquelle nous voudrions qu'il ſe communiquât.

On voit donc préſentement ce que c'eſt que le mouvement, quelle eſt ſa cauſe, & comment il ſe communique.

# PRINCIPES GÉNÉRAUX DE LA NATURE,

## APPLIQUÉS AU MECANISME ASTRONOMIQUE, ET COMPARÉS AUX PRINCIPES DE LA PHILOSOPHIE DE M. NEWTON.

## SECONDE DISSERTATION.

### *Les Loix du Mouvement.*

### ARTICLE I.

LES Loix de la communication des mouvemens ont été juſtifiées par trop d'expériences, pour être préſentement ſujettes à réviſion ; une infinité de Phyſiciens les ont vérifiées dans les opérations méchaniques de la nature ; mais quand nous nous mêlerions de les vérifier à notre tour, quelle nouvelle aſſurance pourroit-on prendre ſur notre travail ? Nous ne ſommes ni plus adroits, ni plus exacts que les autres, & puis on voudroit encore s'aſſurer de la validité de notre témoignage; ainſi ce ſeroit toujours à recommencer : Ne feignons donc point de nous rendre à des vérités de fait atteſtées par tout ce que nous avons de Phyſiciens artiſtes, ſongeons plûtôt à entrer dans les vûes des Philoſophes modernes, & eſſayons de les ſatisfaire ſur ce qu'ils peuvent attendre de nous; ils ne ſe contentent pas qu'on puiſſe trouver méchaniquement les loix ſuivant leſquelles le mouvement ſe communique, il veulent qu'on établiſſe ces loix ſur des principes certains : peut-être ne l'a-t-on point encore fait ; il eſt vrai que quelques Géometres croyent leur donner un fondement ſolide en poſant pour principe, que dans le choc des corps, la réaction eſt toujours égale à l'action, découverte qui certainement n'a pas dû leur coûter beaucoup; car leur principe d'où le tirent-ils ? De l'expérience qui fait voir que quand un corps en rencontre un autre, le mouvement qu'il lui donne en avant, il le reçoit lui-même en arriere aux dépens du ſien propre, à cauſe de la différence des directions; enſorte qu'avant & après le choc, on a toujours la même quantité de mouvement de même part; or comme c'eſt-la préciſément le fait dont on demande la raiſon, le ſuppoſer, c'eſt ne rien démontrer; peut-être ces Géométres diront-ils que ce qu'ils nomment action & réaction dans les corps qui ſe rencontrent, n'eſt pas comme nous l'entendons la loi ſuivant laquelle le mouvement ſe communique, ils diront peut-être que c'eſt une force réelle, une qualité intime attachée aux corps mûs : qu'ils diſent ce qu'ils voudront, nous ne nous rendrons pas difficiles ſur ce point ; nous leur pafferons s'ils veulent, que les corps ont en eux une certaine puiffance, une certaine vertu qu'ils nommeront comme il leur plaira, ce que nous ne pafferions pourtant pas à des Cartéfiens ; car fi la force pouvoit être une propriété de la matiere, il eft clair que la matiere feroit autre chofe que de l'étendue, puifque l'étendue n'eft capable que de figures & de changemens de rapports de diftance, ainfi tout le fyftême de M. Defcartes feroit renverfé, & l'on ne pourroit plus refufer à la matiere, ni les vertus, ni les qualités dont l'ancienne école fait dépendre les opérations de la nature ; mais les Géométres dont je parle, ne font point partifans de la Philofophie moderne, ainfi on peut fe prêter à leurs idées, fans que cela tire à conféquence ; fuppofé donc qu'ils vouluffent que quand deux corps fe rencontrent, l'action & la réaction fuffent cette efpece d'effort qu'ils nous paroiffent faire l'un contre l'autre en fens contraire, je leur foutiendrois que leur maniere de raifonner n'en feroit pas moins vicieufe, car du moins faudroit-il qu'ils convinffent que la force qu'ils mettroient dans la matiere, ne pourroit fe manifefter que par fes effets ; ainfi l'affurance qu'ils auroient de l'égalité des efforts différens que produiroit la rencontre des corps, feroit uniquement fondée fur l'égalité des mouvemens contraires dont l'expérience nous fait voir que leur choc eft toujours fuivi ; ce ne feroit donc pas du principe fur lequel ils s'appuyent, que fe pourroit tirer la loi fondamentale de la communication des mouvemens, ce feroit au contraire de cette loi là même, que fe tireroit leur principe ; auffi ce cercle vicieux, que n'ont fçû éviter ceux qui font fimplement à portée des calculs géométriques, leur a-t-il été reproché par les Philofophes Géometres, par ceux qui fçavent calculer & penfer.

Les

Les loix ſuivant leſquelles le mouvement ſe communique, doivent donc être établies ſur d'autres fondemens que ceux qu'on leur a donnés juſqu'à préſent ; il faut tirer ces loix du ſein même de la nature : c'eſt ce que nous allons eſſayer de faire.

## ARTICLE II.

Tous les corps qui nous environnent, nous ſervent de lieu extérieur ; mais nous prenons pour notre lieu phyſique, l'aſſemblage de ceux à l'égard deſquels nous ne changeons de ſituation, que quand nous faiſons une ſorte d'effort pour en changer.

## ARTICLE III.

Notre lieu phyſique ſe préſente toujours à nos ſens dans un état fixe & déterminé, nous le voyons toujours en repos ; ainſi dès que conjointement avec nous, il vient à ſe déranger par rapport à d'autres corps, ce ſont ces corps-là qui nous paroiſſent ſe mouvoir, non ſuivant la direction du mouvement qui nous eſt propre, mais avec une direction contraire ; c'eſt ainſi qu'à notre égard le Ciel tourne d'Orient en Occident, pendant qu'à l'égard de l'Aſtronome, c'eſt nous-mêmes qui tournons, mais d'Occident en Orient.

## ARTICLE IV.

Un corps qui change de rapport de diſtance à l'égard de quelqu'autre corps qu'on regarde comme fixe & immobile, eſt cenſé ſe mouvoir d'un mouvement abſolu, & ſon mouvement eſt alors le produit de ſa maſſe par ſa vîteſſe ; mais comme l'état d'aucun lieu phyſique ne peut être abſolument déterminé, & qu'à proprement parler, tout changement de rapport de distance est relatif & réciproque, ce n'est jamais qu'hypotetiquement que le mouvement absolu peut être admis par des Philosophes ëxacts & accoutumés à n'attribuer à la matiere que les propriétés qui lui conviennent; il n'y a donc rien de réel ni de déterminé dans le mouvement, que la vitesse respective avec laquelle les corps s'approchent ou s'éloignent les uns des autres; cependant comme les Géometres ordinaires sont peu familiarisés avec les saines idées que nous fournit la Philosophie moderne sur la nature du mouvement, nous justifierons & nous analiserons les effets que doit produire la rencontre des corps, en nous appuyant également sur les deux différentes opinions qui nous partagent aujourd'hui.

## ARTICLE V.

Quand deux corps changent entr'eux de rapport de distance, leur mouvement respectif peut toujours nous offrir cinq apparences différentes; ainsi que A & B, par exemple, s'approchent l'un de l'autre, je dis qu'alors il peut paroître que c'est A qui va chercher B, ou que c'est B qui vient chercher A, ou qu'ils avancent tous deux avec des directions contraires, ou qu'ayant la même direction, c'est A qui suit B & qui s'en approche, ou enfin que c'est B qui suit A & qui vient le joindre; ces différentes apparences dépendent de l'état où se trouve le lieu physique du spectateur.

Pour rendre ce que je dis plus sensible, je nomme V toute vitesse respective, les signes + & — marqueront les différentes directions du mouvement, & quand le caractere qui désignera la vitesse, regardée ou comme absolue, ou comme relative, ne sera affecté d'aucun ſigne, ce caractere ſera cenſé être précedé du ſigne +; enfin O exprimera l'état des corps, lorſque nous les ſuppoſerons en repos : Cela poſé, imaginons-nous que pendant que je ſerois placé dans un batteau qui répondroit à un point quelconque F, *Figure* 1. A, partit de ce point avec la direction + & que dans ſon chemin il rencontrât B en repos au point G, on voit bien que ſi le batteau que je nommerai ici N, gardoit conſtamment le même rapport de diſtance avec F, les corps A & B me paroîtroient dans le même état où les verroient ceux à qui le rivage ſerviroit de lieu phyſique, ainſi NO me donneroit A + V : BO ; mais que je vouluſſe renverſer cette apparence, il eſt clair que je n'aurois qu'à donner à N un mouvement ſemblable à celui du corps A ; c'eſt qu'alors mon lieu phyſique rendant ſa viteſſe aux deux corps avec une direction contraire à celle de ſon mouvement propre, je n'aurois plus A + V : BO, j'aurois A + V — V : B — V ou AO : B — V ; c'eſt-à-dire, que quand N ſeroit arrivé en D, extrémité de la ligne ND, que je ſuppoſe égale & parallele à FG, B me paroîtroit avoir décrit la ligne HG égale à GF ; je jugerois donc que ce corps ſeroit venu joindre A en repos au point G ; car A n'auroit point changé de ſituation à mon égard, il ne ſe trouveroit dérangé par rapport au rivage, que parce que le rivage auroit eu le même mouvement que le corps B, & ſe ſeroit mû avec la viteſſe — V ; les autres apparences ne ſeroient pas plus difficiles à trouver ; on voit par exemple, que N + $\frac{1}{2}$ V donneroit A + $\frac{1}{2}$ V : B — $\frac{1}{2}$ V, enſorte que les deux corps s'approcheroient l'un de l'autre ; on voit de même que N — V donneroit A + 2V : B + V ; c'eſt-à-dire que N reculant avec la viteſſe — V, A & B auroient la direction +, & que A iroit joindre

B, à cauſe de l'inégalité des viteſſes; on voit auſſi que N + 2V rendroit A — V: B — 2V, de maniere que A & B ſuivroient la direction — avec des viteſſes inégales, & que ce ſeroit B qui viendroit trouver A.

## ARRICLE VI.

Mais de ces cinq apparences différentes, quelle ſeroit celle qui nous offriroit l'état abſolu des deux corps? Je n'en ſçais rien, peut-être aucune ne nous le repréſenteroit-elle; ce qu'il y a de certain, c'eſt que la premiere ſeroit fauſſe pour ceux qui ſe trouveroient ſur le rivage auſſi-bien que pour moi; car le corps B ne nous paroîtroit en repos, que parce qu'il ſuivroit exactement l'impreſſion du mouvement de la terre; dès que notre lieu phyſique ſe meut, il faut de néceſſité que toute apparence nous impoſe, je veux dire, que l'état où nous voyons les corps eſt toujours différent de leur état abſolu.

## ARTICLE VII.

Sur ce pied-là, je trouve que c'eſt un grand hazard, que l'expérience nous ait mis à portée de développer les loix du mouvement; nous ne pouvions guéres nous flatter que ſur ce point, les apparences duſſent répondre à la réalité; en effet, ſi l'on veut que le mouvement ſoit quelque choſe d'abſolu, il faut néceſſairement reconnoître que les loix ſuivant leſquelles il ſe communique ſont arbitraires dans leur origine, & de plus qu'il y en avoit une infinité de poſſibles qui auroient été générales ſans le paroître, & dont par conſéquent nous n'aurions pû nous aſſurer, quelqu'obſervation que nous euſſions pû faire; ſuppoſons, par exemple, qu'il fût établi que quand un corps en rencontreroit un autre en repos, & qui lui seroit égal, il ne pût l'obliger à changer de place, mais que son action retombant sur lui-même, il réjaillit avec toute sa vitesse primitive; je dis qu'il ne seroit pas possible qu'une telle loi parût par tout la même, & je le prouve; je prens deux corps égaux que A & B représenteront, & puis je suppose qu'un spectateur placé vers un des poles de la terre, vit A aller choquer B en suivant la direction —+, & qu'ainsi, conformément à la loi, il eut de suite ces deux apparences, A+V: BO & A—V: BO; je suppose que ces apparences répondissent exactement à l'état absolu des deux corps, la premiere avant leur rencontre, l'autre après qu'ils se seroient rencontrés; jusques-là rien n'embarrasseroit le spectateur, il auroit une loi que rien ne démentiroit encore; mais que nous vinssions ensuite à le transporter dans un climat plus voisin de l'Equateur, & que là, en obéissant à l'impression du mouvement de la terre, il eut précisément & la vitesse & la direction du corps A, il est clair que s'il apperçevoit deux autres corps égaux M & N qui se rencontrassent de même que A & B, ensorte que leur vitesse respective exprimée par leur mouvement absolu, fut M+V: NO, alors le spectateur qui se supposeroit en repos, transporteroit sa vitesse à ces deux corps, mais avec une direction contraire à la sienne propre; ainsi M+V: NO, deviendroit pour lui M+V—V: N—V ou MO: N—V; c'est-à-dire qu'il lui paroîtroit que ce seroit N qui viendroit trouver M avec toute la vitesse respective des deux masses, ce qui rentreroit dans le cas de la loi; or comme je suppose que M+V: NO, avant le choc, donneroit M—V: NO après le choc, les deux corps étant conſidérés dans leur état abſolu, on voit bien qu'afin que la loi pût paroître générale, il faudroit que MO : N — V parut rendre MO : N + V, ce qui n'arriveroit pourtant pas ; car la même cauſe qui transformeroit M + V : NO en MO : N — V transformeroit M — V : NO en M — 2V : N — V, enſorte que le ſpectateur placé dans ſon nouveau lieu phyſique, auroit une nouvelle loi, il lui paroîtroit qu'un corps qui en viendroit frapper un autre qui lui ſeroit égal, lui communiqueroit le double de ſa viteſſe ſans rien perdre de la ſienne propre ; de même ſi vers les poles il avoit cette apparence A + V : BO avant le choc, & A — $\frac{3}{4}$ V : B + $\frac{1}{4}$ V après le choc, ce qu'on ſçait être une des loix de M. Deſcartes, il eſt évident que transporté de nouveau dans le climat où je viens de ſuppoſer qu'il auroit la même viteſſe, & la même direction que le corps A, il trouveroit que MO : N — V deviendroit après le choc M — $\frac{7}{4}$ V : N — $\frac{3}{4}$ V, & non pas M — $\frac{1}{4}$ V : N + $\frac{3}{4}$ V, comme le demanderoit la loi pour paroître générale, ſuivant l'Analogie des différentes directions.

Ce n'eſt pas tout, je dis que ſi de pareilles loix étoient établies, ce ne ſeroit pas ſeulement la différence des climats qui les défigureroit à notre égard, ce ſeroit encore la différence des ſaiſons ; car ſi la terre ſe meut d'un mouvement uniforme, ce n'eſt qu'en tournant ſur ſon axe, mais on ſçait qu'elle change continuellement de viteſſe en faiſant ſa révolution autour du Soleil, ce qui ſuffiroit pour donner à l'état abſolu des corps, une ſuite de formes toujours trompeuſes & toujours variées.

Je conclus donc que ceux qui ont trouvé le moyen d'analiſer les loix du mouvement, en ne conſultant que l'expérience, ont été plus heureux qu'ils ne devoient l'eſpérer; ſi l'inconvénient de la tentative ne les a point frappés, c'eſt qu'un préjugé dominant, & peut-être combattu par leurs propres lumieres, leur a fait ſuppoſer que la terre étoit en repos; ainſi ſe regardans comme dans un lieu fixe, ils ont compté que ſur l'effet que produit la rencontre des corps, l'expérience ne pouvoit leur impoſer; une erreur d'imagination leur a ſervi de guide, & le hazard les a favoriſés; ils n'ont réuſſi que parce que les loix du mouvement ſe concilient de maniere qu'elles ſe préſentent toujours ſous la même forme, & qu'ainſi les effets qui répondent aux cauſes réelles, ne ſont jamais démentis par ceux que ſemblent produire les cauſes qui ne ſont qu'apparentes.

## ARTICLE VIII.

Je me reprens, ce n'eſt point là un effet du hazard; un Dieu ſage a dû faire choix d'un méchaniſme toujours ſemblable à lui-même, & par-là facile à démêler, il falloit que nous puſſions attraper ſans peine ce qu'il y a d'eſſentiel dans le commerce que nous avons avec les corps qui nous environnent: ſi l'Auteur de la nature eût réglé la communication des mouvemens ſur des loix ſujettes à changer de forme par la différence des tems & des lieux, ces loix nous euſſent continuellement mis en défaut; ainſi dans tout ce que nous euſſions été obligés de faire pour notre propre conſervation, il nous eût fallu prendre le parti de nous commettre au hazard de l'événement; ce n'eſt point en nous, comme dans les animaux, un méchaniſme néceſſaire qui détermine ou qui dirige nos mouvemens, il falloit que nous fuſſions libres pour entrer dans les vûes que Dieu a ſur nous par rapport à ſon deſſein principal; deſſein auquel tous les autres ſont néceſſairement ſubordonnés ; mais ſi Dieu a dû nous commettre le ſoin de régler nos actions, nos mouvemens, nos démarches, on eſt forcé de reconnoître que ſa bonté, que ſa juſtice même exigeoit de lui, que dans l'uſage qu'il lui importoit que nous fiſſions de notre liberté à cet égard, il nous fût aiſé de nous dérober à l'inconvénient des ſurpriſes & des mécomptes ; il falloit donc que les loix du mouvement toujours préſentées ſous la même forme, nous devinſſent familieres ; il falloit que les effets du choc des corps fuſſent tels qu'ils ne puſſent échapper à notre prévoyance, auſſi ſçavons-nous les prévoir ; ils nous ſont ſuffiſamment connus. Qu'on ne diſe point que c'eſt aux Phyſiciens que la connoiſſance en eſt réſervée : j'avoue que c'eſt à leur adreſſe qu'on doit l'art de réduire les loix du mouvement à la ſcience des calculs, c'eſt ſur ce pied-là qu'on peut leur paſſer le mérite de les avoir trouvés ; ils ſçavent les analiſer, ils ſçavent en titer des principes propres à les conduire dans leurs recherches ſpeculatives, mais voilà tout ; car dans les occaſions où nous avons intérêt de nous déterminer, nous ſçavons tous également juger de l'effet que le choc des corps doit produire ; l'expérience même fait voir que dans les exercices qui roulent ſur la combinaiſon des mouvemens communiqués, nous avons preſque toujours plus de prévoyance que d'adreſſe ; or ſi les loix du mouvement nous ſont ſuffiſamment connues, je dis qu'elles ſont pleinement juſtifiées. L'uniformité ſur laquelle elles ſe trouvent établies eſt une convenance à laquelle Dieu étoit obligé d'avoir égard, nulle autre ne pouvant être auſſi eſſentielle à ſon deſſein principal ; mais ce qui ſans doute étonnera ceux à qui il eſt donné de pouvoir s'étonner, c'eſt que ce qui eſt ici une raiſon

raiſon de convenance & de la plus grande convenance, ſi on regarde le mouvement comme quelque choſe d'abſolu, cette raiſon la même devient une raiſon de néceſſité, dès qu'on ſe renferme dans l'hypotèſe du mouvement relatif. En effet, comme dans cette hypotèſe, l'apparence & la réalité ſe confondent, il eſt clair qu'une loi, pour être générale, doit néceſſairement le paroître.

## ARTICLE IX.

De-là j'infere que quelque ſyſtême qu'on adopte, on eſt en droit de ſuppoſer que dans le méchaniſme de la nature, *les effets que ſemblent produire les cauſes qui ne ſont qu'apparentes, ne ſont jamais démentis par ceux qui répondent aux cauſes qu'on dit réelles*. Quelque jour je ferai ſentir l'étendue & la fécondité de ce principe; ici je me borne à faire voir de quelle maniere on doit s'en ſervir pour découvrir & pour analyſer les loix du mouvement.

## ARTICLE X.

Je ſuppoſe que tout corps qui ſe meut librement, ſe meut toujours d'un mouvement uniforme & direct.

1°. Si le mouvement imprimé à la matiere s'acceleroit ou ſe ralentiſſoit de lui-même, il arriveroit tôt ou tard que la nature ſe trouveroit totalement boulverſée, ou qu'elle tomberoit en défaillance.

2°. Si un corps M pouſſé de A vers B ne tendoit point à ſe mouvoir le long de la ligne droite AB, quelque courbe qu'il affectât de ſuivre, on en pourroit toujours ſuppoſer une infinité de la même eſpece, qui bien que rangées entr'elles dans un ordre conſtant, n'auroient cependant aucune poſition déterminée par rapport à la ligne AB qu'elles embrasseroient toutes également, & de la même maniere; mais que le hazard déterminât la trace du corps M, cela ne suffiroit point encore; car qu'on poussât un autre corps N pour le faire aller du point C au point D, on voit bien que si la ligne CD étoit autrement tournée que AB, & qu'elle fût couchée sur un autre Plan, quoique la trace de M pût alors déterminer l'espece de courbe qu'il faudroit que N décrivît, elle ne détermineroit point pour cela celle que N devroit suivre entre toutes les courbes semblables dont la ligne CD pourroit être environnée; ainsi chaque cas différent demanderoit une détermination particuliere.

## ARTICLE XI.

Je suppose toujours que quand deux corps se rencontrent, la direction de leur mouvement passe par leurs centres de gravité & par les points du contact.

Je suppose encore que dans chaque cas particulier de la percussion, le lieu physique du spectateur reste constamment en repos, ou que s'il se meut, il avance toujours avec la même vitesse, & en suivant la même direction.

## ARTICLE XII.

Or cela posé, il est aisé de s'apperçevoir qu'une seule des loix suivant lesquelles le mouvement se communique, doit donner toutes celles où la proportion des masses se retrouve la même; supposons, par exemple, que A + V : BO avant le choc, rendit AO : B + V après le choc, & que nous voulussions sçavoir ce qui arriveroit si ces deux corps ayant des vitesses égales & des directions contraires, venoient à se rencontrer, nous le découvririons en faisant mouvoir notre lieu physique avec $+\frac{1}{2}V$ de vitesse ; c'est qu'alors $A+V : BO$ devenant pour nous $A+\frac{1}{2}V : B-\frac{1}{2}V$, $AO : B+V$ deviendroit $A-\frac{1}{2}V : B+\frac{1}{2}V$, ce qui nous donneroit la loi que nous chercherions, puisque suivant le principe que j'ai d'abord établi, *les effets que paroissent produire les causes apparentes, sont toujours les mêmes que celles que produiroient les causes qu'on dit réelles.*

## ARTICLE XIII.

Quand un corps en mouvement en rencontre un autre en repos, & qui lui est égal, je dis qu'afin que l'apparence & la réalité se concilient, il faut qu'après le choc, la somme des mouvemens pris de même part, soit égale au mouvement primitif. Je suppose que les corps A & B soient égaux, & que A ayant la direction & la vitesse $+V$ rencontre B en repos, je suppose aussi qu'après le choc $\pm X$ exprime le mouvement de A, & que $\pm Y$ marque celui de B, cela posé, j'ai à faire voir que $\pm X \pm Y$ doit être égal à V, pour cela je donne à mon lieu physique la vitesse & la direction $+V$, ce qui renverse l'apparence du mouvement, car alors il doit me paroître que c'est B qui avec $-V$ de vitesse, vient trouver A en repos ; par-là j'ai deux cas semblables, où l'effet du choc doit être réglé suivant la même loi, ce que j'exprime par ces deux formules,

| *Avant le choc,* | *Après le choc.* |
|---|---|
| $A+V : BO$ | $A \pm X : B \pm Y$ |
| $AO : B-V$ | $A \pm X - V : B \pm Y - V$ |

mais puisque le mouvement que A imprime à B dans le premier cas, doit être semblable à celui que B imprime à A dans le second, à la direction près, il faut que $\mp$ Y égale $\pm$ X — V, ce qui donne $\pm X \pm Y = + V$. Je tirerois aussi la même égalité de celle qui doit se trouver entre $\mp$ X & $\pm$ Y — V. Ce que je prouve pour ces deux cas, s'étendroit à tous les autres où l'on supposeroit encore que A & B seroient égaux, c'est que comme on vient de le voir (*Article XII.*) les cas de la percussion ne sont différenciés que par une addition, ou par une soustraction de mouvement toujours égale avant & après la rencontre des corps.

## ARTICLE XIV.

Si A ayant la vitesse & la direction + V va frapper B en repos, il est clair que B doit recevoir au moins $\frac{1}{2}$V de vitesse avec la direction +, car autrement la somme des deux mouvemens pris de même part, n'égaleroit point le mouvement primitif, B ne pouvant être pénétré par A. Si l'on veut que la vitesse de B soit $+\frac{1}{2}V$, celle de A sera aussi $+\frac{1}{2}V$; ainsi on aura $+\frac{1}{2}V : +\frac{1}{2}V$ au lieu de $\pm X : \pm Y$ : mais si on suppose que la vitesse de B surpasse $\frac{1}{2}$V & que ce soit de la quantité + D, $\frac{1}{2}V - D$ donnera la vitesse de A; c'est qu'alors la somme des deux vitesses se trouvera égale à + V, ainsi on aura $+\frac{1}{2}V - D : +\frac{1}{2}V + D$, au lieu de $\pm X : \pm Y$; donc toutes les loix que comporte l'égalité des deux masses, dans le cas dont il s'agit, peuvent être exprimées par l'une ou par l'autre de ces deux formules.

*Avant le choc* $+V =$ *après le choc* $\begin{cases} +\frac{1}{2}V : +\frac{1}{2}V \\ +\frac{1}{2}V - D : +\frac{1}{2}V + D \end{cases}$

## ARTICLE XV.

Mais il est aisé de voir que la loi qu'exprime la premiere des deux formules précedentes, est la seule qui puisse être générale, la seule qui puisse servir à régler l'effet de la percussion dans le cas de l'inégalité des masses.

Prenons un corps M soudouble de N, & supposons que les deux moitiés de N fussent P & Q, il est évident que si M ayant frappé le corps P, ces deux corps égaux en masse se trouvoient obligés de se séparer suivant quelqu'une des loix exprimées dans la seconde formule, il faudroit que P & Q se séparassent aussi; car Q seroit mis en mouvement par P, en conséquence de la loi même suivant laquelle P seroit mû par M; or une telle séparation ne pourroit compâtir avec la tenacité des parties dont les corps durs sont composés; donc il faudroit qu'une loi particuliere réglât l'effet du choc de M & de N: mais si une telle loi étoit établie, & qu'elle demandât que M & N après leur rencontre, se séparassent encore, on trouveroit que cette loi ne pourroit s'étendre à aucun des autres cas, où l'on supposeroit que les masses qui se choqueroient, auroient entr'elles un rapport d'inégalité différent de celui de M & de N; chaque cas demanderoit donc une loi particuliere; aussi presque tous les Physiciens conviennent-ils présentement, que quand deux corps se rencontrent, & que la direction de leurs mouvemens passe par leurs centres de gravité & par les points du contact, ces corps ne peuvent ensuite se séparer qu'en conséquence de l'action d'une matiere étrangere; on prouve qu'une telle séparation est toujours un effet composé, un Phénoméne produit par le concours de plusieurs causes différentes; C'est aussi ce que je ferai voir en dévelopant la nature du ressort.

## ARTICLE XVI.

Justifions encore que la loi exprimée par la premiere formule, est une loi générale, une loi qui sert à régler l'effet de la percussion dans le cas même de l'inégalité des masses.

Je prens d'abord le cas le plus simple que j'exprime par M + V : NO, je suppose encore que M soit à N comme 1 à 2, & que P & Q soient les deux moitiés de N, je suppose outre cela que les deux corps n'ayent point de ressort, & je dis que suivant la loi qu'il s'agit de justifier, M donnera la moitié de sa vitesse à P, & qu'en même tems selon la même loi, P partagera avec Q la vitesse qui lui sera communiquée; il restera donc $\frac{V}{2}$ pour M lorsqu'on aura $\frac{V}{2N}$ ou $\frac{V}{4}$ pour N; or la différence de $\frac{V}{2}$ & de $\frac{V}{2N}$ étant $\frac{NV-V}{2N}$, il faudra que M partage aussi cette différence avec P, & qu'en même tems P fasse part à Q de la nouvelle vitesse qu'il recevra; ainsi $\frac{NV-V}{4N}$ sera encore retranché d'un côté pendant que $\frac{NV-V}{4N^2}$ sera ajoûté de l'autre; mais la différence de $\frac{NV-V}{4N}$ & de $\frac{NV-V}{4N^2}$ étant $\frac{N^2V-2NV+V}{4N^2}$, cette différence sera de même partagée entre M & P, & alors il se fera un nouveau partage entre P & Q; ainsi la vitesse de M diminuera de $\frac{N^2V-2NV+V}{8N^2}$ & celle de N augmentera de $\frac{N^2V-2NV+V}{8N^3}$ : en cherchant donc ainsi de suite tous les retranchemens de la vitesse de M, & toutes les augmentations de celle de N, on formera ces deux progressions infinies où régnera la raison exprimée par $\frac{2N}{N-1}$.

$$\frac{V}{2} \qquad\qquad \frac{V}{2N}$$

$$\frac{NV-V}{4N} \qquad\qquad \frac{NV-V}{4N^2}$$

$$\frac{N^2V-2NV+V}{8N^2} \qquad\qquad \frac{N^2V-2NV+V}{8N^3}$$

&c. &c.

La vitesse de M après le choc égalera donc sa vitesse primitive moins la somme de tous les termes de la premiere progression, & celle de N égalera O de vitesse plus la somme de tous les termes de la seconde progression, & l'on aura $\frac{V}{N+1}$, pour chacune des deux vitesses ; car 1°. $\frac{V}{2}-\overline{\frac{NV-V}{4N}}$, ou $\frac{NV+V}{4N}$ sera à $\frac{V}{2}$ comme $\frac{V}{2}$ — O à $\frac{NV}{N+1}$, quantité, qui retranchée de la vitesse primitive V donnera $\frac{V}{N+1}$ 2°. $\frac{V}{2N}-\overline{\frac{NV-V}{4N^2}}$ ou $\frac{NV+V}{4N^2}$ sera à $\frac{V}{2N^2}$. comme $\frac{V}{2N}$ — O à $\frac{V}{N+1}$ somme de tous les termes de la seconde progression, donc M & N après leur rencontre, iront de compagnie avec le tiers de la vitesse primitive de M.

Supposons présentement que M fût à N comme 1 à 3; & que les quantités P, Q, R, valussent chacune un tiers de N. On voit bien qu'en même tems que M donneroit $\frac{V}{2}$ de vitesse à P, P de son côté suivant ce qui vient d'être dit, partageroit également cette vitesse avec Q & avec R; ainsi lorsque M perdroit $\frac{1}{2}$V, on auroit $\frac{V}{2N}$ pour N, ce qui dans ce cas vaudroit $\frac{V}{6}$ de vitesse; il est donc évident que si l'on cherchoit de suite toutes les diminutions de la vitesse de M, & toutes les augmentations de celle de N, en se servant des deux progressions précedentes, où alors N vaudroit 3, on trouveroit que la vitesse des deux corps après le choc, seroit $\frac{V}{N+1} = \frac{V}{4}$; ainsi N augmentant selon la suite des nombres entiers, on trouveroit toujours qu'après le choc M & N iroient de compagnie avec la vitesse primitive du corps M divisée par la somme des deux masses, puisque cette vitesse seroit toujours égale à $\frac{V}{N+1}$.

Mais à présent supposons que M fût à N, comme 2 à tout nombre impair au-dessus de l'unité, ensorte que N ne fût plus multiple de M, je dis qu'alors $\frac{2V}{N+2}$ exprimeroit la vitesse des deux corps après leur rencontre; car nommant A & B les deux moitiés de M, il est clair que dans le tems que B partageroit son mouvement avec N son multiple, la différence de la vitesse de A & de B seroit V$-\frac{V}{N+1} = \frac{NV}{N+1}$; ainsi pendant que la vitesse com-

mune

mune de B & de N ſeroit $\frac{V}{N+1}$, celle de A ſeroit $\frac{V}{N+1}+\frac{NV}{N+1}$ $=$ V ; il faudroit donc que A partageât $\frac{NV}{N+1}$ avec B + N ſon multiple ; or cette viteſſe partagée ſelon la régle que je viens de juſtifier, je veux dire diviſée par 2 + N ſomme des maſſes, deviendroit $\frac{NV}{N^2+3N+2}$; donc en ajoûtant cette viteſſe à $\frac{V}{N+1}$ pour avoir la viteſſe totale des deux corps après le choc, on trouveroit $\frac{2NNV+4NV+2V}{N^3+4NN+5N+2}=\frac{2V}{N+2}$.

Il ſuit de-là que ſi on faiſoit préceder A d'un nouveau degré de maſſe, enſorte que M valût 3, la différence qui ſe trouveroit entre la viteſſe de la maſſe ajoûtée, & celle de la ſomme de toutes les autres, ſeroit V $-\frac{2V}{N+2}=\frac{NV}{N+2}$; or cette différence partagée ſuivant la loi, on trouveroit que la viteſſe commune & totale de toutes les maſſes égaleroit $\frac{3V}{N+3}$, & généralement quelque fût la raiſon de M à N, on auroit $\frac{MV}{M+N}$ pour la viteſſe des deux corps après leur rencontre dans le cas exprimé par M + V : NO, ce qui donneroit la loi générale ; car comme on l'a déja vû (*Art.* 12.) les cas de la percuſſion ne ſont différenciés que par une addition ou par une ſouſtraction de viteſſe toujours égale avant & après la rencontre des corps ; ainſi en exprimant tous les cas poſſibles par cette formule M + V $\pm u$ : N $\pm u$, la viteſſe commune des deux corps après le choc, deviendroit

$\frac{MV}{M+N} \pm u$ égale à $\frac{MV \pm Mu \pm Nu}{M+N}$, ou bien en égalant $+V \pm u$ à $\pm U$, l'état des deux corps qui seroit alors exprimé par $M \pm U : N \pm u$ avant leur rencontre, donneroit après qu'ils se seroient rencontrés $\frac{\pm MU \pm Nu}{M+N}$ pour leur vitesse commune & $\pm MU \pm Nu$ pour la somme de leurs mouvemens pris de même part ; d'où il suit que cette somme toujours égale à $\pm MU \pm Nu$, doit toujours être la même avant & après le choc ; de-là il suit aussi que comme les corps ne se séparent plus après qu'ils se sont rencontrés, leurs mouvemens contraires se détruisent.

## ARTICLE XVII.

On sçait que si l'espace qui se trouve entre deux corps, est partagé réciproquement aux deux masses, c'est au point qui fait le partage que se trouve leur centre commun de gravité ; on sçait aussi que quand ce centre se meut, sa vitesse est égale à la somme des mouvemens pris de même part, divisée par la somme des deux masses ; donc cette vitesse est toujours la même avant & après la rencontre des corps, c'est qu'elle est toujours égale à $\frac{+MU \pm Nu}{M+N}$, elle deviendroit nulle en supposant que les mouvemens $\pm MU$ & $\pm Nu$ fussent égaux & contraires.

## ARTICLE XVIII.

Quelque mouvement qu'ayent deux corps M & N qui vont se joindre, si on soustrait la vitesse de N de celle de M, on aura pour différence, la vitesse respective, prise ſuivant la direction du mouvement par lequel N s'éloigneroit de M ; au contraire ſi on ſouſtrait la viteſſe de M de celle de N la différence des deux viteſſes égalera la viteſſe reſpective, priſe ſuivant la direction qu'il faudroit que M ſuivît pour s'écarter de N.

Suppoſons, par exemple, que les corps M & N s'approchaſſent l'un de l'autre, & qu'avant leur rencontre M + 3V : N — 2V exprimât leur état abſolu, on voit qu'en retranchant — 2V de + 3V, on auroit + 5V qui vaudroit la viteſſe reſpective priſe ſuivant la direction du mouvement qu'il faudroit que N reçût pour s'éloigner de M ; au contraire, ſi c'étoit + 3V qu'on retranchât de — 2V on auroit — 5V qui égaleroit la viteſſe reſpective priſe ſuivant la direction que M devroit avoir pour s'écarter de N. Il ſuit de-là que la viteſſe reſpective de deux corps qui s'approchent l'un de l'autre, n'affecte, à proprement parler, aucune direction particuliere ; mais ce qu'il importe le plus de remarquer ici, c'eſt que dans l'inſtant du choc, cette viteſſe eſt toujours partagée aux corps qui ſe rencontrent, ſuivant la raiſon renverſée de leurs maſſes & avec les directions contraires qu'ils devroit avoir pour s'éloigner l'un de l'autre, enſorte que les viteſſes acquiſes ajoûtées aux viteſſes primitives, donnent toujours l'état abſolu, ou plûtôt l'état apparent des deux corps après qu'ils ſe ſont rencontrés ; ſuppoſons, par exemple, que deux corps qui viendroient ſe joindre, fuſſent entr'eux comme 3M à 2M, & qu'avant le choc on eut l'apparence 3M + 3V : 2M — 2V, je dis qu'alors la viteſſe reſpective qui égaleroit 5V ſeroit partagée aux deux corps dans l'inſtant du choc, ſuivant la raiſon de 2 à 3, & avec la direction — pour 3M & la direction + pour 2M, & qu'ainſi la viteſſe qu'acquereroit 3M égaleroit — 2V, & que celle qu'acquereroit 2M égaleroit + 3V, ce qui eſt évident, puiſque — 2V & + 3V ajoûtés de part & d'autre aux viteſſes primitives + 3V & — 2V donneroient + V pour la viteſſe commune des deux corps après leur rencontre, conformément à la loi qui vient d'être démontrée; mais qu'on voulût avoir les mouvemens acquis, on multiplieroit — 2V par 3M, & + 3V par 2M, & l'on auroit — 6MV pour 3M & + 6MV pour 2M. De-là je conclus que dans le choc des corps, l'action & la réaction ſont toujours égales, principe juſtifié, puiſqu'il ſe tire d'une loi que je viens de faire voir être la ſeule qui puiſſe paroître générale dans l'hypotèſe du mouvement abſolu, & la ſeule qui puiſſe l'être en effet, dans l'hypotèſe du mouvement relatif.

## ARTICLE XIX.

L'effet du choc des corps à reſſort ne ſuppoſe aucune exception dans la nature; tout reſſort tire ſon jeu de l'action d'une matiere inſenſible, mais ſoumiſe à la loi commune; j'aurai occaſion de le faire voir dans la ſuite de cet ouvrage, il me ſuffira de remarquer ici, que quand deux corps à reſſort ſe rencontrent, leurs forces élaſtiques, ſi elles ſont completes, doublent toujours l'effet propre du choc, ſuppoſons comme dans l'exemple précedent, que l'état primitif des corps 3M & 2M ſoit 3M + 3V : 2M — 2V, les viteſſes qu'acquereront ces corps lorſqu'ils viendront à ſe rencontrer, n'égaleront plus — 2V, + 3V, elles égaleront — 4V, + 6V, enſorte que dans l'inſtant du choc, ce ſera le double de la viteſſe reſpective qui ſera partagée aux deux corps ſuivant la raiſon renverſée de leurs maſſes, ce qui doublera pareillement les mouvemens égaux, mais contraires qui leur seront imprimés dans cet instant, mouvemens qui n'altereront en rien l'état du centre commun de gravité des deux masses.

## ARTICLE XX.

Cherchons maintenant quel effet doit produire la rencontre oblique des corps.

Quand un corps en frappe obliquement un autre, il n'employe en le frappant qu'une partie de sa force, son mouvement se décompose.

Que le corps M (*Fig.* 2.) aille frapper le corps N en suivant une direction AC inclinée sur PQ surface du corps N, on pourra regarder le mouvement de M comme composé des mouvemens AB & BC, l'un parallele à la surface PQ, l'autre perpendiculaire sur cette surface; mais j'ajoûte que dans l'instant du choc, M agira sur N comme s'il n'avoit que le mouvement exprimé par BC; c'est que l'impression qu'il fera sur le corps N, dépendra de la vitesse avec laquelle il s'en approchera, & que BC exprimera cette vitesse.

## ARTICLE XXI.

Si un corps sphérique M (*Fig.* 3.) frappe obliquement un autre corps sphérique N, je dis que pour avoir l'effet du choc dans ce cas, il faudra joindre à la loi de l'impulsion, celle de la décomposition du mouvement. Je suppose que le corps M soit parti du point A, & qu'il rencontre obliquement le corps N, j'unis leurs centres de gravité par la ligne HG prolongée jusqu'en B où tombe la perpendiculaire menée du point A; on voit alors que le corps N doit être frappé par M de la même maniere qu'il le ſeroit ſi M étoit parti de B, (*Article* 20). Maintenant je coupe la ligne BG au point C, enſorte que BC ſoit à CG comme M à N, & puis je prens GD égale & parallele à AC, & ſur la ligne BH prolongée du côté de H, je prens HF égale à BC; cela fait, je dis que ces deux lignes exprimeront & la viteſſe & la direction des deux corps après leur rencontre, & qu'ainſi l'effet du choc dans ce cas, dépendra, & de la loi de l'impulſion, & de celle de la décompoſition du mouvement.

## ARTICLE XXII.

Les mêmes choſes ſuppoſées, il eſt aiſé de voir que la ſomme des mouvemens abſolus de M & de N après le choc ſurpaſſera le mouvement primitif de M; car cette proportion HF, CG :: M, N donnera $HF \times N = CG \times M$; donc le mouvement après le choc vaudra $\overline{AC+CG} \times M$, au lieu qu'avant le choc il ne valoit que $AG \times M$.

## ARTICLE XXIII.

Il ſuit de-là que ce qu'on nomme force ou effort dans la matiere, n'y doit point être regardé comme un principe de mouvement; car puiſque le mouvement avant le choc eſt à celui qu'ont les deux corps après le choc, comme $AG \times M$ à $\overline{AC+CG} \times M$ on voit que ſi ces mouvemens inégaux étoient produits par une même force, on auroit au moins, ou d'un côté ou de l'autre, un effet qui ne répondroit point à ſa cauſe.

Mais on peut aller plus loin; ſuppoſons que M & N après le choc, vinſſent auſſi à rencontrer obliquement deux autres corps, & que ceux-ci en rencontraſſent encore d'autres de la même maniere, il eſt clair que de pareilles rencontres infiniment multipliées, produiroient un mouvement infini, un mouvement qui ne tiendroit plus rien de la limitation de sa premiere cause : j'ai donc droit de conclure que ce qu'on nomme force ou effort dans la matiere, n'y doit point être regardé comme un principe de mouvement.

## ARTICLE XXIV.

Supposant les mêmes choses que dans les Articles XXI. & XXII. & menant sur AG les perpendiculaires CI & BK, menant aussi sur BK la perpendiculaire CL, je dis 1°. que le mouvement GD multiplié par M, ou AC×M qu'aura le corps M après le choc, pourra se résoudre en deux autres mouvemens AI×M, IC×M, déterminés, l'un suivant la direction du mouvement primitif, l'autre suivant la perpendiculaire sur la même direction. Je dis 2°. que le mouvement HF×N ou BC×N, que le corps N acquerrera en conséquence de la loi de l'impulsion, pourra de même se résoudre en deux autres mouvemens LC×N & BL×N, le premier égal au mouvement IG×M que M perdra suivant sa direction primitive, & l'autre pareillement égal, mais contraire au mouvement IC×M que le corps M acquérera en se détournant de la direction AG, ce qu'il est aisé de justifier ; car les triangles BCL, CGI étant semblables, & BC étant à CG, par la supposition, comme M à N, les autres côtés homologues des deux Triangles seront aussi entr'eux, comme les deux masses ; on aura donc LC, IG :: M, N, & BL, IC :: M, N, d'où on tirera LC×N=IG×M, & BL×N=IC×M.

## ARTICLE XXV.

Il suit de-là que dans le choc oblique des corps, les nouveaux mouvemens qui naissent dans la nature, & qu'on vient de voir être égaux & contraires suivant une direction toujours perpendiculaire sur celle du mouvement primitif, ne retranchent rien de ce mouvement qui pris de même part, est toujours égal avant & après le choc.

## ARTICLE XXVI.

Si on supposoit que les corps M & N fussent élastiques, on doubleroit l'effet propre que produiroit leur rencontre, ce qui ne dérangeroit en rien l'état de leur centre commun de gravité ; c'est que les nouveaux mouvemens qu'ils acquereroient, seroient encore égaux & contraires.

## ARTICLE XXVII.

Soit C le centre commun de gravité des corps M & N, si on suppose que M decrive la ligne MD, le point C décrira C*d* parallele à MD, ce qui est évident, car quand le corps M parcourera MB & BD; C parcourera C*b*, & *bd*, donc puisqu'on aura B*b*, à *b*N & D*d* à *d*N, comme MC à CN, la ligne C*d* sera parallele à MD.

## ARTICLE XXVIII.

Que les corps M & N (*Fig*. 4.) se meuvent uniformement sur un même plan, ou sur deux plans différens, paralleles ou inclinés l'un à l'autre, leur centre commun de gravité, ou restera en repos, ou suivra la trace d'un mouvement toujours égal & toujours semblablement dirigé ;

dirigé ; car que le corps M parcoure une ligne droite quelconque, le centre commun de gravité des deux masses avancera suivant une direction parallele à celle du mouvement de M. Que le corps N se meuve, ce centre avancera de même parallelement à la direction que suivra le corps N ; donc ce centre commun des deux masses, en obéissant aux deux mouvemens à la fois, décrira d'un mouvement égal la Diagonale du Parallelogramme fait sous les deux différentes directions des mouvemens ausquels ceux des corps M & N l'obligeront de se prêter ; mais cette Diagonale sera nulle ou infiniment petite, si les deux mouvemens sont égaux & contraires.

## ARTICLE XXIX.

Si plusieurs corps A, B, C, D, &c. placés sur un même plan ou sur des plans différens, viennent à se mouvoir, je dis que quelques vitesses qu'ils ayent, & de quelque maniere qu'ils se rencontrent, leur centre commun de gravité, ou suivra constamment & uniformement la même direction, ou restera toujours en repos.

Soit $x$ le centre commun de gravité des corps A & B, $y$ celui des corps A, B, C, $z$ celui des corps A, B, C, D, &c. la somme des mouvemens des corps A & B égalera le mouvement de leur centre commun de gravité $x$, de même que si les deux masses s'y trouvoient réunies, & ce mouvement sera ou nul ou toujours dirigé de la même maniere ; la somme des mouvemens du centre $x$ & du corps C égalera de même le mouvement de leur centre commun de gravité $y$, & ce mouvement, s'il n'est point nul, sera pareillement dirigé vers un même point fixe ; & comme le mouvement composé de celui du centre *y* & du mouvement du corps D, égalera auſſi le mouvement du centre commun de gravité *z* des quatre corps A, B, C, D ; ce mouvement ſera encore réglé & dirigé ſuivant la même loi, c'eſt-à-dire, ou qu'il deviendra nul, ou que ſa direction & ſa viteſſe ſeront toujours les mêmes.

Maintenant que les corps A, B, C, D, &c. ſe rencontrent, leurs centres communs de gravité ne changeront pas pour cela d'état ; donc celui de toutes les maſſes, ou reſtera conſtamment en repos, ou continuera de ſe mouvoir uniformement ſuivant ſa premiere direction.

Fig I.ere

Fig 2

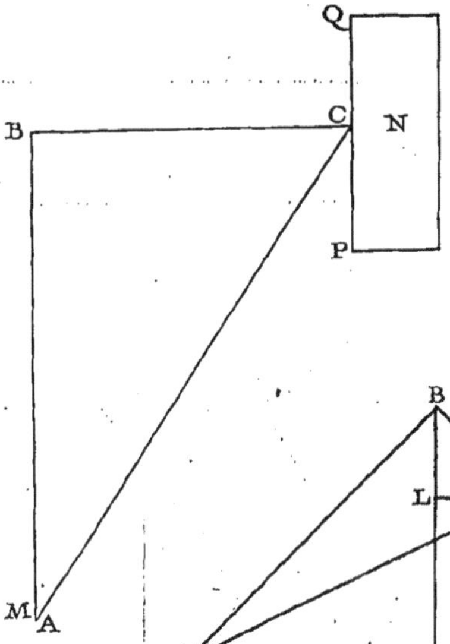

Fig. 3.

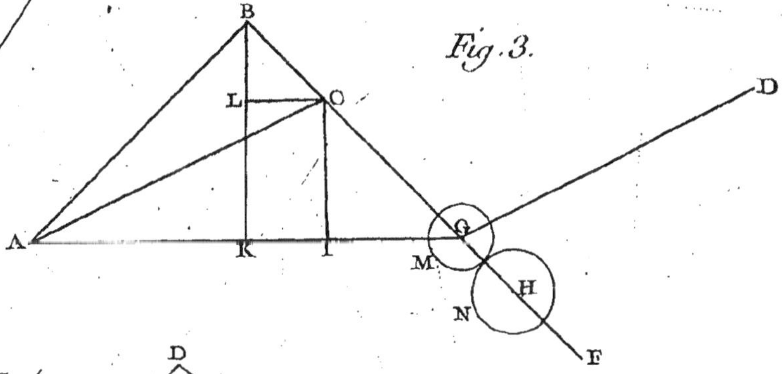

Fig 4

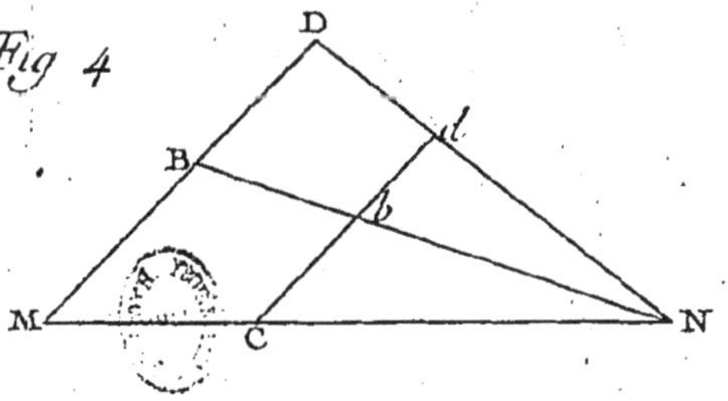

# PRINCIPES GÉNÉRAUX DE LA NATURE,

## APPLIQUÉS AU MECANISME ASTRONOMIQUE, ET COMPARÉS AUX PRINCIPES DE LA PHILOSOPHIE DE M. NEWTON.

## TROISIÉME DISSERTATION.

*Principes de la Philosophie de M. Neuton.*

### ARTICLE I.

VANT que de faire usage des principes qu'on vient d'établir, je crois qu'il ne sera pas hors de propos d'entrer dans l'examen de ceux que M. Neuton fait servir de fondement à son systême. Ce nouveau Philosophe, déja illustré par les rares connoissances qu'il avoit puiſées dans la Géométrie, ſouffroit impatiemment, qu'une nation étrangere à la ſienne, pût ſe prévaloir de la poſſeſſion où elle étoit d'enſeigner les autres, & de leur ſervir de modele : excité par une noble émulation, & guidé par la ſupériorité de ſon génie, il ne ſongea plus qu'à affranchir ſa Patrie de la néceſſité où elle croyoit être, d'emprunter de nous l'art d'éclairer les démarches de la nature, & de la ſuivre dans ſes opérations. Ce ne fût point encore aſſez pour lui, ennemi de toute contrainte, & ſentant que la Phyſique le gêneroit ſans ceſſe, il la bannit de ſa Philoſophie ; & de peur d'être forcé de reclamer quelquefois ſon ſecours, il eut ſoin d'ériger en loix primordiales les cauſes intimes de chaque Phénomene particulier : par-là toute difficulté fut applanie, ſon travail ne roula plus que ſur des ſujets traitables qu'il ſçût aſſujettir à ſes calculs : un Phénomene analyſé géométriquement, devint pour lui un Phénomene expliqué ; ainſi cet illuſtre rival de M. Deſcartes eut bien-tôt la ſatisfaction ſinguliere de ſe trouver grand Philoſophe par cela ſeul qu'il étoit grand Géometre. Donnons ici un eſſai de ſa Méthode.

## ARTICLE II.

On ſçait que ſuivant la loi de Kepler, quelle que ſoit la courbe que décrit une planete autour du Soleil, regardé comme centre commun des circulations, le rayon vecteur, qui partant de ce centre, aboutit à celui de la Planete, décrit toujours des aires égales dans des tems égaux : ſuppoſons donc qu'une Planete décrive la courbe ABCDE autour du Soleil placé en S, (*Fig.* 1.) & que les petites lignes droites AB, BC, CD, DE, priſes pour les élemens de la courbe, ſoient telles qu'en comparant les Triangles ASB, BSC, CSD, DSE, on les trouve égaux ; il eſt clair que ſi dans le premier inſtant la Planete a parcouru la ligne AB, elle tendra dans le ſecond inſtant à parcourir la ligne B*c* ſuppoſée égale à la ligne AB, dont elle ſera le prolongement, & qu'ainſi le Triangle BS*c* égalera le Triangle ASB ; or par la ſuppoſition, le Triangle BSC égalera pareillement ASB ; donc les Triangles BS*c* & BSC ſeront égaux ; & comme ils auront BS pour baſe commune, la ligne *c*C qui joindra leurs ſommets, ſera parallele à BS ; ainſi le mouvement BC exprimé par la Diagonale du Parallelogramme B*c*CN ſera compoſée du mouvement primitif B*c*, & d'un nouveau mouvement BN dirigé vers S. De même ſi on prolonge les lignes BC, CD, & que leurs prolongemens C*d*, D*e*, ſoient reſpectivement égaux aux lignes BC & CD, on verra que les mouvemens exprimés par CD & DE, ſeront pareillement compoſés des mouvemens C*d* & CH, D*e*, & DI ; ainſi de ce que le rayon vecteur d'une Planete décrit des aires égales dans des tems égaux, il ſuit que la Planete eſt continuellement détournée de ſon chemin par une force étrangere, dont l'action eſt toujours dirigée vers le Soleil.

## ARTICLE III.

Il ſuit encore du même Phénomene, que les viteſſes de la Planete, ſeront par tout en raiſon renverſée des perpendiculaires abaiſſées du point S ſur les Tangentes aux différens points de la courbe qu'elle décrira ; car puiſque le Triangle BSC ſera égal au Triangle ASB ; nommant A le côté AB, B le côté BC, P & Q les perpendiculaires abaiſſées du point S ſur A & ſur B, prolongés, s'il eſt néceſſaire, on aura AP = BQ, d'où on tirera cette proportion A, B :: Q, P.

## ARTICLE IV.

Mais si on décrit les arcs infiniment petits BM & CN (*Fig.* 2.) & qu'on regarde les mouvemens AB & BC, comme composés des mouvemens MB & AM, NC & BN, les mouvemens MB & NC seront en raison renversée des rayons SA & SB ; car on aura SA×MB égal à SB×NC, d'où on tirera BM, CN :: SB, SA.

## ARTICLE V.

Il est clair que si on regarde de même le mouvement B*c* comme composé des mouvemens L*c* & BL, le premier circulaire par rapport au point S, & l'autre paracentrique, on concevra que de quelque maniere que soit alteré le mouvement BL, pourvû que ce soit suivant la direction du rayon vecteur, les aires décrites en tems égaux, resteront toujours égales ; car si on mene *c*CK parallele à BS, tous les Triangles faits sur la base BS, & dont les sommets aboutiront à la ligne *c*K, seront égaux au Triangle BS*c* ; ainsi ils égaleront tous le Triangle ASB. Qu'on altere donc comme on voudra le mouvement paracentrique BL, qu'on lui ajoûte par exemple, ou le mouvement LN, ou le mouvement LQ, les Triangles BSC, & BSP, seront toujours égaux au Triangle ASB.

Il n'en seroit pas de même du mouvement circulaire ; car pour peu qu'on vînt à l'accelerer, ou à le retarder, la hauteur du Triangle qu'on formeroit sur la base BS, n'étant plus égale à la hauteur du Triangle BS*c*, ces Triangles ne seroient plus égaux, ce qui renverseroit la loi de Kepler.

## ARRICLE VI.

Cela posé, prenons un des tourbillons de M. Descartes, regardons-le comme partagé en une infinité de couches sphériques, supposons que S (*Fig.* 3.) soit le centre commun de ces couches, & que D G*dg* représente le plan de l'Equateur du tourbillon; si on conçoit qu'une Planete décrive sur ce Plan toute autre courbe que la circonférence d'un cercle, il faudra concevoir aussi, ou que la matiere aura par tout le même mouvement circulaire que la Planete, ou que malgré la différence de leurs mouvemens, celui de la Planete ne sera nullement altéré; car que le rayon vecteur, après avoir décrit le Triangle ASB, décrive dans l'instant suivant le Triangle BSC = ASB, & qu'on décompose encore le mouvement BC en deux mouvemens BN & NC, le premier paracentrique, & l'autre circulaire, on vient de voir (*Art.* 5.) qu'il n'y aura que le mouvement BN qui pourra être altéré sans que le mouvement total de la Planete déroge à la loi de Kepler, & que pour peu que le mouvement circulaire NC fut ou acceleré, ou retardé par celui de la matiere, les Secteurs ASB & BSC, ne se trouveroient plus égaux.

## ARTICLE VII.

Il faut donc opter, & voir si on veut que dans le cas de la différence des mouvemens circulaires, la matiere ne puisse avoir prise sur la Planete, ou si on aime mieux supposer que les mouvemens translatifs des couches sphériques doivent être par tout en raison renversée des distances, suivant la proportion des mouvemens circulaires de la Planete (*Art.* 4.).

## ARTICLE VIII.

Ce dernier parti eſt celui qu'ont pris quelques Phyſiciens modernes ; mais il eſt aiſé de voir qu'il ſuivroit de leur ſuppoſition, que les tems périodiques des circulations de la matiere & des différentes Planetes que renfermeroit le tourbillon, ſeroient en raiſon doublée des diſtances ; car ſoit T, le tems d'une révolution, C, le chemin parcouru, R, la diſtance, & V la viteſſe, on aura $T = \frac{C}{V}$ ou $T = \frac{R}{V}$ ; mais par la ſuppoſition V égaleroit $\frac{1}{R}$ (*Art.* 4.), donc T ſeroit proportionnel à RR, ce qui anéantiroit la loi de Kepler, puiſque ſuivant cette loi, les tems des circulations doivent répondre, non aux quarrés des diſtances, mais aux racines quarrées des cubes de ces diſtances, comme on le verra dans la ſuite.

## ARTICLE IX.

Il ne reſte donc plus qu'à ſuppoſer que le mouvement circulaire d'une Planete ne peut être altéré par celui de la matiere; mais pourquoi dans ce cas, la matiere n'a-t'elle point de priſe ſur la Planete, pendant que dans quelque cas que ce ſoit, elle a aſſez de force pour l'obliger à ſe mouvoir le long de ſon rayon vecteur ? Et puis, d'où la matiere tire-t-elle cette force ? Il ſembleroit que de l'éclairciſſement de ces deux points, dépendroit l'explication du Phénomene, & cela ſeroit vrai, s'il falloit que nous ſuiviſſions la méthode des Carteſiens ; mais M. Neuton nous en fournit une autre bien plus commode, la matiere du tourbillon nous embarraſſe-t-elle ? Supprimons-la, elle ne pourra plus altérer le mouvement

mouvement circulaire des Planetes ; & comme le Phénomene demande que toute Planete ſoit continuellement détournée de ſon chemin par une force qui la ſollicite à deſcendre vers un point déterminé, & qu'elle ne pourra plus être pouſſée dès qu'elle ſe trouvera dans le vuide ; il y aura encore un parti à prendre, ce ſera de la faire attirer ; ainſi le Soleil attirera Mercure, Vénus, la Terre, Mars, Jupiter & Saturne, avec tout ce qui les environnera ; la Terre attirera de même la Lune, Jupiter ſes Satellites, & Saturne les ſiens ; voilà donc la difficulté levée, & le Phénomene expliqué.

## ARTICLE X.

Les obſervations de Kepler juſtifient encore que les Planetes décrivent des Ellipſes qui ont le Soleil pour foyer commun, voyons quel principe fournit ce Phénomene.

Je ſuppoſe 1°. que ſi F (*Fig.* 4.) eſt un des foyers de l'Ellipſe AB*ab*, le Diametre H*h* conjugué de R*g* coupera le rayon FR en un point D, tel que la partie DR égalera CA moitié du grand axe.

Je ſuppoſe 2°. que dans l'Ellipſe tous les Parallelogrammes décrits autour de deux Diamétres conjugués ſont égaux entr'eux. *

Maintenant je prens le Rayon FL infiniment proche de FR ; des points R & L j'abaiſſe les perpendiculaires R*q* & LK, l'une ſur le Diamétre H*h* conjugué de R*g*, l'autre ſur le Rayon FR ; je mene la Tangente RT au point R ; je mene auſſi l'ordonnée L*x* qui coupe FR au

* Ces deux propriétés de l'Ellipſe ſeront juſtifiées dans la 6^e^. Diſſertation.

point $u$, ensuite j'acheve le Parallelogramme R$u$L$t$, cela fait, soit

| | | |
|---|---|---|
| CA | moitié du grand axe | $= a$ |
| CB | moitié du petit axe | $= b$ |
| CR | moitié du Diametre R$g$ | $= g$ |
| CH | moitié du Diametre H$h$ | $= h$ |
| L$x$ | l'ordonnée au Diametre R$g$ | $= y$ |
| R$x$ | la coupée | $= x$ |
| L$t$ | ou son égale $u$R | $= u$ |
| LK | perpendiculaire sur FR | $=$ K |
| R$q$ | perpendiculaire sur H$h$ | $= q$ |
| DR | (premiere supposition) | $= a$ |
| L$u$ | ou l'ordonnée L$x$ | $= y$ |
| Le | Parametre du grand axe | $=$ P |
| Le | Rayon FR | $=$ R |

1°. Les Triangles semblables DRC, $u$R$x$ donneront $u, x :: a, g$ & par conséquent $x = \frac{gu}{a}$.

2°. De la propriété de l'Ellipse on tirera $yy = \frac{2hhgx - hhxx}{gg}$

3°. A cause des Triangles semblables DR$q$, $u$LK, on aura $yy$, KK :: $aa$, $qq$ & $KK = \frac{qqyy}{aa}$; mais par la seconde supposition $qh$ égalant $ab$, $qq$ égalera $\frac{aabb}{hh}$ ce qui changera l'Equation précedente en celle-ci $KK = \frac{yybb}{hh}$.

Présentement, si dans la seconde Equation on substitue $\frac{gu}{a}$ à la place de $x$, on aura $yy = \frac{2hhu}{a} - \frac{hhuu}{aa}$ & si dans la troisiéme Equation on met pour $yy$ sa valeur $\frac{2hhu}{a}$ $- \frac{hhuu}{aa}$ on aura $KK = \frac{2bbu}{a} - \frac{bbuu}{aa}$ ou $KK = \frac{2bbu}{a}$, parce que $\frac{bbuu}{aa}$ sera nul par rapport à $\frac{2bbu}{a}$ ; on aura donc (propr. de l'Ell.) $KK = pu$, & comme $p$ exprimera une grandeur constante, $u$ deviendra propotionnel à KK, il le sera donc aussi ( *Art.* 4. ) à $\frac{1}{RR}$.

Par-là on voit que les différentes pesanteurs d'une même Planete suivent le rapport renversé des quarrés de ses distances au Soleil ; mais pourquoi la Planete pese-t-elle suivant ce rapport ? C'est qu'une loi primordiale l'oblige à peser ainsi. Achevons de rendre raison de la loi de Kepler.

## ARTICLE XI.

On sçait que cette loi suppose encore que les tems des révolutions des Planetes qui circulent autour d'un foyer commun, sont entr'eux comme les racines quarrées des cubes des distances moyennes, ou comme celles des cubes des grands axes des Ellipses décrites autour du centre commun des tendances : analysons géométriquement ce Phénomene, & voyons ce qu'on en doit tirer.

Soient ARQB, *arqb* ( *Fig.* 5.) deux Ellipses qui ayent le point F pour foyer commun, soient nommés

A & *a* les grands axes,
B & *b* les petits axes,

P & $p$ les Parametres de A & de $a$;
R & $r$ les Rayons FR & F$r$,
K & $k$ les perpendiculaires LK & $lk$,
V & U les lignes TL & $tl$ paralleles aux Rayons FR & F$r$, & terminées par les Tangentes RT, $rt$ & par les points L & $l$ ſuppoſés infiniment proches des points R & $r$.

Si on nomme T & $T$ les tems des révolutions, le Phénomene donnera $T^2, T^2 :: A^3, a^3$; or ſuppoſant que les deux Planetes décrivent dans le même inſtant les arcs RL $rl$, comme les aires RFL, $r$F$l$ ſeront reſpectivement égales (*Art.* 2.) à celles que les Rayons vecteurs FR & F$r$ décriront dans chacun des autres inſtans, il eſt clair que les aires totales des deux Ellipſes ſeront entr'elles comme $T \times R \times K$ à $T \times r \times k$; mais (propr. de l'Ellipſe) on aura $T \times R \times K, T \times r \times k :: A \times B, a \times b :: A\sqrt{AP}, a\sqrt{ap}$, on aura donc auſſi $T^2 \times R^2 \times K^2, T^2 \times r^2 \times k^2 :: A^3P, a^3p$; or ſuivant ce qui vient d'être démontré (*Art.* 10.) $K^2$ & $k^2$ égaleront PV & $p$U, ce qui changera la proportion précedente en celle-ci $T^2 \times R^2 \times V, T^2 \times r^2 \times u :: A^3, a^3$, d'où on tirera $a^3 \times T^2 \times R^2 \times V = A^3 \times T^2 \times r^2 \times U$; donc puiſque par la ſuppoſition $a^3\, T^2$ égalera $A^3\, T^2$, V ſera à U, comme $\frac{1}{RR}$ à $\frac{1}{rr}$ : mais V & U marqueront les chûtes initiales des deux Planetes lorſquelles tendront à parcourir les Tangentes RT, $rt$, donc ces chûtes ſeront par tout en raiſon renverſée des quarrés des diſtances au foyer F, quelqu'inégalité même qu'il puiſſe ſe trouver entre les deux maſſes. Voilà donc un nouveau développement du principe de l'atraction; car quoiqu'il ait déja été démontré (*Art.* 10.) que les viteſſes initiales des chûtes de chaque Planete priſe ſéparément, ſont par tout en raiſon renversée des quarrés des distances, il est clair que sans le dernier Phénomene que suppose la loi de Kepler, on ne sçauroit pas encore au juste si cette proportion seroit gardée entre les chûtes de deux ou de plusieurs Planetes dont les masses seroient inégales.

## ARTICLE XII.

Mais pour donner une idée complete du principe de l'attraction, je dis qu'outre ce que les Phénomenes nous en font connoître, il est très-probable que les vitesses des corps attirés, sont toujours comme les masses de ceux qui les attirent ; or puisqu'elles sont aussi en raison renversée des quarrés des distances (*Art.* 11.) il est clair qu'en supposant que M soit attiré par le corps F, & que $d$ exprime leur distance respective, on aura $\frac{F}{dd}$ proportionnel à la vitesse initiale de M, c'est-à-dire que cette vitesse sera à la fois & en raison directe de la masse F, & en raison inverse du quarré de la distance $d$.

## ARTICLE XIII.

De plus, comme toute action est toujours jointe à une réaction qui lui est égale, on voit bien qu'il faudra encore établir dans la nature une réciprocation d'attraction ; il faudra supposer, par exemple, que la Terre & la Lune s'attireront mutuellement avec des forces égales, & qu'ainsi les vitesses avec lesquelles elles tendront à s'approcher l'une de l'autre, seront en raison renversée de leurs masses ; aussi est-ce ce qu'a supposé M. Newton.

## ARTICLE XIV.

Qu'on réalise cette supposition, il sera facile de concevoir comment deux Planetes pourront s'associer de maniere qu'elles fassent de compagnie leurs révolutions autour du Soleil, & qu'en même tems elles tournent l'une & l'autre autour de leur centre commun de gravité; car mettons les Planetes A & B en mouvement, pour les faire tourner autour du Soleil S ( *Fig*. 6. ) avec des vitesses qui soient en raison renversée des racines de leurs Rayons vecteurs SA & SB comme le demandera la loi de Kepler, & puis supposons qu'en conséquence des impressions qu'elles auront reçûes, elles commencent à décrire, l'une l'orbite inférieure PQR, l'autre l'orbitre supérieure TVZ : il est évident que quand ces Planetes viendront à se trouver en conjonction aux points Q & V, leurs forces acceleratrices & réciproques qui auront continuellement pris de nouveaux accroissemens, pourront enfin l'emporter sur la différence des forces avec lesquelles le Soleil attirera les deux masses; donc ces masses en obéissant au mouvement primitif qui leur aura été imprimé, & à celui qui naîtra de leur attraction mutuelle, seront obligées de circuler autour du point *o* pris ici pour leur centre commun de gravité, de faire autour de ce point la fonction de Satellites, & de lui laisser décrire à leur place une orbite réguliere *ox* dont le Soleil sera le centre, mais dans quel sens circuleront alors les deux masses ? Il est aisé de le voir, elles circuleront dans le même sens que circuleroient les bras d'un levier aux extrémités desquels elles seroient attachées. Or nommant T, le tems de la révolution de l'une ou de l'autre Planete, R, sa distance au centre S, & V sa viteſſe tranſlative ; comme on aura ( *Art.* 11. ) $T = R\sqrt{R} = \frac{R}{V}$, V égalera $\frac{1}{\sqrt{R}}$. Ainſi les viteſſes ſeront en raiſon inverſe des racines quarrées des diſtances SA & SB. Donc comme la Planete A, la plus proche du Soleil aura la plus grande viteſſe tranſlative, elle décrira l'arc QK au lieu de la Tangente QD, & déterminera la Planete B à décrire l'Arc VH, en ſorte que les viteſſes QK & VH ſeront en raiſon renverſée des deux maſſes ; ainſi ſuppoſant que le point *o* tourne autour du Soleil, ſuivant l'ordre des Signes, ce ſera contre l'ordre des Signes que tournera l'une & l'autre Planete,

## ARTICLE XV.

Mais, pourquoi donc la Lune tourne-t-elle autour de nous d'Occident en Orient ? C'eſt une difficulté qui pourroit rendre le principe de l'attraction ſuſpect : Cependant ne craignons rien, la Philoſophie de M. Newton eſt trop féconde en reſſources pour nous manquer au beſoin. Ne s'agit-il que d'obliger la Lune à tourner autour de la Terre ſuivant l'ordre des Signes ? Je dis que pour lui donner cette direction, il ſuffit de ſuppoſer que quand ces deux Planetes ont été créées, Dieu les a d'abord placées ſur un même Rayon vecteur, & qu'enſuite contre l'ordre ordinaire, il a donné la plus grande viteſſe tranſlative à la Planete la plus éloignée du Soleil ; or cela étoit poſſible, donc voilà le principe de l'attraction en ſûreté.

## ARTICLE XVI.

Qu'on ne diſe point que l'arbitraire ne doit jamais entrer dans un ſyſtême, il eſt évident qu'il devient plus que recevable dans celui de M. Newton ; car pourquoi, par exemple, les Planetes circulent-elles toutes dans le même sens ; n'est-ce pas parce que Dieu l'a voulu ? Pourquoi tournent-elles sur leurs centres dans le sens qu'elles tournent autour du Soleil ; n'est-ce pas encore parce qu'il a plû à Dieu que cela fut ainsi ? Donc puisqu'aucune cause physique n'a dirigé le mouvement de la Lune suivant l'ordre des Signes, il faut de nécessité que cette direction se tire d'une détermination arbitraire : ces sortes de déterminations entrent nécessairement dans le systême de M. Newton ; en veut-on une autre preuve ? la voici :

## ARTICLE XVII.

On sçait que dans l'hypotèse du vuide le centre commun de gravité du Soleil & des Planetes est immobile ; car qu'il y eût un seul instant où ce centre changeât de place, il faudroit (*Dissert.* 2. *Art.* 29.) qu'il continuât de se mouvoir suivant une direction constante, & avec une vitesse toujours uniforme ; donc le Soleil & les Planetes iroient bien-tôt se perdre de compagnie dans l'Immensité du vuide ; or c'étoit ce qu'il falloit prévenir : Donc il a été nécessaire que dès le premier instant de la création des masses qui devoient se lier par leurs forces attractives, leurs mouvemens absolus ayent été partagés également suivant des directions contraires, c'est-à-dire, qu'en supposant, par exemple, que le Soleil se soit trouvé seul d'un côté, & toutes les Planetes de l'autre ; il a fallu que dès que celles-ci ont commencé à se mouvoir, Dieu ait imprimé au Soleil un mouvement contraire, mais égal à celui de toutes les Planetes prises ensemble ; voilà donc encore de l'arbitraire dans le systême de M. Newton, aussi est-ce là ce qui en écarte toutes les difficultés.

ARTICLE

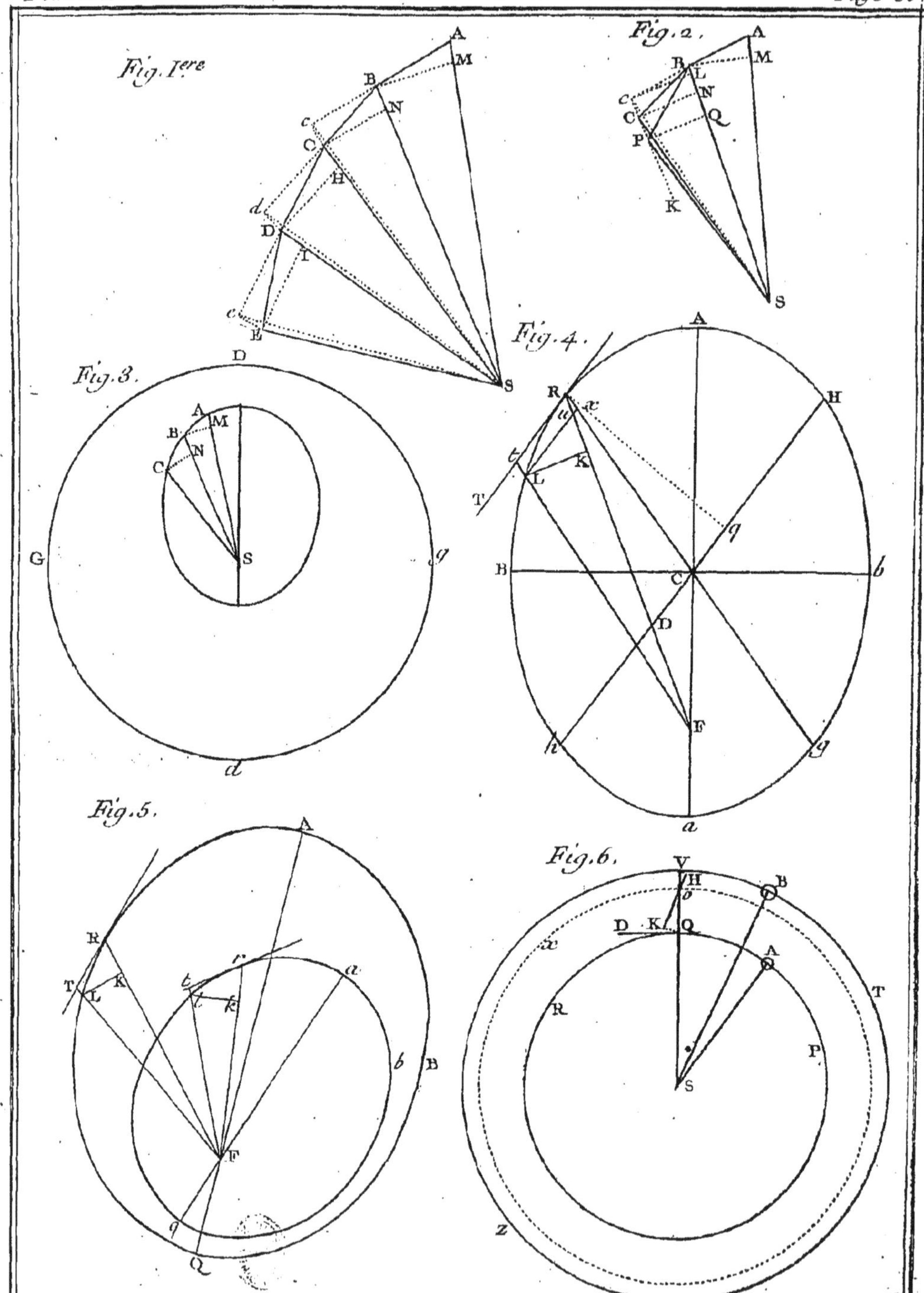
Fig. 1.ere
Fig. 2.
Fig. 3.
Fig. 4.
Fig. 5.
Fig. 6.

## ARTICLE XVIII.

Je reviens donc à ce que j'ai d'abord avancé, & je conclus qu'en ſuivant la méthode de ce grand Géometre, rien n'eſt plus facile que de développer le méchaniſme de la nature ; voulez-vous rendre raiſon d'un Phénomene compliqué, expoſez-le géometriquement, vous aurez tout fait ; ce qui pourra reſter d'embaraſſant pour le Phiſicien dépendra à coup ſûr, ou d'une loi primordiale, ou de quelque détermination particuliere.

Cochin filius inv. et Sculp.

# PRINCIPES GÉNÉRAUX DE LA NATURE, APPLIQUÉS AU MECANISME ASTRONOMIQUE, ET COMPARÉS AUX PRINCIPES DE LA PHILOSOPHIE DE M. NEWTON.

## QUATRIÉME DISSERTATION.

### *Suite des Principes de la Philosophie de M. Nevvton.*

### ARTICLE I.

QUAND on regarde la pesanteur comme l'effet propre de l'impulsion, rien n'oblige de la supposer reciproque ; le corps A peut être poussé vers le corps B, sans que celui-ci soit poussé vers le corps A : mais que la pesanteur ait l'attraction pour principe, A & B agiront néceſſairement l'un ſur l'autre ; auſſi M. Newton ſuppoſe-t'il que toute peſanteur eſt toûjours réciproque. Cette réciprocation d'action ou de force, eſt une dépendance néceſſaire du principe de l'attraction ; ſi quelquefois ce grand Géometre affecte de dire, qu'il ſe pourroit faire que ce qu'il nomme force attractive, dépendit de quelque cauſe purement méchanique ; on voit bien qu'en parlant ainſi, il ne veut que ménager la foibleſſe de ceux qui ne ſçavent admettre que ce qu'ils ſont à portée d'entendre ; peut-être auſſi veut-il ſauver ſon principe du petit ridicule que jette le préjugé ſur tout ce qui paroît tenir aux qualités occultes.

## ARTICLE II.

Mon deſſein étant d'eſſayer le principe de l'attraction ſur tous les Phénomenes qui pourroient en dépendre, je ne puis me diſpenſer d'entrer ici dans le détail des differentes applications qu'on en peut faire.

Soient AHKB *ahkb* (*Fig.* I.) deux ſurfaces ſphériques égales qui ayent S & *s* pour centres, & les lignes ASB *asb* pour diametres ; ſoient auſſi deux corpuſcules égaux P & *p*, placés ſur les prolongemens de ces Diametres, je dis que les forces avec leſquelles les ſurfaces AHKB & *ahkb* attireront les corpuſcules P & *p*, ſeront en raiſon inverſe des quarrés des diſtances PS & *ps* aux centres S & *s*.

Suppoſant que les lignes PHK & PIL, *phk* & *pil*, faſſent aux points P & *p* des angles infiniment petits, & que la poſition de ces lignes ſoit telle que les arcs HMK, IML, ſoient reſpectivement égaux aux arcs *hmk* & *iml*, ſi des points S & *s* on mene ſur les lignes PK & PL, *pk* & *pl*, les perpendiculaires SD & SE, *sd* &

*se*, & que des points I & *i*, on mene auſſi les perpendiculaires IQ ſur PS, & IR ſur PH, *iq* ſur *ps*, & *ir* ſur *ph*. 1°. Les cordes HK & *hk* étant égales entr'elles auſſibien que les cordes IL & *il*, on aura SD égale à *sd*, & SE égale à *se*; & parce que les angles DSE & *dse* ſeront infiniment petits, les points E & *e* ſe confondront avec les points F & *f*; ainſi on aura PE = PF & *pe* = *pf*, & la difference DF des lignes SD & SE, égalera la différence *df* des lignes *sd* & *se*, reſpectivement égales aux lignes SD & SE.

2°. Les Triangles rectangles IRH & *irh* ſeront ſemblables, parce que HK étant égale à la corde *hk*, l'angle IHR égalera l'angle *ihr*; donc RI ſera à *ri*, comme le petit arc IH, au petit arc *ih*.

Ces choſes ſuppoſées, les paralelles RI & DF, *ri* & *df*, donneront PF, PI :: DF, RI, & *pf*, *pi* :: *df*, *ri*, ou *pf*, *pi* :: DF, *ri*, à cauſe de l'égalité des différences *df* & DF; ainſi on aura RI $= \frac{PI \times DF}{PF}$, & *ri* $= \frac{pi \times DF}{pf}$; d'où on tirera RI, *ri* :: PI×*pf*, *pi*×PF; donc à la place des côtés RI & *ri* des triangles ſemblables IRH & *irh*, ſubſtituant les côtés, ou les arcs HI & *hi*, on aura HI, *hi* :: PI×*pf*, *pi*×PF.

D'un autre côté les triangles rectangles & ſemblables PSE & PIQ, *pse* & *piq*, donneront PS, PI :: SE, IQ, & *ps*, *pi* :: *se*, *iq*, ou PS, PI :: SF, IQ, & *ps*, *pi* :: SF, *iq*, à cauſe de l'égalité ſuppoſée des quatre lignes SF, SE, *sf*, *se*; donc on aura IQ, *iq* :: $\frac{PI \times SF}{PS}$, $\frac{pi \times SF}{ps}$ :: PI×*ps*, *pi*×PS: or que les demi-circonferences AHB & *ahb* tournent ſur leurs Diametres AB & *ab*, les Zônes que formeront les arcs infiniment petits HI & *hi*, ſeront entr'elles comme ces arcs multipliés par les ordonnées correſpondantes IQ & *iq* ; elles ſeront donc proportionnelles à $\overline{PI}^2 \times pf \times ps$, & à $\overline{pi}^2 \times PF \times PS$.

Maintenant ſi on diviſe ces Zônes par les quarrés des diſtances PI & *pi*, on aura $pf \times ps$ & $PF \times PS$ pour les forces avec leſquelles les corpuſcules P & *p* (*Diſſ.* 3. *art.* 12.) ſeront attirés ſuivant les directions PI & *pi* ; & parce que ces forces ſeront aux forces attractives ſuivant les directions PS & *ps*, comme PI à PQ, *pi* à *pq*, il eſt clair que les Triangles PIQ & PSF, *piq* & *psf* étant ſemblables, les forces ſuivant les directions PI & PS, *pi* & *ps* ſeront entr'elles comme PS à PF, comme *ps* à *pf* ; donc on aura $pf \times ps \times \frac{PF}{PS}$ & $PF \times PS \times \frac{pf}{ps}$ pour les forces avec leſquelles les corpuſcules P & *p* ſeront attirés vers les centres S & *s* ; ainſi ces forces ſeront entr'elles comme $\overline{ps}^2$ & $\overline{PS}^2$ ; elles ſeront donc en raiſon inverſe des quarrés des diſtances aux centres S & *s*.

Or que ſur les lignes PK & *pk*, PB & *pb*, on mene les perpendiculaires LN & *ln*, LT & *lt*, on trouvera de même que les Zônes formées par la révolution des arcs KL, *kl* autour des Diametres AB, *ab*, attireront les corpuſcules P & *p* vers les centres S & *s*, avec des forces qui ſeront encore en raiſon inverſe des quarrés des diſtances PS & *ps*.

Donc en général, puiſque les deux ſurfaces ſpheriques égales AHKB, *ahkb* pourroient être partagées en une infinité de Zônes formées par la révolution des arcs compris de part & d'autre entre des cordes reſpectivement égales, telles que HK & *hk*, IL & *il*,

& dont les prolongemens ſe réüniroient aux points P & *p*, les forces attractives des ſurfaces entieres, ſeront toûjours en raiſon renverſée des quarrés des diſtances PS & *ps*.

## ARTICLE III.

Il ſuit delà, qu'en ſuppoſant qu'une ſphere fût également denſe dans toutes ſes parties, la ſomme des forces avec leſquelles les différentes couches ſpheriques de ſa maſſe attireroient un corps, ſeroit en raiſon inverſe du quarré de la diſtance de ce corps au centre de la ſphere.

## ARTICLE IV.

Que les ſpheres inégales ABD & *abd* (*Fig.* 2.) ſoient également denſes, & qu'elles attirent les corpuſcules P & *p* qu'on ſuppoſe égaux; ſi les diſtances PS & *ps* aux centres S & *s* ſont proportionnelles aux Rayons SR & *sr*, les forces avec leſquelles les corpuſcules P & *p* ſeront attirés, ſuivront la proportion de ces Rayons; car prenant dans les maſſes ABD & *abd* deux particules proportionnelles M & *m* de même figure & ſemblablement poſées à l'égard des corpuſcules P & *p*; ſi ſur les diametres RH & *rh*, on abaiſſe les perpendiculaires MK & *mk*, les triangles PMK & *pmk* ſeront ſemblables, & auront leurs côtés homologues proportionnels aux Rayons SR & *sr* : or les particules M & *m* étant dans la proportion des maſſes ABD & *abd*, les forces avec leſquelles elles attireront les corpuſcules P & *p*, ſeront comme les Cubes des rayons SR & *sr* diviſés par les quarrés des diſtances PM & *pm*, c'eſt-à-dire comme $\frac{\overline{SR}^3}{\overline{PM}^2}$ à $\frac{\overline{sr}^3}{\overline{pm}^2}$ ou comme SR à *sr*, parce que $\frac{\overline{SR}^2}{\overline{PM}^2}$

égalera $\frac{\overline{sr}^2}{\overline{pm}^2}$ ; mais ces forces réduites suivant les directions PS & *ps*, deviendront $SR \times \frac{PK}{PM}$ & $sr \times \frac{pk}{pm}$ ; donc elles resteront proportionnelles aux rayons SR & *sr*, à cause de l'égalité des fractions $\frac{PK}{PM}$ & $\frac{pk}{pm}$ ; donc les sommes des forces avec lesquelles les masses entieres attireront les corpuscules P & *p*, suivront aussi la proportion de ces Rayons.

## ARTICLE V.

Il en sera de même de l'attraction des corpuscules P & *p* posés à des distances proportionnelles aux rayons homologues de deux solides semblables (*Fig.* 3.) & également denses, les attractions des corpuscules suivront encore la proportion des Rayons sur le prolongement desquels ils se trouveront placés.

## ARTICLE VI.

Les forces avec lesquelles les masses spheriques ABD & *abd* (*Fig.* 2.) attireroient les corpuscules P & *p* à des distances égales des centres S & *s*, seroient comme les Cubes des Rayons SR & *sr* ; car que la distance PS devint égale à *ps*, l'attraction du corpuscule P augmenteroit dans le rapport de $\overline{SR}^2$ à $\overline{sr}^2$ ; mais les attractions des corpuscules P & *p* à des distances proportionnelles aux Rayons SR & *sr*, étoient comme ces Rayons (*Art.* 4.) ; donc à des distances égales elles seroient comme $SR \times \frac{\overline{SR}^2}{\overline{sr}^2}$ à *sr*, ou comme $\overline{SR}^3$ à $\overline{sr}^3$.

## ARTICLE VII.

Que les densités des masses spheriques ABD & *abd* (*Fig.* 2.) augmentassent ou qu'elles diminuassent, les forces attractives de ces masses augmenteroient ou diminueroient dans la même proportion ; mais que la petite sphere *abd* changeât seule de densité, & que sans changer de volume, sa masse devint égale à celle de la sphere ABD, les corpuscules P & *p* se trouveroient alors également attirés, placés à des distances égales des centres S & *s* ; donc en general les mêmes distances supposées, les forces attractives sont comme les masses dont elles émanent.

## ARTICLE VIII.

Il suit delà que la force attractive d'une sphere quelconque ABD, est la même que celle qu'auroit une seule particule placée au centre S, & sous le volume de laquelle se ramasseroit la matiere comprise dans toute l'étenduë de la sphere.

## ARTICLE IX.

Comme toute attraction est réciproque, la somme des forces avec lesquelles le corpuscule P attireroit les différentes parties de la sphere ABD, seroit égale à celle qu'il auroit pour attirer une particule placée au centre S, & dont la masse égaleroit celle de la sphere entiere.

## ARTICLE X.

Lorsque deux spheres ABD & *abd* s'attirent réciproquement, l'attraction de chacune de ces spheres est en raison directe de la masse par laquelle elle est attirée ;

&

& en raiſon inverſe des quarrés des diſtances de leurs centres S & $s$, ce qui eſt évident, puiſque les forces attractives des maſſes ſpheriques ſont les mêmes que celles qu'auroient ces maſſes ramaſſées autour de leurs centres, & réduites ſous un volume indefiniment petit.

## ARTICLE XI.

Un corpuſcule $p$ renfermé au-dedans d'une couche ſpherique $gfhi$ (*Fig.* 4.), doit être également attiré de toutes parts.

Qu'on faſſe paſſer les cordes $gh$ & $fi$ par le point $p$, & que les arcs $gf$ & $hi$ ſoient infiniment petits, les Triangles $gpf$ & $hpi$ ſeront ſemblables ; donc ſi les côtés $gf$ & $hi$ deviennent les diametres de deux figures pareillement ſemblables & proportionnelles aux quarrés des diſtances $fp$ & $hp$, ou $pg$ & $pi$, à cauſe de l'infinie petiteſſe des arcs $gf$ & $hi$ ; les forces oppoſées avec leſquelles ces figures attireront le corpuſcule $p$, ſeront entr'elles comme $\frac{\overline{fp}^2}{\overline{fp}^2}$ à $\frac{\overline{hp}^2}{\overline{hp}^2}$, comme 1 à 1 ; donc les forces contraires devant être égales dans toute l'étenduë de la couche ſpherique $gfhi$, le corpuſcule $p$ ſera également attiré de toutes parts.

## ARTICLE XII.

Que le corpuſcule $p$ ſoit au-dedans d'une ſphere pleine $hkl$ (*Fig.* 5.), il peſera vers le centre S avec une force proportionnelle au rayon $Sp$ de la couche ſpherique $pqr$ ſur laquelle il ſe trouvera placé ; car les forces avec leſquelles il ſera attiré par les couches interpoſées entre $pqr$ & $hkl$, ſe détruiſant réciproquement, il n'éprouvera que l'impreſſion de la force attractive de la ſphere *pqr*, impreſſion (*Art.* 4.) proportionnelle au rayon S*p*.

### ARTICLE XIII.

Soit ABCD *abcd* (*Fig.* 6.) un anneau compris entre deux Ellipſes ABCD & *abcd* qu'on ſuppoſe ſemblables, concentriques & infiniment proches l'une de l'autre; ſi cet anneau par ſa révolution ſur l'axe DB, forme une couche ſpheroïdale au-deſſous de laquelle on place un corpuſcule *p*, ce corpuſcule ſera également attiré de toutes parts.

Qu'on faſſe paſſer la corde *gh* par le point *p*, & qu'on mene le Diametre SR auquel cette corde ſervira d'ordonnée, on aura $qg = qh$, & $ql = qm$, donc *lg* égalera *mh* : que par le point *p*, on mene une autre corde *fi*, qui faſſe avec *gh* l'angle *fpg* ou *iph* infiniment aigu, & que *fpg* & *iph* ſoient pris pour deux Cones oppoſés au ſommet, il eſt clair qu'à cauſe de l'égalité des lignes *gl* & *hm*, ou *fe* & *in*, les particules *felg* & *inmh*, ſeront entr'elles en raiſon directe des quarrés de leurs diſtances au corpuſcule *p*; Donc (*Art.* 12. *Diſſ.* 3.) elles attireront également ce corpuſcule de part & d'autre; donc en general comme les forces contraires ſeront égales dans toute l'étenduë de la couche ſpheroïdale, le corpuſcule *p* ſera également attiré de toutes parts.

### ARTICLE XIV.

Que ce corpuſcule ſoit au-dedans d'un ſpheroïde plein ABCD, ſa peſanteur ſera proportionnelle au demi-diametre S*p* de la couche ſpheroïdale *pkt* ſur laquelle il ſe trouvera placé; car les forces avec leſquelles il ſera attiré par les couches interpoſées entre *pkt* & ABCD ſe détruiſant réciproquement (*Art.* 13.), il n'éprouvera que l'impreſſion de la force attractive du ſpheroïde *pkt*, impreſſion (*Art.* 5.) proportionnelle au rayon S*p*.

## ARTICLE XV.

Si on ſuppoſe que le corpuſcule *p* placé ſur le prolongement de la ligne BA (*Fig.* 7.), ſoit attiré par tous les points de cette ligne avec des forces AK, EF, BH, qui ſoient en raiſon inverſe des quarrés des diſtances *p*A, *p*E, *p*B, l'aire compriſe entre AB & la Courbe HFKZ, exprimera la force totale avec laquelle la ligne AB attirera le corpuſcule *p*, & cette aire ſera proportionnelle à $\frac{1}{pA} - \frac{1}{pB}$; car que la ligne BA fût prolongée juſqu'en *p*, l'aire totale *p*BHZ exprimeroit la force attractive de la ligne B*p*; or nommant $x$ la ligne $px$, l'ordonnée $x$V ſeroit proportionnelle à $\frac{1}{xx}$, & l'on auroit $\frac{dx}{xx}$ pour la differentielle de l'aire $px$VZ, ce qui donneroit $-\frac{1}{x}$ pour la ſomme des Elemens compris entre $x$V & *p*Z; ainſi en égalant $x$ à *p*A, l'aire *p*AKZ vaudroit $-\frac{1}{pA}$: de même ſi on égaloit $x$ à *p*B, l'aire totale *p*BHZ égaleroit $-\frac{1}{pB}$; donc en retranchant $-\frac{1}{pA}$ de cette quantité, $\frac{1}{pA} - \frac{1}{pB}$ exprimeroit l'aire ABHK; telle ſera donc la force avec laquelle le corpuſcule *p* ſera attiré par la ligne AB; *C. Q. F. D.*

## ARTICLE XVI.

Que le corpuſcule $p$ ſoit placé ſur le prolongement de l'axe d'un cercle infiniment mince qui ait AR pour rayon (*Fig.* 8.), la force avec laquelle le Plan circulaire attirera ce corpuſcule, ſera proportionnelle à $1 - \frac{pA}{pR}$.

Si du centre $p$, on décrit les arcs RB, DE & $gde$ infiniment proche de DE, & que les ordonnées BH, EF, $ef$, AK, ſoient entr'elles en raiſon inverſe des quarrés des diſtances $p$R, $p$D, $pd$, $p$A, nommant $p$D ou $p$E, $x$, & AD, $y$, on aura D$g$ ou E$e = dx$ & D$d = dy$; & à cauſe des triangles ſemblables D$gd$ & DA$p$, on aura auſſi $dy = \frac{xdx}{y}$; donc la petite Zône formée par la révolution de $dy$ autour de l'axe $p$A ſera proportionnelle à $xdx$; ainſi en multipliant $xdx$ par $\frac{1}{xx}$, on aura $\frac{dx}{x}$ pour la force avec laquelle cette Zône attirera le corpuſcule ſuivant la direction $p$D, & cette force réduite ſuivant la direction $p$A, deviendra $p\text{A} \times \frac{dx}{xx}$; mais $\frac{dx}{xx}$ égalera l'Element EF$fe$; donc puiſque cet élement multiplié par $p$A, donnera la force avec laquelle la Zône $xdx$ attirera le corpuſcule $p$ ſuivant la direction $p$A, l'aire totale ABHK multipliée pareillement par $p$A donnera la force qu'aura le cercle entier pour attirer ce corpuſcule ſuivant la même direction; cette force (*Art.* 15.) ſera donc proportionnelle à $p\text{A} \times \overline{\frac{1}{pA} - \frac{1}{pR}} = 1 - \frac{pA}{pR}$; C. Q. F. D.

## ARTICLE XVII.

Soit maintenant le corpuſcule *p* (*Fig.* 9.) placé ſur le prolongement de l'axe BA du Cilindre MONR, formé par la révolution du Parallelograme MABR ſur ſon côté AB, ſi on décrit la courbe HFKZ dont les ordonnées BH, EF, AK, ſoient comme les forces attractives des Plans circulaires RN, DG, MO, ſuivant la direction *p*A, & que par conſéquent (*Art.* 16.) elles ſe trouvent proportionnelles à $1 - \frac{pB}{pR}$, $1 - \frac{pE}{pD}$, $1 - \frac{pA}{pM}$; égalant BR à 1, & nommant *p*B, *x*, & *p*A, *z*, l'Element de l'aire compriſe entre la Courbe & la ligne *p*B, donnera $dx - \frac{xdx}{\sqrt{xx+1}}$ & $x - \sqrt{xx+1}$ pour l'aire entiere : de même on aura $z - \sqrt{zz+1}$ pour l'aire compriſe entre la Courbe & la ligne *p*A ; retranchant donc cette quantité de $x - \sqrt{xx+1}$, on aura $x - \sqrt{xx+1} - z + \sqrt{zz+1}$, ou $pB - pR - pA + pM$, ou $AB - pR + pM$ pour l'aire ABHK, ou pour la force avec laquelle le Cilindre MONR attirera le corpuſcule *p* ſuivant la direction *p*A.

## ARTICLE XVIII.

Que le corpuſcule *p* (*Fig.* 10.) ſoit placé à l'extremité de l'axe B*p* du ſpheroïde applati D*p*GB inſcrit dans le Cilindre MONR formé par la révolution du Parallelograme M*p*BR ſur ſon côté *p*B, la force avec laquelle le ſpheroïde attirera le corpuſcule *p*, ſera cenſée être à la force attractive de la ſphere *dpg*B qui aura C*p* pour Rayon, comme la force du Cilindre MONR circonſcrit au ſpheroïde, a la force du Cilindre *monr* circonſcrit à la ſphere ; c'eſt-à-dire que l'attraction du corpuſcule par le ſpheroïde ſera à ſon attraction par la ſphere, comme (*Art.* 17.) $pB - pR + pM$, à $pB - pr + pm$; ainſi en ſuppoſant par exemple que $pB$ fut à DG, comme 100 à 101, on trouveroit que la peſanteur du corpuſcule ſur l'axe du ſpheroïde, ſeroit à ſa peſanteur ſur la ſphere inſcrite, à peu près comme 126 à 125.

## ARTICLE XIX.

Que le corpuſcule $p$ (*Fig.* 11.) ſe trouve placé à l'extremité de l'axe G$p$ du ſpheroïde allongé $p$AGB inſcrit dans le Cilindre MONR formé par la révolution du Parallelograme M$p$GR ſur ſon côté $p$G, la force avec laquelle le ſpheroïde attirera le corpuſcule $p$, ſera cenſée être à la force attractive de la ſphere circonſcrite qui aura C$p$ pour Rayon, comme la force du Cilindre MONR circonſcrit au ſpheroïde, à la force du Cilindre *monr* circonſcrit à la ſphere ; ces forces seront donc entr'elles comme (*Art.* 17) $pG - pR + pM$, à $pG - pr + pm$; ainſi en ſuppoſant que $p$G fut à BA, comme 101 à 100, on trouveroit que la peſanteur du corpuſcule ſur l'axe du ſpheroïde allongé, ſeroit à ſa peſanteur ſur la ſphere circonſcrite à peu près comme 125 à 126.

## ARTICLE XX.

Suppoſant encore que la raiſon de $p$G à BA (*Fig.* 11.) ſoit la même qne celle de 101 à 100, comme le ſpheroïde applati eſt moyen proportionnel géometrique entre la ſphere D$p$EG & le ſpheroïde allongé, & que la peſanteur ſur la ſphere D$p$EG, eſt à la peſanteur ſur l'extremité de l'axe G$p$ du ſpheroïde allongé B$p$AG, comme 126 à 125, on voit que si *p*G devenoit l'Equateur du spheroïde applati qui auroit AB pour axe, les pesanteurs du corpuscule placé au point *p*, commun à la sphere circonscrite & aux deux différens spheroïdes, pouvant être supposées proportionnelles aux masses de ces solides, on auroit à peu près 125 $\frac{1}{2}$ pour la pesanteur du corpuscule sur l'Equateur du spheroïde applati.

## ARTICLE XXI.

La même proportion gardée entre les Diametres *p*G & BA du spheroïde applati, la pesanteur à l'extremité de son axe BA, sera à la pesanteur sur son Equateur PCG, comme 501 à 500.

Soient $\pi$, *s*, S, E, les pesanteurs prises séparement, au Pole B du spheroïde applati, sur la sphere inscrite B*d*A*g*, sur la sphere circonscrire D*p*EG, & sur l'Equateur *p*CG du spheroïde, le rapport de $\pi$ à E, sera le produit des trois rapports intermediaires, il sera composé,

Du rapport de $\pi$ à *s*, ou de (*Art.* 18.) 126 à 125.
Du rapport de *s* à S, ou de (*Art.* 4.) 100 à 101.
Du rapport de S à E, ou de (*Art.* 20.) 126 à 125 $\frac{1}{2}$.

Donc $\pi$ sera à E, comme $126 \times 100 \times 126$ à $125 \times 101 \times 125 \frac{1}{2}$ ou comme 501 à 500.

## ARTICLE XXII.

Si le principe de l'attraction a lieu dans la Nature, il est aisé de comparer la masse du Soleil avec celles de la Terre, de Jupiter & de Saturne; ces masses centrales ont des Satellites dont on connoît les distances & les forces centripetes mesurées par les sinus verses des arcs qu'ils décrivent dans un tems déterminé; ainsi nommant *d*, la diſtance d'un Satellite au centre de la maſſe *m*; & *f*, ſa chûte initiale ; comme on aura $f = \frac{m}{dd}$ la maſſe *m* ſera proportionnelle à *fdd*.

## ARTICLE XXIII.

Cette maſſe diviſée par ſon volume, donnera ſa denſité ; donc connoiſſant la groſſeur du Soleil comparée à celles de la Terre, de Jupiter & de Saturne, on connoîtra auſſi le rapport de leurs denſités.

## ARTICLE XXIV.

Qu'un Satellite *p* (*Fig.* 12.) à une diſtance déterminée S*p* d'une maſſe centrale S pareillement déterminée, circule autour de cette maſſe, je dis que le tems de la révolution du Satellite, ſera toûjours proportionnel à la racine de ſa diſtance au centre commun de gravité O des deux maſſes.

Que *p* ſoit infiniment petit par rapport à S, le centre O ſe confondra avec celui de la maſſe centrale S ; or ſi on ſuppoſe que ce Satellite décrive le cercle *p*HI, & que *f* exprime ſa chûte initiale vers S à la diſtance S*p*, nommant R cette diſtance, V la viteſſe tranſlative du Satellite, & T le tems de ſa révolution, on aura $f = \frac{VV}{R} = \frac{R}{TT}$ en mettant pour V ſa valeur $\frac{R}{T}$, d'où on tirera $T = \frac{\sqrt{R}}{\sqrt{f}}$.

Mais que la maſſe *p* augmente, & que le centre commun de gravité de S & de *p*, remonte au point O, ce ſera autour de ce point que tourneront les deux maſſes ; ainſi pendant que S décrira le cercle SKG, le Satellite *p* décrira

décrira le cercle $pQZ$ ; nommant donc $r$ le Rayon $Op$ $v$ la vitesse translative du Satellite, & $T$ le tems de sa révolution, comme la distance respective des masses S & $p$ sera encore la même, on aura $f$ ou $\frac{VV}{R}$, ou $\frac{R}{TT}$ $= \frac{vv}{r} = \frac{r}{TT}$, d'où on tirera $T = \frac{\sqrt{r}}{\sqrt{f}}$ ; donc $T$ sera à T, comme $\sqrt{r}$ à $\sqrt{R}$ ; donc le tems de la révolution du Satellite autour de la masse centrale S, sera proportionnel à la racine de sa distance, au centre commun de gravité des deux masses.

## ARTICLE XXV.

Si l'attraction a lieu dans la Nature, la tendence respective d'un Satellite vers la Planete à laquelle il s'associe & de la Planete vers le Satellite, augmente dans le tems des quadratures, & diminue du double de son augmentation dans le tems des Sysygies.

Supposons, par exemple, que BCGD (*Fig.* 13.) soit l'orbite de la Lune, T la Terre, & S le Soleil, si l'on prend SC égale à ST, & que la Lune étant supposée au point C vers l'une de ses quadratures, on abaisse sur ST la perpendiculaire CN ; il est clair qu'à cause de la grande disproportion des Rayons ST & TC, la perpendiculaire CN & la ligne TC seront supposées égales, aussi-bien que les distances SN & ST ; or nommant $r$ le Rayon TC ou TG, & supposant que ST exprime la force qu'aura le Soleil pour attirer la Terre & la Lune dans le tems des quadratures, cette force décomposée donnera $r$ pour celle qu'ajoûtera l'action du Soleil à la pesanteur réciproque des deux Planetes.

Mais que la Lune se trouve en conjonction au point N

G, ſi on ſuppoſe que SM ſoit à ST en raiſon renverſée des quarrés des diſtances SG & ST, & qu'on nomme $x$ la diſtance SG, & $z$ la ligne TM ou la différence des forces avec leſquelles le Soleil attirera la Lune placée au point G, & la Terre placée au point T, ces forces ſeront entr'elles comme $\frac{1}{xx}$ à $\frac{1}{xx+2rx+rr}$, ou comme $x+r+z$ à $x+r$, proportion qui donnera $\frac{x+r}{xx} = \frac{x+r+z}{xx+2rx+rr}$, d'où on tirera $z = \frac{2rxx+3rrx+r^3}{xx}$; or à cauſe de la grande diſproportion des Rayons SG & TG, les termes $3rrx$ & $r^3$ ſeront cenſés s'évanoüir; donc la force $z$ retranchée de la peſanteur réciproque des deux Planetes, & comparée à la force ST, égalera $2r$.

Et ſi on mettoit la Lune au point B en oppoſition avec le Soleil, & qu'on ſupposât que S$m$ fut à ST en raiſon inverſe des quarrés des diſtances SB & ST, nommant $y$ la ligne T$m$, ou la différence des forces S$m$ & ST, on auroit $\frac{1}{xx+4rx+4rr}$, $\frac{1}{xx+2rx+rr} :: x+r-y$, $x+r$ d'où on tireroit $y = \frac{2rxx+5rrx+3r^3}{xx+4rx+4rr} = 2r$ double de $r$ augmentation de la peſanteur reſpective de la Lune & de la Terre dans le tems des quadratures. Il ſuit de-là que toute compenſation faite, ce que l'action du Soleil retranche de la peſanteur reſpective d'un Satellite quelconque & de la Planete à laquelle il ſe trouve aſſocié, eſt à cette peſanteur comme TC diſtance des deux Planetes, à ST diſtance du Soleil à la Planete principale.

## ARTICLE XXVI.

Une réflexion generale qu'on peut faire ſur le principe de l'attraction, c'eſt qu'admettre ce principe, c'eſt ſuppoſer l'Univers infini ; car ſi tous les corps s'attirent mutuellement, les Etoiles ne reſtent en repos que parce qu'elles ſont également attirées de toutes parts, ce qui ne pourroit être s'il s'en trouvoit qui donnaſſent des bornes à la Nature. Je dis donc qu'afin que les Etoiles fixes gardent entr'elles les mêmes rapports de diſtances, il faut que leur nombre ſoit infini ; j'ajoûte qu'il faut encore qu'elles ſoient diſtribuées de maniere que rien ne puiſſe les déplacer ; car ſi les forces ſont en raiſon inverſe des quarrés des diſtances, deux maſſes qui n'auroient aucune force centrifuge, ne pourroient commencer à s'approcher l'une de l'autre, que l'équilibre général ne ſe rompit toujours de plus en plus, & que tous les corps répandus dans l'Univers ne ſe ramaſsâſſent enfin autour de leur centre commun de gravité : mais de plus, puiſque les parties de la matiere ne ſont pas toutes en repos, & qu'entre celles qui ſe meuvent, il s'en trouve dont les mouvemens ne ſont point circulaires, comment l'équilibre general peut-il ſubſiſter ? Ailleurs nous avons trouvé des reſſources dans l'arbitraire, ici nous devons recourir au miracle.

Changeons maintenant de langage, & rentrons dans le ſiſtême commun.

# PRINCIPES GÉNÉRAUX DE LA NATURE, APPLIQUÉS AU MECANISME ASTRONOMIQUE, ET COMPARÉS AUX PRINCIPES DE LA PHILOSOPHIE DE M. NEWTON.

## CINQUIÉME DISSERTATION.

*Mouvement des Corps dans les Fluides.*

### ARTICLE I.

On a vû qu'en analisant géometriquement la loi de Kepler, il est aisé de découvrir les principes generaux que suppose le méchanisme astronomique.

1°. De ce que chaque Planete décrit autour du Soleil des aires proportionnelles aux tems

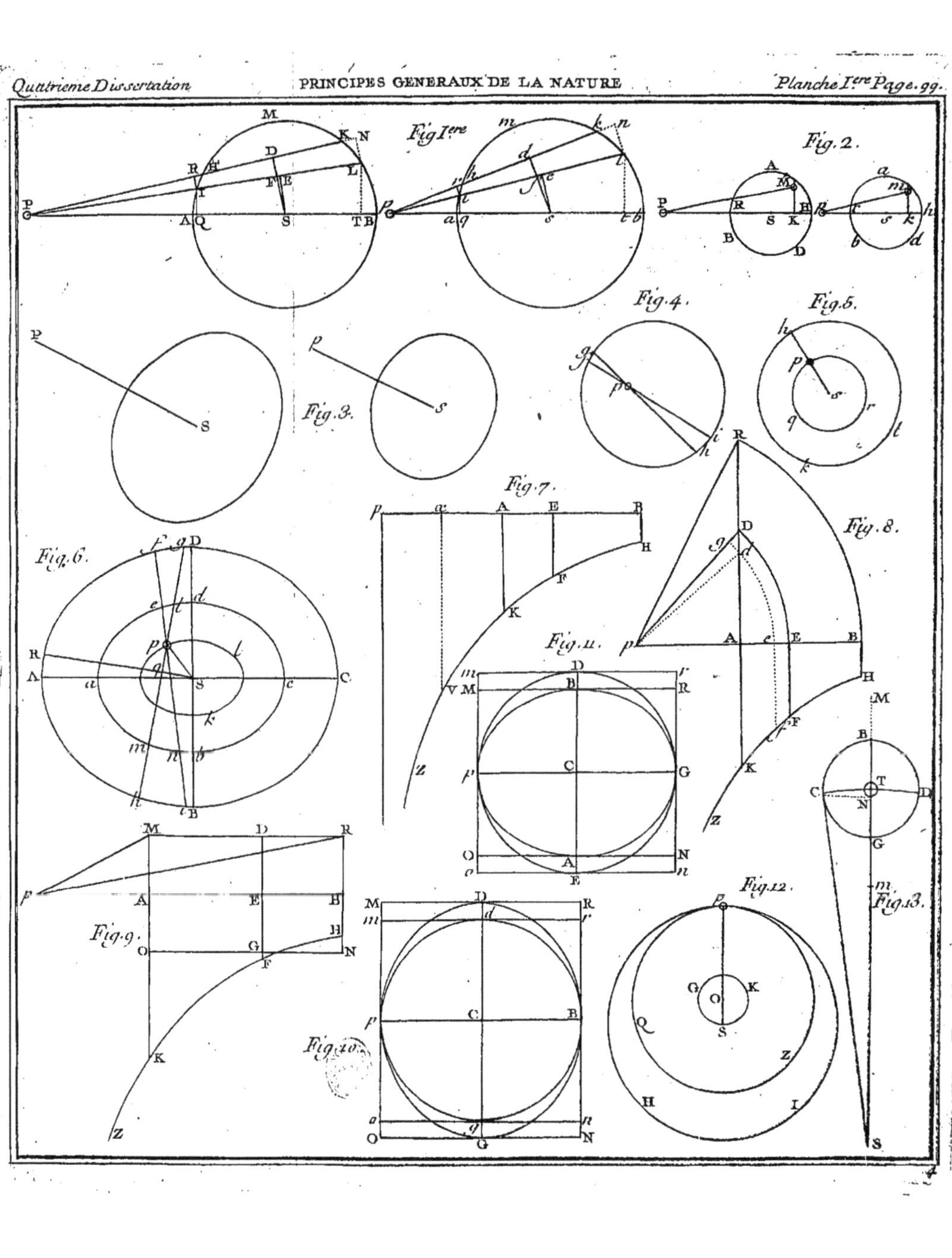

qu'elle employe à les décrire, on conclut qu'elles se meuvent toutes comme si elles étoient dans un milieu non résistant, & qu'elles ne fussent que pesantes.

2°. De ce qu'elles décrivent des Ellipses ausquelles le Soleil sert de foyer, on conclut que les différentes pesanteurs d'une même Planete sont par-tout en raison renversée des quarrés de ses distances à ce foyer commun.

3°. De ce que les quarrés des tems des révolutions sont comme les cubes des distances moyennes, on infere que quelqu'inégales que soient les masses des Planetes, leurs chûtes initiales comparées, suivent toûjours la proportion inverse des quarrés de leurs distances au Soleil.

On a vû aussi que ceux qui abandonnent les Planetes à l'impression de la matiere etherée, & qui ne les font circuler autour du Soleil qu'en les assujettissant à suivre par-tout les mouvemens translatifs des couches sphériques de son tourbillon, se trouvent nécessairement en contradiction avec eux-mêmes ; car s'ils veulent que les vitesses translatives soient en raison renversée des distances, il est vrai qu'alors le Rayon vecteur de chaque Planete décrira des aires égales dans des tems égaux, mais aussi les tems des révolutions totales ne seront-ils plus comme les racines quarrées des Cubes des grands Axes ; ou s'ils veulent que les vitesses soient en raison renversée non des distances, mais des racines de ces distances, les tems des révolutions répondront à la vérité à ceux que demandent les observations, mais les aires décrites ne suivront plus la proportion des tems employés à les décrire.

Qu'on s'y prenne donc comme on voudra, jamais

on ne pourra s'écarter impunément des principes qui ſe tirent de la loi de Kepler, ces principes ſont les ſeuls qu'il ſoit poſſible d'adapter au Méchaniſme aſtronomique ; mais il s'agit de les juſtifier en ſe renfermant dans l'hypotèſe de la plenitude univerſelle.

Commençons par faire voir que dans cette hypotèſe les Planetes peuvent ſe mouvoir comme ſi elles étoient dans le vuide, & qu'elles ne fuſſent que peſantes.

## ARTICLE II.

Un Fluide eſt une maſſe compoſée de parties indéfiniment déliées, détachées les unes des autres, & par-là ſuſceptibles de toutes ſortes d'impreſſions.

## ARTICLE III.

Il faut diſtinguer dans un fluide, les parties propres qui le compoſent, & les particules qui occupent les interſtices que ces parties laiſſent entr'elles, & l'on doit concevoir que la totalité de ces particules intermediaires qu'on ſuppoſe plus déliées que celles qu'elles ſéparent, forme un nouveau fluide que pénetre pareillement un fluide plus délié, pénetré lui-même par une matiere encore plus fluide, & ainſi à l'infini. C'eſt ce qu'on eſt en droit de ſuppoſer, parce que la matiere eſt infiniment diviſible, & ce qu'on doit admettre, parce que les fluides prennent inceſſamment l'empreinte des corps ſolides qui les obligent de leur donner paſſage. Ainſi tout fluide en renferme toûjours une infinité d'autres qui lui ſont heterogenes.

## ARTICLE IV.

Un corps ſolide eſt un corps dont toutes les parties

ſont adhérentes les unes aux autres, les fluides qui rempliſſent ſes pores, ne ſont point partie de ſa maſſe.

## ARTICLE V.

Un corps ſoit ſolide, ſoit fluide, eſt plus ou moins denſe, ſelon qu'il contient plus ou moins de matiere propre, ſous un volume déterminé.

## ARRICLE VI.

La réſiſtance qu'éprouve un corps qui ſe meut dans un fluide, eſt la quantité de mouvement qu'il y perd à chaque inſtant, quantité toûjours égale à celle du mouvement qu'acquierent les parties du fluide ſuivant la direction du mouvement perdu.

## ARTICLE VII.

Quand un corps ſolide reçoit une impreſſion de mouvement, chacune des particules dont ce corps eſt compoſé, entre en partage de l'impreſſion que reçoivent celles auſquelles le mouvement eſt immédiatement communiqué ; mais quand les particules d'un fluide ſont frappées, comme elles ne ſont point attachées les unes aux autres, celles qui ne ſont pas immédiatement appliquées au corps qui les pouſſe, s'écartent & ſe dérobent en partie à l'impreſſion du choc, de maniere que le corps qui ſe meut dans le fluide, ne perd à chaque inſtant qu'une partie du mouvement qu'il perdroit, ſi les particules qui s'oppoſent immédiatement à ſon paſſage étoient adhérentes à celles vers leſquelles elles ſont pouſſées.

## ARTICLE VIII.

Il ſuit de-là, que quand un corps ſe meut dans un

fluide, il doit faire circuler autour de lui une couche de matiere, ou mince ou épaiſſe, ſuivant la qualité des particules du fluide *, je veux dire ſuivant que ces particules ſont plus ou moins déliées, & qu'elles ont plus ou moins de facilité à ſe ſéparer les unes des autres; en ſorte que le corps mû ne rencontreroit à chaque inſtant que des couches infinimenr minces, en ſuppoſant qu'il ſe trouvât dans un milieu parfaitement fluide; ſuppoſition qu'on eſt en droit de faire, même dans l'hypotèſe de la plenitude univerſelle, puiſque dans cette hypotèſe, on eſt toûjours également obligé de reconnoître, que la matiere peut avoir plus ou moins de fluidité, & qu'en tout genre, ce qui eſt capable de plus & de moins, eſt capable de l'infini.

## ARTICLE IX.

Mais il faut remarquer qu'un mobile mû dans un milieu infiniment fluide, & qui ne rencontre à chaque inſtant que des couches infiniment minces, peut n'employer qu'une infinitiéme partie de ſa force à pouſſer en avant les particules infiniment déliées qu'il rencontre en ſon chemin. Pour éclaircir ce que je dis, je ſuppoſe qu'une maſſe ACDB, (*Fig.* 1.) ſoit pouſſée vers une autre maſſe FHIG, & que le milieu qui les ſépare, ſoit infiniment peu fluide, on voit que toute l'action du corps mis en mouvement, tombera à la fois, & ſur toutes les parties que renfermera l'eſpace BDHF, & ſur le corps FHIG; mais qu'on donne un peu de fluidité aux parties qui ſe trouveront entre les ſurfaces BD

* *Medium cedendo projectilibus, non recedit in infinitum, ſed in circulum eundo pergit ad ſpatia quæ corpus relinquit à tergo.........*
M. Newton, page 334. Phil. nat. Princip. Mathemat.

&

& FH, ces parties commenceront à s'échapper ſuivant des directions laterales, & l'impreſſion que ce corps faiſoit ſur FHIG par l'entremiſe des particules intermediaires, commencera à s'affoiblir & s'affoiblira toûjours de plus en plus, à meſure qu'on augmentera la fluidité du milieu BDHF, en ſorte que ſi cette fluidité devenoit infinie, le corps ACDB ne feroit impreſſion ſur FHIG, que dans l'inſtant qu'il le joindroit; donc les parties du fluide n'auroient point été pouſſées en avant, elles ſe ſeroient échappées ſuivant des directions paralleles aux ſurfaces BD, FH, conformément aux loix de l'hidroſtatique. C'eſt que la plus legere impreſſion faite ſur un fluide infiniment délié, doit l'obliger à couler par le chemin le plus court vers l'endroit que quitte le corps auquel il eſt obligé de donner paſſage.

## ARTICLE X.

Je dis plus, la viteſſe avec laquelle s'échappe lateralement un fluide, peut devenir infinie, c'eſt ce qui arrivera, par exemple, dans l'inſtant qui précedera celui du contact des deux corps ACDB, FHIG; c'eſt-à-dire dans l'inſtant où l'eſpace par lequel les ſurfaces BD & FH ſeront ſéparées, ſe trouvera réduit à un eſpace infiniment mince; car puiſque les particules qui ſeront compriſes entre BD & FH, & qui ne ſeront point voiſines des bords de ces ſurfaces, auront un eſpace fini à parcourir dans un tems infiniment petit, il faudra de néceſſité que la viteſſe avec laquelle elles s'échapperont devienne infinie.

## ARTICLE XI.

Juſtifions encore par la loi de la Statique, que tout

mouvement fini peut produire une vitesse infinie dans un milieu parfaitement fluide. Je suppose qu'un vase ABCD, rempli d'eau (*Fig.* 2.), ait vers le fond BC une ouverture F par où l'eau s'écoule, la vitesse avec laquelle elle s'écoulera, sera la même que celle qu'acquereroit un corps en tombant de la hauteur DF, & si on éleve la colonne qui forcera l'eau à sortir par l'ouverture F, le mouvement du jet augmentera dans la proportion du poids de la colonne, & cela parce que la vitesse aussi-bien que la quantité d'eau qui jaillira, seront également proportionnelles à la racine de ce poids ; mais que sans élever la colonne, on augmente la vitesse de sa chûte initiale, le mouvement du jet augmentera encore suivant la proportion du poids ; en sorte que si la vitesse initiale de la chûte augmentoit infiniment, & qu'elle devint finie, le mouvement du jet deviendroit infini ; ainsi en exprimant ce mouvement par $\infty$, $\sqrt{\infty}$ exprimeroit la vitesse avec laquelle l'eau s'échapperoit lateralement par l'ouverture F, en supposant néanmoins que la grossiereté de ses particules, ne fit aucun obstacle à son passage, ou plûtôt en supposant que l'eau devint aussi fluide que l'ether ; donc dans ce cas la vitesse du jet seroit infiniment plus grande que toute vitesse finie, donc tout poids infini peut occasionner une vitesse infinie dans un fluide parfaitement fluide ; or puisque le poids d'un corps est proportionnel à sa masse multipliée par sa vitesse initiale, il est clair qu'une masse finie qui commence à se mouvoir avec une vitesse pareillement finie, équivaut à un poids infini ; donc un mouvement fini peut occasionner une vitesse infinie dans un milieu parfaitement fluide. Il suit de-là que conformément à ce que j'ai déja dit, les particules que rencontre incessamment un corps qui se meut dans un fluide, pourroient à la rigueur ne recevoir qu'une infinitiéme partie de l'impression qu'elles recevroient, en supposant qu'elles n'eussent pas la facilité de s'échapper suivant des directions laterales : or dès qu'un mobile ne pousse pas devant lui toute la matiere qu'il déplace, & qu'il ne fait pour ainsi dire, que l'écarter pour s'ouvrir un passage, il est clair que la résistance qu'il éprouve à chaque instant, peut être plus ou moins grande, qu'elle peut même devenir nulle; car on a vû, (*Diss.* 2. *art.* 25.) qu'un mouvement ne s'affoiblit qu'en se communiquant suivant la direction qui lui est propre, & qu'un mouvement direct ne souffre aucune diminution par les mouvemens lateraux qu'il occasionne.

## ARTICLE XII.

Quand un corps se meut avec une vitesse déterminée, dans un espace rempli de différens fluides, la résistance qu'il éprouve ne répond pas seulement à l'épaisseur des couches qu'il fait circuler autour de lui, elle répond encore à la densité de ces couches, & l'on voit que cette densité est relative; elle doit toûjours être proportionnelle à la quantité de matiere à laquelle les pores du corps mû refusent un libre passage.

## ARTICLE XIII.

Il suit de-là qu'un même corps peut éprouver différentes résistances dans différens fluides.

## ARTICLE XIV.

Il suit encore de-là, que dans un même fluide différens corps de même figure & d'un égal volume, peuvent éprouver différentes résistances ; car qu'on supposât par exemple, que la surface d'un corps fut absolument impénétrable, ce corps ne pourroit se mouvoir dans un fluide, qu'il ne poussât toutes les parties renfermées dans la couche qu'il feroit circuler autour de lui ; ainsi la densité relative de cette couche devenant infinie, la résistance qu'éprouveroit le corps qui la pousseroit, seroit à chaque instant la plus grande qu'il pourroit éprouver relativement à sa vitesse & à la nature du fluide dont il dérangeroit les parties.

## ARTICLE XV.

Quand un corps se meut dans un fluide dont les parties sont indefiniment déliées, la quantité de matiere qu'il rencontre ou qu'il ramasse à chaque instant, est proportionnelle à sa vitesse actuelle, ou si l'on veut, à l'espace qu'il parcourt dans cet instant.

## ARTICLE XVI.

Quelle que soit la résistance qu'éprouve à chaque instant un corps qui se meut dans un fluide, il sera toûjours aisé de déterminer la proportion que formera la suite de ses vitesses résiduës ; car supposons que le corps *a*, ayant 1 de masse & 1 de vitesse, pousse dans le premier instant de son mouvement une quantité de particules dont la masse totale soit $x$, sa vitesse résiduë après le choc sera (*Diss.* 2. *art.* 16.) suivant la loi de la communication des mouvemens $\frac{a}{a+x}$; or puisque la quantité des particules poussées par le corps *a*, doit toûjours répondre à la vitesse actuelle de ce corps, cette quantité dans le ſecond inſtant égalera $\frac{ax}{a+x}$ ; car ſi avec 1 de viteſſe, le corps pouſſe $x$ de matiere, il eſt clair qu'avec $\frac{a}{a+x}$ de viteſſe, la quantité de matiere qu'il pouſſera, égalera $\frac{ax}{a+x}$; mais le mouvement de ce corps après ſa premiere perte étant $\frac{aa}{a+x}$, ce mouvement diviſé par $\frac{aa+2ax}{a+x}$ ſomme des deux maſſes, donnera $\frac{a}{a+2x}$ pour la viteſſe réſiduë à la fin du ſecond inſtant; de même on aura la quantité ou la ſomme des particules pouſſées par ce corps après la ſeconde perte, en faiſant cette nouvelle proportion, 1, $x$ :: $\frac{a}{a+2x}$, $\frac{ax}{a+2x}$; or le mouvement du corps $a$ après la ſeconde perte étant $\frac{aa}{a+2x}$, ſi on diviſe ce mouvement par $\frac{aa+3ax}{a+2x}$ ſomme des deux maſſes, on aura pour la viteſſe réſiduë du corps $a$ au troiſiéme inſtant $\frac{a}{a+3x}$, & l'on trouvera en réïtérant la même opération que la ſuite des viteſſes réſiduës de ce corps dans tous les momens ſucceſſifs de ſon mouvement, formera la progreſſion harmonique $\frac{a}{a+x}$, $\frac{a}{a+2x}$, $\frac{a}{a+3x}$, $\frac{a}{a+4x}$, &c.

## ARTICLE XVII.

Soit RSTV une hiperbole Equilatere qui ait la ligne Cz pour aſſymptote, & le point R pour ſommet, ſi on prend RM proportionnelle à la viteſſe primitive d'un corps qui ſe meut dans un fluide, & qu'on partage la ligne Mz en une infinité de parties égales & infiniment petites MN, NO, OP, &c. les ordonnées NS, OT, PV, &c. marqueront les viteſſes réſiduës du mobile, & les parties égales MN, NO, OP, &c. exprimeront les inſtans auſquels répondront ces viteſſes, ce qui eſt évident, puiſque les ordonnées MR, NS, OT, PV, formeront entr'elles une Progreſſion harmonique.

## ARTICLE XVIII.

Les différences des Ordonnées, ou les réſiſtances ſeront comme les quarrés des viteſſes; car ſi CR eſt la moitié de l'axe, nommant $a$, la ligne CM égale à MR; $x$, chacune des abciſſes, & $y$ chacune des ordonnées, on aura $aa = xy$ ou $\frac{aa}{y} = x$, ou $-\frac{aady}{yy} = dx$ ou $-dy = \frac{yydx}{aa}$; donc à cauſe des conſtantes $dx$ & $aa$, on aura la réſiſtance $-dy$ proportionnelle à $yy$.

## ARTICLE XIX.

Les eſpaces infiniment petits parcourus dans les inſtans MN, NO, OP, ſeront entr'eux comme les aires MS, NT, OV, & l'eſpace total que parcourera le mobile dans un tems fini quelconque MP, ſera proportionnel à l'aire MRVP que renfermeront les ordonnées MR VP; ainſi comme cette aire ſera elle-même infiniment petite par rapport à l'aire totale compriſe entre l'hiperbole & ſon aſſimptote, il eſt clair que le mobile parcourera un eſpace infini dans un tems infini.

## ARTICLE XX.

Si les abcisses CM, CN, CO, CP (*Fig.*4.), forment une progression géométrique, les tems MN, NO, OP, en formeront une pareille, aussi-bien que les vitesses MR, NS, OT, PV; mais les termes de celle-ci seront dans un ordre renversé.

## ARTICLE XXI.

La progression supposée, les aires MS, NT, OV, seront égales; ainsi dans les tems MN, NO, OP, le mobile parcourera des espaces égaux.

## ARTICLE XXII.

Si c'est la raison double qui regne dans la progression des abcisses, les lignes droites RN, SO, TP, toucheront la courbe aux points R, S, T, & les triangles MRN, NSO, OTP, seront égaux aussi-bien que les Parallelogrames MRDN, NSGO, OTHP.

## ARTICLE XXIII.

On pourroit supposer que le mobile n'éprouveroit aucune résistance; dans ce cas les espaces qu'il parcoureroit avec les vitesses MR, NS, OT, seroient proportionnels aux rectangles égaux MRDN, NSGO, OTHP.

On pourroit supposer encore, que les résistances qu'éprouveroit le mobile en commençant à se mouvoir avec les vitesses MR, NS, OT, seroient constantes & égales aux différentielles de ces vitesses, dans ce cas le mobile perdroit tout son mouvement dans les tems MN, NO, OP, après avoir parcouru des espaces proportionnels aux triangles égaux MRN, NSO, OTP ; mais nous ſuppoſons que les réſiſtances décroiſſent inceſſamment dans le rapport des quarrés des viteſſes ; or dans ce cas, les eſpaces que parcourt le mobile dans les tems MN, NO, OP, ſont proportionnels aux aires égales MRSN, NSOT, OTVP.

## ARTICLE XXIV.

Comme un corps acquereroit tout ſon mouvement avec une force conſtante, égale à celle qui le lui feroit perdre (les tems ſuppoſés les mêmes) il ſuit évidemment de ce que nous venons de dire, qu'en ſuppoſant les réſiſtances dans la proportion des quarrés des viteſſes, un mobile perdra la moitié de ſon mouvement dans le tems qu'il le perdroit ou qu'il l'acquereroit tout entier avec une force conſtante, égale à la premiere réſiſtance qu'il éprouvera dans le fluide. On voit par exemple, que ſi le mobile commence à ſe mouvoir avec la viteſſe MR, il aura perdu la moitié de cette viteſſe à la fin du tems MN, le même que celui pendant lequel ſon mouvement primitif ſeroit ou produit ou détruit avec une force conſtante égale à la différentielle de MR.

## ARTICLE XXV.

Les mêmes choſes ſuppoſées que dans les articles précedens, & nommant V la viteſſe primitive MR, T le tems CM ou MN pendant lequel cette viteſſe ſeroit ou produite ou détruite avec une force conſtante égale à $dV$, ſi $x$ marque le tems à la fin duquel la viteſſe V ſe trouvera réduite à une viteſſe quelconque exprimée par

par la fraction $\frac{V}{n}$ plus petite que $\frac{V}{1}$, & qui par conséquent aura pour dénominateur un nombre entier ou rompu plus grand que l'unité, la proportion T, T + $x$ :: $\frac{V}{n}$, V donnera le tems $x$ égal à $\overline{n-1} \times$ T ; ainsi en supposant par exemple que $\frac{V}{n}$ fut à V, comme $\frac{1}{3}$ à 1, $x$ égaleroit 2T ; c'est-à-dire que la vitesse primitive MR (V) deviendroit $\frac{V}{3}$ dans un tems double de celui où le mouvement seroit ou produit ou détruit avec une force égale à la premiere résistance que lui feroit le fluide.

## ARTICLE XXVI.

Dans les fluides dont les particules sont infiniment déliées, les résistances sont comme les densités relatives (les vitesses supposées les mêmes). Si le corps $a$, avec 1 de vitesse pousse dans un fluide une quantité de matiere exprimée par $x$, & que celle qu'il pousse dans un autre fluide avec la même vitesse, soit égale à $z$, on aura $\frac{a}{a+x}$ & $\frac{a}{a+z}$, pour les vitesses résiduës, d'où il suit que les mouvemens perdus seront $\frac{ax}{a+x}$ & $\frac{az}{a+z}$, ainsi en supposant les quantités $x$ & $z$ infiniment petites, les pertes seront entr'elles comme $x$ à $z$, ou comme les densités relatives.

## ARTICLE XXVII.

Montrons encore que dans un milieu infiniment fluide, les résistances sont comme les quarrés des vitesses. Soient $a$ & $b$, deux corps homogenes égaux & semblables qui se meuvent dans le même fluide avec les vitesses V & $v$, les sommes des particules que ces corps ramasseront dans le fluide seront entr'elles comme $Vx$ à $vx$ (*Art.* 15.); ainsi on aura pour les vitesses résiduës aprés le premier choc, $\frac{aV}{a+Vx}$ & $\frac{bv}{b+vx}$, & les mouvemens perdus seront $\frac{aVVx}{a+Vx}$ & $\frac{bvvx}{b+vx}$, donc en supposant les sommes des masses rencontrées infiniment petites, les pertes seront entr'elles comme VV à $vv$.

## ARTICLE XXVIII.

Si dans un milieu infiniment fluide, deux corps supposés inégaux, mais homogenes, de même figure, & ayant la même vitesse, présentent dans le même sens leurs surfaces homologues aux parties du fluide, suivant la direction de leurs mouvemens, les résistances qu'éprouveront ces deux corps, seront comme leurs surfaces homologues.

Soit V la vitesse commune des corps $m$ & $n$, si on suppose que leurs surfaces soient S & $s$ les sommes des particules que ces corps ramasseront dans le fluide, seront entr'elles comme $Sx$ à $sx$; ainsi on aura pour les vitesses résiduës après le premier choc $\frac{mV}{m+Sx}$ & $\frac{nV}{n+sx}$, d'où il suit que les mouvemens perdus seront $\frac{mVSx}{m+Sx}$ & $\frac{nVsx}{n+sx}$; donc, si on suppose les sommes des masses rencontrées infiniment petites, les pertes ou les résistances seront comme S à $s$, ou comme les surfaces.

## ARTICLE XXIX.

De ce qui vient d'être prouvé dans les Articles 26 27 & 28, il ſuit qu'en nommant *x* & *z*, les denſités relatives de deux différens fluides où ſe meuvent les corps *m* & *n*, avec les viteſſes V & *v*, & ayant S & *s* pour leurs ſurfaces, les réſiſtances ſeront entr'elles comme *x*VVS à *zvvs*, c'eſt-à-dire comme les denſités relatives multipliées par les quarrés des viteſſes, & par les ſurfaces.

## ARTICLE XXX.

Un corps qui ſe meut dans un fluide avec une viteſſe déterminée, doit éprouver différentes réſiſtances, ſuivant les différens côtés par leſquels il pouſſe les parties du fluide, il n'y a que la ſphere qui, à cauſe de l'uniformité qui regne dans toutes les parties de ſa ſurface, doive toûjours éprouver la même réaction de la part de celles du fluide, quelque côté qu'elle leur préſente, pourvû que ce ſoit avec la même viteſſe qu'elle les frappe.

## ARTICLE XXXI.

On ſuppoſe maintenant qu'un ſolide *m* (*Fig.* 5.) formé par la révolution de la courbe AHD autour de ſon axe, ſe meuve dans un fluide ſuivant la direction CA, & l'on demande quel mouvement perdra ce mobile dans le premier inſtant du choc, par rapport à celui qu'il perdroit, ſi conſervant ſa viteſſe, il ſuivoit la direction AC.

### *RESOLUTION.*

Soit AV ou HV la viteſſe du ſolide *m*, ſi ſur la

tangente au point H on éleve une perpendiculaire, & qu'on mene VZ parallele à cette tangente, il est clair que la ligne HZ marquera & la vitesse avec laquelle le corps *m* poussera les parties du fluide suivant la direction HZ & (*Art.* 15.) la quantité des particules que ce corps fera mouvoir par l'entremise de H, d'où il suit que le mouvement communiqué aux parties du fluide, suivant la direction HZ, sera proportionnel à $HZ^2$ conformément à ce qui a déja été démontré (*Art.* 27.) Mais si on abaisse sur HV la perpendiculaire ZT, le mouvement suivant la direction HZ, sera au mouvement suivant la direction HV comme HZ à HT; ainsi on aura cette proportion $HZ, HT :: HZ^2, HZ \times HT$, donc $HZ \times HT$ exprimera le mouvement que le corps *m* communiquera au fluide par l'entremise du point H, & suivant la direction HV; donc celui qu'il lui communiquera suivant la même direction par l'Element $Hh$, sera $HZ \times HT \times Hh$. Maintenant si des points H & *h* supposés infiniment proches l'un de l'autre, on abaisse les ordonnées HP, *hp*, & qu'on nomme AP, *x*, & HP, *y*, on aura $Pp$ ou son égale $lH = dx$, $lh = dy$ & $Hh = \sqrt{dx^2 + dy^2}$; nommant aussi les vitesses AV ou HV, V, les triangles semblables $Hlh$, VZH & ZTH donneront $HZ = \frac{Vdy}{\sqrt{dx^2 + dy^2}}$ & $HT = \frac{Vdy^2}{dx^2 + dy^2}$; ainsi $HZ \times HT \times Hh$ deviendra $\frac{VVdy^3}{dx^2 + dy^2}$, or en nommant *r* le rayon CD, & *c* la circonférence du cercle DC*d*, celle du cercle qui aura *y* pour rayon sera $\frac{cy}{r}$; donc $\frac{cVVydy^3}{r \times dx^2 + dy^2}$ marquera le mouvement que la Zône formée par la révolution de H*h*, imprimera aux parties du fluide ſuivant la direction HV ; ainſi en tirant de l'équation à la courbe, l'integrale de cette quantité, il ne s'agira plus que de la comparer avec $\frac{cVVr}{2}$ mouvement que le corps *m*, perdroit dans le premier inſtant du choc, ſi avec la viteſſe V il ſuivoit la direction AC ; on aura donc par ce moyen le rapport cherché des deux pertes.

## EXEMPLE.

Soit le corps *m* une hemiſphere, l'équation à la courbe ſera $2rx - xx = yy$, & l'on aura $rdx - xdx = ydy$, & $dx^2 = \frac{yydy^2}{\overline{r-x}^2} = \frac{yydy^2}{\overline{rr-yy}^2}$, ainſi en mettant cette valeur de $dx^2$ dans la formule $\frac{cVVydy^3}{r \times dx^2 + dy^2}$ on aura $\frac{cVVrrydy - cVVy^3 dy}{r^3}$ dont l'integrale en égalant $y$ à $r$, ſera $\frac{cVVr}{4}$ égale à la réſiſtance qu'éprouvera l'hemiſphere en ſuivant la direction CA ; mais puiſque celle qu'elle éprouveroit en ſuivant la direction AC égaleroit $\frac{cVVr}{2}$ les pertes ſeroient entr'elles comme 1 à 2.

## ARTICLE XXXII.

La réſolution précedente eſt fondée ſur les premieres loix du mouvement ; il eſt clair que quand le corps *m*, ſe meut dans un fluide avec la viteſſe & ſuivant la direction HV, il ramaſſe par le point H, les particules qui ſe trouvent dans la ligne HZ, & les pouſſe avec une viteſſe égale à HZ, il faut donc que le mouvement qu'il communique au fluide par l'entremiſe de ce point, ſoit proportionnel à $HZ^2$, ce qui s'accorde avec ce qu'on a déja démontré ; mais ce mouvement réduit ſuivant la direction HV devient $HZ \times HT$, ainſi $HZ \times HT$ étant multiplié par l'élement H*h* doit donner la ſomme des mouvemens que perd le corps *m*, en frappant le fluide par l'élement H*h*. Je ſçai que ce n'eſt pas ainſi qu'on a coutume de s'y prendre pour réſoudre ce problême ; on ſuppoſe que le corps *m* en frappant le fluide par le point H, pouſſe la colonne HV, mais avec la viteſſe HT, ce qui implique ; car ſi c'eſt la colonne HV que frappe le corps *m*, ce corps ne peut pas la pouſſer avec moins de viteſſe qu'il n'en conſerve après l'avoir frappée ; ainſi on a tort de ſuppoſer comme on le fait comunément, que le mouvement ommuniqué au fluide par le point H, eſt égal à $HV \times HT$. On ſuppoſe encore que l'élement H*h*, ne frappe qu'autant de colonnes qu'en frapperoit l'élement *hl* ; ainſi pour avoir le mouvement communiqué par H*h*, on multiplie $HV \times HT$ par *hl* ou *dy*, en quoi on s'écarte encore des principes reçûs : Il eſt évident que tous les points de l'élement H*h* frappent également les colonnes qui leur répondent, & qui portent perpendiculairement ſur H*h* regardée comme tangente à la courbe. Heureuſement cette ſeconde erreur corrige la premiere ; car à cauſe des triangles ſemblables HZV & *hl*H, on a HV, HZ :: H*h*, *hl*, & $HV \times hl = HZ \times Hh$ ; ainſi $HV \times HT \times hl$ ſe trouve égal à $HZ \times HT \times Hh$ mouvement communiqué aux parties du fluide par l'élement H*h* ſuivant la direction HV.

## ARTICLE XXXIII.

Le mouvement que perd le corps *m*, lorſqu'avec AV de viteſſe il pouſſe les parties du fluide, eſt préciſement le même que celui qu'il acquereroit ſi le fluide ayant la même viteſſe, venoit le frapper avec une direction parallele à VC; c'eſt que dans le mouvement tout eſt relatif & réciproque.

## ARTICLE XXXIV.

La circulation des parties d'un fluide dans lequel un corps ſe meut, ne peut être parfaite que quand ces parties ſont infiniment déliées, car lorſqu'elles ſont finies & groſſieres, elles s'embarraſſent dans leur cours; ainſi ne pouvant ſe replier de maniere qu'elles embraſſent aiſément le corps auquel elles doivent donner paſſage, il faut que le fluide ſe condenſe, & que la couche que ce corps fait mouvoir s'épaiſiſſe.

## ARTICLE XXXV.

Si un corps plongé dans un fluide peſant & comprimé étoit tout-à-coup anéanti, les particules voiſines de l'eſpace qu'il ceſſeroit de remplir, viendroient l'y remplacer avec une viteſſe proportionnelle à la racine de la hauteur du fluide; or je dis qu'elles le remplacent de même & avec la même viteſſe quand il vient à ſe mouvoir; auſſi les particules qu'il trouve ſur ſon chemin ne ſont-elles plus obligées de faire une circulation entiere autour de lui, à moins que la viteſſe avec laquelle il ſe meut, ne l'emporte ſur celle qu'a le fluide pour le ſuivre en conſéquence de la peſanteur de toutes ſes parties, encore n'auroit-on pas même de circulation dans ce cas, si le fluide étant élastique, la vitesse de sa dilatation ou du développement des particules placées derriere le mobile suppleoit au trop de lenteur de leurs mouvemens translatifs.

Cela conçû, on concevra aussi qu'il pourroit y avoir tel fluide où la résistance qu'éprouveroit un corps en mouvement deviendroit nulle; Je suppose toûjours que le fluide soit infiniment fluide, ce qu'il est permis de supposer, puisque comme je l'ai déja dit, ce qui est capable de plus & de moins, est capable de l'infini.

Que les particules d'un fluide admissent des vuides entr'elles, un mobile qui les rencontreroit dans son chemin, les pousseroit en avant, rien ne les déroberoit à l'impression du choc, leurs écarts suivant des directions laterales n'auroient plus lieu, donc elles feroient perdre au mobile tout le mouvement qu'elles en recevroient, donc ce n'est que dans l'hipotèse de la plenitude universelle qu'on peut supposer des fluides non résistans.

## ARTICLE XXXVI.

On sçait que les liqueurs qu'on doit regarder comme des fluides comprimés pesent en tout sens suivant leurs hauteurs & leurs bazes, & toûjours perpendiculairement aux surfaces des corps qu'elles pressent; ainsi en supposant qu'un vase MSTN (*Fig.* 6.) soit rempli d'eau, & que sur un des côtés du vase on prenne une surface infiniment petite H*h*, cette surface sera pressée avec une force égale au poids d'une colonne qui s'élevant perpendiculairement sur H*h*, auroit une hauteur égale à HG distance du point H à la ligne horisontale MN.

Maintenant si on suppose qu'un corps formé par la révolution de la courbe AD (*Fig.* 7.) autour de son axe AC,

AC, ſoit plongé dans le vaſe MSTN rempli d'eau juſqu'à la hauteur MN, & que l'axe CA réponde perpendiculairement à la ſurface MN, on aura ainſi l'impreſſion que fera le fluide ſur le corps DA*d*.

Que ſur un point quelconque de la ſurface DA*d* on éleve une perpendiculaire HZ égale à HG diſtance du point H à la ſurface MN ; cette perpendiculaire repreſentera, & la colonne dont le point H portera le poids, & la direction ſuivant laquelle le corps DA*d* ſera pouſſé par cette colonne ; mais pour avoir l'impreſſion qu'elle fera ſur ce corps ſuivant la direction GH parallele à AC, on abaiſſera ſur HG la perpendiculaire ZQ, & alors QH exprimera le poids de ZH évalué ſuivant la direction parallele à l'axe AC ; or ſi des points H & *h* ſuppoſes infiniment proches l'un de l'autre, on abaiſſe les ordonnées HP, *hp* & qu'on nomme l'axe AC $a$, la perpendiculaire CAF, $f$, la coupée AP, $x$, & l'ordonnée PH, $y$, on aura HG ou HZ $= f - a + x$, P*p* ou ſon égale H*l* $= dx$, *lh* $= dy$, H*h* $= \sqrt{dx^2 + dy^2}$, & les triangles ſemblables H*hl* & ZHQ donneront HQ $= \frac{fdy - ady + xdy}{\sqrt{dx^2 + dy^2}}$ égal au poids de ZH évalué ſuivant la direction QH : de plus, ſi on nomme le rayon CD, $r$, & la circonférence du cercle DC*d*, $c$, celle du cercle qui aura $y$ pour rayon ſera $\frac{cy}{r}$ ; donc en multipliant $\frac{fdy - ady + xdy}{\sqrt{dx^2 + dy^2}}$ par $\frac{cy}{r}$ & par H*h* $= \sqrt{dx^2 + dy^2}$, on aura $\frac{cfydy - caydy + cxydy}{r}$ pour l'impreſſion que la petite Zône formée par la révolution de H*h*, recevra du fluide ſuivant la direction QH ; ainſi l'impreſſion totale ſuivant la même direction ſera exprimée par l'integrale de $\frac{cfydy}{r}$ moins l'integrale de $\frac{caydy - cxydy}{r}$; or en intégrant $\frac{cfydy}{r}$ & en égalant $y$ à $r$, on aura $\frac{cfr}{2}$ égal à un Cilindre qui auroit le cercle DC$d$ pour baſe & $f$ pour hauteur ; donc l'impreſſion ſur toute la ſurface DA$d$ égalera le poids de ce Cilindre, moins l'intégrale de $\frac{caydy - cxydy}{r}$ qui donnera l'eſpace occupé par le ſolide DA$d$ : & pour avoir cette intégrale on ſe ſervira de l'équation à la courbe DA$d$ ; par exemple, ſi cette courbe eſt la demi-circonférence d'un cercle on aura $ydy = adx - xdx$, & cette valeur de $ydy$ ſubſtituée dans $\frac{caydy - cxydy}{r}$ donnera $\frac{caadx - 2caxdx + cxxdx}{r}$ dont l'intégrale ſera $\frac{caax}{r} - \frac{caxx}{r} + \frac{cx^3}{3r}$ ou $\frac{crr}{3}$ en égalant $a$ & $x$ à $r$ ; de même ſi la courbe DA$d$ eſt une parabole, on aura $ydy = \frac{dx}{2}$ en prenant le Parametre pour l'unité, & cette valeur étant ſubſtituée dans $\frac{caydy - cxydy}{r}$ donnera $\frac{cadx - cxdx}{2r}$ dont l'intégrale ſera ou $\frac{cax}{2r} - \frac{cxx}{4r}$ $= \frac{cayy}{2r} - \frac{cxyy}{4r}$ en mettant $yy$ à la place de $x$, ou $\frac{car}{4}$ en égalant $y$ à $r$ & $x$ à $a$ ; ainſi le poids que portera l'hemiſphere DA$d$ vaudra celui d'une colonne qui auroit pour Baſe $\frac{cr}{2}$ ou le cercle DC$d$ & pour hauteur $f - \frac{2}{3}r$ ; & le poids dont ſera chargée la ſurface convexe du Conoïde parabolique DA$d$ vaudra celui d'une colonne qui auroit encore $\frac{cr}{2}$ pour baſe, mais dont la hauteur égaleroit $f - \frac{1}{2} a$.

On tire du même principe que la colonne qui réagira ſur la ſurface du cercle DC$d$ ſuivant la direction CA, aura plus de force que celle qui preſſera la ſurface DA$d$ ſuivant la direction AC ; ce qui eſt évident, puiſque les colonnes ſeront entr'elles comme $\frac{cfr}{2}$ à $\frac{cfr}{2}$ moins un volume d'eau égal au ſolide DA$d$.

Mais il s'offre ici trois cas différens, car on peut ſuppoſer que le poids abſolu du corps DA$d$ ſera ou plus fort ou plus foible que celui d'un pareil volume d'eau, ou que ces poids ſeront égaux ; dans le premier cas, la colonne qui réagira ſuivant la direction CF devenant moins forte que le poids du ſolide, plus celui de la colonne dont il ſera chargé, ce corps deſcendra vers O ; dans le ſecond cas il montera vers F ; & dans le troiſiéme il reſtera en équilibre.

## ARTICLE XXVII.

Si on ſuppoſe maintenant que le ſolide DA$d$ ſoit pouſſé vers F avec une viteſſe plus grande que celle qu'aura la colonne qui s'élevera vers la ſurface D$d$, je dis que cela n'empêchera point que le fluide ne réagiſſe ſur cette ſurface. On voit que quand les particules que rencontrera le ſolide viendront ſe rendre vers la ſurface D$d$, ces particules en ſe ramaſſant ajoûteront à la colonne inférieure ce qu'il lui manquera de hauteur pour atteindre le mobile.

## ARTICLE XXXVIII.

Mais qu'on ſupprime par la penſée la colonne qui réagira ſur la ſurface D*d*, il eſt clair que le mobile en avançant vers F, éprouvera une double réſiſtance; 1°. celle que lui feront les particules qu'il obligera de s'écarter pour lui donner paſſage, 2°. la réſiſtance que lui fera ſon propre poids, plus le poids de la colonne qui s'appuyera ſur la ſurface DA*d*; la premiere réſiſtance qu'il éprouvera ſera relative à ſa courbure & à ſa viteſſe, comme on l'a démontré dans les Articles 31. & 27. l'autre ſera également indépendante & de ſa viteſſe & de ſa courbure, elle ne dépendra que de ſon poids & de la hauteur de la colonne qui preſſera la ſurface DA*d*.

Qu'un corps ſoit expoſé au courant d'un fleuve, il recevra la double impreſſion dont je viens de parler, il ſera preſſé à la fois & par l'action des particules qui ſe détourneront à ſa rencontre, & par le poids d'une colonne d'eau qui aura pour hauteur celle de ſa chûte; car alors chaque couche du fluide coulera ſur un plan incliné, & comme dans ce cas l'eau fuira au-deſſous du corps pouſſé, elle ne pourra oppoſer aucune force rétroactive à celle qui ſollicitera ce corps à ſuivre la direction du courant.

## ARTICLE XXXIX.

C'eſt faute d'avoir diſtingué ces deux ſortes de réſiſtances, que M. Newton a crû pouvoir démontrer qu'un corps d'une denſité égale à celle d'un fluide dans lequel on le feroit mouvoir, perdroit bientôt une partie conſidérable de ſa viteſſe; qu'une ſphere, par exemple, perdroit la moitié de la ſienne en moins de tems qu'elle n'en employeroit à parcourir d'un mouvement uniforme, un eſpace égal à trois fois ſon diametre ; ſi cela étoit, il faudroit conclure avec M. Newton, qu'il ne ſeroit pas poſſible de ſauver l'hipotèſe du plein, c'eſt qu'il eſt démontré par la loi de Kepler que les Planetes ſe meuvent comme ſi elles n'étoient que peſantes, & qu'elles fuſſent dans le vuide. * Je conviens qu'on démontre d'ailleurs que l'eſpace & la matiere ſont une même choſe, que le vuide n'eſt que la matiere même dépouillée de toute qualité ſenſible (1[ere.] *Diſſ.*), qu'il implique contradiction, ou que ce qui ne ſeroit rien fut étendu, figuré, diviſible, ou que ce qui ſeroit quelque choſe, ne fut ni mode ni ſubſtance ; voilà ce qu'on démontre : mais ſi la Géometrie démontre le contraire, à quoi nous en tiendrons-nous ? tout deviendra Problematique ; les idées les plus claires & les plus diſtinctes pourront nous impoſer ; il eſt donc néceſſaire d'analiſer ici le raiſonnement de M. Newton, & de voir s'il eſt tel qu'il doive nous obliger à nous mettre en garde contre ceux que fournit la Philoſophie Carteſienne.

Suppoſons avec cet illuſtre Géometre qu'un eſpace MRVN (*Fig.* 8.) étant rempli d'eau juſqu'à la hauteur MN, la ſurface du fluide ſoit touchée par le fond CD d'un vaſe ſuſpendu ACDB, ſi à ce vaſe on adapte un canal cylindrique ESTF ouvert par ſes extremités EF & ST & dont l'axe IG prolongé juſqu'au point H, tombe perpendiculairement ſur la ſurface AB ſuppoſée parallele à la ſurface MN, & qu'après avoir rempli d'eau le vaſe ACDB, on en fourniſſe inceſſamment autant qu'il s'en échapera par l'ouverture ST, alors l'eau qui coulera dans

* *Propterea ſpatia cœleſtia per quæ globi Planetarum & Cometarum in omnes partes liberrimè & abſque omni motus diminutione ſenſibili perpetuo moventur fluido omni corporeo deſtituuntur.*

le canal ESTF, aura une viteſſe uniforme, & cette viteſſe égalera celle qu'acquereroit tout corps peſant qui tomberoit de la hauteur HG.

Maintenant ſi on ſuppoſe qu'une plaque ronde *pq* & infiniment mince, ſoit placée horiſontalement au milieu de l'ouverture EF, & que par conſéquent elle ait le point G pour centre, le poids que portera cette plaque, ne ſera balancé par aucune puiſſance contraire, & ce poids, ſuivant la conjecture de M. Newton, ſera à peu près égal à celui d'une colonne d'eau qui auroit *pq* pour baſe, & dont la hauteur ſeroit à $\frac{1}{2}$ GH, comme $EF^2$ à $EF^2 - \frac{1}{2} pq^2$. *Quantum ſentio, pondus quod circellus ſuſtinet eſt ſemper ad pondus Cilindri aquæ cujus bazis eſt circellus ille & altitudo eſt* $\frac{1}{2}$ GH, *ut* $EF^2$ *ad* $EF^2 - \frac{pq^2}{2}$ *ſive ut circellus* EF *ad exceſſum circuli hujus ſupra ſemiſſem circelli pq quam proximè.* C'eſt-à-dire qu'en ſuppoſant que $pq^2$ ſoit infiniment petit par rapport à $EF^2$, la hauteur de la colonne que portera *pq*, vaudra à peu près $\frac{1}{2}$ GH.

Or ſi on abaiſſe la plaque *pq* dans le canal ESTF, juſqu'à un point quelconque O, pris ſur l'axe IG, & que ſa poſition y ſoit encore parallele à la ſurface AB, le nouveau poids dont elle ſera chargée, & qui répondra à la diſtance OG de la ſurface MN, ne devra être compté pour rien, parce qu'il ſera balancé par celui de la colonne qui réagira en ſens contraire; ainſi en quelque endroit du canal ESTF que *pq* ſoit placé, il ſera toûjours chargé du même poids; & comme nous ſuppoſons ici *pq* infiniment petit par rapport à EF, ce poids, ſi on s'en tient à la conjecture de M. Newton, égalera celui d'une colonne d'eau qui auroit *pq* pour baſe & $\frac{1}{2}$ GH pour hauteur. Cela poſé, qu'on ferme les deux orifices

EF & ST, alors *pq* ſe trouvera dans un fluide comprimé de toutes parts, *in fluido undique compreſſo*; or qu'on faſſe mouvoir *pq* dans ce fluide ſuivant la direction de l'axe IG, & avec une viteſſe égale à celle qu'on vient de ſuppoſer qu'acquereroit l'eau en tombant de la hauteur HG, & qu'elle conſerveroit en coulant dans le canal ESTF, en ſorte que la viteſſe reſpective ſoit encore la même, la réſiſtance qu'éprouvera *pq* dans ce cas, égalera ſuivant M. Newton, le poids de la colonne dont il étoit chargé dans la premiere ſuppoſition; *vis aquæ in circellum aſcendentis eadem erit ac prius.* Mais quelque ſoit la réſiſtance qu'éprouvera *pq*, il eſt toûjours certain qu'elle ſera la même que celle qu'éprouveroit un Cilindre auquel *pq* ſerviroit de baze, & qu'on feroit mouvoir ſuivant la même direction & avec la même viteſſe *, c'eſt-à-dire, avec une viteſſe égale à celle qu'il auroit acquiſe en tombant par ſon poids de la hauteur HG. Suppoſons donc que ce ſoit le Cilindre qui ſe meuve dans le fluide comprimé avec la même viteſſe que *pq*, & voyons quel ſera le tems dans lequel il perdra, ou tout ſon mouvement, ſi la réſiſtance reſte toujours la même, ou (*Art.* 24.) la moitié de ſon mouvement, ſi les réſiſtances ſuivent la proportion des quarrés des viteſſes réſiduës.

On ſçait que tout mouvement eſt en raiſon compoſée de la force qui le produit, & de la ſomme de tous les momens dans leſquels agit cette force; ainſi nommant T cette ſomme, $f$ la force, & $m$ le mouvement, on aura $m = Tf$: or ſi l'on veut détruire le mouvement $m$

* *Cilindri qui ſecundùm longitudinem ſuam uniformiter progreditur, reſiſtentia ........ eadem eſt cum reſiſtentia circelli eadem diametro deſcripti & eadem velocitate ſecundùm lineam rectam plano ipſius perpendicularem progredientis.*

avec une force conſtante F, ou plus grande ou plus petite que $f$, il faudra que le tems pendant lequel agira cette force ſoit à T dans la raiſon renverſée de $f$ à F, c'eſt-à-dire, qu'en nommant ce tems $\tau$, il faudra qu'on ait cette proportion T, $\tau$ :: F, $f$, ce qui donnera $\tau = \frac{Tf}{F}$ d'où il ſuit (*Art.* 24.) que $\frac{Tf}{F}$ exprimera auſſi le tems pendant lequel le mobile perdra la moitié de ſon mouvement; en ſuppoſant que les réſiſtances ſuivent toûjours la proportion des quarrés des viteſſes réſiduës.

Cela poſé, ſi la denſité du Cilindre eſt égale à celle de la colonne d'eau qui s'oppoſera à ſon mouvement, & que leurs hauteurs ſoient les mêmes, les poids ſeront égaux; ainſi nommant $p$ le poids du Cilindre & celui de la colonne, T le tems de la chûte par HG, ou celui qu'emploiroit le Cilindre à parcourir 2GH avec ſa viteſſe acquiſe; nommant auſſi $\tau$, le tems pendant lequel la réſiſtance détruiroit le mouvement du Cilindre, en ſuppoſant qu'elle fut conſtante, on aura $Tp = \tau p$, & $\tau = T$; donc (*Art.* 24.) le Cilindre perdra la moitié de ſon mouvement dans un tems égal à celui qu'il employeroit à parcourir 2HG, ou quatre fois la longueur de ſon axe, avec une viteſſe uniforme.

Si on ſuppoſoit que la hauteur du Cilindre fut à celle de la colonne, comme $m$ à 1, le tems qu'employeroit ce Cilindre à parcourir un eſpace égal à quatre fois ſa longueur, augmenteroit ou diminueroit dans la même proportion; ainſi ce tems deviendroit $m$T; mais comme le mouvement du Cilindre égaleroit T$mp$, il eſt clair qu'afin que ce mouvement fut détruit par $\tau p$, il faudroit que T$mp$ égalât $\tau p$, ce qui donneroit $\tau = m$T; donc,

(*Art.* 24.)

(*Art.* 24.) le tems pendant lequel le Cilindre perdroit la moitié de ſon mouvement ſeroit encore égal à celui qu'il employeroit à parcourir uniformément quatre fois la longueur de ſon axe.

La loi ſubſiſteroit toûjours quelle que fût la viteſſe du Cilindre ; car ſuppoſant que ſa viteſſe augmentât dans la raiſon de 2 à 1, le tems qu'il employeroit à parcourir quatre fois la longueur de ſon axe deviendroit $\frac{T}{2}$ ; & l'on auroit $2Tp$ pour ſon mouvement ; mais alors la réſiſtance (*Art.* 27.) égaleroit $4p$, ou le poids d'une colonne quadruple de $\frac{1}{2}$ GH ; ainſi comme le mouvement $2Tp$ ſeroit détruit par $4\tau p$, en ſuppoſant que la réſiſtance $4p$ fut toûjours la même, on auroit $\tau = \frac{T}{2}$ ; donc (*Art.* 24.) le Cilindre perdroit la moitié de ſa viteſſe dans un tems égal à celui pendant lequel il parcoureroit quatre fois la longueur de ſon axe d'un mouvement uniforme.

Enfin, ſi la denſité du Cilindre étoit à celle du fluide, comme $d$ à 1, on voit qu'afin que le mouvement $Tdp$ fut détruit par $\tau p$, il faudroit que $\tau$ fut à T, comme $d$ à 1, c'eſt-à-dire qu'en ſuppoſant, par exemple, que la denſité du Cilindre fut double de celle de la colonne, le Cilindre (*Art.* 24.) perdroit la moitié de ſa viteſſe dans un tems égal à celui qu'il employeroit à parcourir huit fois ſa longueur, en ſuppoſant que rien ne fit obſtacle à ſon mouvement.

Mais ſuppoſons les denſités égales, il eſt évident que puiſque la ſphere ne vaut que les deux tiers du Cilindre qui lui ſeroit circonſcrit, ſon mouvement deviendroit $T \times \frac{2}{3} p$ ; donc comme ce mouvement ſeroit détruit par $\tau p$, on auroit $\tau = \frac{2}{3} T$ ; donc (*Art.* 24.) la ſphere per-

avec une force constante F, ou plus grande ou plus petite que $f$, il faudra que le tems pendant lequel agira cette force soit à T dans la raison renversée de $f$ à F, c'est-à-dire, qu'en nommant ce tems $\tau$, il faudra qu'on ait cette proportion T, $\tau$ :: F, $f$, ce qui donnera $\tau = \frac{Tf}{F}$ d'où il suit (*Art.* 24.) que $\frac{Tf}{F}$ exprimera aussi le tems pendant lequel le mobile perdra la moitié de son mouvement ; en supposant que les résistances suivent toûjours la proportion des quarrés des vitesses résiduës.

Cela posé, si la densité du Cilindre est égale à celle de la colonne d'eau qui s'opposera à son mouvement, & que leurs hauteurs soient les mêmes, les poids seront égaux ; ainsi nommant $p$ le poids du Cilindre & celui de la colonne, T le tems de la chûte par HG, ou celui qu'emploiroit le Cilindre à parcourir 2GH avec sa vitesse acquise ; nommant aussi $\tau$, le tems pendant lequel la résistance détruiroit le mouvement du Cilindre, en supposant qu'elle fut constante, on aura $Tp = \tau p$, & $\tau = T$ ; donc (*Art.* 24.) le Cilindre perdra la moitié de son mouvement dans un tems égal à celui qu'il employeroit à parcourir 2HG, ou quatre fois la longueur de son axe, avec une vitesse uniforme.

Si on supposoit que la hauteur du Cilindre fut à celle de la colonne, comme $m$ à 1, le tems qu'employeroit ce Cilindre à parcourir un espace égal à quatre fois sa longueur, augmenteroit ou diminueroit dans la même proportion ; ainsi ce tems deviendroit $m$T ; mais comme le mouvement du Cilindre égaleroit T$mp$, il est clair qu'afin que ce mouvement fut détruit par $\tau p$, il faudroit que T$mp$ égalât $\tau p$, ce qui donneroit $\tau = m$T ; donc,

(*Art.* 24.)

ſa rencontre ; il a donc dans ce cas un double effort à ſoutenir. Mais quand on ferme le canal, le cas change, l'équilibre ſe rétablit entre les colonnes du fluide, & *pq* ſe trouve déchargé du poids qu'il portoit, en ſorte que ſi on vient à le faire mouvoir, l'impreſſion qu'il reçoit, ſe réduit à celle que font ſur lui les particules qu'il déplace en s'ouvrant un paſſage ; on n'eſt donc pas en droit de ſuppoſer que la réſiſtance qu'éprouve *pq* dans le canal fermé, vaille toute l'impreſſion qu'il recevroit dans le canal ouvert.

2°. Si on ſuppoſe que *pq* reſtant parallele à la ſurface MN, devienne la baze d'un ſolide formé par la révolution d'une courbe quelconque *px* autour de ſon axe *ox*, on démontre ſuivant les principes mêmes de M. Newton, que dans le canal ouvert ce corps portera toûjours le même poids, ſoit qu'il ſe preſente à la ſurface MN du côté de ſa convexité, ſoit qu'il s'y préſente par la baze *pq* ; mais qu'on mette le ſolide dans le canal fermé, & qu'on le faſſe mouvoir ſuivant la direction de ſon axe *ox*, on démontre encore (*Art.* 31.) que s'il frappe les particules de l'eau par ſa ſurface convexe, la réſiſtance qu'il éprouvera ſera moindre que celle qu'il éprouveroit en les frappant par la baze *pq*.

On ne doit donc point ſuppoſer en général, comme fait M. Newton, que la réſiſtance qu'éprouve un corps qui ſe meut dans le canal fermé ſuivant les conditions requiſes, vaille toute l'impreſſion du poids dont il ſeroit chargé dans le canal ouvert.

Donc le raiſonnement qu'on nous oppoſe, ne donne aucune atteinte à l'hipotèſe de la plenitude univerſelle, il n'eſt appuyé que ſur une ſuppoſition illegitime.

## ARTICLE XLI.

Au reſte on doit convenir que dans les fluides groſſiers les réſiſtances & les poids ont ſouvent des rapports ſenſibles. Qu'un tuyau courbé ABC (*Fig.* 9.) ouvert par ſes extremités A & C ſe meuve dans une eau dormante, ſuivant la direction BC, l'eau s'élevera dans la branche BA; & alors l'impreſſion que fera le fluide ſur le fond de la branche CB, ſera égale au poids de la colonne d'eau qu'elle ſoûtiendra dans la branche BA, & comme les impreſſions du fluide ſur le tuyau, augmenteront ou diminueront proportionnellement aux quarrés des viteſſes, la colonne d'eau s'élevera ou s'abaiſſera ſuivant la même proportion; ainſi qu'on doublât, par exemple, la viteſſe du tuyau, on quadrupleroit la hauteur de la colonne. C'eſt ce principe juſtifié par les experiences de M. Pitot, qui a fait imaginer à cet ingenieux Academicien une maniere nouvelle d'arbitrer le chemin que fait un vaiſſeau dans un tems déterminé; cependant quoique dans un même fluide, les poids des colonnes ſoûtenuës répondent toûjours aux efforts qui les ſoûtiennent, il ne s'enſuit pas que dans des fluides également denſes, mais dont les particules ſeroient inégalement déliées, les mêmes viteſſes dûſſent faire également élever les colonnes renfermées dans la branche BA. Comme les impreſſions que feroit le fluide le plus délié ſeroient les moins fortes, (*Art.* 8.) les colonnes qu'elles ſoûtiendroient ſeroient les moins élevées; c'eſt-à-dire que ſi le fluide devenoit infiniment fluide, les hauteurs des colonnes ſoutenuës, deviendroient infiniment petites, quoique toûjours proportionnelles aux quarrés des viteſſes; ainſi la réſiſtance qu'éprouveroit le mobile à chaque inſtant, ſeroit indé-

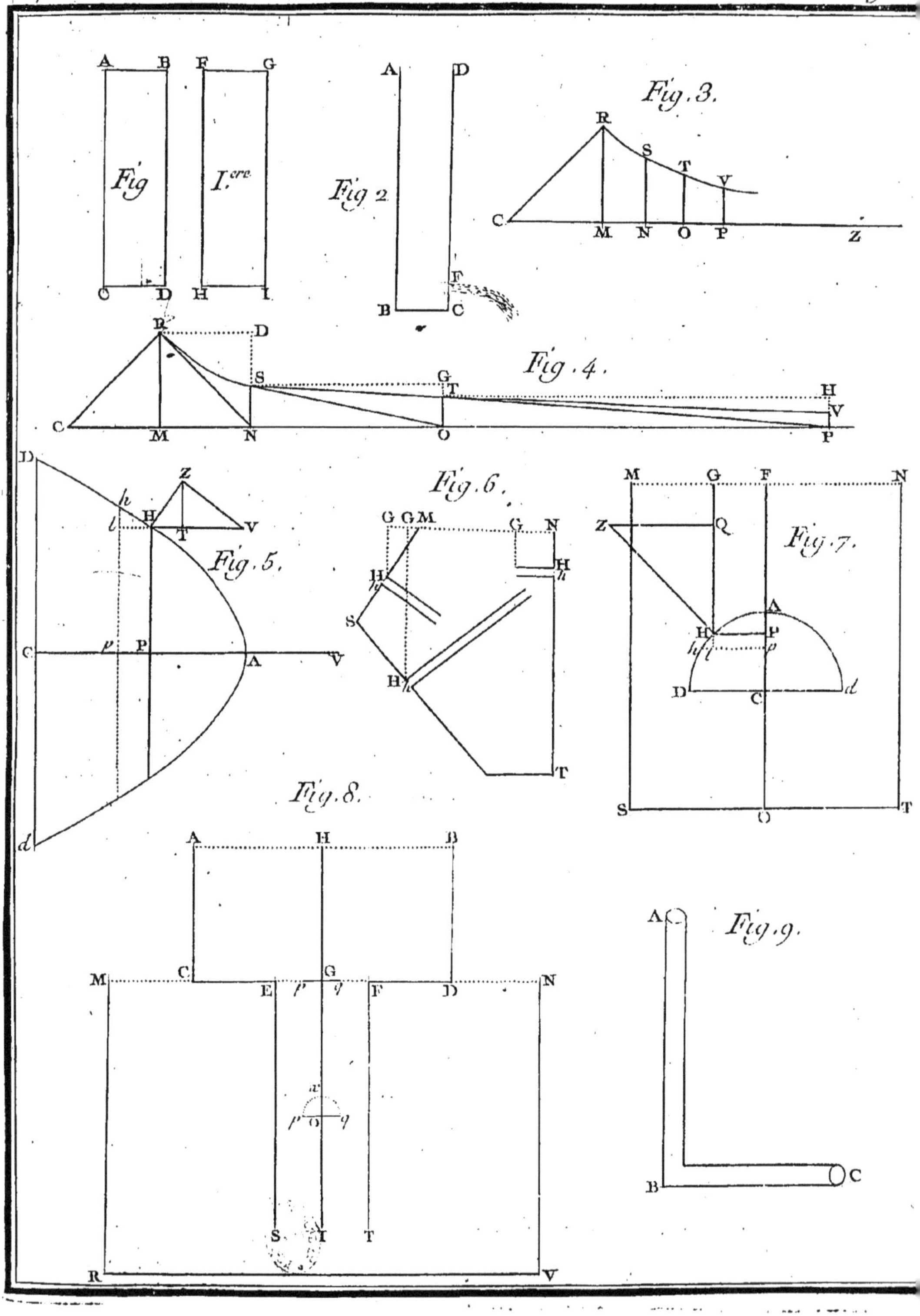

Fig I.ere

Fig 2.

Fig. 3.

Fig. 4.

Fig. 5.

Fig. 6.

Fig. 7.

Fig. 8.

Fig. 9.

finiment plus petite que la force qu'auroit tout poids fini,

## ARTICLE XLII.

Comme ce n'a été que relativement à ce que demande la loi de Kepler, que j'ai parlé du mouvement des corps dans les fluides, ce qu'il faut conclure de tout ce que j'ai dit, c'est qu'encore que la Nature n'admette aucun vuide, on est cependant en droit de ſuppoſer que l'éther eu égard à ſon indéfinie fluidité & à la compreſſion générale de toutes ſes parties, ne peut faire aucune réſiſtance ſenſible au mouvement des Planetes. Elles ſe meuvent donc comme ſi elles étoient dans le vuide. Mais il reſte à juſtifier qu'il faut que leurs tendences ſoient dirigées vers un centre commun, & que leurs chûtes initiales ſuivent par-tout la proportion inverſe des quarrés de leurs rayons vecteurs ; c'eſt ce qu'on va voir être une ſuite néceſſaire de la loi ſuivant laquelle les tourbillons ſe forment & ſe conſervent.

# PRINCIPES GÉNÉRAUX DE LA NATURE,

APPLIQUÉS

AU MECANISME ASTRONOMIQUE,

ET COMPARÉS

AUX PRINCIPES DE LA PHILOSOPHIE DE M. NEWTON.

## SIXIÉME DISSERTATION.

*Méchanisme des Tourbillons.*

### ARTICLE I.

LA force centrifuge d'un corps qui décrit une courbe, est proportionnelle à sa masse multipliée par le quarré de sa vitesse, & divisée par le double du Rayon de l'arc infiniment petit qu'il décrit à chaque instant.

Que l'arc infiniment petit *af*K (*Fig.* 1.) soit décrit par le rayon C*a* du cercle osculateur *aKhd* qu'on suppose avoir l'élement *afK* commun avec la courbe *maKn*, la corde *aK*, & le sinus K*g*, égaleront l'arc *afK*; de même la corde K*d* de l'arc K*hd* égalera le diametre *ad*; ainsi nommant *m* le mobile, *u* le sinus verse *ga*, V la corde *aK*, *d* le diametre *ad*, ou K*d*, la force centrifuge exprimée par *mu* égalera $\frac{mVV}{d}$.

## ARTICLE II.

Si on suppose qu'un corps *m*, mû avec une vitesse finie, soit continuellement détourné de son chemin par une force étrangere infiniment plus petite que celle qui le fait tendre à se mouvoir en ligne droite, & que les directions des deux forces forment par-tout un angle droit, je dis que la vitesse du mobile n'éprouvera d'altération sensible qu'au bout d'un tems infiniment grand.

Que le corps *m* tende à décrire dans un instant la ligne infiniment petite *ab* (*Fig.* 2.), & que dans cet instant il tende aussi à décrire la ligne *ag* infiniment plus petite que *ab*, il est clair qu'en supposant que l'angle *gab* soit droit, la Diagonale *aK* qui sera parcouruë en conséquence des deux forces, ne surpassera le côté *ab*, que d'un infiniment petit du troisiéme genre; car que du centre *a* on décrive l'arc K*i* terminé par le prolongement de *ab*, cet arc ou sa corde ne fera qu'un angle infiniment petit avec le côté K*b* parallele à *ga*; donc l'augmentation *bi* de la vitesse *ab*, ne sera qu'un infiniment petit du second genre par rapport à cette vitesse, donc en supposant que les directions des forces qui détourneront le mobile de son chemin soient toûjours perpendiculaires sur les tangentes qu'il affectera de décrire, la vitesse de ce mobile ne sera ſenſiblement alterée que dans une ſuite infinie d'infinité de momens, ou dans un tems infiniment grand.

## ARTICLE III.

Il ſuit de-là qu'un corps mû au-dedans d'une courbe quelconque *abcd* (*Fig.* 3.) qui s'oppoſeroit à ſes écarts, continueroit de ſe mouvoir avec une viteſſe uniforme; c'eſt que le mobile ſeroit continuellemenr repouſſé ſuivant une direction perpendiculaire ſur les diverſes tangentes qu'il s'efforceroit de parcourir.

## ARTICLE IV.

Il eſt évident que dans le cas de la perpendicularité des forces centripetes, la développée de la courbe que décriroit le mobile, ſeroit le lieu des tendances ou des centres des différens cercles oſculateurs qui répondroient aux différens arcs infiniment petits de la courbe; il eſt encore évident que dans ce cas la force centripete égaleroit toûjours la force centrifuge, & que ces forces ſeroient en raiſon inverſe des rayons de la développée.

## ARTICLE V.

Maintenant que l'angle *gab* ceſsât d'être droit, l'angle *b*K*i* ceſſeroit d'être infiniment petit; & alors la baſe *bi* du triangle *b*K*i* ſeroit du même genre que les côtes *b*K & K*i*; ainſi le mouvement *ab* s'altéreroit ſenſiblement dans un tems fini, ou dans une ſuite infinie de momens; ce mouvement s'accelereroit ſi *gab* devenoit (*Fig.* 4.) aigu, il ſe ralentiroit au contraire ſi cet angle devenoit obtus. (*Fig.* 5.).

ARTICLE

## ARTICLE VI.

Un Tourbillon ſpherique étant également reſſerré de tous côtés par la matiere qui l'environne, rien n'empêche qu'on ne ſe le repreſente comme renfermé dans une ſphere creuſe qui le comprime, ou qui s'oppoſe à ſa dilatation.

## ARTICLE VII.

On conçoit aiſément qu'un tourbillon eſt compoſé d'une infinité de couches ſpheriques ; or comme ſelon la loi de la décompoſition des mouvemens, chaque partie de la couche ſupérieure, agit ſur les parties correſpondantes de la ſphere creuſe, & qu'elle les preſſe par ſa force centrifuge, ſuivant une direction perpendiculaire ſur la ſurface concave de la ſphere, cette premiere couche conſiderée comme ſolide à cauſe de la réſiſtance qu'elle éprouve, eſt auſſi pouſſée de la même maniere par la ſeconde, & celle-ci l'eſt de même par la troiſiéme ; c'eſt-à-dire que les couches inférieures agiſſent de tous côtés ſur celles qui les renferment, & qu'elles les pouſſent & les compriment ſuivant la direction des rayons de la ſphere.

## ARTICLE VIII.

Si on ſuppoſe la maſſe d'un tourbillon partagée en différens plans circulaires paralleles à celui de l'Equateur, on trouvera que la force avec laquelle un corpuſcule quelconque du fluide, tend à s'éloigner du centre du cercle qu'il décrit, eſt à l'effort qu'il fait pour s'éloigner du centre de la ſphere en raiſon renverſée des rayons qui partant des deux centres ſe terminent au point où le corpuſcule fait effort.

Soit MGNH (*Fig.* 6.) une des couches ſpheriques du tourbillon, MN le plan de ſon Equateur, FL un plan circulaire parallele à MN, GH l'axe de la ſphere, C ſon centre, & A celui du plan circulaire FL; ſi on prolonge le rayon AF juſqu'à un point quelconque D, & qu'on prolonge auſſi CF, rayon de la ſphere juſqu'en I où tombe la perpendiculaire abaiſſée du point D; il eſt clair qu'en ſuppoſant le corpuſcule au point F, & prenant FD pour la force avec laquelle il tend à s'éloigner du centre A, FI exprimera ſa force centrifuge par rapport au point C, centre de la ſphere, & ce ſera avec cette force que le corpuſcule pouſſera le plan tangent en F; or les triangles DFI & CFA ſeront ſemblables, donc on aura FD, FI :: CF, FA; *C. Q. F. D.*

## ARTICLE IX.

Il ſuit de-là que ſi la viteſſe du point F eſt exprimée par V, & qu'on nomme R le rayon CF & $r$, le rayon AF, la force centrifuge de ce point par rapport au centre de la ſphere, ſera $\frac{VV}{2R}$, & ſa force centrifuge par rapport au rayon A ſera $\frac{VV}{2r}$ (*Art.* 1.)

## ARTICLE X.

Suppoſant encore le corpuſcule au point F, je dis que ſi la matiere que renfermeroit la couche ſpherique MGNH (*Fig.* 7.), devenoit tout-à-coup infiniment penetrable, ce corpuſcule ceſſeroit de décrire la circonference du cercle qui auroit FL pour rayon, il commenceroit à ſuivre la trace de celle d'un grand cercle RMPN qui auroit en F un élement commun avec le cercle LK *. Car le prolongement de cet élement ſerviroit de tangente aux deux cercles ; or comme le corpuſcule tendroit à s'échapper par cette tangente, & que le Plan qui le repouſſeroit ſeroit perpendiculaire ſur celui de RMPN, on voit que ſuivant la loi de la décompoſition des mouvemens, il commenceroit à décrire un arc de ce grand cercle, puiſqu'en conſéquence de cette loi, la direction du mouvement reflechi eſt toûjours dans le Plan où ſe trouve celle du mouvement primitif, & la perpendiculaire abaiſſée ſur le point où ſe fait le concours des deux directions ſur le Plan frappé ; ſi le corpuſcule eſt retenu dans celui de KL, c'eſt qu'il ne peut vaincre la réſiſtance que lui font les plans interpoſés entre KL & MN.

## ARTICLE XI.

La force qu'a le corpuſcule pour preſſer les Plans qui ſe trouvent entre KL & MN, eſt à celle qu'il employe à pouſſer le Plan tangent en F, comme le ſinus de l'angle que font les Plans circulaires RMP & KFL, eſt au ſinus total ; car en prennant RV pour la force avec laquelle le Plan tangent eſt frappé en F, & ſuppoſant RT perpendiculaire ſur le Plan KFL, il eſt clair que ſi le corpuſcule commençoit à ſuivre la trace de la circonference du cercle RMPN, l'arc infiniment petit qu'il décriroit, perceroit obliquement les Plans interpoſés entre KL & MN, & alors l'enfoncement réduit à la perpendiculaire élevée ſur KL, ſeroit égal à TR ; donc dans le cas où les Plans qui ſe trouvent entre KL & MN, réſiſtent à l'impreſſion

* Ce qui ne doit point être pris dans la rigueur mathématique, puiſque les élemens des circonférences des cercles ſont entr'eux comme ces circonférences.

TR, la force avec laquelle le corpuſcule preſſe ces Plans, eſt à celle qu'il employe à pouſſer le Plan tangent, comme RT à RV, ou comme CF partie de l'axe GH & ſinus de l'angle que font les Plans KFL & RMP, eſt à CV ſinus total.

## ARTICLE XII.

On remarquera que le corpuſcule ne perd rien de ſa viteſſe primitive, en pouſſant le Plan tangent en F, & ceux qui ſont interpoſés entre KL & MN ; c'eſt qu'en ſuppoſant que cette viteſſe ſoit finie, ſes pertes dans un tems fini (*Art.* 2.), ne doivent être comptées pour rien.

## ARTICLE XIII.

On remarquera encore que ce corpuſcule ne peut faire dans ſon Plan, le même chemin qu'il feroit en décrivant l'arc infiniment petit FR, ſans ſouffrir de nouvelles inflexions par la réſiſtance des nouveaux Plans tangens qu'il rencontre, & l'on peut obſerver que le nombre infini des inflexions qu'il eſſuye alors en avançant ſur ſon Plan, eſt au nombre infini de celles qu'il eſſuyeroit en décrivant l'arc infiniment petit FR, comme le Diametre du grand cercle, eſt au Diametre KL.

## ARTICLE XIV.

Les parties de matiere qui forment les mêmes couches ſpheriques ont des forces centrifuges égales ; car ces parties doivent ſe trouver en équilibre ; donc ſi dans une couche ſpherique GHM (*Fig.* 8.), le petit corps A tend par ſa force centrifuge à écarter les parties B & C, il faut que ces parties ſoient ſoûtenuës & miſes en équilibre par les forces centrifuges de D & de F ; donc celles de D,

A, F, & de toutes les autres parties de la couche ſont égales entr'elles.

Il eſt clair que les tourbillons ne ſont ſpheriques que parce qu'ils ſont également pouſſés de tous côtés, ou que de tous côtés ils pouſſent également la matiere qui les environne, & de-là peut encore ſe tirer l'égalité des forces avec leſquelles tous les points des mêmes couches ſpheriques frappent ou compriment les points correſpondans des couches ſuperieures.

## ARTICLE XV.

Tous les points d'une même couche ſpherique ont des viteſſes égales.

Soit MGNH (*Fig.* 9.) une de ces couches, MN l'équateur, GH l'axe de la ſphere, C ſon centre, FL & IK deux cercles paralleles à l'Equateur : ſoient nommés R, les rayons CF & CI, V la viteſſe du point F & *U* celle du point I ; la force centrifuge du point F par rapport au centre C, ſera (*Art.* 9.) $\frac{VV}{2R}$ & celle du point I par rapport au même centre ſera (*Art.* 9.) $\frac{UU}{2R}$, mais $\frac{VV}{2R}$ $= \frac{UU}{2R}$ (*Art.* 14.), donc $V = U$.

## ARTICLE XVI.

Les couches ſpheriques d'un tourbillon, ont des forces centrifuges égales, autrement elles ne ſeroient pas en équilibre, donc ſi on regarde la maſſe du fluide comme formée de l'aſſemblage de pluſieurs Piramides droites & unies par leurs ſommets au centre de la ſphere, & qu'on ſuppoſe ces Piramides coupées en différentes tranches paralleles à leurs bases, ou bien, ce qui revient au même, si on partage les différentes couches spheriques du tourbillon en différentes Zônes paralleles à son Equateur, il faudra concevoir que les tranches d'une même Piramide, aussi-bien que les Zônes qui se répondront, & qui auront les mêmes latitudes, auront des forces centrifuges égales.

## ARTICLE XVII.

Les vitesses de deux points quelconques pris dans la masse spherique du fluide, sont entr'elles en raison renversée des racines des rayons, qui partant du centre de la sphere, vont aboutir à ces points.

Soit nommé R le rayon CM de la couche MGNH (*Fig.* 10.) & $r$ le rayon CD de la couche DSZT, si on prend dans la masse du fluide une Piramide FCI infiniment étroite qui ait pour base FI sur la couche MGNH, & qui soit coupée par la tranche OK dans la couche DSZT, la force centrifuge de cette tranche égalera celle de la base FI (*Art.* 16.), donc en désignant par $dd$ & par $DD$ les tranches OK & FI réduites au quarré, & nommant $U$ & V les vitesses de la matiere, on aura $\frac{ddUU}{2r} = \frac{DDVV}{2R}$; mais $\frac{d}{2r} = \frac{D}{2R}$; donc $dUU = DVV$, d'où l'on tirera $UU$, VV :: $D$, $d$ :: R, $r$, ou $U$, V :: $\sqrt{R}$, $\sqrt{r}$; & l'on voit que ce qui est prouvé pour OK & pour FI, est de même prouvé pour tous les autres points des couches DSZT & MGNH, puisque (*Art.* 15.) aux mêmes distances du centre, les vitesses sont toûjours égales.

## ARTICLE XVIII.

Les forces centrifuges de deux points quelconques de la maſſe ſpherique du fluide, ſont en raiſon renverſée des quarrés des rayons, qui partant du centre de la ſphere, vont aboutir à chacun de ces points.

Soit la viteſſe de K $= U$, celle de F $=$ V, ſoit le rayon CK $= r$ & le rayon CF $=$ R, la force centrifuge de K ſera $\frac{UU}{2r}$ (*Art.* 9.), & celle de F ſera $\frac{VV}{2R}$; mais $UU$, VV :: R, $r$ (*Art.* 17.), donc $\frac{UU}{r}$, $\frac{VV}{R}$ :: $\frac{R}{r}$, $\frac{r}{R}$ :: RR, $rr$.

Il eſt donc évident qu'afin que les couches ſpheriques d'un tourbillon ſe balancent, il faut que les forces centrifuges ſoient par-tout en raiſon renverſée des quarrés des diſtances au centre commun de ces couches; donc la loi de l'equilibre demande que les particules des couches inférieures ayent plus de force centrifuge que celles des couches ſupérieures.

Mais de-là naît une difficulté qu'il importe d'éclaircir; on dit: malgré l'égalité des forces centrifuges des deux ſurfaces ſpheriques priſes chacune dans leur totalité, il ſuffit pour confondre tout, que chaque point d'une couche inférieure ait plus de force centrifuge, que chaque point correſpondant des couches ſuperieures; car puiſque ces points compoſent un fluide, & qu'ils n'ont nulle liaiſon enſemble, chacun des plus forts doit s'échaper pour aller prendre la place du plus foible qui lui répond.

Cette difficulté n'eſt que ſpecieuſe. Pour la réſoudre, il ſuffit d'obſerver que les particules de l'ether quelque déliées qu'on les ſuppoſe, ne peuvent jamais être regardées comme des points mathematiques, ce ſont de petites ſpheres qui ont leur étenduë & qui par conſéquent peuvent chacune en frapper pluſieurs autres à la fois; donc quoique le nombre des particules d'une tranche quelconque FI (*Fig.* 10.) puiſſe ſurpaſſer celui des particules de la tranche inférieure OK, cela n'empêchera pas que celles-ci en frappant les premieres, ne trouvent autant de réſiſtance qu'elles auront de force.

## ARTICLE XIX.

Dans les tourbillons, les quarrés des tems des révolutions de deux points quelconques de la maſſe du fluide, ſont entr'eux comme les quarrés des rayons des cercles décrits multipliez par les rayons, qui partant du centre de la ſphere, vont aboutir à chacun de ces points.

Nommant $y$ le rayon AF (*Fig.* 11. 12. 13.) & $z$ le rayon AK (*Fig.* 11.) ou BK (*Fig.* 12. & 13.), nommant auſſi V & *U* les viteſſes des points F & K, T & $\tau$ les tems de leurs révolutions, R & $r$ les rayons CF & CK; ſuivant ce qu'on a déja vû (*Art.* 17.), on aura $VV, UU :: r, R$, ou $RVV = rUU$; or les viteſſes ſont en raiſon directe des rayons des cercles décrits, & en raiſon inverſe des tems des révolutions, donc en mettant à la place de VV & de *UU*, les quantités proportionnelles $\frac{yy}{TT}$ & $\frac{zz}{\tau\tau}$, on aura $\frac{Ryy}{TT} = \frac{rzz}{\tau\tau}$ & $TT, \tau\tau :: Ryy, rzz$.

Que les points F & K circulent dans le plan de l'Equateur, $y$ & $z$ deviendront R & $r$, & TT ſera à $\tau\tau$ comme $R^3$ à $r^3$, de même ſuppoſant que les circulations ſe faſſent ſous deux Zônes qui ayent les mêmes latitudes (*Fig.* 12.)

(*Fig.* 12.), la proportion $y, z :: R, r$ donnera encore $TT, \tau\tau :: R^3, r^3$.

## ARTICLE XX.

Si les tourbillons ne ſont point une émanation ſubite de la toute-puiſſance de l'Auteur de la Nature, ils doivent s'être formés à peu près de même que ſe forment ces tourbillons d'air auſquels donnent naiſſance des courans, qui, obligés de ſe détourner de leur chemin, avancent du côté où le courant éprouve la moindre réſiſtance.

## ARTICLE XXI.

Si dans un tourbillon il vient à s'en former d'autres, ceux-ci doivent pour l'ordinaire ſuivre la direction du mouvement tranſlatif des couches ſpheriques entre leſquelles ils ſe forment; car ſuppoſons que les particules qui compoſent la matiere propre de ces tourbillons ſuiviſſent déja la direction du mouvement commun avant que de s'aſſocier, il eſt évident que quand elles viennent à faire corps entr'elles, elles doivent toutes de concert ſe mouvoir encore ſuivant la même direction.

## ARTICLE XXII.

De ce que les Planetes tournent toutes dans le même ſens autour du Soleil, on a crû être en droit de conclure qu'elles ſont emportées par les couches ſpheriques de ſon tourbillon, ce qui ne peut ſe concilier avec les Phénomenes, puiſqu'il eſt démontré (*Diſſ.* 3. *Art.* 8.) que les differens mouvemens tranſlatifs d'une même Planete ſont autrement reglés que ceux des couches par où elle paſſe, ou en s'approchant ou en s'éloignant du Soleil.

## ARTICLE XXIII.

Lorſque dans un grand tourbillon il vient à s'en former de ſubalternes, ceux-ci doivent tourner ſur leurs axes dans le ſens que tourne le grand tourbillon.

Que les cercles concentriques *opq*, *rst*, *uxz* (*Fig.* 14.) ſoient les Sections communes des couches ſpheriques du Tourbillon & du Plan de ſon Equateur MGNH, qu'on ſuppoſe tourner de M en G; ſi on conçoit qu'un courant, pendant qu'il ſuivra le mouvement commun de la maſſe totale, avance de A vers B par ſon mouvement propre, il eſt clair que ce courant ſera obligé de ſe détourner vers D, parce que les couches inférieures ayant plus de viteſſe que les couches ſupérieures, la matiere propre du courant éprouvera plus de réſiſtance du côté de B que du côté de D; or on voit que cette matiere arrivée en D ſera dirigée vers F par l'action de la couche MGN; & parce qu'en conſéquence de la nouvelle direction ſuivant laquelle elle prendra alors ſon cours, les couches inférieures lui réſiſteront moins que les couches ſupérieures dont les mouvemens ſeront les plus tardifs, cette matiere ſe rabattra vers K, ou ſe remêlant avec celle du courant, elle ſera obligée de remonter de nouveau vers B; donc le tourbillon ſubalterne auquel le courant donnera naiſſance, commencera à tourner ſur ſon axe dans le ſens que tournera le grand tourbillon.

On verra dans la ſuite que l'inclinaiſon de l'Orbite d'une Planete doit toûjours répondre à la latitude de l'endroit où ſe forme ſon tourbillon.

## ARTICLE XXIV.

Si on ſuppoſoit que le courant eut la même direction que les couches ſpheriques *opq*, *rst*, *uxz*, & que l'excès de sa vitesse sur celle de la couche *opq*, fut exprimée par *ab*, la matiere propre du courant seroit d'abord obligée de se détourner vers *d* où elle éprouveroit moins de résistance que du côté de *b*, mais arrivée en *d*, où je suppose que la tangente à la courbe qu'elle auroit commencé à décrire, seroit dirigée vers le centre C, elle cesseroit de circuler; c'est qu'alors les couches inférieures, loin d'occasionner son retour vers K, l'obligeroit à s'en écarter; un courant ne peut donc se convertir en tourbillon que quand son mouvement particulier est contraire à celui des couches entre lesquelles il prend son cours.

## ARTICLE XXV.

Au reste il n'en est pas des tourbillons qu'on voit quelquefois se former dans les fluides grossiers comme de ceux qui se forment dans le fluide de l'éther.

Qu'un courant d'eau, par exemple, cotoye quelque obstacle, les parties qui s'y appliqueront immédiatement, ne couleront plus qu'avec un mouvement ralenti, & comme leur viscosité leur donnera prise sur celles qui les avoisineront, elles retarderont pareillement leur cours, ainsi l'alteration du mouvement translatif se communiquera de proche en proche, mais en décroissant par dégrés; & alors les particules dont les vitesses respectives seront inégalement alterées, & qui malgré cela continueront d'être associées à cause de leur tenacité, rouleront nécessairement en masse sur l'obstacle, en formant une sorte de tourbillon dont la partie inférieure ou la plus proche de l'origine des résistances, circulera suivant une direction contraire à celle du courant.

Mais les particules des courans qui se forment dans le fluide de l'éther, sont entierement détachées les unes des autres ; donc quand quelque obſtacle les oblige à changer de direction, il faut qu'elles ſe détournent chacune ſéparément, & que leurs mouvemens ſe décompoſent ſuivant la loi commune.

## ARTICLE XXVI.

Que des courans allaſſent de l'Equateur vers l'un des Pôles ou de l'un des Pôles vers l'Equateur ; comme dans ce cas la direction de leurs mouvemens ſeroit par-tout perpendiculaire ſur celle du mouvement tranſlatif de la matiere, il ne ſe formeroit aucun tourbillon. On voit bien qu'afin que les parties d'un courant ſoient déterminées à ſe mouvoir circulairement, il faut qu'elles ſoient d'abord cotoyées par d'autres courans de matiere dont les viteſſes ſoient inégales ; c'eſt-à-dire qu'afin que dans un grand tourbillon, un courant puiſſe former un tourbillon ſubalterne, il faut que ſon mouvement ſoit à peu près dirigé entre deux couches priſes ou dans l'Equateur, ou dans un des paralleles du grand tourbillon. J'ajoute qu'il faut encore qu'il continue de ſe mouvoir quelque tems entre les mêmes couches, ce qui dans la ſuppoſition que ces couches ſoient peu élevées, demande que le courant avance ſur le plan même de l'Equateur du grand tourbillon, ou du moins ſur celui de quelque parallele voiſin de ce plan ; car que ſans éloigner le courant du centre du tourbillon, on le tranſportât dans le plan du petit cercle *mgnh* (*Fig.* 15.) on voit qu'il ne pourroit ſe mouvoir entre les couches *opq*, *rst* qu'un très-petit eſpace de tems, & qu'enſuite il iroit percer les couches ſupérieures en faiſant avec elles des angles qui approcheroient d'autant plus de l'angle droit, qu'il s'éloigneroit davantage de ſon origine.

## ARTICLE XXVII.

Comme les Planetes dont les révolutions nous ſont connuës ſont très proches du Soleil eu égard à la prodigieuſe étenduë de ſon tourbillon, il n'eſt pas étonnant que les orbites de ces Planetes ſoient peu inclinées au Plan du grand cercle que décrit le Soleil autour de lui-même.

## ARTICLE XXVIII.

Mais parce que les Plans des paralleles s'étendent à meſure que s'élevent les couches ſpheriques qui les terminent, on conçoit qu'à de grandes diſtances de Saturne il a pû ſe former des tourbillons ſubalternes dans le voiſinage même des Pôles, & qu'ainſi les Orbites qu'ont enſuite parcouru ces tourbillons conjointement avec leurs maſſes centrales, ont dû être très inclinées à celles des autres Planetes, ce qui en effet ſe trouve vérifié par les obſervations.

| COMETES *des Années.* | INCLINAISONS *de leurs Orbites à l'Ecliptique.* | | |
|---|---|---|---|
| 1577 | 74$^{d}$ | 32$'$ | 45$''$ |
| 1580 | 64 | 40 | 0 |
| 1596 | 55 | 12 | 0 |
| 1652 | 79 | 28 | 0 |
| 1665 | 76 | 5 | 0 |
| 1672 | 83 | 22 | 10 |
| 1677 | 79 | 3 | 15 |
| 1680 | 60 | 56 | 0 |
| 1683 | 83 | 11 | 0 |
| 1684 | 65 | 43 | 40 |

## ARTICLE XXIX.

Il eſt évident que comme dans un tourbillon les viteſſes tranſlatives décroiſſent depuis le centre juſqu'à la circonférence, il pourroit arriver qu'à de grandes diſtances du Soleil, le mouvement propre d'un courant l'emporteroit ſur le mouvement direct des couches entre leſquelles il s'ouvriroit un paſſage; donc dans ce cas le tourbillon ſubalterne dont le courant fourniroit la matiere, pourroit après s'être formé, ſe mouvoir encore contre l'ordre des Signes; auſſi M. Newton ſoûtient-il qu'on a ſouvent vû des Cometes dont les mouvemens propres ont été vérifiés retrogrades.

## ARTICLE XXX.

Au reſte on voit bien qu'un tourbillon qui ſe forme dans un fluide y peut ſubſiſter de même que s'il étoit enveloppé d'une couche impénétrable; car que les particules qui ſe ſont aſſociées & qui circulent de compagnie, tendent à s'échapper par les tangentes des cercles qu'elles décrivent, il eſt évident que dès qu'elles trouvent d'autres particules étrangeres qui leur réſiſtent, ou par leurs mouvemens, ou par leur inertie, elles ſont obligées de ſe détourner & de ſe replier vers celles qui les précedent, & qui en avançant elles-mêmes leurs cédent la place qu'elles abandonnent, la particule *a* (*Fig.* 16.) ne pouvant ſuivre la direction *ag*, ſe détournera vers *b*, qui lui ouvrira un paſſage en tendant à ſuivre la direction *bh*. *b* ſe repliera de même vers *c* qui lui cedera ſa place; c'eſt-à-dire que les particules qui formeront le tourbillon *a b c d*, trouveront toûjours plus de facilité à circuler de compagnie, qu'à percer le fluide dont elles ſeront environnées.

## ARTICLE XXXI.

Pour avoir une idée complete du Méchaniſme de la Nature, il faut qu'aux tourbillons de M. Deſcartes, on ajoûte les petits tourbillons dont on doit la découverte aux Phiſiciens modernes, l'idée de ces Phiſiciens tient néceſſairement à celle de l'hipotèſe Carteſienne, les mêmes loix ſuivant leſquelles ſe ſont formés les grands tourbillons ont dû donner naiſſance à ceux que nous ne faiſons que concevoir, & que leur petiteſſe nous dérobe. Rien dans la nature n'eſt ni grand ni petit que par comparaiſon ; ainſi il nous eſt aiſé de juger que l'aſſemblage des parties de l'éther n'eſt qu'un aſſemblage de tourbillons compoſés d'une infinité d'autres plus petits, qui eux-mêmes en renferment de plus petits encore, & ainſi à l'infini ; car quelles bornes peut-on donner à la diviſibilité de la matiere ; la moindre particule, un atôme, un point Phiſique, eſt un eſpace immenſe dans ſon genre, il fourniroit à Dieu dequoi former un ouvrage auſſi compoſé que celui de l'univers ; mais pourquoi les tourbillons prodigués dans le reſte de la matiere manqueroient-ils dans cet eſpece d'immenſité qui échappe à nos ſens ? Les parties que cette immenſité renferme & qui ſe diviſent & ſe ſubdiviſent à l'infini, n'ont-elles pas des mouvemens reglés ſuivant les loix communes ? On ne pourroit préſumer le contraire ſans admettre des exceptions dans la Nature, & ſans y ſuppoſer un méchaniſme manqué ou purement arbitraire ; mais nous devons avoir des idées plus ſaines, nous devons être aſſurés que tout eſt analogue dans les Ouvrages de Dieu, & qu'il ne s'y trouve rien qui ne ſoit conduit & reglé par des loix également ſimples & generales.

## ARTICLE XXXII.

L'hipotèſe des petits tourbillons eſt encore juſtifiée par les lumieres qu'on en tire pour réſoudre la plûpart des queſtions qui regardent la Phiſique generale ; on ſçait que le P. Malbranche en a fait d'heureux eſſais ; mais on va voir que cet hipotèſe jointe à celle des grands tourbillons avec laquelle elle a une affinité ſi marquée, nous conduit néceſſairement au principe de la peſanteur, & quelle nous le manifeſte.

Remarquons en paſſant qu'on pourroit réduire la matiere étherée à la moindre denſité poſſible ; car qu'un eſpace cubique MNPQ (*Fig.* 17.) fut partagé en une infinité de petits eſpaces pareillement cubiques, & dont chacun ſeroit circonſcrit à une petite ſphere telle que *b*, ſi on ſuppoſoit que ces particules ſphériques fuſſent la matiere propre d'un fluide, la denſité de celui que renfermeroit ou l'eſpace MNPQ ou l'eſpace ſphérique *dfg h* ſeroit à la denſité d'un fluide qui n'auroit point de pores, comme la circonference du cercle, a ſix fois ſon diametre ; & parce que chacune des petites particules pourroit auſſi être diviſée en une infinité d'autres, rangées de la même maniere, & que rien ne borneroit de pareilles diviſions, il eſt clair qu'en nommant *c* la circonférence du cercle, *d* ſon diametre & *n* le nombre des différens ordres de particules qui compoſeroient la maſſe du fluide, la denſité de cette maſſe ſeroit proportionnelle à $\frac{c^n}{6^n d^n}$ ; or l'éther n'eſt que l'aſſemblage d'une infinité de petits tourbillons compoſés d'autres plus petits, qui eux-mêmes en renferment de plus petits encore, & ainſi à l'infini ; on ſeroit

ſeroit donc en droit de réduire la matiere étherée à la moindre denſité poſſible.

ARTICLE XXXIII.

On voit bien que les fluides qui coulent entre les interſtices, que les petits Tourbillons de l'éther laiſſent entr'eux, ou qui pénétrent leurs pores, ne ſont point aſſujettis à circuler autour d'un centre commun; ces fluides ſe meuvent en tout ſens; tantôt ils paſſent d'un tourbillon dans un autre, & tantôt ils ſe ramaſſent dans les endroits qu'abandonne la matiere étherée; c'eſt la matiere ſubtile des Phyſiciens modernes.

ARTICLE XXXIV.

On peut ſuppoſer que cette matiere eſt à la matiere étherée, ce que celle-ci eſt aux corps ſenſibles; ainſi comme l'éther ne s'oppoſe en aucune façon au mouvement de ces corps, la matiere ſubtile ne fait de même aucun obſtacle au mouvement de l'éther.

ARTICLE XXXV.

On peut encore ſuppoſer que le fluide qui coule entre les pores de la matiere étherée, eſt lui-même compoſé de petits tourbillons, qui ſont à ceux de l'éther ce que ceux de l'éther ſont aux grands tourbillons.

ARTICLE XXXVI.

Comme les petits tourbillons de l'éther ont une force qui les éloigne du centre du grand tourbillon dont ils ſont la matiere propre, il faut qu'ils s'écartent de ce centre le plus qu'il eſt poſſible, & qu'en même tems ils y ſoient remplacés par le fluide qui pénétre leurs pores, ou dans lequel on peut ſuppoſer qu'ils nâgent ; c'eſt-à-dire, qu'il faut qu'autour du centre de chaque tourbillon, ſoit un eſpace ſphérique uniquement rempli de matiere ſubtile. On verra dans la ſuite que ces ſortes d'eſpaces doivent être enveloppés d'une croute ſolide.

## ARTICLE XXXVII.

Les Tourbillons ſont élaſtiques, puiſqu'ils tendent inceſſamment à franchir leurs bornes, les Phyſiciens prouvent même que l'élaſticité des corps à reſſort, vient de celle des petits tourbillons inſérés dans les interſtices qui ſe trouvent entre les parties integrantes de ces corps ; mais voici deux difficultés qu'il m'importe d'examiner & de réſoudre ; car quoiqu'elles ſoient en quelque ſorte étrangeres à mon ſujet, on va voir que de leur éclairciſſement, naîtra une nouvelle preuve de l'éxiſtence des petits tourbillons de la matiere éthérée ; voici la premiere difficulté.

Si on ſuppoſe qu'un corps A en mouvement, rencontre un autre corps B en repos, on ſçait que la force du choc ſera employée à faire avancer B, ſuivant la direction du mouvement de A, & à repouſſer le corps A, ou, ſi l'on veut, à ralentir ſon mouvement ; mais on ſçait auſſi que ſi ces corps ſont élaſtiques, leurs reſſorts ſeront bandés avec toute la force du choc, on aura donc alors un double emploi de la même force.

La ſeconde difficulté n'eſt pas moins conſiderable ; la voici. Que deux mobiles élaſtiques ſe rencontrent avec des forces égales, la contraction des reſſorts ſe fera ſucceſſivement & par dégrés, juſqu'à ce que les viteſſes relatives des mobiles étant éteintes, les reſſorts ſe trouvent bandés avec toute la force du choc ; mais puiſque cette force souffrira des diminutions à mesure que celle des ressorts augmentera ; pourquoi ces diminutions ne cesseront-elles pas d'un côté, & les augmentations de l'autre, quand les forces seront arrivées au point, où suivant la loi commune, il faudroit qu'elles se trouvassent en équilibre ? pourquoi celle des mobiles l'emportera-t'elle alors sur la force acquise des ressorts ? il paroît étonnant qu'il faille que l'une soit totalement épuisée avant que l'autre puisse produire le moindre effet.

Pour éclaircir la premiere difficulté, il faut remarquer que quand deux corps à ressort se choquent, les pores les plus voisins des endroits par lesquels ils se rencontrent, se rétressissent, & qu'ainsi les petits tourbillons qu'interceptent ces pores, sont obligés de s'applatir ; or il est évident, qu'afin qu'ils s'applatissent, il faut que les particules rangées autour des petits Diametres qui se trouvent directement opposées à l'action du choc, s'écartent également de toutes parts avec des directions laterales & perpendiculaires sur celle du mouvement qui les oblige de s'écarter ; ainsi suivant ce que j'ai déja démontré (*Diss.* 2. *Art.* 25.) les impressions que reçoivent ces particules, & qui mettent les ressorts des petits tourbillons en action, ne prennent rien sur le mouvement direct des corps qui se choquent ; donc ce mouvement produit son effet, comme si le ressort ne se bandoit pas.

Pour éclaircir la seconde difficulté, il suffit de remarquer que toute force finie, doit vaincre celle du ressort, puisque celle-ci naît de l'action d'une force centrifuge, toûjours infiniment petite ; mais cela posé, voyons ce qu'il doit arriver quand un corps en frappe un autre : c'est le corps A qui vient frapper le corps B ; d'abord les particules les plus voisines du point du contact, plient

& s'enfoncent ; par-là les pores qui ſe trouvent entre ces particules ſont reſſerrés, & les petits tourbillons qui occupent ces pores, s'applatiſſent, le moindre mouvement fini, ſuffiſant pour cauſer leur applatiſſement, puiſqu'ils n'y oppoſent que leurs forces centrifuges ; or dans cet inſtant le corps A partage avec le corps B un des élemens de ſa viteſſe ; dans le ſecond inſtant la même choſe arrive, les pores interceptés entre les particules voiſines des premieres, mais plus éloignées du point du contact, ſe rétreciſſent pareillement, les petits tourbillons s'affaiſſent, parce qu'ils ſe trouvent encore entre deux maſſes, dont l'une avance, pendant que l'autre ne lui oppoſe que ſon inertie ; car celle-ci n'avance point encore avec la viteſſe qui reſte au mobile qui la ſuit ; donc juſqu'à ce que le corps B, après avoir acquis un nombre infini de viteſſes élementaires, commence à aller de compagnie avec le corps A, on aura toûjours de nouveaux pores reſſerrés & de nouveaux tourbillons applatis ; mais alors la viteſſe relative des deux maſſes devenant nulle, les forces centrifuges des petits tourbillons comprimés, quoique toûjours plus foibles que toute force finie, ne trouvant plus d'obſtacle à leur action, agiront par dégrés infiniment petits, & rendront ſucceſſivement aux deux corps autant de mouvement que le corps A en aura employé pour les vaincre.

Mais pour repréſenter plus ſenſiblement de quelle maniere les reſſorts de deux corps qui ſe rencontrent ſe tendent & ſe détendent avec tout l'effort du choc, ſuppoſons que les particules d'un fluide devinſſent autant de petits balons élaſtiques ; alors pendant que la colonne *a b* (*Fig.* 18.) pouſſeroit la colonne *cd* par l'entremiſe du petit balon *m*, & avec tout l'effort de ſon poids, cette colonne à cause de l'applatissement de la particule intermediaire *m*, presseroit les colonnes laterales *fg* & *hi*, avec une force égale au poids que porteroit la colonne *cd*; or il est clair qu'il en seroit de même si *ab* & *cd* devenoient solides, & que *ab* poussât *cd* par l'entremise du petit balon *m*; donc si rien ne retenoit *cd*, & qu'après l'impression successive du choc, cette colonne cessât de s'opposer au mouvement de *ab*, c'est-à-dire qu'elles commençassent d'avancer toutes deux de compagnie vers K, alors les colonnes *fg* & *hi*, dont les particules auroient changé de forme; mais qui ne seroient plus retenuës dans un état forcé, réagiroient de concert sur la particule *m* avec une force égale à celle qu'auroit employée la colonne *ab* à comprimer cette particule, pendant que *dc* réagissoit encore sur *b a*; donc ce seroit avec cette force que les colonnes solides tendroient à s'écarter l'une de l'autre, lorsque la particule applatie *m*, reprendroit sa premiere forme.

## ARTICLE XXXVIII.

Tout ressort parfait a un effet rétroactif égal à celui de son action directe; les Physiciens qui ont traité de la percussion des corps à ressort, ont tous supposé ce principe.

## ARTICLE XXXIX.

Les petits tourbillons de la matiere étherée, sont autant de ressorts parfaits.

## ARTICLE XL.

Si on partage un tourbillon sphérique en une infinité de Piramides droites & unies par leurs sommets au centre de la ſphere, & qu'on ſuppoſe chacune de ces Piramides partagée en une infinité de tranches paralleles à leurs baſes, ces baſes ſeront comprimées par l'action de toutes les tranches inférieures.

## ARTICLE XLI.

La viteſſe avec laquelle les parties d'une couche ſphérique ſupérieure, tendent à s'éloigner du centre commun des circulations, n'eſt point augmentée par l'action des couches inférieures. Suppoſant la couche FG (*Fig.* 19.) infiniment proche de la couche HI; & nommant CF, $r$, & FH, $dr$, on voit que la viteſſe de la couche FG, doit être à la viteſſe de la couche HI, comme $\sqrt{r+dr}$ à $\sqrt{r}$ (*Art.* 17.); ainſi la force centrifuge du point F, eſt à celle du point H, comme $\frac{r+dr}{r}$ à $\frac{r}{r+dr}$; mais ces forces expriment les viteſſes qu'ont les deux couches pour s'éloigner du centre C; donc pour ſçavoir quelle impreſſion la couche FG fait ſur les couches ſupérieures par l'entremiſe de HI, il faut avoir la différence de $\frac{r+dr}{r}$ & de $\frac{r}{r+dr}$; or cette différence qu'on trouve égale à $\frac{2dr}{r+dr}$, eſt à $\frac{r+dr}{r}$, comme $2dr$, à $r+2dr$, donc elle ne doit être regardée que comme un infiniment petit, par rapport à la viteſſe avec laquelle la couche FG tend à s'éloigner du centre C; ainſi l'impreſſion communiquée à la ſomme des couches ſupérieures par l'entremiſe de la couche HI ne devient qu'un infiniment petit du ſecond genre; donc la ſomme des différences des viteſſes de toutes les couches n'ajoûte qu'un infiniment petit du premier genre à celle avec laquelle les parties de la couche ſupérieure tendent à s'éloigner du centre commun des circulations. On voit bien que dans cette démonſtration, on n'a pas même eu égard, ni à la diminution que ſouffrent les viteſſes communiquées par rapport à la grandeur des couches qui augmentent comme les quarrés des rayons, ni à la diminution priſe du côté de la différence des viteſſes qui deviennent toûjours plus petites, à meſure que les rayons s'alongent.

## ARTICLE XLII.

Je ſuppoſe que tous les tourbillons grands & petits en ſe formant ſuivant les loix communes du mouvement, tendent à ſe mettre en équilibre les uns avec les autres.

## ARTICLE XLIII.

Afin que deux tourbillons qui ſe touchent, *ſoient en* équilibre, il faut que les couches ſphériques qui les terminent ayent toutes des viteſſes égales.

Que deux tourbillons A & B (*Fig.* 20.) ayent pour centres *c* & C, & pour rayons *r* & R, & que les dernieres couches ſphériques de ces tourbillons ſe touchent par des cercles égaux *dd* infiniment petits, & pris pour les baſes des Piramides *cdd* C*dd* *, comme toutes les tranches paralleles à cette baſe, auront dans l'une & dans l'autre Piramide des forces centrifuges égales (*Art.* 16.), il eſt clair qu'en nommant *U* la viteſſe de la baſe de *cdd* & V celle de la baſe de C*dd*, on aura $\frac{ddrUU}{2r}$ &

* *dd* Eſt ici ſimplement regardé comme le point Phiſique par lequel les deux ſpheres ſe touchent, on ne doit point le prendre pour un élément commun des deux ſurfaces ſphériques ; car il eſt évident que celui de la petite ſurface, ne peut être appliqué qu'à une partie de l'élement de la grande.

$\frac{ddRVV}{2R}$ pour les forces centrifuges de *cdd* & de C*dd*; donc afin que ces forces se balancent, il faudra que *U* devienne égal à V.

## ARTICLE XLIV.

Il suit de-là que $\frac{ddUU}{2r}$ (force centrifuge de la base de *cdd*) sera à $\frac{ddVV}{2R}$ (force centrifuge de la base de C*dd*,) en raison renversée des rayons des deux spheres, ce qui est évident, puisque *ddUU* = *dd*VV (*Art.* 43.)

## ARTICLE XLV.

Il suit encore de-là que les forces centrifuges des deux couches sphériques supérieures, seront en raison directe des rayons des deux spheres; car ces couches suivront la proportion des quarrés de leurs rayons, donc leurs forces centrifuges deviendront proportionelles aux quantités $\frac{rrddUU}{2r}$ & $\frac{RRddVV}{2R}$; elles seront donc entr'elles comme *r* à R.

## ARTICLE XLVI.

Enfin il suit de ce qui vient d'être dit que la somme des forces centrifuges du Tourbillon A, sera à celle des forces centrifuges du Tourbillon B en raison directe des quarrés des rayons de A & de B; car comme toutes les couches sphériques de chacune des deux spheres, auront des forces centrifuges égales (*Art.* 16.) celles des couches supérieures multipliées par *r* & par R, exprimeront

ront les forces centrifuges des deux tourbillons, & ces forces seront proportionnelles aux quantités $\frac{r^3 ddUU}{2r}$ & $\frac{R^3 ddVV}{2R}$ dont le rapport égalera $\frac{rr}{RR}$.

### ARTICLE XLVII.

On voit que dans deux tourbillons les couches sphériques qui sont éloignées des centres suivant la proportion des Diametres, ont nécessairement des vitesses égales.

### ARTICLE XLVIII.

On voit encore que dès que le Diametre d'un tourbillon est donné, la vitesse de chacune de ses parties est nécessairement déterminée, ce qui fait voir le mécompte de ceux qui donnent plus ou moins de mouvement aux petits tourbillons de la matiere étherée, selon les différentes places qu'ils leur font occuper, ou les différentes fonctions ausquelles ils les destinent.

### ARTICLE XLIX.

Quand les tourbillons se forment, les plus forts doivent empiéter sur les plus foibles jusqu'à ce qu'ils viennent à se toucher par des couches dont les vitesses soient égales; c'est encore une conséquence de ce qui vient d'être prouvé (*Art.* 43.)

### ARTICLE L.

Comme un tourbillon est continuellement obligé de rentrer dans ses bornes, par la réaction de la matiere qui fait obstacle à sa dilatation, & que cette réaction est égale à la force avec laquelle il tend à se dilater, il est aisé de prouver qu'il n'en est aucun qui ne doive être regardé comme un fluide qui pese alternativement & également du centre vers la circonférence, & de la circonférence vers le centre.

Soient (*Fig.* 21.) les lignes AB, BC les côtés d'un Poligone, si on suppose qu'un Globule *m*, soit poussé le long de AB sur BC, & que la ligne AB représente son mouvement, il est clair qu'en prolongeant CB jusqu'en D, où tombera la perpendiculaire AD abaïssée du point A, le mouvement de *m* pourra être regardé comme composé des mouvemens AD & DB; cela posé, imaginons-nous que les lignes AB, BC soient couchées sur la surface intérieure d'une masse creuse & impénétrable au globule *m*; si on veut que ce globule n'ait aucune élasticité, il perdra son mouvement AD en frappant le côté BC, ensuite il avancera le long de BC avec une vitesse BH égale à DB, c'est qu'alors il n'éprouvera qu'une réaction morte, à cause de son manque d'élasticité; mais qu'on le suppose élastique, la réaction vive qu'il éprouvera en frappant le côté BC, l'obligera à s'éloigner de ce côté avec un mouvement BF égal, mais contraire au mouvement AD; ainsi il décrira la Diagonale BG du parallelograme BFGH; c'est-à-dire que dans le premier cas le globule cotoyera les côtés du Poligone, après les avoir frappés, & que dans le second, il les frappera, & ne pourra les cotoyer; donc si le Poligone devenoit un cercle, les mouvemens alternatifs qu'auroit le corpuscule, deviendroient infiniment prompts. Appliquons ce principe.

On a vû 1°. Que les particules de l'éther sont élastiques, & que comme elles changent continuellement de place, leurs ressorts se tendent & se détendent sans cesse. On a vû 2°. que les couches sphériques d'un tourbillon n'ont d'action les unes sur les autres que suivant des directions paracentriques; donc en reprenant ce qui vient d'être dit, on doit conclure que chaque partie de l'éther, est alternativement poussée du centre vers la circonférence, & de la circonférence vers le centre; donc la double pesanteur que j'avois à justifier, devient une dépendance nécessaire du méchanisme des tourbillons; c'est aussi ce que démontre le R. P. Castel dans son excellent Traité de Physique sur la pesanteur universelle.

## ARTICLE LI.

Lorsque la matiere d'un tourbillon pese du centre vers la circonférence, ses couches se dilatent, & l'obstacle qui borne leurs dilatations, oblige les petits tourbillons de l'éther à s'applatir de plus en plus.

## ARTICLE LII.

Lorsque la matiere du tourbillon pese de la circonférence vers le centre, ses couches rentrent dans leurs bornes, & les petits tourbillons de l'éther reprennent par dégrés leur premiere sphéricité.

## ARTICLE LIII.

Supposons qu'une particule *a* tende à décrire la tangente *a*K de l'arc infiniment petit *ad*, pris sur la couche sphérique *agi* du tourbillon RXZ; on concevra que pendant que cette particule s'élevera sur la ligne *d*K, son ressort se tendra de plus en plus, jusqu'à ce que la force *d*K qui l'aura contraint de plier, soit entierement éteinte, après quoi venant à se détendre par dégrés, la particule reviendra vers le centre S, avec une force réactive K*d*, égale à celle qu'elle avoit pour s'élever; or comme de son mouvement translatif toûjours subsistant, naîtra une nouvelle force qui s'opposera incessamment à son retour; il est clair que le mouvement qu'elle aura pour s'éloigner de la circonférence du tourbillon, sera continuellement retardé, & qu'enfin il se trouvera totalement éteint, quand le corpuscule se sera autant rapproché du centre S, qu'il s'en étoit éloigné.

## ARTICLE LIV.

Puisque les couches sphériques d'un tourbillon ne peuvent se comprimer que suivant des directions perpendiculaires sur leurs surfaces, & que c'est sur la trace de ces directions, mais en sens contraire, que se détendent les ressorts de l'éther, il est évident que la matiere étherée refluëra, non vers l'axe sur lequel tournera la masse du tourbillon, mais vers le centre de cette masse.

## ARTICLE LV.

Comme le retour des particules qui formeront les couches supérieures, ne sera parfaitement libre que quand les couches inférieures seront parvenuës au point de leur plus grande dilatation, on voit que suivant les loix de la méchanique, ces couches s'assujettiront bientôt à se dilater & à se resserrer comme de concert & dans les mêmes instans.

## ARTICLE LVI.

Ainsi en prenant dans le tourbillon ABC (*Fig.* 23.) une Piramide quelconque RSI, on concevra, que puisque les mouvemens oscillatoires des tranches paralleles RI, *dg*, K*m*, *gh*, ſeront obligés de s'accorder, il faudra que les viteſſes du flux & du reflux de ces tranches, ſoient en raiſon renverſée de leurs ſurfaces, ou des quarrés de leurs diſtances au point S, pris pour le centre du tourbillon.

## ARTICLE LVII.

Ce que je dis juſtifie que quand un tourbillon ſe forme, il faut que les mouvemens s'y combinent de façon qu'ils réduiſent les couches inférieures à n'avoir ni plus ni moins de forces centrifuges que les couches ſupérieures.

## ARTICLE LVIII.

Si on ſuppoſe que dans un tourbillon les couches inférieures ayent plus de forces centrifuges que les couches ſupérieures, elles s'étendront & forceront celles-ci à deſcendre ; mais que ce fuſſent les couches ſupérieures qui euſſent plus de force que celles qu'elles embraſſeroient, il ſemble qu'il ne s'enſuivroit aucun dérangement dans le tourbillon ; c'eſt qu'une couche n'a pas beſoin d'être ſoûtenuë par celle qu'elle enveloppe, elle ſe ſoûtient par ſa force centrifuge, elle tend d'elle-même à ſe dilater ; cependant, ſuivant ce qui vient d'être dit, il eſt aiſé de concevoir que dans ce cas là même, les mouvemens doivent ſe combiner de maniere que les couches inférieures regagnent ce qu'il leur manque de viteſſe pour ſuivre le train commun des circulations.

## ARTICLE LIX.

On a vû qu'il ſuit du méchaniſme des tourbillons que la matiere propre dont ils ſont formés doit s'écarter de leurs centres autant qu'il eſt poſſible, & qu'ainſi conformément à ce qu'avoit déja dit M. Deſcartes, chaque eſpace central doit profiter de la ſurabondance du fluide deſtiné par la Nature à remplir les pores de la matiere étherée ; on a vû auſſi que ce fluide ne peut faire aucun obſtacle au mouvement de l'éther ; cela poſé, ſi QNOP (*Fig.* 24.) repréſente les couches ſphériques qu'on ſuppoſe ſervir de bornes à l'eſpace central du tourbillon RABC, & que les particules qui formeront ces couches ayent moins de force pour s'éloigner du centre S, que n'en auront les couches ſupérieures pour les en rapprocher, elles s'en rapprocheront en effet, mais avec une viteſſe accelerée ; car qu'un corpuſcule partant du point *a* ſoit déterminé à parcourir la tangente *ab* perpendiculaire ſur le rayon S*a*, & qu'en même-tems il ſoit pouſſé vers le centre S avec une force qui l'oblige à parcourir *aq*, il eſt clair que ſi la diagonale *ad* eſt plus grande que la moyenne proportionnelle entre *aq* & 2*a*S, le corpuſcule commencera à s'approcher du centre S ; or comme dans le ſecond inſtant il tendra à parcourir la ligne *dh* égale à *ad* dont elle ſera le prolongement, la direction *dp* du mouvement paracentrique commencera à faire un angle aigu avec celle du mouvement tranſlatif *dh* ; donc deſlors (*Art.* 5.) la viteſſe du corpuſcule s'accelerera ; donc chacune des particules des couches inférieures s'approchera du centre S avec une viteſſe accelerée : mais parce que ces particules en s'écartant de la couche RABC ſe déroberont peu à peu aux coups de la matiere étherée, elles s'échapperont bientôt par les tangentes des nouvelles courbes qu'elles commençoient à décrire, & par conſéquent iront rejoindre les couches ſupérieures, en conſervant ce qu'elles auront acquis de force ; & ſi malgré cela leurs forces centrifuges ne répondent point encore à celles des autres parties du Tourbillon, elles ſe rapprocheront de nouveau du centre S pour ſe relever enſuite avec un nouvel accroiſſement de viteſſe ; c'eſt-à-dire que ſi l'équilibre ne ſe rétablit pas tout d'un coup, du moins ſe rétablira-t'il par dégrés.

## ARTICLE LX.

Lorſque dans un tourbillon la matiere étherée peſe du centre vers la circonférence, elle doit éprouver une réaction égale à ſon action, autrement elle franchiroit ſes bornes ; mais quand elle peſe de la circonférence vers le centre, elle n'a nul beſoin d'être appuyée, elle ſe ſoûtient par l'efficace de ſa force centrifuge, qui alors ſupplée à la réaction : Je dis plus, il ne ſeroit pas même poſſible de ménager un appui aux colonnes qui obéïſſent à l'impreſſion de leur mouvement réactif ; c'eſt que ſuivant ce qu'on a déja dit (*Art.* 36.) les centres des tourbillons ſont enveloppés de matiere ſubtile, & que cette matiere (*Art.* 34.) eſt infiniment pénétrable à l'éther.

## ARTICLE LXI.

Cet appui qu'on ne trouveroit point vers le centre du tourbillon, on ne le trouveroit pas non plus ſur la croute ſolide de ſa maſſe centrale. Cette croute, à cauſe de ſon infinie poroſité, ne pourroit au plus appuyer qu'une infinitiéme partie des filets de matiere qui tendroient à concourir au centre du tourbillon.

## ARTICLE LXII.

Ce que je dis de la poroſité des corps ne doit point ſurprendre ; M. Keil démontre qu'on ſeroit en droit de ſuppoſer qu'une ſphere opaque & ſolide dont le rayon égaleroit celui de l'orbe de Saturne, ne contiendroit pas plus de matiere (ses pores retranchés), qu'en renfermeroit un atôme qui n'auroit point de pores ; & si du possible nous passons à ce que les faits justifient, nous trouverons avec M. Newton, que tout ce qu'une masse d'or peut avoir de matiere propre, se réduit à une quantité qui n'est pas à beaucoup près la millionéme partie de celle qui pourroit être comprise sous son volume ; rien même ne prouve qu'à la rigueur elle n'en pût être l'indéfinitiéme partie ; il ne faut donc compter pour rien l'obstacle que la solidité des Planetes peut faire aux mouvemens oscillatoires de l'éther.

## ARTICLE LXIII.

Si on supposoit que les particules d'une même couche sphérique dûssent s'étayer, & par-là se servir mutuellement d'appui, la supposition qu'on feroit, seroit contraire à ce que l'expérience nous apprend. Que le fond d'un vase rempli d'eau, soit ouvert, l'eau coule & tombe malgré la convexité de ses couches, la même que celle de la surface de la terre. Afin que les particules de l'éther pûssent s'étayer mutuellement, il faudroit qu'elles fûssent inflexibles, & beaucoup plus grosses que celles des fluides ordinaires ; ou bien il faudroit que les courbures des couches spheriques dont elles feroient parties devinssent infiniment grandes.

## ARTICLE LXIV.

Maintenant pour découvrir le principe de la pesanteur des corps sensibles, j'ai besoin de rappeller celui d'où se tire la loi fondamentale de l'hidrostatique.

On sçait que le poids absolu $p$ d'un corps X, est égal à sa masse M multipliée par sa tendance V, à se mouvoir vers

vers un point déterminé ; donc $p$ eſt toûjours proportionnel à MV ; donc quelque denſité qu'eut le corps X ſon poids deviendroit nul ſi V s'évanoüiſſoit.

Que ce corps fut plongé dans un fluide ſoûtenu, ſa peſanteur ſpécifique ſeroit la différence de ſon poids abſolu & de celui du fluide, les volumes ſuppoſés les mêmes ; ainſi nommant $m$ la maſſe d'une portion du fluide dont le volume égaleroit celui du corps X, nommant auſſi $u$ la tendance de cette maſſe vers un centre commun, on auroit $MV - mu$ pour la peſanteur ſpecifique du corps X, & $mu - MV$ pour celle du fluide.

Que V égalât $u$, les peſanteurs ſpecifiques deviendroient proportionnelles aux denſités.

Que MV valut $mu$, les impreſſions que le fluide feroit ſur le corps X ſeroient les mêmes de toutes parts, ainſi rien n'obligeroit ce corps à ſe déplacer.

Que le poids MV fut plus fort que le poids $mu$, le corps X ſe déplaceroit & ſuivroit la direction de ſa peſanteur ; enfin que $mu$ l'emportat ſur MV, le corps X ſe déplaceroit encore, mais en s'éloignant de l'appui du fluide.

## ARTICLE LXV.

Supprimons maintenant cet appui, & ne donnons nulle tendance au corps X ; je dis que dans ce cas, la premiere impreſſion que recevra ce corps égalera le poids de la colonne à laquelle il ſervira de baſe, & dont l'effort ne ſera plus balancé par celui des colonnes laterales, qui conjointement avec elle flueront librement ſuivant la direction de leur peſanteur abſoluë ; ainſi nommant C la colonne ſupérieure qu'appuyera le corps X, la viteſſe infiniment petite avec laquelle ce corps commencera à ſe mouvoir, égalera $\frac{Cu}{C+X}$.

## ARTICLE LXVI.

Ces principes poſés, ſoit RSI (*Fig.* 23.), la Piramide qui embraſſera le corps X placé dans le tourbillon ABC; comme dans un tems infiniment petit *dt*, les particules de l'éther s'éleveront par un mouvement progreſſif à la hauteur que déterminera la plus grande dilatation du tourbillon, les reſſorts de ces particules flechiront peû à peu, ainſi dans chacun des inſtans *ddt*, ils recevront un nouveau dégré de compreſſion; or dans le premier inſtant *ddt*, la compreſſion ne pouvant avoir lieu, le fluide n'éprouvera point encore de réaction; donc le corps X qui portera le poids de la Piramide inférieure *qSh* à laquelle il ſervira de baſe, ſera pouſſé vers la circonférence du tourbillon ſans que rien le repouſſe; mais puiſque dans les inſtans ſuivans les reſſorts de l'éther acquerront toûjours de nouveaux dégrés de tenſion, la Piramide *qSh* ceſſera bientôt d'agir ſeule ſur ce corps; il faudra donc que conformément au principe d'où ſe tire l'équilibre des liqueurs, ſon effort ſoit balancé de plus en plus par celui que feront les Piramides laterales, qui commençant à trouver un appui du côté de la circonférence, réagiront ſur tout ce qui les obligera de ſe contenir dans leurs bornes; donc on peut ſuppoſer ſans erreur que ces Piramides rabattront le corps X, autant que la Piramide inférieure *qSh* l'aura élevé, & qu'ainſi à la fin du tems infiniment petit *dt*, ce corps ſe retrouvera à peu près à la même diſtance du centre S.

## ARTICLE LXVII.

Maintenant qu'au flux de la matiere on faſſe ſucceder ſon reflux, il ſera aiſé de concevoir que puiſque l'éther n'éprouvera aucune réaction en refluant, la Piramide tronquée R*qh*I, qui chargera le corps X de tout ſon poids, (*Art.* 65.) pouſſera ce corps de la même maniere qu'elle le pouſſeroit, ſi le centre du tourbillon étoit vuide.

## ARTICLE LXVIII.

Je viens aux corps que pénétre la matiere étherée, & je dis que le poids de ces corps eſt néceſſairement proportionnel à la force & à la quantité des colonnes auſquelles leurs particules intégrantes ſervent de baſes.

## ARTICLE LXIX.

Ceux qui regardent la peſanteur comme l'effet propre de l'attraction, ſuppoſent que les chûtes initiales des corps attirés, ſont toûjours les mêmes aux mêmes diſtances de celui qui les attire, d'où ils concluent que le poids de chacun de ces corps eſt néceſſairement proportionnel à ſa maſſe.

## ARTICLE LXX.

Mais ſi la peſanteur a l'impulſion pour principe, & que les corps ne donnent priſe à l'éther que par l'étenduë & par la quantité des ſurfaces que leurs particules élementaires lui préſentent, il ſemble qu'il ſoit très-poſſible que leurs poids ne répondent pas toûjours éxactement à leurs maſſes ; l'expérience même paroît confirmer ce ſoupçon. M. Boyle fait voir qu'il y a de certaines matieres dont le poids augmente quand elles ſont exactement renfermées dans des vases de verre exposés à l'action de la lumiere. La Chimie nous offre quantité de faits semblables. Qu'on prenne une masse de Regule d'Antimoine du poids d'une livre, & qu'après l'avoir pulverisée, on la fasse calciner au foyer d'un verre ardent d'un pied de diametre, le poids de la masse augmentera d'un dixiéme, quoique pendant tout le tems de la calcination qui durera au moins une heure, le Regule jette une fumée très-épaisse. On sçait que l'Etaim, le Plomb, le Zim & quelques autres mineraux pareillement calcinés, augmentent de poids malgré l'évaporation de leurs souffres : que devient donc la proportion des poids & des masses ?

## ARTICLE LXXI.

Les Partisans de l'attraction, pour infirmer l'induction qui se tire de ces sortes d'expériences, disent que la lumiere est produite par le mouvement local d'une infinité de particules de feu que lance continuellement le Soleil, & qu'ainsi il n'est pas étonnant que ces particules étant ramassées, & trouvant des corps propres à les recevoir & à les retenir, fournissent plus de matiere à ces corps, qu'elles ne leur en enlevent.

## ARTICLE LXXII.

Renfermons-nous dans cette hipotèse, & voyons quelles pertes feroit le Soleil dans un tems déterminé.

Si conformément à ce qui résulte du travail de M. Picard, & aux observations de M. Cassini, on donne 57060 toises au dégré de la terre, & qu'on en donne 71 924 537 942 au rayon de son Orbite, on trouvera que la surface de la sphere qui terminera ce rayon, sera à la surface d'un cercle qui auroit un pied de diametre comme 2 979 728 156 130 000 000 000 000 000 à 1, d'où on conclura que la somme des corpuscules que lancera le Soleil dans l'espace d'une heure, pesera au moins 297 972 815 613 000 000 000 000 livres; or le volume du Soleil vaut un million de fois celui de la terre, c'est-à-dire que comme celui-ci contient 31 615 900 777 000 000 000 000 pieds cubes, le volume du Soleil en doit contenir 316 159 007 770 000 000 000 000 000 000 mais si on compare les deux masses qui, suivant M. Newton, sont proportionnelles à leurs forces attractives connuës & constatées par les observations, on trouvera que la densité du Soleil est à celle de la terre comme 1 à 4; ainsi en prenant pour la moyenne densité de la terre, celle de la pierre commune dont le pied cube pese 140 livres, le Soleil toute proportion gardée en pesera 1 106 556 528 300 000 000 000 000 000 000; d'où il suit que ce qu'il lancera de corpuscules lui fera perdre une 3 713 616$^{e}$ partie de son poids & de son volume dans une heure. Il est vrai que pour lui donner moyen de réparer ses pertes, ceux qui ont recours à l'attraction lui envoyent des Cométes qu'il saisit à leur passage; ils conviennent donc qu'il suit de leur principe, qu'afin que le Soleil s'entretienne dans l'état où nous le voyons, il faut qu'en 3$^{h.}$ 43$^{1.}$ il consomme en nourriture une Comete d'un volume au moins égal à celui de la terre.

## ARTICLE LXXIII.

Reprenons la Piramide RSI du tourbillon ABC (*Fig.* 23.), supposons la partagée en une infinité de tranches *hq*, *m*K, *gd* paralleles à la base IR, la vitesse réactive de la matiere dans chacune de ces tranches, ſera, comme on l'a déja dit, en raiſon renverſée des quarrés des rayons *Sh*, *Sm*, *Sg*, SI ; ainſi ces tranches auront toutes des peſanteurs égales ; donc le poids de la Piramide tronquée R*qh*I, vaudra celui d'un Cilindre qui auroit le côté *q*R pour hauteur, la tranche *qh* pour baſe, & dont la viteſſe réactive égaleroit celle de la couche ſpherique dont la baſe *qh* feroit partie.

## ARTICLE LXXIV.

Il ſuit de-là que les différens poids dont ſera chargé le corps X à différentes diſtances du centre S, ſeront en raiſon renverſée des quarrés de ces diſtances, & en raiſon directe des hauteurs des colonnes.

## ARTICLE LXXV.

Il ſuit encore de-là que ſi le corps X ſe trouve ſucceſſivement à différentes diſtances du centre S, mais que le rapport de ſa maſſe à celle des colonnes qui le pouſſeront vers ce centre, ſoit toûjours indéfiniment petit, les viteſſes initiales des chûtes de ce corps, ſeront par-tout les mêmes que celles du fluide.

## ARTICLE LXXVI.

Ce que je viens de dire peut s'appliquer aux tourbillons particuliers des Planetes ; car 1°. on doit les ſuppoſer impénétrables à la matiere propre des tourbillons dans leſquels ils font leurs révolutions ; c'eſt qu'un tourbillon n'en pourroit pénétrer un autre ſans le détruire ; il eſt vrai que comme il n'en eſt aucun qui ne ſoit compoſé de petits tourbillons qui laiſſent entr'eux des interſtices que doivent remplir d'autres tourbillons plus petits encore, rien n'empêche que ceux-ci ne paſſent d'un grand tourbillon dans un autre. 2°. Si la maſſe des colonnes dont ſe trouve chargé le tourbillon particulier d'une Planete, eſt par-tout indéfiniment plus grande que celle de ce tourbillon, comme on le ſuppoſe ici ; il eſt évident que conformément à ce que demande la loi de Kepler, ſa peſanteur ſera toûjours en raiſon renverſée des quarrés de ſes diſtances au centre vers lequel il ſera pouſſé.

## ARTICLE LXXVII.

Suppoſons maintenant que le tourbillon *abcdg*, (*Fig.* 25.) ſoit partagé en une infinité de Piramides *aSb*, *bSc*, *cSd*, &c. unies par leurs ſommets au centre S, ſi *h*K eſt la ſurface d'une maſſe impénétrable au fluide, la colonne *b*K*hc* peſera toute entiere ſur cette maſſe ; c'eſt que les parties du fluide qui compoſeront la colonne, ne pourront ſe répandre ni du côté de *am*, ni du côté de *dn*, à cauſe de l'égalité des forces qu'auront les colonnes *am*K*b*, *b*K*hc*, *chnd* ; mais qu'on faſſe mouvoir *h*K vers *cb* avec une viteſſe finie, l'équilibre ſe rompra, & les particules que pouſſera *h*K, écarteront de part & d'autre celles qui devroient leur faire réſiſtance, afin que la colonne *b*K*hc* pût être ſoulevée ; donc toute l'impreſſion que la maſſe fera ſur le fluide, ſe réduira à celle qui obligera les particules voiſines de ſa ſurface à circuler autour d'elle (*Diſſ.* 5. *Art.* 8.), encore cette circulation ſera-t'elle ſupplée par l'effet propre de la compreſſion générale des petits tourbillons de l'éther, conformément à ce que nous avons déja dit en parlant du mouvement des corps dans les fluides ; donc ſi les particules de l'éther ſont indéfiniment déliées, & qu'elles ſoient élaſtiques, comme on a droit de le ſuppoſer, la maſſe *h*K ne fera mouvoir à chaque instant que des surfaces dont les parties se dérobant de toutes parts, mais toûjours parallelement aux plans qui la toucheront, ne pourront (*Diss*. 5. *Art*. 11.) recevoir en avant qu'une vitesse infiniment plus petite que celle de la masse qui les obligera à lui donner passage, en sorte que dans un tems fini, cette masse (*ibid.*) ne perdra qu'une infinitiéme partie de son mouvement; elle sera donc à cet égard comme dans le vuide, & ne recevra d'impression que celle qui la poussera vers le centre S; & l'on voit qu'il en sera de même si elle se meut vers ce centre, & qu'elle avance suivant la direction de sa pesanteur, ou enfin si ayant moins de vitesse que les couches du tourbillon, elle se trouve sur leur passage; ainsi les conditions que nous avons démontré (*Dissert*. 3.) être absolument nécessaires, afin que la loi de Kepler puisse subsister, se trouvent parfaitement remplies dans l'hipotèse de la plenitude universelle; car

1°. Les Planetes ont les mêmes mouvemens translatifs qu'elles auroient dans le vuide.

2°. Elles pesent vers un centre commun.

3°. Leurs chûtes initiales sont par-tout en raison inverse des quarrés de leurs rayons vecteurs.

## ARTICLE LXXVIII.

Quand le tourbillon d'une Planete fait sa révolution autour d'un centre étranger, s'il renferme d'autres tourbillons, il doit les assujettir à suivre son mouvement.

Soit un vase *abcd*, rempli d'un fluide qui pese sur le fond *bc*, si on y plonge un corps *m*, supposé d'une densité égale à celle du fluide, ce corps se trouvera également poussé de toutes parts; ainsi pour le faire mouvoir, il il ſuffira de vaincre la réſiſtance que lui feront les particules qu'on déterminera à circuler autour de lui, & cette réſiſtance (*Diſſ.* 5. *Art.* 35.) ſera nulle ſi le fluide eſt comprimé, & qu'il ſoit composé de particules infiniment déliées & infiniment élaſtiques; mais que ce ſoit la maſſe du fluide qu'on ſuppoſe ſe mouvoir conjointement avec le vaſe ſuivant une direction & avec une viteſſe exprimée par *ig* (*Fig.* 26.) parallele à *cb*, il eſt clair que le corps *m* ne pourra ſe refuſer au mouvement de la maſſe totale; car ſi en conſéquence des réactions cauſées par la peſanteur des parties du fluide, la colonne *h m* pouſſe le corps *m*, avec une force $+ x$ égale à la force $- x$ qu'aura la colonne *i m*, pour le pouſſer vers *h*, comme les nouveaux mouvemens qu'acquerront les colonnes paralleles à *hi*, n'auront aucune réaction qui leur réponde, le corps *m* ſera encore pouſſé vers *i* ou vers *g* avec toute la force qu'acquerra la colonne *hm*; c'eſt-à-dire que ſi on nomme $+ Z$ cette force, la colonne *hm* fera impreſſion ſur *m* avec la force $x + Z$, pendant que la colonne *im*, n'oppoſera à cette impreſſion que la force $- x$.

Or on voit qu'il en ſera de même ſi un tourbillon L (*Fig.* 27.) ſe trouve dans un autre tourbillon T qui circule autour d'un centre étranger S, c'eſt que les forces centrifuges des parties du fluide dont ſera composé le tourbillon T, les feront peſer du centre O, vers la circonférence *abc* qui leur ſervira d'appui, & que (*Diſſ.* 5. *Art.* 36.) relativement cette peſanteur la maſſe L ſe trouvera également comprimée de toutes parts; ( car il ne s'agit point ici de l'impreſſion que recevra cette maſſe par la peſanteur dont l'action ſera dirigée vers le centre O du tourbillon T, & à laquelle (*Art.* 60.) ne répondra aucune réaction) ; ſuppoſons donc que T ſe meuve vers *g* ou vers *h*, je dis qu'alors l'équilibre ſera rompu, à cauſe de la nouvelle force qu'acquerra la colonne qui tendoit à faire avancer la maſſe L vers ce point; donc cette maſſe ſera obligée de ſuivre le mouvement du tourbillon T.

On voit bien que pendant que les deux maſſes avanceront de compagnie, le tourbillon L continuera de peſer vers le centre O, & de circuler autour de ce centre.

## ARTICLE LXXIX.

Une Planete eſt toûjours aſſujettie à s'accommoder aux différentes poſitions de la maſſe totale de ſon tourbillon; c'eſt une ſuite de ce qui vient d'être démontré dans l'article précedent.

## ARTICLE LXXX.

Un tourbillon qui ſe meut autour d'un centre étranger, doit toûjours conſerver ſon Parallelisme; car que *ab* (*Fig.* 28.) ſoit le mouvement tranſlatif du tourbillon T, qu'on ſuppoſe avoir *pq* pour axe, ce tourbillon ne changera point de ſituation s'il ſe meut librement de *a* vers *b*, il n'en changera pas non plus, ſi on ſuppoſe que par ſon poids, il tombe librement de *a* en *c*, donc il conſervera ſon Parallelisme, s'il obéït aux deux impreſſions à la fois, & qu'il décrive la Diagonale *ad*.

Il n'en ſeroit pas de même ſi le tourbillon T étoit emporté par la matiere propre du grand tourbillon dans lequel il circuleroit; car que les couches de l'équateur MGNH (*Fig.* 29.) circulaſſent de M en G, & qu'elles contraigniſſent le tourbillon T de s'accommoder à leurs mouvemens; comme celles qui ſe trouveroient les plus voiſines du centre S auroient (*Art.* 17.) plus de viteſſe que les autres, elles obligeroient la maſſe T de circuler de F en K autour d'un axe parallele à celui du plan MGNH ; donc si l'axe *pq* étoit oblique à ce plan, il ne conserveroit plus son parallelisme ; ainsi les tourbillons particuliers des Planetes ne se meuvent parallelement à eux-mêmes, que parce que les couches spheriques de ceux dans lesquels ils circulent ne font sur eux aucune impression sensible ; c'est-à-dire que leur Parallelisme dépend du même principe que suppose la loi de Kepler.

## ARTICLE LXXXI.

De ce que toute masse renfermée dans un tourbillon se meut comme si elle pesoit par elle-même, & qu'elle fut dans le vuide, il suit 1°. que l'obliquité des plans dans lesquels se meuvent les Planetes, dépend uniquement des différentes latitudes des paralleles où se forment leurs tourbillons particuliers ; il suit 2°. que dans la supposition que le méchanisme qui donne naissance à ces tourbillons, ne les déterminât point à prendre leurs cours du côté que circulent les couches spheriques entre lesquelles ils se forment, rien n'empêcheroit qu'ils ne circulassent suivant toute autre direction.

## ARTICLE LXXXII.

Il me reste à éclaircir deux difficultés frappantes qui tombent sur le méchanisme des tourbillons ; voici la premiere.

Supposant un tourbillon partagé en une infinité de couches spheriques de même épaisseur, on conçoit que si les couches inférieures ont une vitesse angulaire plus prompte que celle des couches supérieures, l'ordre des circulations ne peut être conservé, à moins que le mouvement qu'acquiert chacune de ces couches par le frottement de ſa ſurface concave, elle ne le perde par celui de ſa ſurface convexe, de maniere que les mouvemens perdus & communiqués ſoient par-tout égaux entr'eux ; mais afin que cette condition ſe trouve remplie, il faut, ſuivant M. Newton, que les tems des révolutions ſoient, non comme les racines quarrées des cubes des diſtances au centre commun des peſanteurs, ainſi que le demande la loi de Kepler, mais comme les quarrés de ces diſtances. Tout frottement dans un tourbillon (dit cet illuſtre Géometre), eſt égal à la viteſſe reſpective des ſurfaces qui ſe touchent immédiatement, multipliée par l'étenduë de l'une de ces ſurfaces & par les denſités ; ainſi en ſuppoſant que dans le tourbillon RP*q* (*Fig.* 30.) la viteſſe de la couche *b* ſurpaſſe celle de la couche *d* de la quantité *hr*, le frottement des deux couches ſera proportionnel à la viteſſe reſpective exprimée par *hr*, multipliée par la ſurface de la ſphere dont C*r* ſera le rayon, & par la denſité des parties qui ſe toucheront. Il faut remarquer que pour réduire la viteſſe reſpective en mouvement angulaire, on doit diviſer cette viteſſe par le rayon que terminent les ſurfaces qui ſe touchent ; ce qui eſt évident, car ſi on prenoit par exemple ſur la ſurface convexe de la couche R, une diſtance R*e* égale à *hr*, le nombre des dégrés que comprendroit R*e*, ſeroit à celui des dégrés que renfermeroit *hr* comme $\frac{Re}{CR}$ à $\frac{hr}{Cr}$ ; ainſi les mouvemens angulaires ſont toûjours en raiſon directe des viteſſes & en raiſon renverſée des rayons.

Nommant preſentement *v* toute viteſſe reſpective, K la denſité des parties ſur leſquelles ſe fait le frottement, *x* le rayon que terminent les ſurfaces qui ſe touchent, & *f* l'impreſſion du frottement, *f* égalera $vxx$K, d'où on tirera $v = \frac{f}{xxK}$ ; or puiſque les frottemens ſeront ſuppoſés par-tout les mêmes, on aura par-tout $v$ proportionnel à $\frac{1}{xxK} = x^{-2}K^{-1}$ ; mais la viteſſe reſpective convertie en mouvement angulaire donnera $\frac{v}{x}$ proportionnel à $x^{-3}K^{-1}$ ; ainſi $x^{-3}K^{-1}$ exprimera la différence du mouvement angulaire, & la ſomme de toutes les différences priſes depuis une couche quelconque $b$, juſqu'à l'extremité du tourbillon, égalera tout le mouvement angulaire de $Cr$ dans la ſuppoſition que celui de la derniere couche ſoit indéfiniment petit ; car ſi on ſuppoſe par exemple que $rCi + iCf + fCR$, ſoit la ſomme de toutes les différences des mouvemens angulaires, l'angle $bCr$ égalera cette ſomme.

Maintenant ſi on mene la ligne infinie CZ, & que ſur les points $m$, $n$, $p$, $q$, &c. où cette ligne coupera les couches $b$, $d$, $g$, R, &c. on éleve des perpendiculaires $ms$, $nt$, $pu$, $qy$, &c. qui ſoient entr'elles comme les différences angulaires, l'aire $msoZ$ exprimera la ſomme de tous ces mouvemens pris depuis la couche $b$, juſqu'à l'extremité du tourbillon. Or ſoit $Cm = r$, l'indéterminée $Cp = x$, la perpendiculaire $pu = x^{-3}K^{-1}$, on aura l'aire $upqy = \frac{dx}{x^3 K^{+1}}$ ; & ſi on ſuppoſe que la denſité K ſoit proportionnelle à une puiſſance quelconque $n$ du rayon $x$, $\frac{dx}{x^3 K^{+1}}$ deviendra $\frac{dx}{x^{3+n}}$ dont l'integrale ſera $- \frac{1}{2+n} \times x^{-2-n} + A$ ; que $x$ devint $r$, la quantité $-\frac{1}{2+n}\times r^{-2-n}+A$ deviendroit $o$; d'où il ſuit que $A=\frac{1}{2+n}\times r^{-2-n}$; donc on aura $\frac{1}{2+n}\times\overline{\frac{1}{r^{2+n}}-\frac{1}{x^{2+n}}}=$ l'aire *smqy* ; mais comme pour avoir tout le mouvement angulaire de $r$, il faudra que $x$ devienne infinie, ce mouvement qui ſera proportionnel à l'aire entiere *smZO* le ſera auſſi à $\frac{1}{r^{2+n}}$, parce que $\frac{1}{2+n}$ exprimera une quantité conſtante.

Cela poſé, puiſque les tems périodiques des révolutions ſont en raiſon renverſée des mouvemens angulaires, nommant $T$ le tems de la révolution de la couche terminée par le rayon $r$, on aura $T$ proportionnel à $r^{+2+n}=r^{+2}K^{+1}$; mais ſi on ſuppoſe que la denſité ſoit par-tout la même, la valeur de K deviendra conſtante, & alors $T$ ſera proportionnel à $r^{+2}$, ainſi les tems des révolutions ſeront comme les quarrés des diſtances; donc les couches ſupérieures auront un mouvement plus lent que celui que demande la loi de Kepler.

Que deviennent donc les tourbillons de M. Deſcartes s'ils ne peuvent ſubſiſter ſans démentir les obſervations, ſans renverſer une loi que tout confirme dans la Nature? eſſayons cependant de les ſauver, nous le pouvons faire aiſément en accommodant le calcul des frottemens à celui qui ſe tire des principes que fourniſſent les premiers Memoires de l'Academie.

## ARTICLE LXXXIII.

M. Amontons a fait voir par des expériences réiterées, que la réſiſtance qu'éprouvent deux corps qui frottent l'un contre l'autre, répond, non à l'étenduë de leurs ſurfaces, mais au poids du plus foible; ce que juſtifient les expériences de cet Academicien, eſt encore appuyé ſur un raiſonnement démonſtratif que l'illuſtre M. de Fontenelle nous donne comme de la part de M. de la Hire; voici comment il le fait raiſonner.

„La réſiſtance que deux corps qui frottent enſemble „éprouvent l'un de l'autre, vient de ce que les parties „qui hériſſent leurs ſurfaces doivent, ſi elles ſont flexi„bles ſe plier & ſe coucher, ou, ſi elles ſont dures, ſe „dégager & ſe déſengrener les unes de dedans les autres.

„Dans le premier cas, ce ſont des reſſorts qu'il faut „courber, & toute la difficulté du mouvement ſe réduit „là, qu'un même poids doive être porté par un ſeul, „ou par deux reſſorts égaux chacun au premier, ce ſera „la même choſe; car s'il en a deux à vaincre, il les „courbera chacun une fois moins. Ainſi ſuppoſé que „dans des parties égales de la ſurface d'un corps, il y „ait un nombre égal de parties flexibles à reſſort, une „autre ſurface qui coulera deſſus, & dont le poids ſera „toûjours le même, n'éprouvera que la même réſiſtance, „ſoit qu'elle ait plus ou moins d'étenduë; parce que ſi „elle a à plier un plus grand nombre de reſſorts, auſſi „les pliera-t'elle moins; mais ſi ſon poids étoit plus „grand, il faudroit qu'elle les pliât davantage, & par „conſéquent elle trouveroit plus de difficulté.

„Dans le ſecond cas où il s'agit de déſengrener des „parties dures, engagées les unes dans les autres, ſi ces „parties dures le ſont à tel point qu'elles ne puiſſent ſe „briſer, ni s'uſer du moins par leurs extremités, il eſt „clair que pour dégager les deux ſurfaces, il en faut élever

„ une, & que ce qui s'oppoſe à cette action, ce n'eſt „ que le poids & non la grandeur de la ſurface.

„ Mais ſi ces parties dures peuvent s'uſer par leurs „ pointes, & ſe rompre en coulant les unes ſur les autres, „ alors leur nombre fait la difficulté ; & comme on ſup- „ poſe qu'il y en a davantage dans de plus grandes ſur- „ faces, les frottemens ſuivront la proportion des ſur- „ faces.

Ce n'eſt donc que relativement à ce cas & à ceux qui peuvent s'y rapporter, qu'on doit avoir égard aux ſurfaces dans le calcul des frottemens ; mais quand une couche ſpherique gliſſe ſur une autre, le cas eſt différent, rien ne ſe briſe, les petits tourbillons de la matiere étherée reſtent dans leur entier, ils ne font que s'engrener & ſe déſengrener ſucceſſivement comme feroient les globules de M. Deſcartes ; d'ailleurs ſuppoſant qu'ils dûſſent s'enfoncer par leurs frottemens, les réſiſtances mutuelles qu'ils ſe feroient à cauſe de leur élaſticité, produiroient le même effet que les engrenemens.

Cela poſé, figurons-nous que les particules de la ſurface *hi* du corps A (*Fig.* 31.) ſoient engrenées dans celles de la ſurface *fg* d'un corps immobile Z, & qu'on tire horiſontalement le corps A pour le faire mouvoir ſur Z avec une viteſſe quelconque exprimée par AC ; on voit qu'il faudra que ce corps s'éleve pour ſe déſengrener, mais on voit auſſi qu'il ne pourra s'élever ſans acquerir un mouvement dont la direction ſera contraire à celle de ſa chûte, en ſorte que ſi ſa peſanteur venoit à être ſupprimée, il s'éleveroit ſans ceſſe au-deſſus du plan horiſontal *fg* avec une viteſſe proportionnelle à la force AC ; car que le petit plan oblique *a*K (*Fig.* 32.) repréſente une des éminences de la ſurface *fg*, & que le le corps A réduit au corpuſcule *a*, ſoit tiré avec la force *ca*, ou plûtôt pouſſé avec la force *ba*, égale à *ca*, il eſt clair que ſi on décompoſe le mouvement *ba* en deux autres mouvemens *b*M & M*a*, le premier perpendiculaire ſur le Plan K*a*, l'autre parallele à ce plan, le corpuſcule acquerra le mouvement M*a* qui ſera composé du mouvement perpendiculaire MN & du mouvement horiſontal N*a*; ainſi ce corpuſcule s'élevera au-deſſus du Plan *bc* avec la viteſſe MN; mais que l'impreſſion horiſontale n'eut d'abord valu que N*a*, & qu'on menât N*m* & *mn* perpendiculaires ſur K*m* & ſur N*a*, *mn* marqueroit la viteſſe qu'acquereroit le corpuſcule pour s'élever au-deſſus du plan *bc*; or *mn* ſeroit à MN comme N*a* à *ba*; donc en remettant A (*Fig.* 31.) à la place de *a* (*Fig.* 32.) les viteſſes avec leſquelles ce corps s'éleveroit ſans ceſſe dans la ſuppoſition qu'il perdit ſa peſanteur, ſeroient toûjours entr'elles comme les viteſſes horiſontales.

Mais faiſons peſer le corps A, la force qu'il aura pour s'élever, s'affoiblira continuellement juſqu'à ce qu'elle s'anéantiſſe; ainſi ce corps ne s'élevera qu'à une hauteur déterminée pour retomber enſuite dans un tems égal à celui qu'il aura employé à s'élever.

Or ſuivant la loi de Galilée, ce tems ſera proportionnel aux forces MN & *mn*, & par conſéquent aux viteſſes tranſlatives *ba* & N*a* (les peſanteurs ſuppoſées les mêmes) & ſi les peſanteurs ſont différentes, les tems ſeront en raiſon directe des viteſſes, & en raiſon renverſée de ces peſanteurs; ainſi en nommant les tems T & $\tau$, les viteſſes $v$ & $u$, & les peſanteurs X & $x$, on aura T, $\tau :: \frac{v}{X}, \frac{u}{x}$.

Mais la quantité de fois qu'un corps retombera & ſe rengrenera dans un tems déterminé, ſera en raiſon renverſée du tems des chûtes, donc dans les frottemens cette quantité ſuivra toûjours la proportion des chûtes initiales diviſées par les viteſſes reſpectives des deux ſurfaces.

Ces principes poſés, ſi on partage un tourbillon en une infinité de Piramides unies par leurs ſommets au centre C (*Fig.* 33.), & qu'on prenne dans une de ces Piramides deux tranches quelconques infiniment proches l'une de l'autre telles que BH & DI, on concevra que l'impreſſion du frottement ſera proportionnel, 1°. à l'excès de la viteſſe de la tranche BH, ſur la viteſſe de la tranche DI; 2°. au poids de la Piramide BCH; 3°. à la quantité ſucceſſive des engrenemens; 4°. à l'action du levier; car c'eſt une attention qu'on eſt obligé de faire, comme l'a remarqué M. Bernoulli: „ Puiſqu'il eſt viſible que la même „ force appliquée ſuivant la tangente de la circonférence „ d'une grande rouë, a plus d'efficace pour la faire tour- „ ner, qu'elle n'en a lorſqu'on l'applique à la circonfé- „ rence d'un rayon plus petit ". Nommant donc $f$ l'impreſſion du frottement, $u$ la viteſſe relative des deux couches, $p$ le poids, $r$ la longueur du levier CB & K la quantité ſucceſſive des engrenemens, on aura par-tout $f = uprK$; mais $p$ égalera la maſſe multipliée par ſa chûte initiale ou par la force centrifuge du point B, toûjours proportionnelle au quarré de la viteſſe abſoluë diviſé par le rayon, ainſi nommant V cette viteſſe & $r^3$ la maſſe, $p$ ſera proportionnel à $VVrr$, & puiſque la quantité des engrenemens ſera comme les chûtes initiales diviſées par les viteſſes reſpectives, on aura K proportionnel à $\frac{VV}{ur}$. Mettant donc ces valeurs dans $uprK$, $f$ égalera $V^4r^2$; or par la ſuppoſition, l'impreſſion des frottemens ſera par-tout la même, donc on aura par-tout $V^4 = \frac{1}{rr}$ &

$V = \frac{1}{\sqrt{r}}$, mais le tems de la révolution est proportionnel au rayon divisé par la vitesse absoluë ou par $\frac{1}{\sqrt{r}}$, donc si $T$ exprime ce tems, on aura $T = r^{\frac{3}{2}}$ conformément à la loi de Kepler ; donc afin que les tourbillons subsistent, il faut que les tems des révolutions soient comme les racines quarrées des cubes des distances.

Au reste quoique la couche la plus proche du centre commun des circulations n'éprouve par sa surface concave aucun frottement capable de lui rendre ce qu'elle perd de vitesse par le frottement de sa surface convexe, il ne s'ensuit pas que son mouvement translatif doive se ralentir. On a vû (*Art.* 59.) que la réaction vive de l'éther une fois admise, il faut que les mouvemens des différentes couches sphériques d'un tourbillon, se combinent de maniere que l'équilibre s'y conserve, ou qu'il s'y rétablisse s'il vient à se rompre.

## ARTICLE LXXXIV.

M. Bulfinger fait une autre objection, non contre l'éxistence des tourbillons, mais contre leur méchanisme. On a vû que c'est uniquement de la forme des tourbillons que dépend la direction de la pesanteur. Qu'un tourbillon par exemple fut forcé de prendre une forme cilindrique, alors suivant la loi de la décomposition des mouvemens, les pesanteurs seroient dirigées vers l'axe du Cilindre, en supposant que ce fût autour de cet axe que se fissent les circulations ; mais les tourbillons de M. Descartes sont supposés arondis en conséquence de l'égalité des forces qui les compriment de toutes parts ; ainsi leurs différentes couches spheriques ne pouvant agir les unes sur les autres que ſuivant des directions perpendiculaires ſur leurs ſurfaces (*Art.* 7.) c'eſt toûjours vers le centre du tourbillon que leurs réactions ſont dirigées.

A ce raiſonnement démonſtratif M. Bulfinger oppoſe une expérience qui, ſelon lui, ſemble prouver que ſi toutes les parties d'un tourbillon ſpheriques tournent autour d'un diametre unique, comme le ſuppoſe M. Deſcartes, c'eſt vers ce diametre que les peſanteurs ſont dirigées; car qu'on faſſe circuler autour d'un axe horiſontal une ſphere creuſe & tranſparente remplie d'eau mêlée d'un peu d'air, on verra qu'alors, l'air moins propre que l'eau à recevoir l'impreſſion du mouvement circulaire, & cedant à la force réactive des couches ſpheriques du fluide, ſera rabatu, non vers le centre de la ſphere, mais vers ſon axe autour duquel il formera un noyau Cilindrique; voilà l'experience que M. Bulfinger dit avoir faite; mais cette expérience que prouve-t'elle? rien autre choſe, ſinon que les particules qui forment les différentes couches ſpheriques de la maſſe totale du fluide, conſervant toûjours leur propre poids, ne ſe compriment pas ſimplement ſuivant la direction des rayons de la ſphere, mais qu'elles ſe compriment encore ſuivant une direction perpendiculaire ſur le Plan horiſontal auquel l'axe de la ſphere eſt parallele.

On aura beau faire, la peſanteur des particules qui compoſent les fluides ſenſibles, empêchera toûjours qu'aucune expérience puiſſe repréſenter l'état des tourbillons.

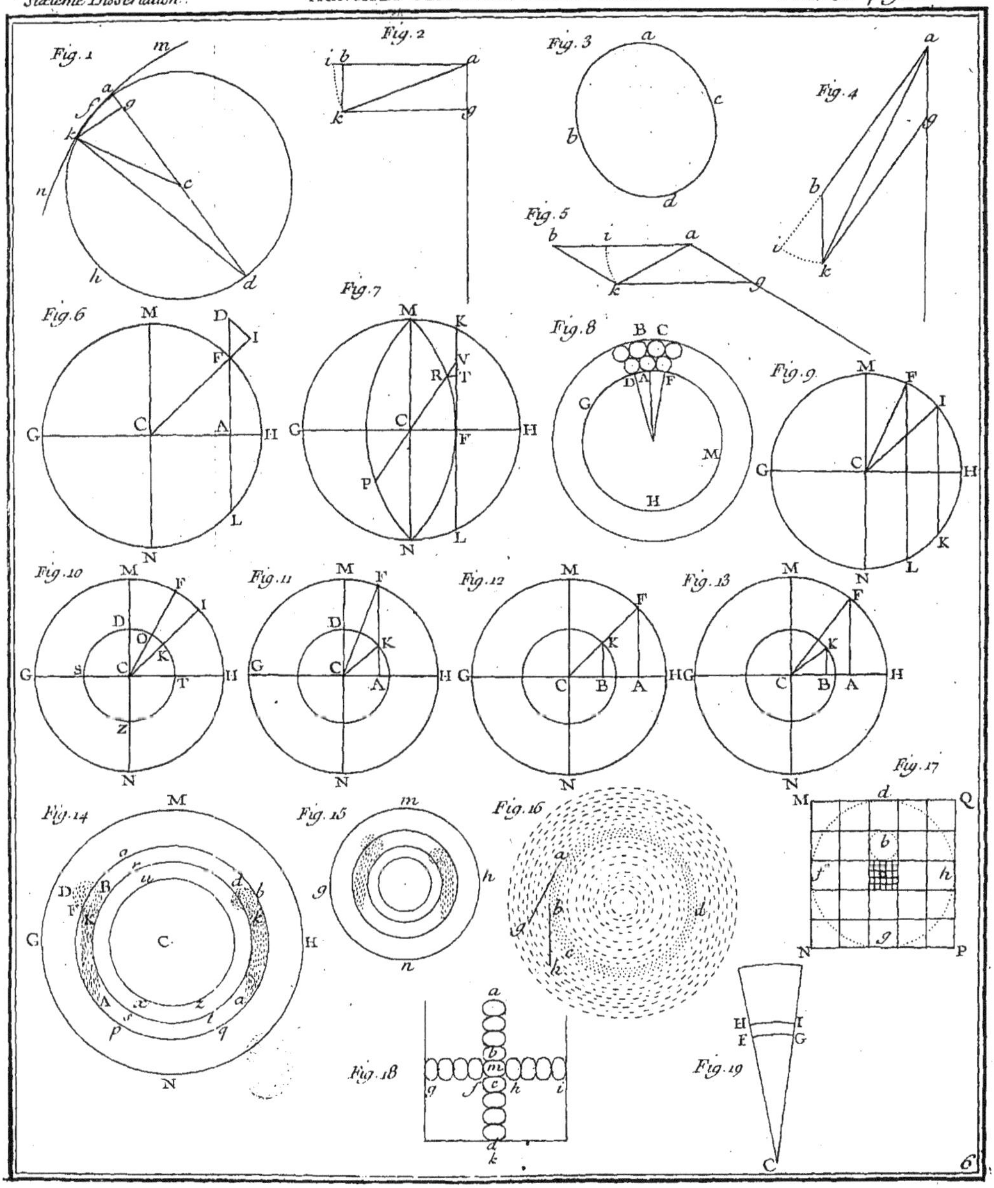

Fig. 1 Fig. 2 Fig. 3 Fig. 4 Fig. 5 Fig. 6 Fig. 7 Fig. 8 Fig. 9 Fig. 10 Fig. 11 Fig. 12 Fig. 13 Fig. 14 Fig. 15 Fig. 16 Fig. 17 Fig. 18 Fig. 19

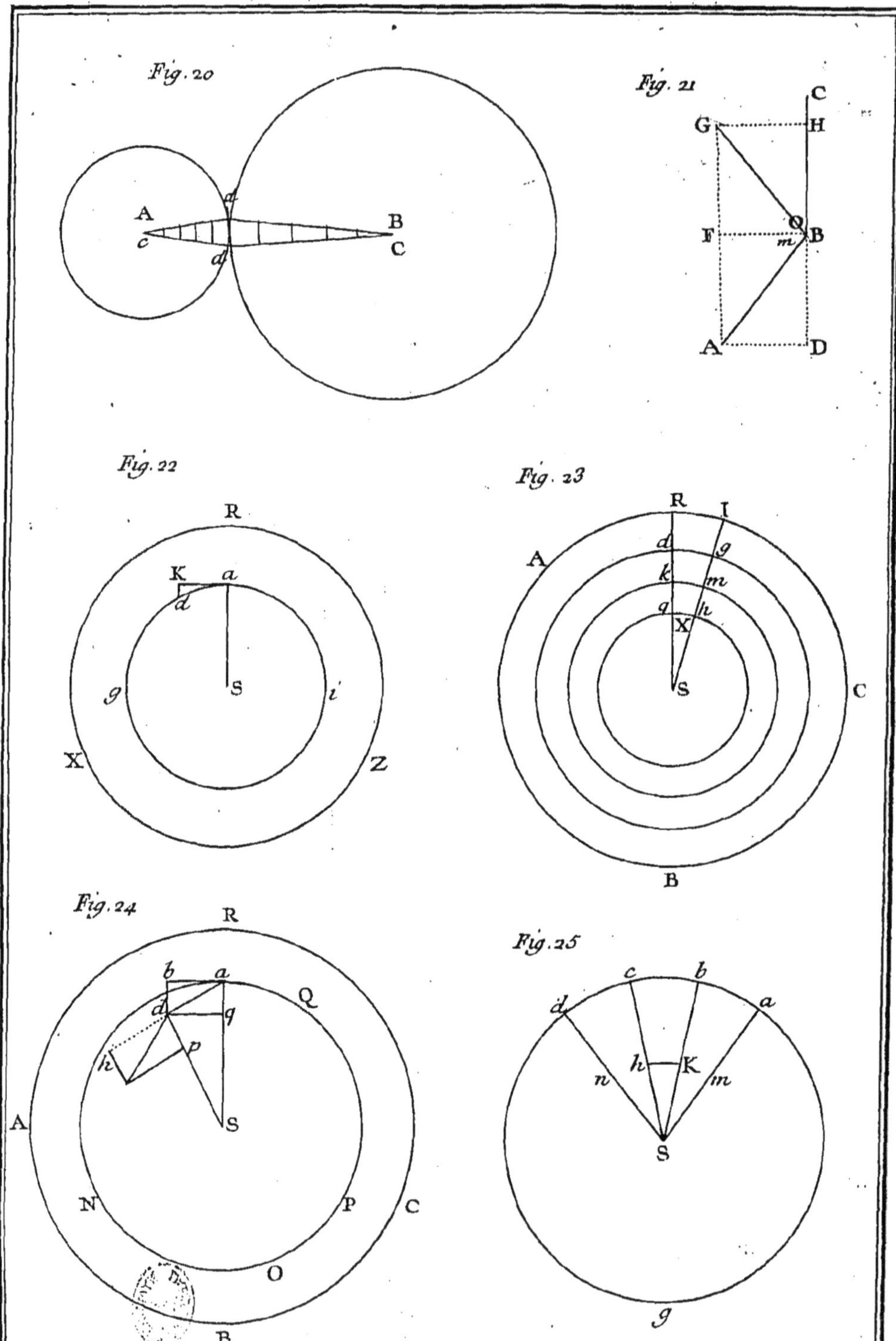
Fig. 20
A
B
c
C
d
d
Fig. 21
C
G
H
O
F
m
B
A
D
Fig. 22
R
K
a
d
g
S
i
X
Z
Fig. 23
R
I
A
d
g
k
m
q
h
X
S
C
B
Fig. 24
R
b
a
Q
d
q
h
p
A
S
N
P
C
O
B
Fig. 25
c
b
d
a
h
K
n
m
S
g

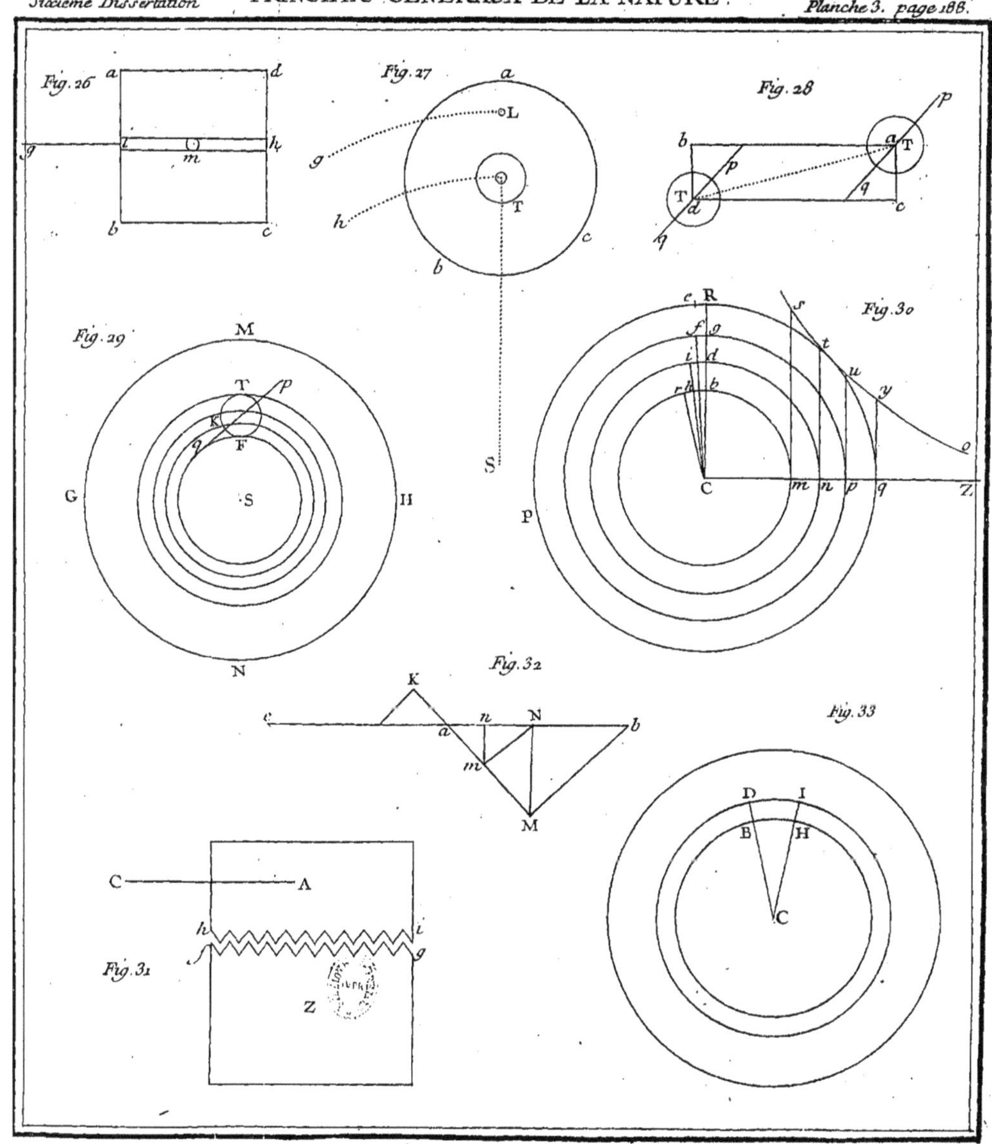
Fig. 26
Fig. 27
Fig. 28
Fig. 29
Fig. 30
Fig. 31
Fig. 32
Fig. 33

# PRINCIPES GÉNÉRAUX DE LA NATURE,

## APPLIQUÉS AU MECANISME ASTRONOMIQUE, ET COMPARÉS AUX PRINCIPES DE LA PHILOSOPHIE DE M. NEWTON.

## SEPTIÉME DISSERTATION.

### *Théorie Générale des Planetes.*

### ARTICLE I.

APRE'S avoir justifié les principes particuliers que suppose la loi de Kepler, je crois qu'il est nécessaire de donner la Théorie générale d'où se tire cette loi.

On supposera dans cette Dissertation plusieurs proprietés des Sections Coniques, les moins familieres seront démontrées dans les Lemmes suivans.

## ARTICLE II.

*Lemme.* Dans l'Ellipse & dans l'Hiperbole les Parallelogrames faits sous les côtés des Diametres conjugués, sont égaux entr'eux.

*Démonstration pour l'Ellipse.* Soient M*m* & N*n* (*Fig.* 1.) deux Diametres conjugués pris dans le cercle M*nm*N, R*g* & H*h* les deux diametres correspondans pris dans l'Ellipse inscrite A*ba*B ; si on abaisse sur le grand axe A*a*, les perpendiculaires MRE, NHD, & qu'on joigne les points M & N, R & H, par les lignes droites MN & RH, les Trapezes MEDN, REDH, seront entr'eux comme les axes A*a*, B*b*, ou comme leurs moitiés AC, BC; or que du grand Trapeze MEDN, on ôte les triangles MCE & NCD, & que du petit Trapeze REDH, on ôte les triangles proportionnels RCE & HCD, les triangles MCN & RCH seront encore entr'eux comme AC à BC, & ce rapport sera par-tout le même ; mais tous les triangles tels que MCN huitiéme partie des Parallelogrames faits sous les diametres conjugués dans le cercle sont égaux, donc tous les triangles proportionnels tels que RCH huitiéme partie des Parallelogrames faits sous les diametres conjugués dans l'Ellipse, sont pareillement égaux.

*Démonstration pour l'Hiperbole.* Soit un Hiperbole XAZ (*Fig.* 2.) qui ait A*a* & B*b* pour axes, CM & C*m* pour assimptotes ; si on mene un diametre quelconque RC*g* & son diametre conjugué HC*h*, & que les lignes AL & AK soient respectivement paralleles aux assimptotes CM & C*m*, je dis que le triangle CRG huitiéme partie du Parallelograme fait ſous les diametres conjugués R*g* & H*h*, ſera égal au Parallelograme ALCK huitiéme partie du Parallelograme fait ſous les axes A*a* & B*b* ; car menant l'ordonnée RS, le Parallelograme CSRO égal au triangle CRG, égalera ALCK (*propr. de l'Hiperb.*) ; donc les Parallelogrames faits ſous les diametres conjugués ſont égaux entr'eux.

### ARTICLE III.

*Corollaire.* Nommant 2*a* l'axe A*a* de l'Ellipſe (*Fig.* 1.) ou de l'Hiperbole (*Fig.* 2.) 2*b* l'axe conjugué B*b*, 2*h* le diametre conjugué H*h* & *q*, la perpendiculaire R*q* abaiſſée du point R ſur H*h*, on aura le rectangle *qh*, égal au rectangle *ab*, ce qui eſt évident, puiſque *qh* vaudra l'aire du Parallelograme fait ſous les côtés RC & CH.

### ARTICLE IV.

*Lemme.* Soit AB*ab* (*Fig.* 3.) une Ellipſe qui ait F & *f* pour foyers, & C pour centre, je dis que H*h* diametre conjugué de R*g*, coupe le rayon FR en un point D tel que DR eſt toûjours égal à CA.

*Démonſtration.* Si on méne *f*E parallele à la tangente *t*RT & au diametre conjugué *h*H, le triangle ER*f* ſera iſocele ; car les angles ERT & *f*R*t* étant égaux (*propr. de l'Ell.*) leurs alternes RE*f* & R*f*E ſeront pareillement égaux ; d'où il ſuit que ER égalera *f*R ; mais FC = C*f* ; donc FD = DE ; donc DE ſera la moitié de la difference de FR & de *f*R ; donc DE + ER égalera la moitié de la ſomme des rayons FR & *f*R, ou la moitié du grand axe A*a*.

### ARTICLE V.

*Lemme.* Soit XAZ (*Fig.* 4.) une hiperbole qui ait F

& $f$ pour foyers & C pour centre, je dis que H$h$ diametre conjugué de R$g$, coupe le rayon $f$R en un point D, tel que DR eſt toûjours égale à AC, moitié de l'axe A$a$.

*Démonſtration.* Du ſecond foyer $f$ menant $f$E parallele à la tangente $t$RT & au diametre conjugué H$h$, on aura RE, prolongement du rayon FR égal à R$f$; car (*propr. de l'Hiperb.*) les angles FRT $f$RT ſont égaux, & à cauſe des paralleles $f$E & TR, l'angle RE$f$ = FRT, & l'angle R$f$E = FRT, donc R$f$E = RE$f$; donc RE = R$f$: de même RI = RD, parce que le triangle IRD eſt ſemblable au triangle iſocele ER$f$, & à cauſe des paralleles C$h$ & $f$E, & de l'égalité des lignes FC & C$f$, FI = IE; donc RI ou RD eſt la moitié de la différence de FR & de RE, ou de FR & de R$f$; mais la différence de FR & de R$f$, eſt égale à A$a$; donc RD $= \frac{Aa}{2}$.

## ARTICLE VI.

*Lemme.* Nommant

$a$, la moitié du grand axe de l'Ellipſe AB$ab$ (*Fig.* 3.).
$b$, la moitié du petit axe B$b$.
$x$, la coupée CO.
$c$, la demi-excentricité CF.
$r$, le rayon FR mené du foyer F à un point quelconque R de la courbe AB$ab$.

On aura $r = \frac{aa \pm cx}{a}$, quantité dont le ſecond terme ſera affecté du ſigne + ou du ſigne —, ſuivant que l'extremité R du rayon FR ſe trouvera au-deſſus ou au-deſſous du petit axe B$b$.

*Démonſtration.*

*Démonstration.* $\overline{RO}^2 = \frac{aabb - bbxx}{aa}$ (*propr. de l'Ellipse.*)
& $\overline{FO}^2 = cc \pm 2cx + xx$ ; donc $\overline{FR}^2 = \frac{aabb - bbxx}{aa} + cc \pm 2cx + xx$ ; mais $bb = aa - cc$ ; donc cette valeur substituée dans l'expression du quarré de FR, on aura $rr = \frac{a^4 \pm 2aacx + ccxx}{aa}$, ou $r = \frac{aa \pm cx}{a}$.

## ARTICLE VII.

*Corollaire.* $\pm x = \frac{ar - aa}{c}$ & $xx = \frac{a^2r^2 - 2a^3r + a^4}{cc}$.

## ARTICLE VIII.

*Lemme.* Nommant

*a* la moitié de l'axe A*a* de l'hiperbole XAZ (*Fig.* 4.)
*b* la moitié de l'axe conjugué B*b*.
*x* la coupée CO.
*c* la demi-excentricité CF.
*r* le rayon FR mené du foyer F à un point quelconque de la courbe XAZ.

On aura $r = \frac{cx - aa}{a}$.

*Démonstration.* $\overline{RO}^2 = \frac{bbxx - aabb}{aa}$ (*propr. de l'Hiperb.*)
$\overline{FO}^2 = xx - 2cx + cc$ ; donc $\overline{FR}^2 = \frac{bbxx - aabb + aaxx - 2aacx + aacc}{aa}$ ; mais $bb = cc - aa$ ; donc cette valeur substituée à la place de *bb* dans l'expression du quarré de FR, on aura $rr = \frac{a^4 - 2aacx + ccxx}{aa}$, ou

$r = \frac{cx - aa}{a}$, parce que dans l'hiperbole, $x$ aussi-bien que $c$, sont plus grands que $a$.

## ARTICLE IX.

*Corollaire.* $x = \frac{ar + aa}{c}$ & $xx = \frac{a^2r^2 + 2a^3r + a^4}{cc}$.

## ARTICLE X.

*Lemme.* Nommant encore

$a$, la moitié du grand axe de l'Ellipse AB$ab$ (*Fig.* 5.).
$b$, la moitié du petit axe B$b$.
$r$, le rayon FR mené du foyer F au point R.
$x$, la coupée CO.
$g$, la moitié du diametre R$g$.
$h$, la moitié du diametre conjugué H$h$.
$q$, la perpendiculaire R$q$ abaissée du point R sur H$h$.
$t$, la perpendiculaire menée du point F sur la tangente au point R.

On aura $t = \frac{b\sqrt{r}}{\sqrt{2a - r}}$.

*Démonstration.* $\overline{RO}^2 = \frac{aabb - bbxx}{aa}$ (*propr. de l'Ellipse.*) donc $\overline{RC}^2$ ou $\overline{RO}^2 + xx = \frac{aabb + aaxx - bbxx}{aa}$; mais $aa - bb = cc$; donc $\overline{RC}^2 = \frac{aabb + ccxx}{aa}$: d'un autre côté $\overline{RC}^2 + \overline{CH}^2$ ou $gg + hh = aa + bb$ (*propr. de l'Ellipse.*) donc $hh = \frac{a^4 - ccxx}{aa}$, & $h = \frac{\sqrt{a^4 - ccxx}}{\sqrt{aa}}$; mais $qh$, ou $q\frac{\sqrt{a^4 - ccxx}}{\sqrt{aa}} = ab$ (*Art.* 3.); donc $q = \frac{aab}{\sqrt{a^4 - ccxx}}$; or à cauſe des triangles ſemblables DR$q$ & RFT, on aura cette proportion DR, ou $a$, (*Art.* 4.) R$q$ :: FR, FT, ou $a$, $\frac{aab}{\sqrt{a^4 - ccxx}}$ :: $r$, $\frac{rab}{\sqrt{a^4 - ccxx}} = t$ ; & ſi à la place de $xx$ (*Art.* 7.) on met ſa valeur $\frac{aarr - 2a^3r + a^4}{cc}$, on aura $t = \frac{rb}{\sqrt{2ar - rr}} = \frac{b\sqrt{r}}{\sqrt{2a - r}} = \frac{b\sqrt{r}}{\sqrt{f}}$ en nommant $f$ le rayon $f$R.

## ARTICLE XI.

*Lemme.* Donnant les mêmes dénominations aux lignes correſpondantes qui appartiendront à l'hiperbole XAZ (*Fig.* 4.) on aura $t = \frac{b\sqrt{r}}{\sqrt{2a + r}}$.

*Démonſtration.* $\overline{RO}^2 = \frac{bbxx - aabb}{aa}$ (*propr. de l'Hiperb.*) donc $\overline{RC}^2$ ou $\overline{RO}^2 + xx = \frac{bbxx - aabb + aaxx}{aa}$ ; mais $aa + bb = cc$ (*propr. de l'Hip.*) ; donc $\overline{RC}^2 = \frac{ccxx - aabb}{aa}$ : d'un autre côté $\overline{RC}^2 - \overline{CH}^2$ ou $gg - hh = aa - bb$ (*propr. de l'Hiperb.*) ; donc $\overline{CH}^2$ ou $hh = \frac{ccxx - a^4}{aa}$, & $h = \frac{\sqrt{ccxx - a^4}}{\sqrt{aa}}$ ; mais $qh$ ou $q\frac{\sqrt{ccxx - a^4}}{\sqrt{aa}} = ab$ (*Art.* 3.) ; donc $q = \frac{aab}{\sqrt{ccxx - a^4}}$ ; or à cauſe des triangles ſemblables DR$q$ & RFT, on aura cette proportion DR, ou $a$, (*Art.* 5.) R$q$ :: FR, FT, ou $a$, $\frac{aab}{\sqrt{ccxx - a^4}}$ :: $r$, $\frac{rab}{\sqrt{ccxx - a^4}} = t$ ; & ſi à la place de $xx$ (*Art.* 9.) on met ſa valeur

$\frac{aarr + 2a^3r + a^4}{cc}$, on aura $t = \frac{b\sqrt{r}}{\sqrt{2a+r}} = \frac{b\sqrt{r}}{\sqrt{f}}$ en nommant $f$ le rayon $f$R.

## ARTICLE XII.

*Lemme.* Soit

$a$, la diſtance du foyer F au ſommet A de la Parabole ARZ (*Fig.* 6.)

$r$, le rayon FR.

$t$, la perpendiculaire FT menée du point F ſur la tangente RTG.

On aura $t = \sqrt{ra}$.

*Démonſtration.* FR = FG (*propr. de la Parab.*) ; ainſi le triangle GFR eſt iſocele, & la perpendiculaire FT coupe la Baſe GR en deux parties égales.

Maintenant ſi du point R on abaiſſe la perpendiculaire RO ſur l'axe AFO, & qu'on mene la tangente AK au ſommet A, cette tangente coupera auſſi RG au point T, puiſque AO = AG (*propr. de la Parab.*) ; mais le triangle GFT ſera ſemblable au triangle TFA, donc on aura cette proportion FG ou $r$, $t$ :: $t$, $a$, ce qui donnera $t = \sqrt{ra}$.

## ARTICLE XIII.

*Corollaire general tiré de ce qui eſt démontré dans les trois Articles précedens.*

Si $m$, exprime une quantité plus grande que l'unité, & que la perpendiculaire $t$ devienne $\tau$, quand R deviendra $mr$, on aura

Pour la Parabole $t$, $\tau$ :: $\sqrt{r}$, $\sqrt{mr}$.

Pour l'Ellipſe $t$, $\tau$ :: $\frac{\sqrt{r}}{\sqrt{2a-r}}$, $\frac{\sqrt{mr}}{\sqrt{2a-mr}}$ :: $\frac{\sqrt{2a-mr}}{\sqrt{m}}$, $\sqrt{2a-r}$ :: $\sqrt{r}$, $\sqrt{mr} \times \frac{\sqrt{2a-r}}{\sqrt{2a-mr}}$.

Et pour l'Hiperbole $t$, $\tau$ :: $\frac{\sqrt{r}}{\sqrt{2a+r}}$, $\frac{\sqrt{mr}}{\sqrt{2a+mr}}$ :: $\frac{\sqrt{2a+mr}}{\sqrt{m}}$, $\sqrt{2a+r}$ :: $\sqrt{r}$, $\sqrt{mr} \times \frac{\sqrt{2a+r}}{\sqrt{2a+mr}}$.

Ainſi 1°. dans les trois Sections la perpendiculaire croît quand le rayon s'alonge ; mais 2°. dans la Parabole, les perpendiculaires croiſſent ſuivant la proportion des racines des rayons ; dans les Ellipſes, elles croiſſent davantage, & dans l'Hiperbole, elles croiſſent moins.

## ARTICLE XIV.

*Lemme.* Les mêmes choſes ſupoſées que dans les articles 10 & 11, on aura (*Fig.* 4. & 5.) FR, FT :: DR, R$q$, ou $r$, $t$ :: $a$, $q$, & $q = \frac{ta}{r}$ ; & ſi à la place de $t$, on met ſa valeur $\frac{b\sqrt{r}}{\sqrt{f}}$ (*Art.* 10. & 11.), on aura $q = \frac{ab}{\sqrt{rf}}$.

## ARTICLE XV.

*Lemme.* Soit A$a$ le grand axe d'un Ellipſe, ou d'une Hiperbole (*Fig.* 5. & 7.) - - - - - - - - = $2a$

B$b$, le petit axe - - - - - - - - - - - = $2b$

Le rayon FR mené du foyer F - - - - = $r$

Le Diametre R$g$ - - - - - - - - - - - = $2g$

Le Diametre conjugué H$h$ - - - - - - - = $2h$

Le rayon RN de la développée - - - = $n$

La ligne R$q$ - - - - - - - - - - - - - = $q$

La perpendiculaire abaissée du foyer F sur la tangente RT - - - - - - - - - - - - - - $= t$

L'ordonnée infiniment petite L$u$, ou L$x$, ou L$z$ - - - - - - - - - - - - - - - - $= y$

La ligne R$u$ - - - - - - - - - - - - - - $= u$

L'abscisse R$x$ - - - - - - - - - - - - - - $= x$

Et la ligne R$z$ sinus verse de l'arc LR - $= z = \frac{yy}{2n}$

Je dis que $n$, le rayon de la développée, égalera $\frac{aabb}{q^3}$, ou $\frac{bbr^3}{at^3}$, & qu'ainsi ce rayon sera proportionnel à $\frac{1}{q^3}$ ou à $\frac{r^3}{t^3}$; car à cause des triangles semblables R$xz$, RC$q$, on aura $x$, $\frac{yy}{2n}$ :: $g$, $q$, d'où on tirera $n = \frac{gyy}{2qx}$; mais $yy$, $2gx$ :: $hh$, $gg$, donc $yy = \frac{2hhx}{g}$; donc $n$ égalera $\frac{hh}{q}$; or $hq = ab$ (*Art.* 3.) donc $h = \frac{ab}{q}$; donc $n$ égalera $\frac{aabb}{q^3}$, & sera proportionnelle à $\frac{1}{q^3}$: de plus à cause des triangles semblables FRT, RD$q$, on aura (*Art.* 4. & 5.) $q = \frac{at}{r}$ & $\frac{1}{q^3} = \frac{r^3}{a^3t^3}$, donc $n$ ou $\frac{aabb}{q^3}$ sera égal à $\frac{bbr^3}{at^3}$, & proportionnelle à $\frac{r^3}{t^3}$.

## ARTICLE XVI.

*Lemme.* Soit dans la Parabole ARS (*Fig.* 8.) la ligne FA menée du foyer au sommet A - - - - $= a$

Le rayon FR - - - - - - - - - - - - - $= r$

La perpendiculaire FT sur la tangente RT - $= t$

Le rayon RN de la développée - - - = $n$

L'ordonnée infiniment petite L$x$, ou L$z$, ou L$u$ - - - - - - - - - - - - - - - = $y$

L'abſciſſe R$x$ - - - - - - - - - - - - = $x$

La ligne R$z$ ſinus verſe de l'arc LR - = $z = \frac{yy}{2n}$

La ligne R$u$ - - - - - - - - - - - - - = $u$

Je dis que $n$, le rayon de la dévelopée ſera égal à $\frac{2rr}{t}$, & par conſéquent proportionnel à $\frac{rr}{t}$ auſſi-bien qu'à $\frac{r^3}{t^3}$; car 1°. $u = x$; or à cauſe des triangles ſemblables R$zu$, TFR, on aura $x$, $\frac{yy}{2n}$ :: $r$, $t$; donc $n = \frac{ryy}{2tx}$; mais (*propr. de la Parab.*) $yy = 4rx$; donc $n$ égalera $\frac{2rr}{t}$; or (*Art.* 12.) $t = \sqrt{ar}$ & $tt = ar$; donc $n = \frac{2rr}{t} \times \frac{ar}{tt} = \frac{2ar^3}{t^3}$, & ſera par conſéquent proportionnelle à $\frac{r^3}{t^3}$.

## ARTICLE XVII.

*Lemme.* Le rayon FR d'une Section conique (*Fig.* 9.), l'angle FRT que fait la tangente RT avec ce rayon, & le Parametre de la Section étant donnés, on pourra décrire la Section à laquelle appartiendra ce Parametre.

On voit d'abord qu'ayant l'angle FRT, on a auſſi l'angle $t$R$f$ que doit former la tangente $t$R avec le rayon $f$R qui partira du ſecond foyer de la Section cherchée; il ne s'agira donc plus que de déterminer la longueur de ce rayon, ce qui ſera facile; car ſuppoſons que la

Section fut une Ellipse, si on nomme

$2a$, son grand axe

$2b$, son petit axe

$r$, le rayon FR

$f$, le rayon $f$R

$t$, la perpendiculaire sur la tangente RT

$p$, le Parametre de la Section.

On aura $r+f=2a$, ou $f=2a-r$; on aura aussi (*Art.* 10.) $t=\frac{b\sqrt{r}}{\sqrt{f}}$, & $tt=\frac{bbr}{f}$; donc $2a-r$ ou $f$ égalera $\frac{bbr}{tt}$, d'où on tirera $2att-rtt=bbr=\frac{par}{2}$; on aura donc $a=\frac{2rtt}{4tt-pr}$, & $f$ ou $2a-r=\frac{4rtt}{4tt-pr}-r=\frac{prr}{4tt-pr}$, & alors

1°. Si $4tt$ est plus grand que $pr$, le Parametre donné $p$, appartiendra à l'Ellipse. 2°. Si $4tt$ est égal à $pr$, le rayon $f$ sera infini & partira du second foyer de la Parabole. 3°. Si $4tt$ est plus petit que $pr$, la valeur du rayon $f$ sera négative, & ce rayon appartiendra à l'Hiperbole, & par conséquent sera pris au-dessus de la tangente T$t$ par rapport au foyer F; or on voit que dans chacun de ces cas, il sera facile de décrire la section que tracera le mobile.

## ARTICLE XVIII.

*Principe.* Quand un corps en mouvement est continuellement détourné de son chemin par l'impression, soit uniforme, soit variable d'une force qui le fait tendre vers un point fixe, il décrit une courbe, & les aires des triangles mixtilignes qui ont ce même point pour sommet commun, & les traces du mouvement pour bases, sont toûjours

toûjours proportionnelles aux tems dans lesquels ces bases sont parcouruës.

*Démonstration.* Qu'on partage en une infinité d'instans égaux le tems pendant lequel se meut un corps, & qu'il tende à parcourir dans le premier instant la ligne B*c* (*Fig.* 10.) & une autre ligne BG dirigée vers le point S, le mobile en obéïssant à l'une & à l'autre impression à la fois, décrira la diagonale BC; or supposons que dans le second instant rien ne l'obligeât à se détourner de son chemin, il parcourroit la ligne C*d* égale à la ligne BC dont elle seroit le prolongement, & le triangle CS*d* égaleroit le triangle BSC; mais que pendant que le mobile tendra à décrire C*d*, une force étrangere CH le rabate encore vers S, la trace de son mouvement formera la diagonale CD du Parallelograme CHD*d*; donc le triangle CSD qui égalera le triangle CS*d*, égalera pareillement le triangle BSC; or ce qu'on dit ici de BSC & de CSD, on le dira de tous les autres triangles qui seront décrits de même dans la suite des momens égaux qui partageront le tems de la circulation; donc en regardant les lignes BC, CD, DE, comme les élemens d'une courbe, les sommes des aires décrites autour du point S, seront proportionnelles à celles des momens qu'employera le mobile à les décrire.

## ARTICLE XIX.

*Corollaire.* On a déja vû (*Diss.* 3. *Art.* 3.) qu'à cause des triangles égaux BSC CSD, les vitesses qui répondront à la longueur des bases BC CD, seront réciproquement comme les perpendiculaires menées du point S sur BC & sur CD prolongées s'il est nécessaire.

On a vû auſſi que ſi des points C & D, on abaiſſe ſur SB & ſur SC les perpendiculaires CG & DH, & qu'on regarde les mouvemens BC & CD comme composés des mouvemens paracentriques BG & CH, & des mouvemens tranſlatifs GC & HD, ceux-ci ſeront en raiſon renverſée des diſtances SB & SC, ce qui ſuit de l'égalité des triangles BSC & CSD.

## ARTICLE XX.

Mais j'ajoûte que les angles BSC & CSD proportionnels aux viteſſes tranſlatives diviſées par les rayons SB & SC, ſeront en raiſon inverſe des quarrés de ces rayons.

## ARTICLE XXI.

Si on ſuppoſe qu'un eſpace terminé par une courbe ABCDE (*Fig.* 10.) ſoit partagé en une infinité de triangles égaux dont les ſommets aboutiſſent à un point quelconque S, & que les baſes AB, BC, CD, DE, ſoient prolongées juſqu'aux points *c*, *d*, *e*, en ſorte que les lignes AB, BC, CD, ſoient reſpectivement égales aux lignes B*c*, C*d*, D*e*, il eſt clair que les rapports qu'auront entr'elles les petites lignes C*c*, D*d*, E*e*, ſeront déterminés par la nature de la courbe ABCDE & par la poſition du point S.

## ARTICLE XXII.

*Problême.* Trouver l'expreſſion generale des différentes peſanteurs d'un corps qui parcourt une courbe ARL, en peſant toûjours vers un point déterminé S.

Soit (*Fig.* 11.) le rayon vecteur SR $= r$, le rayon de la développée RN $= n$, la perpendiculaire ST ſur la tangente RT $= t$, on aura la vitesse RL proportionnelle à $\frac{1}{t}$ (*Diss.* 3. *Art.* 3.); donc (*Diss.* 6. *Art.* 1.) la force centripete par rapport au point N, sera $\frac{1}{2ttn}$; or si cette force est exprimée par Rz & qu'on mene zL parallele à RT, cette ligne coupera SR au point $u$; ainsi à cause des triangles semblables $u$Rz, RST, on aura Rz, R$u$ :: $t$, $r$; donc R$u$, la force centripete par rapport au point S, sera toûjours proportionnelle à $\frac{r}{t^3 n}$.

## ARTICLE XXIII.

Si on suppose que les lignes $r$, $t$, & $n$, ayent par-tout les mêmes rapports entr'elles, comme dans la Logaritmique spirale, les forces centripetes qui seront proportionnelles à $\frac{r}{t^3 n}$, le seront pareillement à $\frac{1}{r^3}$.

## ARTICLE XXIV.

Si le point S où tendent les forces centripetes, se trouve au centre C d'une Ellipse AB$ab$ (*Fig.* 12.), ces forces seront entr'elles comme les distances.

*Démonstration.* Nommant $r$ le rayon CR, $t$ la perpendiculaire CT menée du centre C sur la tangente RT, $n$ le rayon R$n$ de la développée, $q$ la partie R$q$ interceptée entre la tangente & le diametre H$h$ conjugué de R$g$; comme dans l'Ellipse (*Art.* 15.) $n$, le rayon de la développée est proportionnel à $\frac{1}{q^3}$, & que CT ou $t$ sera egal à $q$, $\frac{r}{t^3 n}$ deviendra proportionnel à $r$.

## ARTICLE XXV.

Si le point S eſt au foyer de l'une des trois ſections coniques, les forces centripetes ſeront en raiſon renverſée des quarrés des diſtances, c'eſt qu'alors (*Art.* 15. & 16.) on aura $n$ proportionnelle à $\frac{r^3}{t^3}$; donc $\frac{r}{t^3 n}$ deviendra $\frac{1}{rr}$

## ARTICLE XXVI.

Les mêmes choſes ſuppoſées que dans les articles 15 & 16, il eſt aiſé de déterminer quelles ſont les différentes peſanteurs abſoluës d'un corps qui en décrivant une Ellipſe, ou une Parabole, ou une Hiperbole, eſt continuellement pouſſé vers un des foyers de la ſection.

Du point L (*Fig.* 5. 7. 8.) ſoit abaiſſée la perpendiculaire LK ſur le rayon FR; nommant K cette perpendiculaire, les triangles ſemblables $u$Rz & $u$LK, donneront $u$, $\frac{yy}{2n}$ :: $y$, K; donc $u = \frac{y^3}{2Kn}$; mais ſi la ſection eſt une Ellipſe ou une Hiperbole, $n$ (*Art.* 15.) égalera $\frac{bbr^3}{at^3} = \frac{bby^3}{aK^3}$, parce que les triangles RFT L$u$K ſeront ſemblables; donc mettant cette derniere valeur de $n$ dans $\frac{y^3}{2Kn}$, on aura $u = \frac{aKK}{2bb}$; ainſi nommant $\pi$ le Parametre de la ſection égal $\frac{2bb}{a}$, on aura $u = \frac{KK}{\pi}$; & ſi la ſection eſt une Parabole, comme $n$ (*Art.* 16.) égalera $\frac{2rr}{t}$, $\frac{y^3}{2Kn}$ deviendra $\frac{ty^3}{4Krr}$ ; or puiſque $y$, K :: $r$, $t$, on aura $y^3 = \frac{K^3 r^3}{t^3}$, ce qui donnera $\frac{ty^3}{4Krr} = \frac{KKr}{4tt}$ ; mais (*Art.* 12.) $tt = ar$ ; donc $u$ égalera $\frac{KK}{4a}$ ou $\frac{KK}{\pi}$.

## ARTICLE XXVII.

Suppoſons maintenant que la force centrale ſoit donnée, & qu'il faille trouver la courbe que décrira le mobile avec cette force, on ſe ſervira encore de la formule générale $\frac{r}{t^3 n}$ (*Art.* 22.). Qu'on veuille, par exemple, que la force exprimée par cette formule, ſoit proportionnelle au rayon $r$, le rapport de $\frac{r}{t^3 n}$ à $r$ ſera déterminé ; donc en diviſant $\frac{r}{t^3 n}$ par $r$, on aura $\frac{1}{t^3 n}$ égal à une grandeur conſtante, d'où on tirera $n$ proportionnelle à $\frac{1}{t^3}$, ce qui fera voir (*Art.* 24.) que ſi les peſanteurs ſont partout comme les diſtances, la courbe que décrira le mobile, ſera une Ellipſe dont le centre deviendra celui des tendances.

Si on ſuppoſoit que les peſanteurs fuſſent proportionnelles à $\frac{1}{rr}$, $\frac{r}{t^3 n}$ diviſé par $\frac{1}{rr}$ donneroit $n$ proportionnelle à $\frac{r^3}{t^3}$, & par-là, (*Art.* 15. & 16.), on auroit l'équation générale des trois ſections coniques par rapport à leur foyer qui alors deviendroit le centre des tendances.

## ARTICLE XXVIII.

Qu'on ſe renferme dans cette derniere ſuppoſition, ſi on nomme $p$ & $\pi$ les Parametres de deux différentes ſections ARQ *arq* (*Fig.* 13.), & que les triangles RLF *rl*F ſoient décrits en tems égaux, nommant la perpendiculaire LK, K, & la perpendiculaire *l*κ, κ, les rayons FR & F*r*, R & *r*, on aura $\frac{RK}{2}, \frac{r\kappa}{2} :: \sqrt{p}, \sqrt{\pi}$, c'eſt-à-dire, que les aires décrites en tems égaux, ſeront entr'elles comme les racines des Parametres des deux ſections.

*Démonſtration*. Menant les paralleles LU & *lu* aux tangentes RT & *rt*, & nommant RU, U, & *ru*, *u*, comme $p$U égalera KK (*Art.* 26.), & que $\pi u$ égalera κκ, on aura $\frac{KK}{U}, \frac{\kappa\kappa}{u} :: p, \pi$; mais $U, v :: \frac{1}{RR}\ \frac{1}{rr}$ (*Art.* 25); donc mettant $\frac{1}{RR}$ & $\frac{1}{rr}$ à la place de U & de $u$ on aura RRKK, $rr\kappa\kappa :: p, \pi$, & $\frac{RK}{2}, \frac{r\kappa}{2} :: \sqrt{p}, \sqrt{\pi}$.

## ARTICLE XXIX.

Quand deux ou pluſieurs Planetes décrivent des Ellipſes autour d'un foyer commun, les quarrés des tems de leurs révolutions ſont entr'eux comme les cubes des grands diametres des Ellipſes décrites, ou comme les cubes des diſtances moyennes moitiez de ces grands diametres.

*Démonſtration*. Les mêmes choſes ſuppoſées que dans la propoſition précédente, & nommant S la ſomme des inſtans de la révolution d'une Planete autour du foyer F, & $s$ celle des inſtans de la révolution d'une autre Planete autour du même foyer, $S\sqrt{p}$ sera à $s\sqrt{\pi}$ comme $\frac{S\times R\times K}{2}$ à $\frac{s\times r\times K}{2}$ (*Art.* 28.), quantités qui exprimeront les aires des Ellipses décrites ; mais si on nomme $2A$ & $2a$ les grands diametres de ces Ellipses, $2B$ & $2b$ leurs petits diametres, on aura $S\times R\times K$, $s\times r\times K$ :: $A\times B$, $a\times b$, (*propr. de l'Ellipse.*) ce qui donnera $S\sqrt{p}$, $s\sqrt{\pi}$ :: $A\times B$, $a\times b$, d'où on tirera $S$, $s$ :: $\frac{A\times B}{\sqrt{p}}$, $\frac{a\times b}{\sqrt{\pi}}$ ; or (*propr. de l'Ell.*) $\sqrt{p} = \frac{B\sqrt{2}}{\sqrt{A}}$, & $\sqrt{\pi} = \frac{b\sqrt{2}}{\sqrt{a}}$, donc $S$, $s$, :: $A\sqrt{A}$, $a\sqrt{a}$, & $SS$, $ss$ :: $A^3$, $a^3$.

## ARTICLE XXX.

*Corollaire.* Que dans le plan de l'équateur d'un tourbillon la matiere décrive un cercle, qui ait pour rayon la moyenne distance d'une Planete qu'on suppose parcourir son orbite elliptique en pesant vers le centre du tourbillon, ce sera en tems égaux que se feront les circulations.

## ARTICLE XXXI.

Si on supposoit que les pesanteurs fussent par-tout proportionnelles aux distances, ce seroit en tems égaux que les Planetes feroient leurs révolutions en pesant vers le centre commun des Ellipses qu'elles décriroient.

*Démonstration.* Soient QP & BG, *qp* & *bg* (*Fig.* 14.) les grands & les petits axes de deux sections QBPG & *qbpg*, C leur centre commun ; si on nomme A & B, *a* & *b*, les rayons CQ & CB, C*q* & C*b*, ceux des développées aux points Q & *q* égaleront (*Art.* 15.) $\frac{BB}{A}$

& $\frac{bb}{a}$, parce que les perpendiculaires abaissées des points Q & *q* sur les petits diametres BG & *bg*, égaleront A & *a*; ainsi en exprimant par V & *U* les vitesses aux points Q & *q*, on aura A, *a* :: $\frac{VVA}{2BB}$, $\frac{UUa}{2bb}$ :: $\frac{VVA}{BB}$, $\frac{UUa}{bb}$, ce qui est évident, puisque par la supposition les forces centripetes seront proportionnelles aux distances, & qu'aux points Q & *q* (*Diss.* 6. *Art.* 1.) elles égaleront les quarrés des vitesses divisés par les Parametres ; mais cette proportion donnera $\frac{VVAa}{BB} = \frac{UUAa}{bb}$ ; ainsi on aura V, *U* :: B, *b*. Maintenant nommant T & $\tau$ les tems des révolutions, si on mene CZ & Cz infiniment proches de CQ & C*q*, & qu'on suppose que les triangles QCZ & *q*Cz soient décrits en tems égaux, ces triangles proportionnels aux rayons multipliés par les vitesses ou par les bases QZ & *qz*, seront entr'eux comme $A \times B$ & $a \times b$; ainsi $T \times B \times A$ & $\tau \times b \times a$ exprimeront les aires des deux Ellipses ; or $T \times B \times A$, $\tau \times b \times a$ :: $A \times B$, $a \times b$ (*propr. de l'Ell.*), donc on aura $T = \tau$; donc si les pesanteurs étoient proportionnelles aux distances, ce seroit en tems égaux que circuleroient les Planetes, mais parce que le méchanisme de la Nature nous oblige de supposer que les pesanteurs sont par-tout en raison inverse des quarrés des distances, ce sera à cette supposition que nous nous en tiendrons dans la suite.

## ARTICLE XXXII.

Les différentes vitesses de deux Planetes qui circulent dans un même tourbillon sont entr'elles comme les racines des Parametres des Sections qu'elles décrivent divisées

visées par les perpendiculaires menées du foyer sur les tangentes aux différens points par où passent successivement ces Planetes.

*Démonstration.* Si on suppose que dans les sections ARA, *ara*, (*Fig.* 13.) les triangles infiniment petits RFL, *r*F*l*, soient décrits en tems égaux par deux Planetes, nommant

$p$ & $\pi$ les Parametres de ces sections.

R & $r$ les rayons FR & F$r$.

L & $l$ les petits arcs RL & $rl$

K & $\kappa$ les perpendiculaires LK & $l\kappa$ sur les rayons FR & F$r$.

T & $t$ les perpendiculaires FT & F$t$ sur les tangentes aux points R & $r$.

A cause des triangles semblables RLK, RFT, & $rl\kappa$, $r$F$t$, on aura R, T :: L, K, & $r$, $t$ :: $l$, $\kappa$ ; donc L $= \frac{RK}{T}$, & $l = \frac{r\kappa}{t}$ ; mais RK, $r\kappa$ :: $\sqrt{p}$, $\sqrt{\pi}$ (*Art.* 28.) donc L, $l$ :: $\frac{\sqrt{p}}{T}$, $\frac{\sqrt{\pi}}{t}$. C. *Q. F. D.*

## ARTICLE XXXIII.

*Corollaire.* Les vitesses aux extremités des grands axes de deux sections quelconques, sont comme les racines des Parametres de ces sections divisées par les distances ; c'est qu'alors les distances sont mesurées par les perpendiculaires T & $t$.

## ARTICLE XXXIV.

*Corollaire.* Les vitesses dans deux sections qui ont des Parametres égaux, sont en raison renversée des perpendiculaires sur les tangentes ; que $\pi$ soit égal à $p$, on aura $\frac{\sqrt{p}}{T}$, $\frac{\sqrt{\pi}}{t}$ :: $t$, T.

## ARTICLE XXXV.

*Corollaire.* Soit (*Fig.* 15.) F le foyer d'une ſection conique quelconque, A ſon ſommet & *p* ſon Parametre; la viteſſe au point A pris dans la ſection, ſera à la viteſſe dans le cercle qui aura FA pour rayon, comme la racine du Parametre de la ſection, à la racine du Parametre du cercle (*Art.* 32.), c'eſt-à-dire, comme $\sqrt{p}$ à $\sqrt{2FA}$.

## ARTICLE XXXVI.

*Problême.* Si dans un tourbillon & à l'extremité du rayon FA (*Fig.* 15.), une Planete commence à parcourir la perpendiculaire AT, & que ſuivant la loi commune, elle ſoit obligée à chaque inſtant de s'approcher du point F avec une viteſſe toûjours proportionnelle à l'unité diviſée par le quarré de ſon rayon vecteur, cette Planete pourra décrire toute ſection conique qui aura A pour ſommet, & F pour foyer; mais on demande quelle ſection particuliere elle décrira avec une viteſſe déterminée relativement à celle qui la feroit circuler autour du cercle qui auroit FA pour rayon.

*Réſolution.* Suppoſant que 1 fut le Parametre du cercle ADA, on auroit (*propr. des Sect. Coniq.*) $x$ plus petit que 2 & plus grand que 1 pour celui de l'Ellipſe, 2 pour celui de la Parabole, & $y$ plus grand que 2 pour celui de l'Hiperbole; donc les différentes viteſſes qui feroient décrire à une Planete ces différentes ſections priſes dans le même ordre qu'elles ſont ici marquées, feroient proportionnelles à $\sqrt{1}$, $\sqrt{x}$, $\sqrt{2}$, $\sqrt{y}$.

## ARTICLE XXXVII.

*Remarque.* On peut remarquer que plus $\sqrt{x}$ approcheroit de $\sqrt{2}$, plus le grand diametre de l'Ellipſe s'allongeroit, & que ſi $\sqrt{x}$ venoit à ne différer de $\sqrt{2}$ que d'un infiniment petit, l'Ellipſe deviendroit une Parabole, puiſque la Parabole eſt une Ellipſe dont les foyers ſont infiniment éloignés l'un de l'autre.

## ARTICLE XXXVIII.

On peut remarquer encore qu'en ſuppoſant que $\sqrt{x}$ fut plus petit que $\sqrt{1}$, on ne ſe trouveroit plus dans le cas du Problême, le point A ne ſeroit plus le ſommet de l'Ellipſe, il deviendroit le point oppoſé à ce ſommet, & ſe trouveroit par conſéquent à la plus grande diſtance du centre des tendances.

Enfin, ſi on ſuppoſoit que la viteſſe $\sqrt{x}$ fut infiniment petite, l'Ellipſe deviendroit infiniment étroite, & ne differeroit plus de la ligne AF, aux extremités de laquelle ſe trouveroient alors les foyers; ainſi qu'un corps tombât du point A au point F, centre de l'action des forces réactives, le corps arrivé à ce point remonteroit vers A, pour retomber encore vers F, & ainſi ſucceſſivement.

## ARTICLE XXXIX.

Suppoſons maintenant que dans le tourbillon du Soleil, un corps à un point quelconque A, pris pour ſon Aphelie, eut moins de viteſſe que la matiere éthérée, on démontreroit ſuivant les principes qu'on vient d'établir, que ce corps décriroit une Ellipſe plus ou moins étroite: ſelon qu'au point A, il iroit ou plus ou moins lentement: on démontreroit auſſi qu'il pourroit s'approcher infiniment du foyer de l'Ellipſe qu'il décriroit, & que depuis l'angle droit, il n'y auroit point d'angle que ſon orbite ne put faire avec l'Equateur du tourbillon du Soleil, ſans que le mouvement de ce corps eut rien d'opposé aux principes sur lesquels la théorie des Planetes est fondée ; on voit même que s'il prenoit son cours contre l'ordre des signes, rien ne l'obligeroit à changer de direction ; c'est qu'il continueroit de se mouvoir comme s'il étoit dans le vuide, & qu'il n'obéït qu'à l'impression generale de la pesanteur.

Sur ce pied-là les Cometes ne gâteront plus rien dans l'œconomie des tourbillons, elles seront, si l'on veut, des Planetes dont les orbites auront des excentricités considérables, mais des Planetes ou des corps qui pour s'approcher trop près du Soleil au point de leur Perihelie, s'embrâseront de maniere que leurs masses fourniront avec abondance dans tout leur cours, & pousseront au loin des parties fuligineuses qui seront dirigées & éclairées par les rayons du Soleil. Mais revenons aux vitesses comparées dans les différentes sections que peut décrire un mobile.

## ARTICLE XL.

La vitesse à la moyenne distance dans l'Ellipse, est égale à la vitesse dans le cercle à la même distance ; car (*Fig.* 16.) nommant $2a$ le grand axe & $2b$ le petit axe, $\frac{2bb}{a}$ sera le Parametre de l'Ellipse, & $b$ égalera la perpendiculaire FT abaissée du point F sur la tangente au point B ; ainsi la vitesse à ce point (*Art.* 32.) sera $\frac{\sqrt{2}}{\sqrt{a}}$, & la vitesse dans le cercle au même point sera $\frac{\sqrt{2a}}{a} = \frac{\sqrt{2}}{\sqrt{a}}$ ; donc, &c.

## ARTICLE XLI.

On voit qu'afin qu'une Planete ſuppoſée à ſa moyenne diſtance, put décrire la circonférence d'un cercle, il faudroit que la direction de ſon mouvement devint la même que celle du mouvement de la matiere ètherée.

## ARTICLE XLII.

Il ſeroit aiſé maintenant de déterminer les différentes viteſſes abſoluës des couches ſphériques d'un tourbillon; car comme les maſſes des colonnes qui peſent ſur les tourbillons particuliers des Planetes, ſont ſuppoſées indéfiniment plus grandes que les maſſes de ces tourbillons, il eſt clair que la loi commune de la percuſſion demande que la chute initiale des Planetes ſoit par-tout égale aux viteſſes réactives de la matiere ètherée; or on vient de voir qu'une Planete à ſa moyenne diſtance, a rélativement à ſa peſanteur le dégré de viteſſe qui lui feroit décrire la circonférence d'un cercle, en ſuppoſant qu'elle ſe mût ſuivant une direction perpendiculaire ſur ſon rayon vecteur; donc puiſqu'à chaque inſtant le ſinus verſe de l'arc qu'elle décriroit, ſeroit égal au ſinus verſe de l'arc que décriroit la matiere à la même diſtance, les viteſſes tranſlatives ſeroient les mêmes de part & d'autre; ainſi comme on auroit la viteſſe abſoluë de la matiere à une diſtance déterminée, on auroit auſſi (*Diſſ. 6. Art.* 17.) ſes différentes viteſſes dans toute l'étenduë du tourbillon.

## ARTICLE XLIII.

Dans la Parabole, la viteſſe à une diſtance quelconque, eſt à la viteſſe dans le cercle à la même diſtance, comme $\sqrt{2}$ à $\sqrt{1}$; car dans la Parabole (*Art.* 12.), les perpendiculaires menées du foyer ſur les tangentes, ſont comme les racines des diſtances; donc (*Art.* 19) les viteſſes ſont partout en raiſon renverſée de ces racines; mais cette proportion eſt auſſi gardée entre les viteſſes priſes dans les cercles à différentes diſtances du centre commun des circulations (*Diſſ.* 6. *Art.* 17.), donc aux mêmes diſtances, dans la Parabole & dans le cercle, le rapport des viteſſes ſera toûjours le même; or au point A (*Fig.* 15.) $\frac{\sqrt{2}}{\sqrt{1}}$ exprime ce rapport (*Art.* 36.); donc par-tout où les diſtances ſeront ſuppoſées égales, la viteſſe dans la Parabole ſera à la viteſſe dans le cercle, comme $\sqrt{2}$ à $\sqrt{1}$.

## ARTICLE XLIV.

Le rapport des viteſſes dans l'Ellipſe aux viteſſes dans les cercles concentriques à des diſtances égales, varie continuellement, & cela parce que les perpendiculaires menées du foyer ſur les tangentes aux points qui s'éloignent du ſommet A, croiſſent dans un plus grand rapport que les racines des diſtances ou des rayons qui partent du même foyer (*Art.* 13.), d'où il ſuit que les viteſſes dans l'Ellipſe aux différens points qui s'éloignent du ſommet A, décroiſſent dans une raiſon continuellement plus grande que celle ſuivant laquelle décroiſſent les viteſſes dans les cercles qui atteignent ces différens points; donc ſi on ſuppoſe qu'au point A, la viteſſe dans le cercle ſoit $\sqrt{1}$, & que la viteſſe dans l'Ellipſe ſoit $\sqrt{x}$ plus grande que $\sqrt{1}$, mais plus petite que $\sqrt{2}$, ce rapport ne ſera celui des viteſſes qu'au ſeul point A, depuis ce point, il décroîtra continuellement juſqu'au point *a*, le plus éloigné de F; c'eſt-à-dire que les viteſſes dans l'Ellipſe décroîtront dans une plus grande raiſon que les viteſſes dans les cercles aux mêmes diſtances ; ainſi elles arriveront au rapport d'égalité, & ce ſera à la moyenne diſtance comme on l'a déja vû (*Art.* 40.), après quoi les viteſſes dans les cercles l'emporteront, & toûjours de plus en plus ſur les viteſſes dans l'Ellipſe, pendant que le mobile avancera vers le point *a*, terme de la plus grande diſtance.

## ARTICLE XLV.

Le rapport des viteſſes dans l'hiperbole aux viteſſes dans les cercles concentriques, à des diſtances égales, varie continuellement, & cela parce que les perpendiculaires ſur les tangentes aux points qui s'éloignent du ſommet A, croiſſent dans un moindre rapport que les racines des diſtances ou des rayons (*Art.* 13.) ; donc les viteſſes dans l'hiperbole aux différens points qui s'éloignent du ſommet A, décroiſſent dans une raiſon continuellement plus petite que celle ſuivant laquelle décroiſſent les viteſſes dans les cercles qui atteignent ces différens points ; donc ſi on ſuppoſe qu'au point A, la viteſſe dans le cercle ſoit $\sqrt{1}$, & que la viteſſe dans l'hiperbole ſoit $\sqrt{y}$ plus grande que $\sqrt{2}$, ce rapport ne ſera celui des viteſſes qu'au ſeul point A, depuis ce point il croîtra continuellement ; c'eſt-à-dire que les viteſſes dans l'hiperbole décroîtront dans un moindre rapport que les viteſſes dans les cercles aux mêmes diſtances.

## ARTICLE XLVI.

*Corollaire.* La viteſſe dans la Parabole eſt plus grande que la viteſſe dans l'Ellipſe, & plus petite que la viteſſe dans l'hiperbole, les diſtances ſuppoſées égales.

## ARTICLE XLVII.

Prenant le point R à une diſtance quelconque du foyer F, ſi ce point appartient à la Parabole, la viteſſe à la diſtance FR, égalera celle qu'aura la matiere à la diſtance $\frac{FR}{2}$; car ſoit $\sqrt{2}$ la viteſſe dans la Parabole au point R, la viteſſe au même point dans le cercle ſera $\sqrt{1}$ (*Art.* 43.); mais dans les cercles les quarrés des viteſſes ſont réciproquement comme les diſtances (*Diſſ.* 6. *Art.* 17.), donc ſi $\sqrt{1}$ exprime la viteſſe dans le cercle à la diſtance FR, $\sqrt{2}$ exprimera la viteſſe qu'aura la matiere à la diſtance $\frac{FR}{2}$; c'eſt qu'on aura cette proportion $2, 1 :: FR, \frac{FR}{2}$.

## ARTICLE XLVIII.

Suppoſant comme dans la propoſition précédente, une diſtance FR, ſi le point R appartient à l'Ellipſe, la viteſſe à ce point égalera la viteſſe de la matiere à une diſtance plus grande que $\frac{FR}{2}$; car ſi $\sqrt{x}$ plus petit que $\sqrt{2}$ exprime la viteſſe au point R pris dans l'Ellipſe, & que $\sqrt{1}$ marque la viteſſe dans le cercle à la diſtance FR, on aura (*Diſſ.* 6. *Art.* 17.) la diſtance ou la matiere circulera avec la viteſſe $\sqrt{x}$ en faiſant cette proportion $x, 1 :: FR, \frac{FR}{x}$, dans laquelle $\frac{FR}{x}$ ſurpaſſera $\frac{FR}{2}$.

## ARTICLE XLIX.

Si le point R appartient à l'hiperbole, la viteſſe à ce point,

point, égalera celle qu'aura la matiere à une diſtance plus petite que $\frac{FR}{2}$; car ſi $\sqrt{y}$ plus grand que $\sqrt{2}$, marque la viteſſe au point R pris dans l'hiperbole, & que $\sqrt{1}$ exprime la viteſſe dans le cercle à la diſtance FR, on aura (*Diſſ.* 6. *Art.* 17.) la diſtance ou la matiere circulera avec la viteſſe $\sqrt{y}$ en faiſant cette proportion, $y$, $1$ :: FR, $\frac{FR}{y}$, dans laquelle $\frac{FR}{y}$ ſera plus petit que $\frac{FR}{2}$.

## ARTICLE L.

Connoiſſant la viteſſe tranſlative de la matiere à une diſtance quelconque, celle d'une Planete à cette diſtance, & la direction de ſon mouvement, les ſections coniques en fourniront toûjours une particuliere que pourra décrire la Planete.

*Démonſtration.* Suppoſant le foyer au point F (*Fig.* 9.), la Planete au point R, & prenant RT pour la direction de ſon mouvement, la perpendiculaire FT ſera donnée; preſentement ſi on nomme FR, $r$, & FT, $t$, $U$ la viteſſe de la matiere au point R, $u$, la viteſſe de la Planete au même point, & $p$, le Parametre de la ſection, on aura la valeur de $p$; car (*Art.* 32.) la racine du Parametre du cercle diviſée par le rayon, ſera à la racine du Parametre de la ſection diviſée par la perpendiculaire FT, comme la viteſſe de la matiere au point R, à la viteſſe de la Planete au même point; ce qui donnera $\frac{\sqrt{2r}}{r}$, $\frac{\sqrt{p}}{t}$ :: $U$, $u$, d'où on tirera $p = \frac{2ttuu}{rUU}$; ce Parametre connu, on aura la ſection en ſe ſervant de la formule tirée de ce qu'on a démontré dans le 17e Article de cette Diſſertation.

## ARTICLE LI.

*Corollaire.* Puiſque la diſtance d'une Planete, ſa viteſſe & la direction de ſon mouvement étant données, on peut toûjours lui faire décrire une ſection conique, en ſuppoſant que les chûtes initiales vers un point déterminé, ſoient par-tout en raiſon renverſée des quarrés de ſes diſtances à ce point, il eſt évident que dans cette ſuppoſition, la Planete ne pourra jamais décrire que quelqu'une des ſections coniques ; car comme les mêmes cauſes, dans les mêmes circonſtances, ne peuvent produire des effets différens, la trace du mouvement d'un corps eſt néceſſairement déterminée par l'action des forces qui l'obligent à ſe mouvoir.

## ARTICLE LII.

*Corollaire.* On voit préſentement que ſi on connoît la viteſſe d'une Planete à une diſtance quelconque FR, (*Fig.* 9.) & celle de la matiere à la même diſtance, on aura la nature de la ſection que tracera cette Planete ; car ſuppoſant que la viteſſe de la matiere au point R ſoit $\sqrt{1}$, & que celle de la Planete ſoit $\sqrt{2}$, cette Planete décrira une Parabole (*Art.* 43.) ; ſi ſa viteſſe eſt plus grande que $\sqrt{2}$, elle décrira une hiperbole (*Art.* 45.), ſi elle eſt moindre elle décrira une Ellipſe (*Art.* 44.), & alors ſi ſa viteſſe moindre que $\sqrt{2}$, égaloit $\sqrt{1}$, & que la direction de ſon mouvement fut perpendiculaire ſur FR, la circulation ſe feroit autour d'un cercle qui auroit FR pour rayon ; ſi cette direction étoit oblique, la ſection qui ſeroit décrite ſeroit une Ellipſe qui auroit le double de FR pour grand diametre, & le point R ſe trouveroit à une des extremités du petit axe (*Art.* 40.) ; mais ſuppoſé que la direction du mouvement de la Planete reſtât perpendiculaire ſur le rayon, & que ſa viteſſe fut plus grande que $\sqrt{1}$ & moindre que $\sqrt{2}$, le lieu où elle ſe trouveroit ſeroit le ſommet de l'Ellipſe par rapport au foyer F (*Art.* 36.); enfin ſi ſa viteſſe étoit moindre que $\sqrt{1}$, ſon lieu ſeroit au point le plus éloigné du foyer F (*Art.* 38.).

## ARTICLE LIII.

Si on ſuppoſoit que l'Ellipſe que décriroit un corps devint infiniment étroite (*Fig.* 17.), les viteſſes qu'auroit ce corps en tombant vers le centre des tendances, ſeroient entr'elles comme les racines des eſpaces qu'il auroit déja parcourus diviſées par les racines de ceux qu'il auroit encore à parcourir.

Suppoſons que HF fut la ligne ſuivant la direction de laquelle le corps ſeroit pouſſé vers le foyer F avec une force variable, mais toûjours reglée ſur le rapport renverſé des quarrés des diſtances à ce foyer; nommant $2a$ le grand axe FH, $2b$ le petit axe, $r$, la diſtance variable FR, & $t$ la perpendiculaire menée du point F ſur la tangente à l'extremité du rayon FR, la viteſſe ſeroit partout proportionnelle à $\frac{\sqrt{2a-r}}{b\sqrt{r}}$ (*Art.* 10. & 19.), & par conſéquent à $\frac{\sqrt{2a-r}}{\sqrt{r}}$, parce que $b$ exprimeroit une grandeur conſtante; cette viteſſe ſeroit donc comme la racine de l'eſpace parcouru HR, diviſée par la racine de l'eſpace RF, que le mobile auroit encore à parcourir.

Au point H, la viteſſe ſeroit infiniment petite, parce qu'à ce point $\frac{\sqrt{2a-r}}{\sqrt{r}}$ deviendroit $\frac{0}{\sqrt{2a}}$.

Au point F, la viteſſe ſeroit infiniment grande, parce qu'à ce point $\frac{\sqrt{2a-r}}{\sqrt{r}}$ deviendroit $\frac{\sqrt{2a}}{\sqrt{o}}$.

Comme le mobile qui décriroit l'Ellipſe HF, auroit la même viteſſe aux mêmes diſtances, ſoit en s'approchant, ſoit en s'éloignant du centre des tendances, il eſt évident que dans la ſuppoſition qu'il remontât de F vers H, ſa viteſſe ſeroit toûjours proportionnelle à la racine de l'eſpace qu'il auroit encore à parcourir diviſée par la racine de celui qu'il auroit déja parcouru.

## ARTICLE LIV.

Suppoſons qu'un mobile M (*Fig.* 18.) tombe encore le long de la ligne H*r*F, & qu'un autre mobile N parcoure la courbe *stu* en conſéquence d'une premiere projection, & de ſa peſanteur qu'on ſuppoſe dirigée vers le point F, je dis que ſi les deux mobiles ont la même viteſſe à deux points quelconques *r* & *s* également éloignés du centre commun des tendances, ils auront auſſi les mêmes viteſſes à tous les autres points *x* & *u* également éloignés de F.

Du centre F ſoit décrit l'arc *sr*, & au-deſſous un autre arc *ux* infiniment proche de *sr*; comme par la ſuppoſition les viteſſes aux points *s* & *r* ſeront égales, les tems dans leſquels les eſpaces *rx* & *su*, ſeront parcourus, répondront à ces eſpaces; or que du centre F on décrive encore l'arc *yq* au-deſſous de *sr*, & qu'on regarde la diſtance de ces deux arcs comme un infiniment petit du ſecond genre, il eſt clair qu'en prenant *rq* pour la force acceleratrice qui agira ſur le mobile M pendant que ce mobile décrira l'eſpace infiniment petit *rx*, la ligne *sy* égale à *rq*, exprimera auſſi la force qui pouſſera le mobile N vers F, pendant que ce mobile décrira la ligne *su*; mais en menant *yt* perpendiculaire ſur *su*, on concevra que la force *sy* ſera compoſée de deux autres forces, l'une qui agira ſuivant la direction de la perpendiculaire *ty*, l'autre ſuivant la direction de la tangente *st*; or comme la force *ty* ſera dirigée perpendiculairement ſur la courbe, il eſt clair qu'elle ne ſervira qu'à empêcher le mobile de s'en écarter, & qu'il n'y aura que la force *st* qui alterera ſon mouvement, mais en l'accelerant; ainſi comme dans chaque inſtant l'acceleration de la viteſſe ſera proportionnelle à la force acceleratrice multipliée par le tems pendant lequel agira cette force, il eſt évident que comme *su* & *rx* exprimeront les tems auſſi-bien que les eſpaces parcourus, on aura $su \times st$ pour l'acceleration de la viteſſe du mobile N au point *u*, & $rx \times rq$ pour l'acceleration de celle du mobile M au point *x*; mais parce que les triangles *sty*, *szu* ſeront ſemblables, & que les lignes *rq* & *rx* égaleront les lignes *sy* & *sz*, on aura $su, rx :: rq, st$; donc les accelerations $su \times st$ & $rx \times rq$ ſeront égales; donc les mobiles M & N auront les mêmes viteſſes aux points *x* & *u*, & generalement à tous les autres points également éloignés du centre commun des tendances.

La même démonſtration ſubſiſteroit toûjours en ſuppoſant que les deux mobiles s'éloignaſſent de ce centre; c'eſt qu'aux mêmes diſtances les viteſſes retardées ſuivroient la proportion des viteſſes accelerées.

## ARTICLE LV.

Comme les viteſſes aux points *s* & *r*, *u* & *x* ſeroient égales, on voit que ſi H*r* marquoit la hauteur dont il faudroit que tombat le mobile M, pour acquerir la viteſſe qu'il auroit au point *r*, la circonférence H, H, H, décrite du point F & de l'intervale FH, renfermeroit tous les points d'où il faudroit que le mobile N fut tombé pour avoir acquis les viteſſes qu'il auroit aux différens points *s*, *u*, &c. de la courbe *tu*.

## ARTICLE LVI.

Si on ſuppoſe que F & *f* (*Fig.* 19.) ſoient les foyers de l'Ellipſe AB*ab*, & qu'on nomme R & *r* deux rayons quelconques FR & F*r*, 2*a* le grand axe, 2*b* le petit axe, les viteſſes aux points R & *r*, ſeront entr'elles comme $\frac{\sqrt{2a-R}}{b\sqrt{R}}$ à $\frac{\sqrt{2a-r}}{b\sqrt{r}}$ (*Art.* 10.) ; ſi on ſuppoſe de plus que les points H & H pris ſur la circonférence du cercle H, H, H, & ſur les prolongemens de FR & de F*r*, ſoient les hauteurs d'où devroit être tombé un corps, pour avoir aux points R & *r* les viteſſes exprimées par $\frac{\sqrt{2a-R}}{b\sqrt{R}}$ & par $\frac{\sqrt{2a-r}}{b\sqrt{r}}$, il eſt clair qu'en regardant la ligne FAH comme une Ellipſe infiniment étroite, & nommant 2*x* le grand axe FAH, 2*β*, le petit axe, & prenant ſur FAH deux rayons F*u* & Fz reſpectivement égaux aux rayons FR & F*r*, les viteſſes aux points *u* & *z* égales aux viteſſes $\frac{\sqrt{2a-R}}{b\sqrt{R}}$ & $\frac{\sqrt{2a-r}}{b\sqrt{r}}$ ſeront proportionnelles aux quantités $\frac{\sqrt{2x-R}}{\beta\sqrt{R}}$ & $\frac{\sqrt{2x-r}}{\beta\sqrt{r}}$, ainſi on aura $\frac{\sqrt{2a-R}}{b\sqrt{R}}, \frac{\sqrt{2a-r}}{b\sqrt{r}} :: \frac{\sqrt{2x-R}}{\beta\sqrt{R}}, \frac{\sqrt{2x-r}}{\beta\sqrt{r}}$ ; d'où on tirera $2x = 2a$ ; donc quand un corps décrit une ellipſe en peſant vers un des foyers de la courbe, il faut que ſa viteſſe ſoit par-tout la même que celle qu'il auroit acquiſe en atteignant l'extrémité de ſon rayon vecteur, après être tombé d'une hauteur égale à la différence du grand axe & de ce rayon.

Si on ſuppoſoit que le foyer F centre des tendances, fut infiniment éloigné du foyer $f$, 1°. l'arc fini H, H, H, (*Fig.* 20.) deviendroit une ligne droite qui feroit la directrice de la Parabole, & la hauteur dont il faudroit que fut tombé un mobile pour avoir acquis la viteſſe qu'il auroit au point A, feroit égale au quart du Parametre. 2°. Les rayons qui aboutiroient à des diſtances finies R & $r$ du ſommet A, feroient cenſées paralleles au grand axe. 3°. Les viteſſes exprimées par $\frac{\sqrt{2a-R}}{b\sqrt{R}}$ ou par $\frac{\sqrt{2a-r}}{b\sqrt{r}}$ deviendroient proportionnelles à $\sqrt{2a-R}$ & à $\sqrt{2a-r}$; c'eſt que dans ce cas les diviſeurs $b\sqrt{R}$ & $b\sqrt{r}$ feroient cenſés égaux; ainſi à des diſtances finies du point A, les viteſſes feroient comme les racines des hauteurs dont il faudroit qu'un corps fut tombé pour avoir à chaque point de la courbe une viteſſe égale à celle qui la lui feroit décrire.

# PRINCIPES GÉNÉRAUX DE LA NATURE,

## APPLIQUÉS AU MECANISME ASTRONOMIQUE, ET COMPARÉS AUX PRINCIPES DE LA PHILOSOPHIE DE M. NEWTON.

## HUITIÉME DISSERTATION.

### *Figure des Planetes.*

### ARTICLE I.

N a vû (*Diss. 6. Art.* 10.) que tout corps qui circule dans un tourbillon, tend à décrire la circonférence d'un grand cercle ou celle d'une Ellipse, qui a le centre du tourbillon pour l'un de ses foyers ; c'est-à-dire que si on suppose, par exemple, qu'au point F, (*Fig.* 1.)

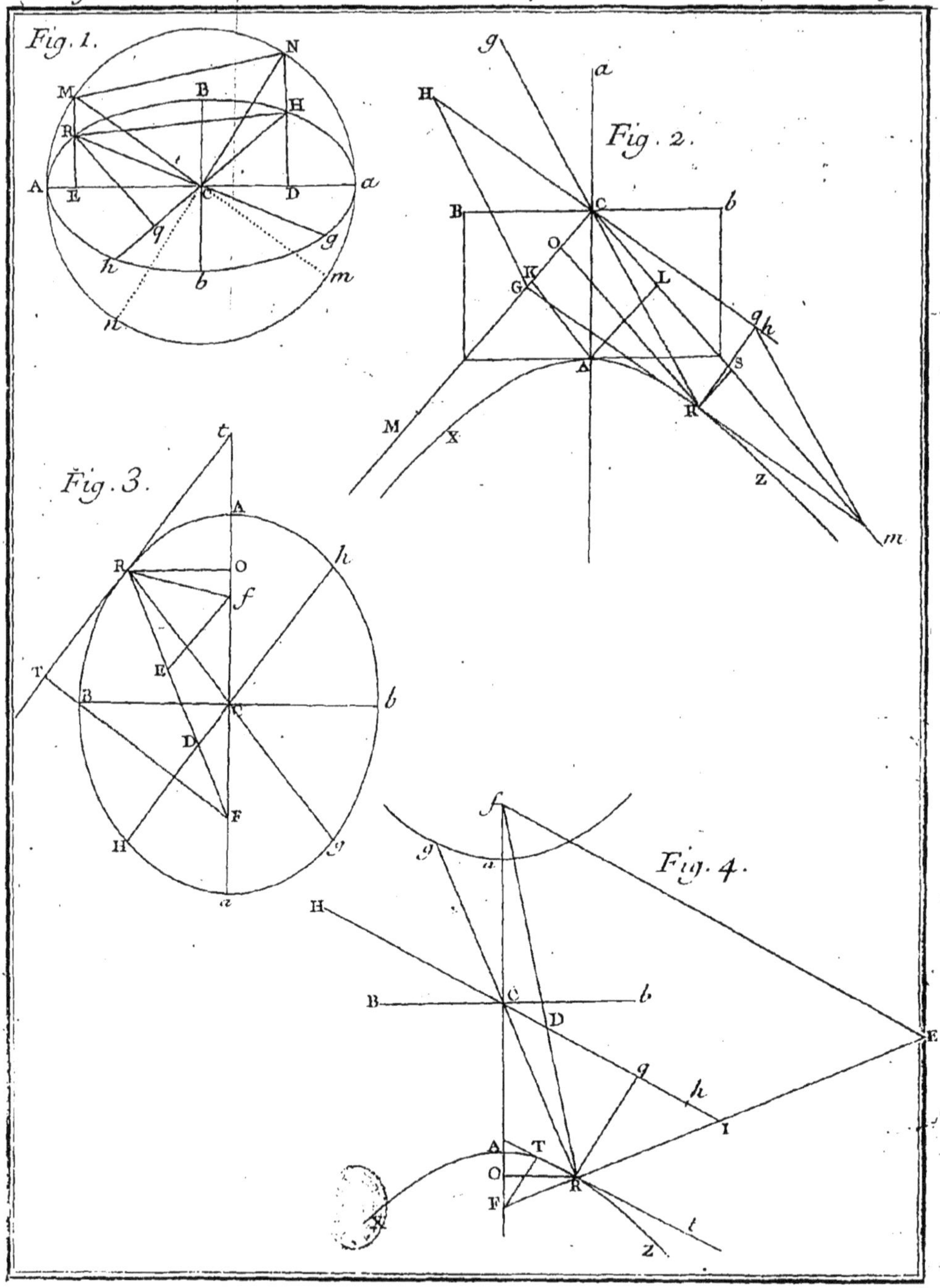

Fig. 1.

Fig. 2.

Fig. 3.

Fig. 4.

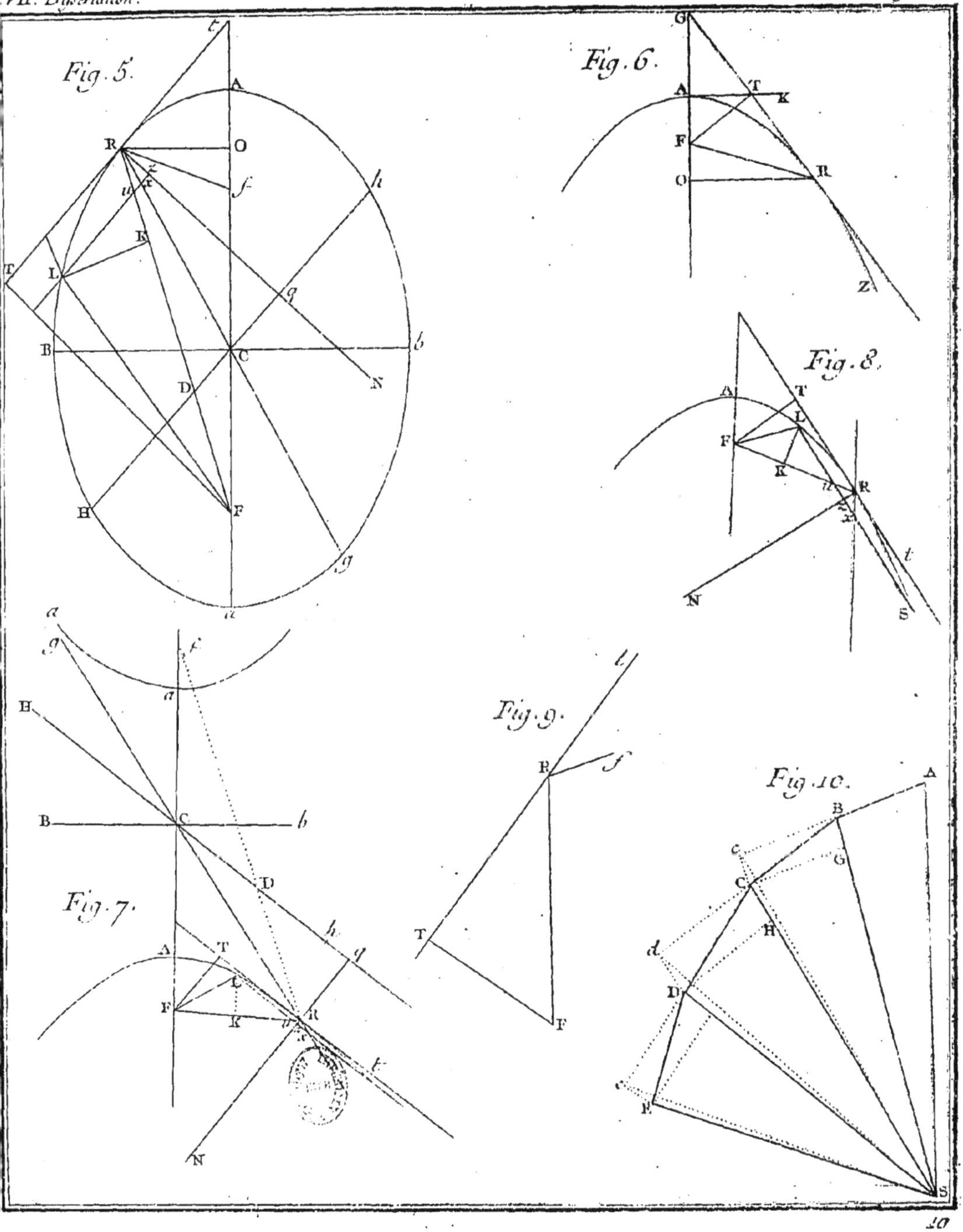

Fig. 5.

Fig. 6.

Fig. 8.

Fig. 7.

Fig. 9.

Fig. 10.

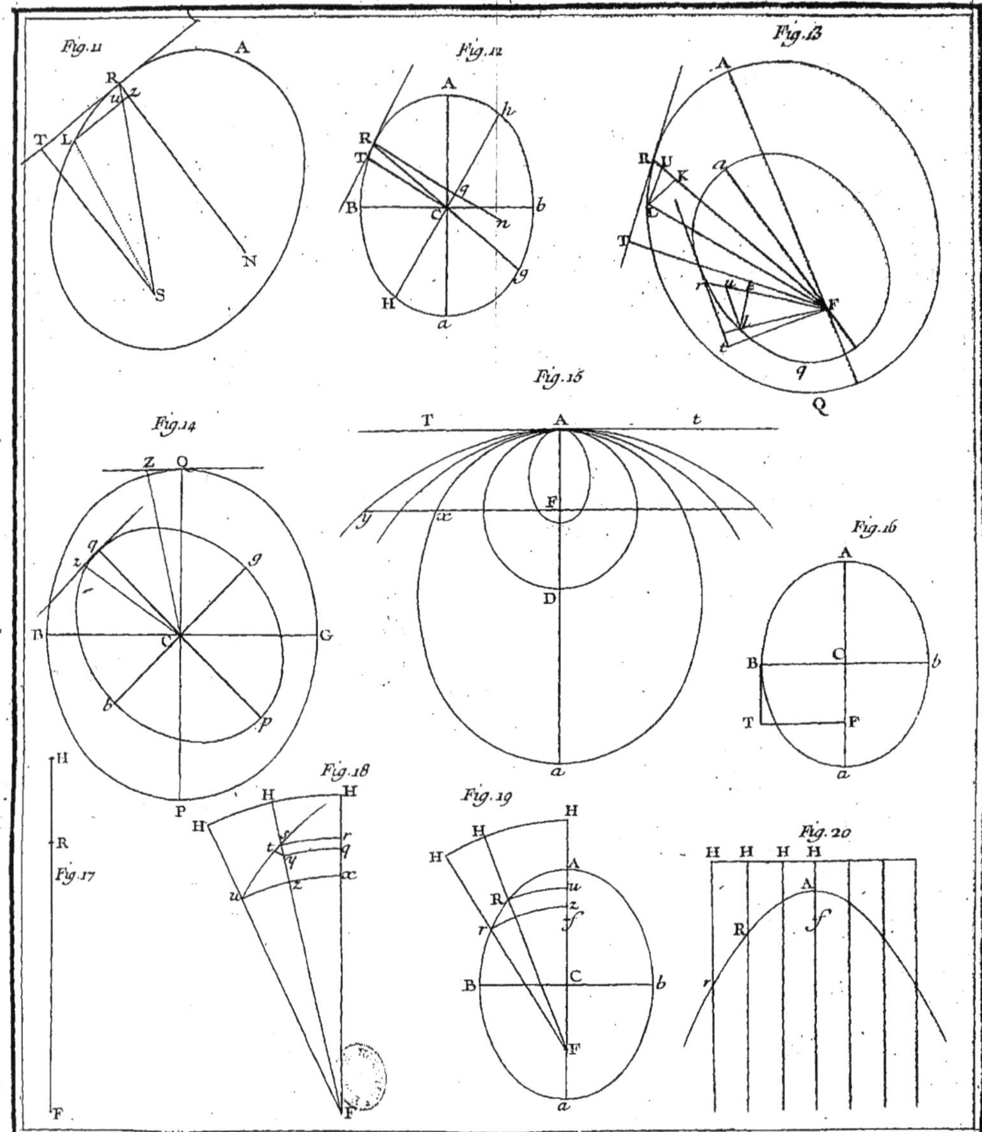
Fig. 11
Fig. 12
Fig. 13
Fig. 14
Fig. 15
Fig. 16
Fig. 17
Fig. 18
Fig. 19
Fig. 20

(*Fig.* 1.) un corps ſoit pouſſé ſuivant une direction & avec une force exprimée par la ligne FV, tangente commune au petit cercle KFL & au grand cercle FMN, ce corps qui ſera détourné de la ligne FV avec une force quelconque VR, mais (*Diſſ. 6. Art.* 10.) néceſſairement dirigée vers le centre du tourbillon, le même que celui du plan FMN, décrira l'élement FR de la circonférence FMN. Si les petits tourbillons de la matiere étherée qui circulent dans le plan FKL parallele à MCN pris pour l'équateur du tourbillon, ne s'approchent point du plan MCN, c'eſt (*Diſſ. 6. Art.* 10.) qu'ils ne peuvent vaincre la réſiſtance que leur font les plans interpoſés entre le plan KFL & celui de l'équateur.

## ARTICLE II.

On doit ſuppoſer que la matiere propre d'un tourbillon, eſt toûjours mêlée d'une infinité de particules heterogenes, plus ou moins groſſieres ; or qu'une molécule en partant du point R, pris dans le parallele RS (*Fig.* 2.) tende à décrire le grand cercle RCP, il faudra, ſuivant ce qui vient d'être dit, qu'elle le décrive en effet, ſi la matiere interpoſée entre les plans RS & MN ne lui fait point d'obſtacle ; mais que le paſſage d'un plan à l'autre lui ſoit entierement fermé, elle décrira la circonférence du Parallele RS ; & ſi la matiere interpoſée entre les deux plans, ne lui réſiſte qu'en partie, l'obſtacle qu'elle aura à ſurmonter l'obligera d'abord à parcourir RT, enſuite T*y* & puis *y*Z ; c'eſt-à-dire, qu'après quelques révolutions, cette molécule ſera enfin aſſujettie à circuler dans le plan de l'équateur du tourbillon.

Qu'on faſſe tourner ſur un axe quelconque, une ſphere creuſe & tranſparente, remplie d'eau mêlée d'un peu de limaille de fer, on verra que conformément à ce qui vient d'être dit, preſque toute la limaille gagnera le plan de l'équateur du petit tourbillon que formera le fluide. Cette expérience revient à celle dont parle M. Bulfinger dans ſon Ouvrage intitulé *De cauſa gravitatis*. La lumiere réflechie à laquelle on donne le nom de lumiere zodiacale, prouve ſenſiblement que l'équateur du tourbillon du Soleil, eſt chargé de particules héterogenes.

## ARTICLE III.

Mais revenons aux molécules qu'on ſuppoſe circuler librement, comme ſont les Planetes, & qui par conſéquent décrivent des orbites régulieres autour du centre commun vers lequel leurs peſanteurs ſont dirigées; on a vû (*Diſſ.* 7. *Art.* 39.) qu'il n'y a point d'angle que le plan de l'orbite d'une Planete ne puiſſe faire avec celui de l'équateur du tourbillon dans lequel elle circule; or je dis qu'il en eſt de même des orbites que tracent les molécules auſquelles la matiere étherée ouvre un libre paſſage; ainſi en ſuppoſant que MGNH (*Fig.* 3.) ſoit la projection de l'hémiſphere du tourbillon, & que la matiere circule dans l'équateur MN ſuivant la direction MCN, les molécules qui partiront des points B, D, G, circuleront ſuivant les directions BCO, DCP, GCH, & celles qui partiront des points K, R, H, circuleront ſuivant les directions KCS, RCQ, HCG.

## ARTICLE IV.

On peut remarquer en paſſant, que le mouvement

des molécules qui partiront du point G, pour aller vers H, ayant une direction contraire à celle des molécules qui partiront du point H pour aller vers le point G, on aura le double cours de matiere que suppose la vertu directrice de l'aimant, il n'étoit question que de trouver dans le mécanisme des tourbillons, la cause naturelle de ce double cours dont on sçait que M. Descartes a donné la premiere idée.

## ARTICLE V.

On peut remarquer encore que ce double cours de particules grossieres, qui suivent à peu près la direction des méridiens, doit occasionner de fréquentes rencontres vers les Pôles où se rétrecit l'espace qu'occupent ces particules; peut-être que de leur assemblage & de la contrarieté de leurs mouvemens, naissent dans l'Atmosphere de la terre des embrâsemens Aeriens, semblables à ceux ausquels on donne le nom d'Aurores Boreales.

## ARTICLE VI.

Les mêmes choses supposées que dans les Articles précédens, on voit que les courbes suivant lesquelles se meuvent les corpuscules qui décrivent des orbites régulieres, se croisent par-tout; & qu'ainsi, ceux qui sont à des distances égales du centre commun des circulations, & qui se rencontrent en même-tems aux points où leurs orbites se coupent, perdent une partie de leur mouvement primitif, & par-là, se sollicitent mutuellement à s'approcher du centre du tourbillon; car qu'à l'extrémité du rayon FR (*Fig*. 4.) un corpuscule n'eût plus que la vitesse R*t*, pendant que la matiere auroit la vitesse RT, si on supposoit que R*t* fût oblique au rayon

FR, mené du centre des tendances au point R, il est clair qu'en transportant le corpuscule au point A, à sa plus grande distance du foyer F de l'Ellipse AR$q$, la différence des deux vitesses augmenteroit encore, parce que celle de la matiere ne décroîtroit (*Diss.* 6. *Art.* 17.) qu'en raison renversée des racines des distances, au lieu que celle du corpuscule (*Diss.* 7. *Art.* 19.) décroîtroit en raison renversée des perpendiculaires menées du centre F sur les tangentes aux différens points où abou-tiroient les rayons FR & FA, & que ces perpendicu-laires (*Diss.* 7. *Art.* 13.) croîtroient dans un plus grand rapport que les racines des distances; ainsi en supposant que A$n$ perpendiculaire sur FA, marquât la vitesse du corpuscule, & que A$m$ fût celle de la matiere, le rap-port de A$n$ à A$m$ seroit plus petit que celui de R$t$ à RT; mais si AK exprimoit la pesanteur, & qu'on ache-vât les Parallelogrames AKD$n$ & AKG$m$, on auroit l'élement AD=A$n$=DK, & l'élement AG=A$m$ =GK; ainsi en nommant $\kappa$ & K les vitesses DK & GK, $u$ la pesanteur AK, $2p$ le Parametre de l'Ellipse AR$q$, $2a$ celui du cercle qui auroit FA pour rayon, & dont AG seroit l'élement, on auroit (*Diss.* 7. *Art.* 26.) $2pu = \kappa\kappa$ & $2au = KK$, ou $\frac{\kappa\kappa}{2p} = \frac{KK}{2a}$; donc les Para-metres $2p$ & $2a$ seroient entr'eux comme $\kappa\kappa$ à KK, c'est-à-dire, comme les quarrés des vitesses.

Il suit delà que plus le rapport de ces vitesses s'éloi-gneroit du rapport d'égalité, plus la différence de FA & de F$q$ augmenteroit; ainsi l'apside inférieur de l'or-bite que décriroit le corpuscule, pourroit s'approcher de plus en plus du centre des tendances.

## ARTICLE VII.

Comme les apsides inférieurs des orbites que décrivent les corpuscules dont les mouvemens sont ralentis, se trouvent renfermés dans des bornes étroites, il est clair que ces corpuscules en se ramassant, doivent bientôt s'entrelasser de maniere qu'il ne leur soit plus possible de suivre leur cours ; ils formeront donc alors une espece de croute plus ou moins épaisse autour de cet espace central que nous avons dit (*Diss.* 6. *Art.* 36.) ne pouvoir être rempli que de matiere subtile.

On conçoit que quand les molécules qui viennent de toutes parts se rendre vers le centre commun des tendances, commencent à s'y ramasser & à faire corps entr'elles, celles qui sont les plus solides pénétrent plus avant que les autres dans l'intérieur de la masse qu'elles forment en se réunissant, & qu'ainsi les couches spheriques de cette masse, ont plus ou moins de densité suivant qu'elles sont ou plus proches ou plus éloignées du centre du tourbillon.

On conçoit aussi que les couches les plus denses font un noyau solide, au-dessus duquel s'élevent les particules les plus déliées & les plus propres à ceder aux impressions du mouvement. Tel est l'état des Planetes qu'environnent leurs atmospheres, non qu'elles se forment de cette maniere, mais c'est ainsi qu'elles se conservent, & que les pertes continuelles qu'elles font par l'évaporation de leurs parties, se trouvent incessamment réparées ; c'est que les ouvrages de la Nature doivent se conserver par les principes mêmes qui auroient servi à les produire.

## ARTICLE VIII.

Comme les particules qui compoſent le corps d'une Planete ſont adherentes les unes aux autres, & que celles qui compoſent ſon atmoſphere, ſe trouvent réünies dans une même maſſe où elles s'entrelaſſent à cauſe de l'irrégularité de leurs figures, il eſt clair que ſi on ſuppoſe qu'elles circulent, elles doivent toutes circuler dans le même ſens & comme de compagnie.

## ARTICLE IX.

Figurons-nous maintenant qu'au centre du tourbillon MGNH (*Fig.* 3.) ſoit une Planete T envelopée de ſon atmoſphere A, ſi on prend encore GH pour l'axe de ce tourbillon, & le plan MCN pour ſon équateur, les corpuſcules qui s'approcheront continuellement de la maſſe TA en circulant dans le plan MCN, feront effort pour faire tourner cette Planete dans le même ſens que circulera la matiere propre du tourbillon, & l'effort qu'ils feront ſera ſoutenu par l'action de la matiere étherée qui circulera dans toute l'étenduë de la maſſe TA. A l'égard des corpuſcules qui iront de G vers H, & de H vers G, comme ils auront des directions contraires, ils ne pourront nuire à l'action des corpuſcules qui circuleront dans le plan de l'Equateur.

## ARTICLE X.

Or parce que le mouvement circulaire de toute la matiere renfermée dans la maſſe TA, réſultera de la compoſition d'une infinité de mouvemens compliqués, la circulation des parties de cette maſſe ſera néceſſairement plus lente que celle que demandera la loi de Kepler, eu égard à la viteſſe avec laquelle circuleront les autres parties du tourbillon : il eſt vrai que les corpuſcules dont les mouvemens auront été d'abord ralentis, acquerront enſuite de nouvelles viteſſes (*Diſſ.* 7. *Art.* 19.) à meſure qu'ils s'approcheront du centre du tourbillon, & qu'ainſi ceux qui auront leurs orbites dans le plan de l'Equateur de la maſſe centrale, feroient circuler promptement cette maſſe, ſi elle-même n'affoibliſſoit leurs mouvemens par ſon inertie, & que les autres corpuſcules ne fiſſent pas effort pour la faire circuler ſur différens axes.

## ARTICLE XI.

Au reſte, puiſque les particules heterogenes qui viennent ſe rendre autour du centre de chaque tourbillon, ſuivent des routes différentes, on conçoit aiſément que la contrarieté de leurs mouvemens, & la force avec laquelle elles ſe choquent, peuvent cauſer une fermentation capable d'embrâſer les maſſes qui les raſſemblent; auſſi ſuppoſe-t'on communément que les maſſes centrales des grands tourbillons, celles où les chocs ont dû être les plus violens, ſont autant de Volcans enflâmés.

Que les chocs des particules hétérogenes qui ſe rencontrent vers le centre d'un grand tourbillon ſoient beaucoup plus forts que ceux des particules qui ſe raſſemblent autour du centre d'un tourbillon ſubalterne, c'eſt un fait dont il eſt aiſé de s'aſſurer.

On a démontré (*Diſſ.* 7. *Art.* 33.) que la viteſſe d'un mobile qui parcourt librement ſon orbite elliptique *mpn* (*Fig.* 5.) MPN (*Fig.* 6.) eſt à celle qu'a la matiere aux apſides *m* & *n*, M & N, comme la racine du Parametre de l'Ellipſe à la racine de deux fois la diſtance du mobile au centre $c$ vers lequel ſes peſanteurs ſont dirigées (*Diſſ.* 7. *Art.* 32.) : or ſi les Ellipſes *mpn* & MPN ſont inégales, mais ſemblables, & que les apſides inférieurs *n* & N touchent les ſurfaces des deux maſſes centrales *tn* & SN, dont on ſuppoſe les diametres *tn* & SN proportionnels aux Parametres *pq* & PQ, nommant $p$ & P ces Parametres, $r$ & R les rayons *cn* & CN, la viteſſe d'un mobile $a$ au point $n$, ſera à la viteſſe de la matiere au même point, comme $\sqrt{p}$ à $\sqrt{2r}$, & la viteſſe d'un mobile A au point N, ſera à celle de la matiere à la diſtance CN, comme $\sqrt{P}$ à $\sqrt{2R}$ ; mais par la ſuppoſition on aura $\sqrt{p}$, $\sqrt{P}$ :: $\sqrt{2r}$, $\sqrt{2R}$ ; donc les viteſſes des mobiles $a$ & A aux points $n$ & N ſuivront la proportion des viteſſes de la matiere aux mêmes points.

Cela poſé, il ſera facile de comparer la force du choc des particules qui, par leurs rencontres, ont formé les maſſes de Saturne, de Jupiter, & de la terre, avec la force du choc des particules qu'a ramaſſé le Soleil.

On ſçait 1°. que dans les mouvemens uniformes la viteſſe eſt proportionnelle à l'eſpace parcouru diviſé par le tems employé à le parcourir, & ſuivant ce qu'on a démontré (*Diſſ.* 7. *Art.* 40.). 2°. La viteſſe de la matiere à la moyenne diſtance d'une Planete, eſt égale à celle qu'a la Planete à la même diſtance. 3°. (*Diſſ.* 6. *Art.* 17.) Dans un tourbillon ſpherique les viteſſes de la matiere ſont en raiſon inverſe des racines des diſtances. Ces trois principes poſés, ſoit

$r$, ou 1 le rayon de la Terre,

$xr$, ou $x$ la moyenne diſtance d'un Satellite au centre vers lequel ſes peſanteurs ſont dirigées.

$t$ . . . . . . le tems de ſa révolution autour de la maſſe centrale qu'embraſſe ſon orbite.

En

En conſéquence des deux premiers principes $\frac{x}{t}$ exprimera la viteſſe du Satellite à ſa moyenne diſtance, ou celle de la matiere ; & par le troiſiéme principe, on aura $\frac{\sqrt{x^3}}{t\sqrt{n}}$ pour la viteſſe de la matiere ſur la ſurface de la maſſe centrale qu'embraſſera l'orbite du Satellite.

Maintenant ſoit le rayon de la maſſe de Saturne = - - - - - - - - - - - - - - - - - $= nr = 10$
la moyenne diſtance de ſon 4e Satellite $= xr = 180$
le tems de la révolution de ce Satellite $= t = 22961'$
$\frac{\sqrt{x^3}}{t\sqrt{n}}$, ou la viteſſe de la matiere ſur la ſurface de la Planete, égalera - - - $\frac{2415}{72609}$ ou $\frac{33}{1000}$.

Soit le rayon de Jupiter - - - - - - - - $= nr = 10$
la moyenne diſtance de ſon 4e Satellite $= xr = 230$
le tems de la révolution de ce Satellite $= t = 24032'$
on aura $\frac{\sqrt{x^3}}{t\sqrt{n}}$ - - - - - - - - - - $= \frac{3488}{75996} = \frac{46}{1000}$.

Soit le rayon de la Terre - - - - - - - - $= 1$
la moyenne diſtance de la Lune - $= xr = 60$
le tems de ſa révolution périodique $= t = 39343'$
$\frac{\sqrt{x^3}}{t\sqrt{n}}$ égalera - - - - - - - - - - - - - $\frac{465}{39343} = \frac{12}{1000}$.

Soit enfin le rayon du Soleil - - - - $= nr = 100$
la moitié du grand axe de l'orbite de la Terre $= 22000$
le tems qu'employe la Terre à décrire ſon orbite $= t$ = - - - - - - - - $= 525949'$
la quantité $\frac{\sqrt{x^3}}{t\sqrt{n}}$ proportionnelle à la viteſſe de la matiere ſur la ſurface du Soleil égalera $\frac{3263118}{5252490} = \frac{620}{1000}$.

Donc les vitesses de la matiere sur les surfaces de Saturne, de Jupiter, de la Terre & du Soleil, sont entr'elles comme 33, 46, 12, 620. Donc, toutes proportions gardées, le choc des particules qui en se rencontrant ont formé le Soleil, a dû être bien plus violent que celui des particules qui ont concouru à la formation des Planetes.

## ARTICLE XII.

Ce qui vient d'être démontré donne moyen de répondre à une objection qu'on a coutume de faire contre le systême de Copernic. On dit, dès qu'on suppose que la Terre tourne autour du Soleil, il faut supposer en même-tems que le Diametre de son orbite n'est pas une mesure suffisante pour donner la parallaxe des étoiles fixes, puisque cette parallaxe est insensible; quel doit donc être l'espace qui les sépare de Saturne ? cet espace doit être immense, cependant il devient inutile, la Nature ne l'a point mis à profit. Cette objection tourne encore contre le systême de M. Descartes ; car il est manifeste qu'un tourbillon beaucoup plus petit que n'est celui du Soleil, eut été suffisant pour renfermer les Planetes qui y sont contenuës ; mais pourquoi Dieu a-t'il prodigué la matiere sans nécessité ? C'est une maxime reçûë, nulle superfluité ne doit se trouver dans son Ouvrage.

Voilà l'objection, elle est spécieuse, cependant elle tombe d'elle-même ; car comme le Soleil n'est ni trop ardent ni trop lumineux par rapport aux fonctions ausquelles il est destiné, je dis qu'il étoit nécessaire que son tourbillon eut toute l'étenduë que lui a donné l'Auteur de la Nature ; & je le prouve.

Suppoſons que DGH (*Fig.* 7.) repreſente un grand tourbillon qui ait le point C pour centre & *rgh* pour maſſe centrale ; nommant les rayons CD, D, C*d*, *d*, & C*r*, *r*, les viteſſes aux points D, *d*, & *r*, ſeront entr'elles (*Diſſ.* 6. *Art.* 17.) comme $\frac{1}{\sqrt{D}}$, $\frac{1}{\sqrt{d}}$, $\frac{1}{\sqrt{r}}$ ; or que le tourbillon DGH, pris pour celui du Soleil, fut réduit à n'avoir que l'étenduë *di*K, & qu'on le mit encore en équilibre avec les tourbillons qui lui ſeroient contigus, & qui par conſéquent s'oppoſeroient à ſa dilatation, la viteſſe du point *d* ne vaudroit plus que $\frac{1}{\sqrt{D}}$ ; car on a vû (*Diſſ.* 6. *Art.* 43.) que celles des dernieres couches ſpheriques des tourbillons qui ſe touchent & qui ſe compriment mutuellement avec des efforts égaux, ſont pareillement égales ; mais parce que celles des couches du tourbillon réduit *di*K, ſuivroient encore la proportion inverſe des racines des diſtances au centre C, la viteſſe de la matiere à l'extremité du rayon C*r*, deviendroit $\frac{\sqrt{d}}{\sqrt{Dr}}$, & ſeroit par conſéquent à la viteſſe $\frac{1}{\sqrt{r}}$, comme $\sqrt{d}$ à $\sqrt{D}$ ; donc en ſuppoſant que le tourbillon du Soleil eut moins d'étenduë que ne lui en a donné l'Auteur de la Nature, le choc des corpuſcules qui auroient concouru autour de ſon centre, auroit été moins violent que celui qui a donné au Soleil le dégré de lumiere & de chaleur qui lui convenoit relativement aux beſoins des Planetes.

On peut obſerver que cette chaleur & cette lumiere toûjours conſervées, ſuppoſent la même force impulſive dans les particules élementaires qui viennent inceſſamment remplacer celles qui ſe diſſipent.

## ARTICLE XIII.

Lorſqu'on a la viteſſe de la matiere à une diſtance quelconque du centre d'un tourbillon particulier, le même que celui de ſa maſſe centrale, on a auſſi la peſanteur abſoluë de chacun des corps dont cette maſſe eſt compoſée, peſanteur toujours égale au quarré de la viteſſe de la matiere diviſé par le Diametre de la couche ſpherique dans laquelle ſe fait la circulation.

## ARTICLE XIV.

Que de la force centripete d'un corps, on retranche ſa force centrifuge, on aura ſa peſanteur réelle.

## ARTICLE XV.

Dans un petit eſpace la peſanteur de quelqu'eſpece qu'elle ſoit, peut être regardée comme uniforme.

## ARTICLE XVI.

Qu'on aſſujettiſſe un corps à circuler autour d'un point fixe, on pourra toujours comparer ſa peſanteur réelle à la force centrifuge qui naîtra de ſon mouvement circulaire.

On ſçait que l'eſpace que parcourt un mobile qui tombe librement, & qui dans chacun des inſtans de ſa chute, acquiert des dégrés égaux de viteſſe, eſt en raiſon de la force qui lui eſt continuellement appliquée, & du quarré de la ſomme des inſtans pendant leſquels agit cette force ; en ſorte qu'en nommant L l'eſpace parcouru, $p$ la peſanteur, & T le tems de la chute, on a toujours L proportionnelle à $p$TT.

On ſçait encore que l'eſpace parcouru ſuit auſſi la

proportion de la moitié du produit du tems par la derniere vitesse acquise, & qu'ainsi nommant V cette vitesse, on a toujours $L = \frac{VT}{2}$ ou $V = \frac{2L}{T}$; or que R soit le rayon d'un cercle décrit avec la vitesse V, la force centrifuge $\frac{VV}{2R}$ égalera $\frac{2LL}{TTR}$ & $\frac{2Lp}{R}$, d'où on tirera cette proportion $R, 2L :: p, \frac{VV}{2R}$; ainsi la pesanteur d'un mobile ou sa chute initiale, sera à la force centrifuge qui naîtroit de sa circulation, comme le rayon du cercle qu'il décriroit, a deux fois la hauteur dont il faudroit qu'il tombât pour acquerir une vitesse égale à celle qu'il auroit en circulant.

## ARTICLE XVII.

La vitesse de la réaction d'une couche spherique étant égale à celle de sa force centrifuge, qui ne doit être regardée pour chaque instant que comme un infiniment petit du second genre, en supposant que les différentes parties de la couche circulent avec une vitesse finie, il est clair que si le mouvement d'un corps pesant ne s'acceleroit point, ce corps employeroit un tems infini à parcourir un espace fini.

## ARTICLE XVIII.

L'idée de l'acceleration du mouvement des corps pesans, fait naître une difficulté ; la voici. Quand un corps pesant a une fois acquis une vitesse égale à la vitesse réactive de la colonne à laquelle il sert d'appui, il semble que la matiere étherée devroit cesser de le pousser ; car un mobile qui en suit un autre, ne peut accélerer son mouvement, à moins que celui-ci n'avance plus lentement que le mobile qui le ſuit : c'eſt une difficulté qu'il eſt aiſé de réſoudre en ſe renfermant dans l'hipotèſe de la plenitude univerſelle ; en effet, il eſt clair que dans cette hipoteſe un corps ne peut changer de place, que dans le même inſtant il ne ſe trouve remplacé par d'autres corps ; ainſi quelque viteſſe qu'un corps ait acquiſe en tombant, la matiere étherée qui le remplace inceſſamment avec une viteſſe égale à celle de ſa chute, doit lui être inceſſamment appliquée ; donc ſi à cette viteſſe qu'acquiert la matiere, on ajoute celle de ſa réaction, il faut qu'elle comprime le mobile de la même maniere qu'elle le comprimeroit s'il étoit en repos.

## ARTICLE XIX.

Si deux corps peſans, ſuppoſés aux mêmes latitudes, & également élevés dans l'atmoſphere de la terre, viennent à tomber, ces corps, quelqu'inégalité qu'il ſe trouve entre leurs maſſes, décriront des eſpaces reſpectivement égaux dans des tems égaux ; mais c'eſt dans la ſuppoſition qu'on n'ait point d'égard à la réſiſtance de l'air qu'on ſçait être peu conſidérable.

## ARTICLE XX.

Soit $l$, l'eſpace que parcourt un mobile en tombant, $t$, le tems de ſa chute, & V ſa viteſſe acquiſe à la fin du tems $t$, on aura $tV = 2l$ ; mais ſuivant la loi de Galilée, V égalera $\sqrt{l}$ ; donc on aura $t = \frac{2l}{\sqrt{l}} = 2\sqrt{l}$.

## ARTICLE XXI.

Soit AS$a$ (*Fig.* 8.) la demi-circonférence du cercle générateur de la Cycloïde GH$a$ qui aura AG pour baſe

& le point $a$ pour sommet ; d'un point quelconque C pris sur le Diametre A$a$, soit décrit une autre demi-circonférence BN$a$ qui touche AS$a$ au point $a$ ; si du point B extremité du rayon CB, on mene BH parallele à AG, Je dis qu'un mobile qui tombera le long de la Cycloïde en partant, soit du point G, soit du point H, emploiera le même tems à parcourir l'arc G$a$ ou l'arc H$a$, & que ce tems sera à celui de sa chute verticale le long de A$a$, comme la demi-circonférence du cercle à son Diametre.

Que d'un point quelconque P, pris au-dessous de B, on mene l'ordonnée PM qui coupe AS$a$ au point S, & BN$a$ au point N ; que d'un point infiniment proche de P, on mene aussi l'ordonnée $pm$ qui coupe BN$a$ au point $n$, & que N$q$ & K$m$ soient paralleles à P$p$ ; nommant $2a$ le diametre A$a$, $2b$ le diametre B$a$, $z$ la coupée BP, $t$ le tems de la chute dans la Cycloïde, $dz$ l'élement P$p$ = N$q$ = K$m$, & $dt$ le tems qu'emploiera le mobile à parcourir M$m$ avec la vitesse qu'il aura acquise en tombant du point H, d'où on suppose qu'il sera parti ; on voit que comme l'espace infiniment petit M$m$ sera censé être décrit d'un mouvement uniforme, $dt$ égalera cet espace divisé par $\sqrt{z}$ proportionnelle à la vitesse acquise ; or à cause des triangles semblables M$m$K & $a$SP, on aura M$m$, $dz$ :: $a$S, $a$P :: $\sqrt{Aa}$, $\sqrt{AP}$ :: $\sqrt{2a}$, $\sqrt{2b-z}$, d'où on tirera $Mm = \frac{dz\sqrt{2a}}{\sqrt{2b-z}}$, & $dt$, ou $\frac{Mm}{\sqrt{z}}$ $= \frac{dz\sqrt{2a}}{\sqrt{2bz-zz}} = \frac{bdz\sqrt{2a}}{b\sqrt{2bz-zz}}$ ; mais les triangles semblables N$nq$ & CNP donneront N$n$, N$q$ :: CN, PN, ou N$n$, $dz$ :: $b$, $\sqrt{2bz-zz}$, & par conséquent $Nn = \frac{bdz}{\sqrt{2bz-zz}}$ ;

donc $dt$ qui égalera $\frac{bdz\sqrt{2a}}{b\sqrt{2bz-zz}}$ égalera pareillement $\frac{Nn\sqrt{2a}}{b}$ ; & parce que $dt$ devenant $t$, l'élement N$n$ deviendra égal à la demi-circonférence BN$a$, nommant $\frac{c}{2}$ cette demi-circonference, on aura $t = \frac{c\sqrt{2a}}{2b}$ ; donc 1°. $\frac{c\sqrt{2a}}{2b}$ étant une grandeur conſtante, le tems $t$ ſera toujours le même de quelque hauteur que tombe le mobile dans la Cycloïde. 2°. Ce tems ſera à $2\sqrt{2a}$ tems de la chute verticale par A$a$ (*Art.* 20.) comme $\frac{c}{2}$ à $2b$, ou comme la moitié de la circonférence AS$a$ au diametre A$a$.

## ARTICLE XXII.

La longueur du pendule ſimple qui fait une demi-oſcillation dans un tems égal à celui de la chute d'un corps le long d'une ligne perpendiculaire à l'horiſon, eſt à la hauteur de cette chute comme 32 au quarré du nombre irrationnel, qui multipliant le rayon du cercle donne ſa circonférence.

Soit (*Fig.* 9.)

K - - le Pendule ;

T - - le tems qu'il employe à faire une demi-oſcillation,

L - - la hauteur L$a$ de la chute verticale d'un corps qui tombe librement, dans le tems T,

R - - le rayon du cercle générateur de la Cycloïde GH$a$ parcouruë dans un tems égal à celui de la chute verticale.

X

X - - le tems de la chute le long du diametre A*a* du cercle générateur,

Z - - la quantité qui multipliant le rayon du cercle, donne ſa circonférence.

Suivant ce qu'on vient de démontrer (*Art.* 21.), le tems de la chute dans la Cycloïde, ſera au tems de la chute verticale le long de A*a*, comme la demi-circonférence du cercle à ſon diametre; on aura donc cette proportion T, X :: $\frac{ZR}{2}$, 2R. Ainſi X, le tems de la chute le long du diametre A*a* égalera $\frac{4T}{Z}$; or le quarré de ce tems ſera au quarré du tems de la chute dans la Cycloïde, comme le diametre du cercle générateur à la ligne L*a*, ce qui donnera $\frac{16TT}{ZZ}$, TT :: 2R, L, ou 16, ZZ :: 2R, L; mais le Pendule vaudra 4R; donc on aura K, L :: 32, ZZ.

## ARTICLE XXIII.

Les chutes étant comme les peſanteurs (les tems ſuppoſés les mêmes) & la longueur du Pendule ſuivant toujours la proportion des chutes (*Art.* 22.), il eſt clair que ſi les peſanteurs deviennent inégales aux différentes latitudes de la Terre, les longueurs du Pendule ſuivront les mêmes inégalités.

## ARTICLE XXIV.

Il eſt conſtaté par les expériences de M. de Mairan, qu'à la latitude 48$^{d}$. 50' la longueur du Pendule qui fait une vibration entiere dans une ſeconde, doit être de 440$^{l}$: 57, & qu'ainſi les corps qui tombent librement à notre latitude, & qui sont voisins de la surface de la Terre, parcourent (*Art.* 22.) 543$^{l}$ : 531 451 dans une demi-seconde.

## ARTICLE XXV.

Soit une masse centrale AB*ab* (*Fig.* 10.) qui circule sur l'axe B*b*, & qui ait le plan A*a* pour équateur, si du point R extremité d'un rayon quelconque CR, on abaisse la perpendiculaire R*y* sur B*b*, nommant le rayon AC, *a*, le rayon R*y*, *y*, & *f* la force centrifuge du point A, celle du point R prise par rapport au centre *y*, égalera $\frac{fy}{a}$, ce qui est évident, puisque les sinus verses des arcs égaux, sont proportionnels aux rayons qui les décrivent.

## ARTICLE XXVI.

Les mêmes choses supposées que dans l'article précedent, & nommant *r* le rayon CR, la force centrifuge du point R prise par rapport au centre C, sera à la force $\frac{fy}{a}$ (*Diss.* 6. *Art.* 8.) comme *y* à *r*; donc elle égalera $\frac{fyy}{ar}$.

## ARTICLE XXVII.

Les forces centrifuges des différens points d'un même rayon, décroissant comme les distances, on aura $\frac{fyy}{ar} \times \frac{r}{2}$ ou $\frac{fyy}{2a}$ pour la somme des forces centrifuges de tout le rayon CR, & $\frac{fy}{a} \times \frac{y}{2}$ ou $\frac{fyy}{2a}$ pour celle des forces centrifuges du rayon *y*R; donc ces forces seront égales.

## ARTICLE XXVIII.

On voit bien que dans une maſſe centrale, les forces centrifuges n'alterent pas ſimplement les peſanteurs, il faut qu'elles changent encore leurs directions.

Que le point R faſſe effort pour s'éloigner du centre *y*, & que cet effort ſoit à celui de la peſanteur abſoluë, comme R*d* à RL pris ſur le prolongement de CR, il eſt clair que la ligne RF parallele à L*d*, marquera alors la direction ſuivant laquelle peſera le point R.

## ARTICLE XXIX.

Si on ſuppoſe que le tems de la révolution de la maſſe AB*ab* (*Fig.* 10.) ſoit donné, & qu'on ait la longueur du rayon R*y*, on aura la force centrifuge R*d*. De plus, ſi par le Pendule on a la chute réelle L*d*, & qu'on connoiſſe la vraie latitude ACR du point R, ou la latitude apparente AFR, on connoîtra tout le triangle RL*d*; on aura donc, & la peſanteur abſoluë LR & l'angle de divergence RL*d*.

## ARTICLE XXX.

On voit qu'en ſuppoſant que la Terre fut ſpherique, les corps ne tomberoient perpendiculairement ſur ſa ſurface qu'aux pôles & à l'équateur, & que par-tout ailleurs la direction de leurs chutes ſeroit oblique à l'horiſon ; or je dis que ce ſeroit au 45$^{e}$ dégré de la latitude que cette direction auroit ſa plus grande divergence.

Qu'on abaiſsât *ds* (*Fig.* 10.) perpendiculaire ſur LR, & que *f* exprimât la force centrifuge à l'équateur, nommant CA ou CR, *r*, la coupée C*y*, *x*, & l'ordonnée

Ry, y, on auroit (*Art.* 25.) $Rd = \frac{fy}{r}$; & à cauſe des triangles ſemblables R*ds* RCy, le ſinus *ds* de l'angle *d*LR égaleroit $\frac{fxy}{rr}$ qui ſeroit un plus grand; ainſi en prenant la différentielle de cette quantité, on auroit $\frac{fydx}{rr} + \frac{fxdy}{rr} = o$; or $rr - xx = yy$ & $dx = -\frac{ydy}{x}$; mettant donc cette valeur de *dx* dans l'équation $\frac{fydx + fxdy}{rr} = o$, on auroit $\frac{fxdy}{rr} = \frac{fyydy}{rrx}$ & par conſéquent $x = y$; donc les angles RCy & yRC vaudroient chacun 45 dégrés.

## ARTICLE XXXI.

Il eſt clair que ſi la maſſe AB*ab* perdoit ſa ſphericité, & qu'elle prit la forme d'un ſpheroïde alongé vers les pôles B & *b* (*Fig.* 11.) l'obliquité des chutes ſur les tangentes aux differens points de la maſſe, augmenteroit encore.

## ARTICLE XXXII.

Ce qui ſuit delà, c'eſt qu'en ſuppoſant toûjours que les peſanteurs abſoluës ſoient dirigées vers le centre d'une maſſe centrale qui tourne ſur ſon axe, cette maſſe ne peut préſenter directement ſes differentes ſurfaces à l'action de la peſanteur réduite, à moins qu'elle ne prenne la forme d'un ſpheroïde applati vers les pôles (*Fig.* 12.).

## ARTICLE XXXIII.

Si AB*ab* (*Fig.* 13.) repreſente un des méridiens de la

masse applatie, qu'on suppose tourner sur son axe B*b*, & que les pesanteurs absoluës soient dirigées vers le centre C de cette masse, je dis qu'afin que les directions des pesanteurs réduites, soient par-tout perpendiculaires sur la courbe AB*ab*, il faut qu'à chaque point la pesanteur absoluë, soit à la force centrifuge, comme la différence de l'ordonnée sur B*b*, à la différence du rayon mené du centre C.

Soit CR un rayon quelconque de la courbe AB*ab* CK, un autre rayon infiniment proche de CR, *y*R, & ZK les ordonnées que termineront les points R & K; si du point C on décrit l'arc KS, & qu'on mene KT parallele à l'axe B*b*, TR sera la différence de l'ordonnée, & SR la différence du rayon; ainsi en supposant que RC marque la pesanteur absoluë du point R, & que CF réponde à sa force centrifuge, il faut démontrer qu'afin que la direction RF de la pesanteur réduite soit perpendiculaire sur l'élement RK, il faudra que TR soit à SR, comme RC à CF.

On voit d'abord que la ligne RK servant de base aux angles droits RTK & RSK, cette ligne deviendra le diametre d'un cercle qui passera par les points R, K, T, S; donc l'angle TRK qui sera appuyé sur TK, égalera l'angle KST, qui aura pareillement KT pour base; mais dans le triangle RTS, l'angle obtus RST vaudra l'angle droit KSR, plus l'angle aigu TSK égal à l'angle TRK; donc les trois angles KRT, TRS, & RTS vaudront un angle droit; donc afin que la direction RF soit perpendiculaire sur RK, il faudra que l'angle CRF devienne égal à l'angle RTS, & qu'ainsi, à cause des triangles semblables TRS & RCF, TR soit à SR, comme RC à CF.

## ARTICLE XXXIV.

Les mêmes choſes ſuppoſées que dans l'Article précedent, je dis que ſi la maſſe AB*ab* devenoit entierement fluide, & que les peſanteurs abſolues des rayons égaux fuſſent égales, la maſſe centrale ne changeroit point de figure.

Nommant *p* & F, les forces RC & CF, & du point S abaiſſant S*q* perpendiculaire ſur TR; 1°. on aura par la ſuppoſition le poids abſolu de CS égal au poids abſolu de CK : 2°. parce que la force centrifuge du rayon CK, égalera (*Art.* 27.) la force centrifuge de ZK ou de *y*T, & que celle de CS égalera la force centrifuge de *yq*, ces forces retranchées des peſanteurs abſolues, la colonne CK, peſera plus que la colonne CS; il faudra donc que celle-ci s'éleve juſqu'en R, où l'on ſuppoſe que F×RT la différence totale des forces centrifuges des colonnes CK & CR, ſe trouvera égale à *p*×RS augmentation du poids abſolu du rayon CS, c'eſt qu'alors tout ſe compenſera de part & d'autre; car ſi le rayon CR a plus de peſanteur abſolue que le rayon CK, auſſi aura-t'il plus de force centrifuge dans la même proportion; la loi de l'équilibre demandera donc que RT ſoit à RS, comme *p* à F, ou comme CR à CF; la maſſe ne changera donc point de figure.

## ARTICLE XXXV.

Si on ſuppoſoit que les denſités ne fuſſent pas par-tout les mêmes, les peſanteurs abſolues des rayons égaux ne ſeroient plus égales; mais alors les directions des peſanteurs réduites, ne ſe trouveroient plus perpendiculaires ſur les ſurfaces.

Supposons, par exemple, que le rayon CK étant plus dense que le rayon CS, le poids absolu de *Cg*, égalât le poids absolu de CS, la force centrifuge de *ng* égaleroit celle de *y*T, parce que les densités de *ng* & de *y*T seroient supposées les mêmes que celles des rayons *Cg* & CS ; or comme la loi de l'équilibre demanderoit encore que la force centrifuge de TR égalât le poids de RS, & que, par conséquent, TR fut à RC, comme RS à CF, on voit que la direction de la pesanteur réduite RF, feroit un angle aigu avec le nouvel élement *g*R de la courbe.

On démontreroit de même que si le rayon CK ayant moins de densité que le rayon CS, le poids absolu de CG égaloit le poids de CS, & qu'ainsi la force centrifuge de *m*G ne valut que celle de *y*T, la direction RF feroit un angle obtus avec l'élement GR de la courbe.

## ARTICLE XXXVI.

Il est clair que la même chose arriveroit, si la matiere étant par-tout également dense, les pesanteurs absolues devenoient inégales dans les différens rayons de la masse AB*ab*, & qu'en conséquence de cette inégalité le poids absolu du rayon CS égalât le poids absolu du rayon *Cg* ou CG.

## ARTICLE XXXVII.

Il suit de-là que si les corps par leurs pesanteurs absolües, tendent vers le centre de la Terre, l'expérience justifiant que leurs pesanteurs réduites sont toujours dirigées perpendiculairement au même niveau que celui de la Mer, il faut de nécessité que la forme qu'a la Terre, soit exactement celle qu'elle prendroit, en supposant qu'elle fût entierement fluide, & que sa densité fût par-tout la même ; ou bien il faudroit ſuppoſer que dans chaque rayon les denſités fuſſent exactement en raiſon renverſée des peſanteurs, ce qui même reviendroit à notre premiere ſuppoſition, puiſqu'alors les peſanteurs abſolües des rayons égaux, ſeroient par-tout égales ; la perpendicularité des directions ſur les ſurfaces, eſt donc une ſuite néceſſaire de l'égalité des peſanteurs abſolües des rayons égaux.

## ARTICLE XXXVIII.

Mais voyons quel ſera le rapport des axes A*a* & B*b*, en ſuppoſant que les peſanteurs abſolües répondent à une puiſſance quelconque *n* de la diſtance au centre de la maſſe.

De l'intervalle CB (*Fig.* 14.) décrivant l'arc B*g*, on voit que puiſque les peſanteurs abſolües des rayons CB & C*g* ſeront égales, il faudra qu'en conſéquence de la loi de l'équilibre, le rayon CA ait autant de force centrifuge que la ligne *g*A aura de peſanteur ; or ſi la perpendiculaire A*f* exprime la force centrifuge du point A, celle de tout le rayon CA ſera exprimée (*Art.* 27.) par le triangle AC*f* ; il ne s'agit donc plus que de trouver quelle ſera l'expreſſion de la peſanteur abſolüe de *g*A, en ſuppoſant que chaque partie infiniment petite du rayon CA, peſe ſuivant la puiſſance *n* de ſa diſtance au centre C de la maſſe AB*ab*.

Que ſur le rayon CA on éleve une infinité de perpendiculaires telles que AP, *gh*, *xu*, Cz, & que ces perpendiculaires marquent les peſanteurs des points A, *g*, *x*, &c. la peſanteur totale du rayon CA, ſera à celle d'une partie quelconque A*g* de ce rayon, comme l'aire ACZ*p*, à l'aire correſpondante A*ghp*. Cela poſé, nommant

$a$ le rayon CA,
$b$ le rayon CB ou C$g$,
$x$ l'indéterminée C$x$ priſe ſur le rayon CA;
$p$ la peſanteur A$p$,
$f$ la force centrifuge A$f$ qu'on ſuppoſe ne pouvoir ſurpaſſer $p$, parce qu'autrement le fluide ſe diſſiperoit.

Cette proportion $a^n, x^n, :: p, \frac{px^n}{a^n}$ donnera $\frac{px^n}{a^n}$ égale à la peſanteur $xu$; donc on aura l'aire $x$CZ$u = \frac{px^{n+1}}{\overline{n+1} \times a^n}$; l'aire $g$CZ$h = \frac{pb^{n+1}}{\overline{n+1} \times a^n}$, & l'aire totale ACZ$p = \frac{pa}{n+1}$; donc l'aire A$ghp$ égalera $\frac{pa}{n+1} - \frac{pb^{n+1}}{\overline{n+1} \times a^n}$; mais l'aire A$ghp$ vaudra l'aire du triangle AC$f$; donc on aura $\frac{pa}{n+1} - \frac{pb^{n+1}}{\overline{n+1} \times a^n} = \frac{fa}{2}$, ou $2pa^{n+1} - 2pb^{n+1} = \overline{n+1} \times fa^{n+1}$; d'où on tirera cette proportion $a^{n+1}, b^{n+1} :: 2p, 2p - \overline{n+1} \times f$, ou $a, b :: 2p^{\frac{1}{n+1}}, \overline{2p - \overline{n+1} \times f}^{\frac{1}{n+1}}$.

Si les peſanteurs ſont comme les diſtances l'expoſant $n$ vaudra 1, & l'on aura $a, b :: \sqrt{2p}, \sqrt{2p-2f} :: \sqrt{p}, \sqrt{p-f}$. Que $f$ égale $p$, on aura $a, b :: \sqrt{p}, o$; dans ce dernier cas CB ſera infiniment petit par rapport au rayon CA.

Si les peſanteurs ſont par-tout égales, $n$ deviendra $o$; & l'on aura $a, b :: 2p, 2p - f$, & $a, b :: 2, 1$; en ſuppoſant que $f$ ſoit égale à $p$.

Si les peſanteurs ſont en raiſon renverſée des quarrés des diſtances, c'eſt-à-dire, ſi elles ſuivent la proportion que ſuppoſe la loi de Kepler, & qui ſe tire du méchaniſme de la Nature, $n$ deviendra $-2$, & l'on aura $a, b :: 2p+f, 2p$ ou $a, b :: 3, 2$, en ſuppoſant que $f$ devienne égale à $p$.

## ARTICLE XXXIX.

Les mêmes choſes ſuppoſées que dans l'article précedent, & prenant la courbe AB$ab$ (*Fig.* 15.) pour un des méridiens d'une maſſe centrale formée par la révolution de la demi-ovale BA$b$ ſur l'axe B$b$, on déterminera ainſi la Nature de cette courbe.

Si on nomme $r$ le rayon CR, pris entre les deux axes A$a$ & B$b$, & que ſur l'extremité R du rayon CR, on éleve la perpendiculaire R$\pi$ égale à la peſanteur $\frac{pr^n}{a^n}$ du point R; comme (*Art.* 38.) $\frac{pb^{n+1}}{\overline{n+1} \times a^n}$ exprimera l'aire $gCzh$; ſi $b$ devient $r$, on aura $\frac{pr^{n+1}}{\overline{n+1} \times a^n}$ pour l'aire totale RCZ$\pi$; donc l'aire R$gh\pi$ vaudra $\frac{pr^{n+1}}{\overline{n+1} \times a^n} - \frac{pb^{n+1}}{\overline{n+1} \times a^n}$; or qu'on nomme $y$ la perpendiculaire R$y$ abaiſſée ſur l'axe B$b$, $\frac{fyy}{2a}$ exprimera (*Art.* 27.) la force centrifuge du rayon $r$; ainſi on aura $\frac{pr^{n+1}}{\overline{n+1} \times a^n} - \frac{pb^{n+1}}{\overline{n+1} \times a^n} = \frac{fyy}{2a}$ ou $2pr^{n+1} - 2pb^{n+1} = \overline{n+1} \times fyya^{n-1}$; mais on vient de voir (*Art.* 38.) que $2pa^{n+1} - 2pb^{n+1}$ égale pareillement $\overline{n+1} \times fa^{n+1}$; donc en diviſant le premier membre de l'une & de l'autre équation par $2p$, & chaque ſecond membre par $\overline{n+1} \times f$ on aura $a^{n+1} - b^{n+1}, a^{n+1} :: r^{n+1} - b^{n+1}; yya^{n-1}$, proportion qui donnera la nature de la courbe, excepté dans le cas où l'expoſant $n$ égaleroit $-1$; auſſi dans ce cas la courbe du méridien ABab ne seroit-elle plus algebrique.

## ARTICLE XL.

Si la pesanteur a l'impulsion pour principe, il est clair que comme les chutes initiales des Planetes sont par-tout en raison inverse des quarrés de leurs distances au foyer commun des orbites qu'elles décrivent, & que cette proportion est une dépendance nécessaire du méchanisme des tourbillons, il faut que les particules dont les masses centrales sont formées, pesent aussi suivant le rapport renversé des quarrés de leurs distances au centre commun vers lequel leurs pesanteurs primitives sont dirigées.

## ARTICLE XLI.

Mais si les pesanteurs naissent de l'impression d'une force attractive, & que cette force soit à la fois & en raison directe des différentes molécules dont elle émane, & en raison inverse des quarrés des distances à chacune de ces molécules, il ne sera plus possible que sur la surface ni dans l'intérieur de la masse centrale, les pesanteurs suivent la loi commune ; aussi va-t'on voir que la figure des Planetes, telle qu'elle se tire du principe de l'attraction, est différente de celle que donne le principe de l'impulsion.

## ARTICLE XLII.

Commençons par examiner quelle figure doit avoir la Terre en supposant que les pesanteuts absolues des particules qui la composent, ayent l'impulsion pour principe, & qu'ainsi elles pesent par-tout en raison renverſée des quarrés de leurs diſtances au centre commun des tendances primitives.

Soit encore A$a$ (*Fig.* 15.) le diametre de l'équateur de la Terre $= 2a$, B$b$ ſon axe $= 2b$, CR un rayon pris à notre latitude $= r$, R$y$ le ſinus de l'angle RCB complement de la latitude $= y$, ſi de l'intervalle CB on décrit un arc B$g$ compris entre le rayon CB & CR, comme la loi de la peſanteur demandera que la différence des peſanteurs abſolues de CR & de CB, ſoit compenſée par la force centrifuge du rayon CR, il faudra que la peſanteur abſolue de la partiè $g$R, ſoit égale à la force centrifuge de tout le rayon CR; or que pour exprimer les peſanteurs des points R, $g$, $x$, C, on mene ſur CR les perpendiculaires R$\pi$, $gh$, $xt$, C$z$, ſuppoſées en raiſon inverſe des quarrés des diſtances CR, C$g$, C$x$, &c. la courbe qui paſſera par les extremités de ces lignes, formera la premiere hyperbole du ſecond genre, & cette courbe aura le rayon CR & la perpendiculaire C$z$ pour aſſymptotes; donc l'aire R$\pi hg$ proportionnelle à la peſanteur abſolue de R$g$ égalera le Parallelograme $gh$KC moins le Parallelograme R$\pi i$C; ainſi nommant $\pi$ la peſanteur abſolue R$\pi$ du point R, celle du point $g$ devenant $\frac{\pi rr}{bb}$, on aura $\frac{\pi rr}{b} - \pi r$ pour la peſanteur abſolue de $g$R; & ſi on nomme $\phi$ la force centrifuge du point R par rapport au centre C, comme celle de tout le rayon deviendra $\frac{\phi r}{2}$ (*Art.* 27.) on aura $\frac{\pi rr}{b} - \pi r = \frac{\phi r}{2}$, ce qui donnera cette proportion $r, b :: 2\pi + \phi, 2\pi$; c'eſt-à-dire que le rayon $r$, ſera au rayon $b$, comme deux fois la peſanteur du point R plus sa force centrifuge suivant la direction CR, a deux fois sa pesanteur, on aura donc $b = \frac{2\pi r}{2\pi + \varphi}$. Cherchons cette valeur.

Si on suppose que la fraction $\frac{628\ 318\ 530\ 718}{100\ 000\ 000\ 000}$ represente la quantité irrationnelle qui multipliant le rayon du cercle donne sa circonférence, & que R*d* (*Fig.* 16.) soit égal au sinus verse de l'arc que décrit le point R dans une demi-seconde ou dans la 172328ᵉ partie du tems qu'employe la Terre à faire sa révolution sur elle-même par rapport aux étoiles fixes, on aura *y* multiplié par $\frac{628\ 318\ 530\ 718}{100\ 000\ 000\ 000}$ & divisé par 172328 pour l'espace que parcourra le point R dans une demi-seconde, & le quarré de cet espace divisé par le double du rayon *y*, donnera (*Diss.* 6. *Art.* 1.) le sinus verse R*d* ; or que *y* soit le rayon du Parallele pris à la latitude apparente de 48$^d$ 50$'$, on trouvera que suivant la mesure de M. Picard, ce rayon aura 12 931 417 pieds de longueur, ce qui donnera 1$^l$ : 237 732 pour R*d* ; mais comme la longueur du Pendule déterminée par M. de Mairan, suppose (*Art.* 24.) qu'à notre latitude les corps tombent de 543$^l$ : 531. 451 dans une demi-seconde, exprimant cette chute par L*d*, on aura les deux côtés R*d* & L*d* du triangle RL*d* ; & parce que l'angle L*d*R vaudra 131$^d$ 10$'$ supplement de la latitude apparente AFR, la résolution du triangle R*d*L, donnera l'angle *d*RL de 48$^d$ 44$'$ 6$''$ 56$'''$, l'angle de divergence RL*d* de 5 53 4, & le côté LR de 544$^l$ : 346 992 égal à la pesanteur absolue $\pi$, ou à l'espace que les corps pesans parcoureroient à notre latitude dans une demi-seconde en supposant que leurs pesanteurs absolues ne fussent point altérées par leurs forces centrifuges.

Maintenant qu'on prolonge LR jusqu'en C, l'angle CR$y$ égal à l'angle $d$RL sera de $48^d\ 44'\ 6''\ 56'''$ ; ainsi on aura tout le triangle rectangle R$y$C, & comme la longueur du côté R$y$ sera de 12 931 417 pieds, on trouvera celle du rayon RC de 19 606 745$^{pds}$ ; or puisque $\varphi$, ou la force centrifuge du point R prise par rapport au centre C ; égalera (*Art.* 26.) $\frac{Rd \times Ry}{CR}$, on aura $\varphi = o^l : 816\ 333$ ; on aura donc les valeurs de $\pi$, de $r$ & de $\varphi$, & ces valeurs substituées dans la formule $\frac{2\pi r}{2\pi + \varphi}$ donneront $b = 19\ 592\ 054^{pds}$. Ayant la longueur de $b$ il sera aisé d'avoir celle des autres rayons de la Terre.

Puisque $\pi$ exprimera la pesanteur absolue des corps au point R, ou leurs chutes dans une demi-seconde, celle des corps à l'extremité du rayon CB égalant $\frac{\pi rr}{bb}$ sera de $545^l : 163\ 380$ Or nommant

- G cette pesanteur,
- $r$ tout rayon qui partira du point C,
- $y$ le sinus de l'angle que fera le rayon CR avec le demi-axe CB,
- $x$ la quantité qui divisant $r$ l'égalera à $y$,
- $z$ la quantité qui multipliant le rayon du cercle ; donnera sa circonférence.
- $m$ la quantité de demi-secondes que renfermera la circonférence du cercle.

On aura $\frac{Gbb}{rr}$ pour la pesanteur absolue à l'extremité du rayon $r$, & comme $z \times y$ exprimera la circonférence du cercle formé par la révolution du rayon $y$, $\frac{z \times y}{m}$ donnera l'arc décrit dans une demi-ſeconde, & l'on aura (*Diſſ.* 6. *Art.* 1.) $\frac{zz \times y}{2mm}$ pour le ſinus verſe de cet arc ou pour la force centrifuge des corps à l'extremité du rayon $y$; ainſi cette force réduite par rapport au centre C, deviendra $\frac{zz}{2mm} \times \frac{yy}{r} = \frac{zz}{2mm} \times \frac{r}{xx}$; donc en formant la proportion qui naîtra du principe de l'équilibre & de la loi de la peſanteur, on aura (*Art.* 34. & 38.) $r$, $b$ :: $\frac{2Gbb}{rr} + \frac{zz}{2mm} \times \frac{r}{xx}$, $\frac{2Gbb}{rr}$, d'où on tirera cette équation $r^3 - \frac{4mmxx \times Gbr}{zz} + \frac{4mmxx \times Gbb}{zz} = o$; ainſi à la place de $x$ & de $z$ mettant leurs quantités numeriques, le rayon $r$ ſera déterminé.

Si c'eſt la longueur du rayon CA qu'on cherche, $x$ vaudra 1, & comme on aura $z = \frac{628\ 318\ 530\ 718}{100\ 000\ 000\ 000}$, & $m = 172\ 328$ la chute G au pole étant de $545^{1}$: 163 380 la longueur CA ſera de 19 625 925 pieds, ainſi ce rayon ſurpaſſera le rayon CB de 33871$^{pds.}$, & le rayon CR de 19180$^{pds.}$

Mais juſtifions que ſuivant les meſures de M. Picard la longueur du rayon du parallele pris à la latitude apparente 48$^{d}$ 50$'$ doit être de 12 931 417$^{pds.}$

On voit d'abord que de la longueur de ce rayon dépend celle des côtés R$d$ & LR du triangle RL$d$ (*Fig.* 16.) & la proportion des angles R, L & $d$, donc puiſque le triangle RL$d$ déterminé relativement à la longueur de R$y$ ſuppoſée de 12 931 417$^{pds.}$ donne par proportion le rayon CR de 19 606 745$^{pds.}$ & qu'on trouve l'angle CR$q$ de 5' 53" 4''', & par conſéquent l'angle $q$CR de 89$^{d}$ 54' 6" 56''', la perpendiculaire R$q$ ſur le diametre $h$CH parallele à la tangente $t$RT égalera 19 606 716$^{pds.}$ Or nommant $q$ cette perpendiculaire & $n$ le rayon de la dévelopée R$n$, comme la courbure des méridiens differera peu de celle de l'ellipſe ; on aura (*Diſſ.* 7. *Art.* 15.) $n = \frac{aabb}{q^3} =$ 19 615 783, & $\frac{z \times n}{360} =$ 342 360$^{pds.}$ ou 57060$^{toiſ.}$ égal au dégré qu'a meſuré M. Picard.

Au Pôle on aura (*Ibid.*) $n = \frac{aa}{b} =$ 19 659 855$^{pds.}$ ce qui donnera 343 129$^{pds.}$ pour le dégré.

A l'Equateur on aura $n = \frac{bb}{a} =$ 19 558 241$^{pds.}$ ce qui donnera 341 356$^{pds.}$ pour le dégré.

## ARTICLE XLIII.

Voyons maintenant quelle figure il faudroit donner à la Terre en ſuppoſant que la peſanteur eut l'attraction pour principe.

On a vû (*Diſſ.* 4. *Art.* 21.) que ſi le diametre A$a$ étoit à l'axe B$b$, comme 101 à 100, la peſanteur au point A ſeroit à la peſanteur au point B comme 500 à 501 ; mais parce que dans un même rayon les peſanteurs (*Diſſ.* 4. *Art.* 12.) ſeroient comme les diſtances, il eſt clair qu'en ſuppoſant que les rayons CA & CB fuſſent partagés en une infinité de parties proportionnelles, les grandeurs de celles qui ſe répondroient étant entr'elles comme 101 à 100, & leurs tendances vers C comme 500 à 501, leurs poids reſpectifs ſeroient comme 101 × 500 à 100 × 501, ou comme 505 à 501 ; donc ſi à chacune des parties du rayon

rayon CA, on donnoit une force centrifuge qui fut à ſon poids comme 4 à 505, on mettroit les deux rayons en équilibre. Cela poſé, nommant $f$ la force centrifuge à l'équateur d'une Planete quelconque, $p$ la peſanteur abſoluë, on trouvera par la regle de proportion que comme $\frac{4}{505}$ donneroit $\frac{1}{100}$ de CB pour l'excès du rayon CA ſur CB, $\frac{f}{p}$ demanderoit que cet excès fut égal à $\frac{505 \times f}{400 \times p}$; or ſuivant le calcul de M. Newton, la force centrifuge à l'équateur, eſt à la peſanteur abſoluë comme 1 à 289; mettant donc $\frac{1}{289}$ à la place de $\frac{f}{p}$ dans la formule précedente, on trouveroit que CA ſurpaſſeroit le rayon CB de la 229e partie de CB; donc dans l'hipotèſe de l'attraction mutuelle, le diametre A*a* ſeroit à l'axe B*b* comme 230 à 229.

## ARTICLE XLIV.

Qu'on ſe renferme dans cet hipotèſe, on trouvera que les peſanteurs abſoluës priſes ſur un même rayon, devant être comme les diſtances au centre C, de même que les forces centrifuges, il faudra que les peſanteurs réduites ſuivent auſſi la même proportion; or puiſque les rayons CA, CB, CR, &c. ſeront en équilibre auſſi-bien que leurs parties correſpondantes, il eſt clair qu'aux points A, B, R, &c. & à tous ceux qui ſe trouveront proportionnellement éloignés du centre C, les tendances (les forces centrifuges déduites) ſeront en raiſon renverſée des diſtances CA, CB, CR, &c.

## ARTICLE XLV.

Il ſuit delà qu'il faudra que ſur la ſurface de la Terre, les augmentations des peſanteurs réduites, priſes depuis l'Equateur juſqu'aux Pôles, ſoient à peu près comme les quarrés des ſinus des latitudes ; car ſoit le cercle AP*ap* (*Fig.* 17.) circonſcrit à l'Ellipſe AB*ab*, qu'on ſuppoſe différer peu du cercle, comme les peſanteurs réduites ſeront en raiſon renverſée des rayons CA, C*g*, CB, les différences *g*R, B*p*, &c. des rayons C*g*, CB, &c. marqueront les augmentations de ces peſanteurs depuis l'extremité du rayon CA juſqu'au Pôle B extremité du rayon CB ; or ſi du point R on abaiſſe ſur CA la perpendiculaire RO, qui coupe l'Ellipſe au point *d*, cette Ellipſe étant ſuppoſée peu différente du cercle, le triangle R*gd* ſera cenſé rectangle en *g*, & par conſéquent ſemblable au triangle ROC ; donc on aura R*g*, R*d* : : RO, RC ; mais (*propr. de l'Ell.*) on aura auſſi *p*B, R*d* : : *p*C (RC), RO, donc R*g* ſera à *p*B comme $\frac{Rd \times RO}{RC}$ à $\frac{Rd \times RC}{RO}$, ou comme $\overline{RO}^2$ à $\overline{RC}^2$.

## ARTICLE XLVI.

Le même principe qui détermine la proportion des différens diametres de la Terre, doit auſſi déterminer les différentes longueurs du Pendule. Tout ſe tient dans la Nature, auſſi un ſeul fait conſtaté ſuffit-il ſouvent pour établir la certitude de ceux que nous ne pourrions vérifier qu'avec peine. Cela poſé, voyons d'abord ce que nous donne le principe de l'impulſion.

Suivant ce qu'on a démontré (*Art.* 42.) ſi notre rayon

contient 19 606 745$^{pds.}$, le rayon CA en doit contenir 19 625 925 ; or comme à notre latitude les corps qui dans une demi-ſeconde ne tombent que de 543$^{l}$: 531 451 tomberoient de 544$^{l}$: 346 992 s'ils obéïſſoient à l'impreſſion de leur peſanteur abſoluë, il faudroit que ſous l'équateur (*Ibid.*) leurs chutes totales fuſſent de 543$^{l}$: 283 516 ; mais parce que le ſinus verſe de l'arc que décrit l'extremité du rayon CA dans un tems égal vaut 1$^{l}$: 878 498, cette quantité retranchée de la chute totale, la réduit à 541$^{l}$: 405 018 ; donc puiſque les longueurs du Pendule ſont comme les chutes réelles, & que ſous notre parallele les corps tombent de 543$^{l}$: 531 451 dans une demi-ſeconde, la longueur du Pendule étant ici de 540$^{l}$: 570 000., elle ſera de 438$^{l}$: 846 378 ſous l'équateur, ce que l'expérience juſtifie.

## ARTICLE XLVII.

Cherchons maintenant quelle devroit être cette longueur, en ſuppoſant que la peſanteur eut l'attraction pour principe. On vient de voir (*Art.* 44.) que ce principe ſuppoſé, il faudroit qu'aux extremités des rayons CA, CR, CB, &c. les peſanteurs réduites, & par conſéquent les longueurs du Pendule fuſſent en raiſon renverſée de ces rayons ; donc le Pendule pris à l'équateur, ſeroit au Pendule pris au Pôle, dans le rapport de 229 à 230 ; donc au Pôle le Pendule augmenteroit d'une unité ou de la deux cent vingt-neuviéme partie de 229 ; donc puiſque les augmentations des peſanteurs ſeroient (*Art.* 45.) comme les quarrés des ſinus des latitudes, on auroit ces augmentations pour tous les dégrés pris depuis l'Equateur juſqu'aux Pôles ; or le quarré du ſinus de la latitude 48$^{d}$ 50' étant au quarré du ſinus de la latitude 90$^d$, comme 5667 à 10000, l'augmentation de la longueur du Pendule à notre latitude ſur celle du Pendule pris à l'Equateur, vaudroit 5667 dix milliéme partie de l'unité ; ainſi on trouveroit qu'à l'Equateur, à notre latitude, & au Pôle, les longueurs du Pendule ſeroient proportionnelles à 2 290 000, 2 295 667, & 2 300 000 ; donc comme à la latitude 48$^d$ 50' le Pendule eſt conſtaté de 440$^l$ : 570, on le trouveroit à l'Equateur de 439$^l$ : 482, plus long de plus d'une demi-ligne qu'il ne l'eſt en effet.

Pour réduire ce Pendule à ſa juſte longueur, M. Newton ſuppoſe qu'encore que dans l'hipotèſe où il ſe renferme, les forces attractives doivent continuellement diminuer depuis la ſurface de la Terre juſqu'à ſon centre, il arrive cependant que vers ce centre les denſités ſont plus grandes que par-tout ailleurs, ce qui doit alterer la longueur du Pendule, & changer la figure de la Terre ; car qu'on épaiſſiſſe le noyau *mgnh* (*Fig.* 17.). par une addition réelle de matiere, comme cette matiere aura ſa force attractive dont l'action ſuivra la proportion inverſe des quarrés des diſtances au centre C, le rapport des peſanteurs aux extremités des rayons CA & CB, deviendra plus grand que le ſimple rapport renverſé de ces rayons ; il faudra donc que le Pendule s'accourciſſe, & que l'équateur s'éleve.

## ARTICLE XLVIII.

Outre la Terre, il y a encore deux maſſes centrales, le Soleil & Jupiter dont on peut déterminer phiſiquement la figure ; on connoît quel eſt le rapport des peſanteurs abſoluës aux forces centrifuges ſur leurs ſurfaces ; car pour commencer par le Soleil, ſoit *a* le demi-diametre de ſon équateur, $t$ le tems de ſa révolution ſur ſon axe, D la diſtance moyenne d'une Planete quelconque au centre de cet axe, V la viteſſe de la Planete à cette diſtance, & T le tems de ſa révolution autour du Soleil, $\frac{D}{TT}$ égal à $\frac{VV}{D}$ exprimera la force réactive de la matiere à l'extremité du rayon D; ainſi les peſanteurs étant en raiſon inverſe des quarrés des diſtances, cette proportion $\frac{1}{DD}, \frac{1}{aa} :: \frac{D}{TT}, \frac{D^3}{aaTT}$ donnera $\frac{D^3}{aaTT}$ pour la peſanteur abſoluë à l'extremité du rayon $a$; mais ſur l'Equateur du Soleil, la force centrifuge ſera proportionnelle à $\frac{a}{tt}$; donc nommant $f$ cette force, & $p$ la peſanteur, on aura $p, f :: \frac{D^3}{aaTT}, \frac{a}{tt} :: \frac{D^3}{a^3}, \frac{TT}{tt}$. Suppoſons que D marque la moyenne diſtance de la Terre au Soleil, on aura $D = 22000$, $a = 100$ & $\frac{D^3}{a^3} = 10648000$; & parce que la Terre parcourt ſon orbite en 525949′, & que le Soleil tourne ſur ſon axe en 36720′ par rapport aux étoiles fixes, on aura TT à $tt$, comme 205 à 1; ainſi la peſanteur $p$ ſera à la force centrifuge $f$ comme 51902 à 1. Suppoſant donc que la peſanteur ait l'impulſion pour principe, cette proportion $a, b :: 2p+f, 2p$, donnera (*Art.* 38.) A$a$ à B$b$ comme 103805 à 103804. Mais puiſque $\frac{f}{p}$ égalera $\frac{1}{51902}$, on auroit par le principe de l'attraction $\frac{505}{20760800}$ pour $\frac{505f}{400p}$ excès (*Art.* 43.) du rayon CA ſur le demi-axe CB; donc le diametre A*a* feroit à l'axe B*b*, comme 20760800 à 20760295.

Que la différence qui réfulteroit de chacun de ces rapports fut fenfible, il eft clair que celle que verifieroient les obfervations, ferviroit à faire connoître fi c'eft du principe de l'attraction, ou de celui de l'impulfion que naît la pefanteur.

Mais ce qu'on ne peut tirer de la figure du Soleil, fe tire aifément de celle de Jupiter; l'inégalité des rayons de cette Planete eft très-fenfible : felon M. Caffini, le diametre de fon Equateur eft à fon axe à peu près comme 15 à 14; c'eft auffi ce qu'a obfervé M. de la Hire; or cela pofé, nommant *a* le demi-diametre de l'Equateur de Jupiter, D la diftance de fon quatriéme Satellite, D, fuivant les obfervations de M. Caffini, égalera 23*a*, & l'on aura $\frac{D^3}{a^3} = \frac{12167}{1}$; mais on fçait d'ailleurs que ce Satellite fait fa révolution en 24032', & que Jupiter tourne fur fon axe en 596'; donc $\frac{TT}{tt}$ égalera 1626, ce qui donnera fur l'Equateur de cette Planete *p* à *f*, comme 12167 à 1626; ainfi, puifqu'en fuppofant que la pefanteur naiffe de l'impulfion, on aura (*Art.* 38.) $a, b :: 2p+f, 2p$; on aura auffi $a, b :: 2 \times 12167+1626, 2 \times 12167 :: 25960, 24334 :: 15, 14{:}06$. Le rapport de *a* à *b* s'accordera donc avec celui que donnent les obfervations.

Mais que la pefanteur eut l'attraction pour principe, on voit que $\frac{f}{p}$ égalant $\frac{1626}{12167}$, cette quantité mife à la place de $\frac{f}{p}$ dans la formule $\frac{505 \times f}{400 \times p}$ donneroit $\frac{82113}{486680}$

pour l'excès du rayon CA ſur le demi-axe CB ; donc le diametre A*a* ſeroit à l'axe B*b* comme 7 à 6, proportion bien différente de celle qui ſe tire des obſervations.

Ajoutons à cela qu'en ſuppoſant que la denſité fût plus grande autour du centre de Jupiter que par-tout ailleurs, comme M. Newton le ſuppoſe par rapport à la Terre, pour faire quadrer ſa figure avec ce que l'expérience nous apprend ſur la longueur du Pendule, il eſt clair que l'excès du rayon CA ſur le rayon CB, augmenteroit encore ; auſſi M. Newton veut-il que la maſſe de Jupiter ſoit autrement formée que celle de la Terre ; ſelon lui, ce n'eſt point le noyau de cette Planete qu'il faut épaiſſir par une addition de matiere, c'eſt le plan de ſon Equateur ; c'eſt que plus ce plan aura de denſité, moins faudra-t'il l'élever pour le mettre en équilibre avec la colonne qui ſervira d'axe à la Planete. Mais puiſque le principe de l'attraction ou de la tendance de toutes les parties de la matiere les unes vers les autres, demande autant de nouvelles reſſources qu'on en fait d'applications différentes, & que loin de s'accorder avec les Phénomenes, il ne ſert au contraire qu'à les défigurer, pourquoi ne s'en pas tenir au principe ſimple de l'impulſion avec lequel tout quadre dans la Nature.

## ARTICLE XLIX.

Il reſte à voir dans quel cas une maſſe centrale doit être ſurmontée d'un anneau. On a déja vû (*Art. 6.*) qu'entre les corpuſcules qui circulent librement dans un tourbillon, ceux qui ſe rencontrent aux points où leurs orbites ſe coupent, perdent une partie de leur mouvement, ce qui les oblige de décrire des Ellipſes plus étroites que celles qu'ils tendoient à décrire ; or j'ajoute que pendant qu'une partie de ces corpuscules se réunissent autour du centre commun des tendances, les autres dont les orbites sont moins alongés, s'approchent simplement des premieres sans les atteindre, & qu'ainsi rien ne leur faisant obstacle, ils continuent de suivre leur cours : cependant comme ils se ramassent & qu'ils se resserrent vers les extremités inférieures de leurs orbites, il est clair qu'il peut arriver qu'en se croisant dans le plan de l'Equateur déja (*Art.* 2.) chargé de particules étrangeres, ils s'y embarrassent & s'y arrêtent, & que par-là ils s'associent en quelque sorte à la masse centrale, en formant autour d'elle un anneau sensible plus ou moins éloigné de sa surface.

## ARTICLE L.

Ce que j'ai dit de la figure des masses centrales dont les mouvemens sont connus & soumis à nos calculs, doit pareillement se dire de celles dont les apparitions ne sont point encore déterminées, & ausquelles on donne le nom de Cometes.

Les Cometes occupent les centres de ces tourbillons particuliers, qui, de la maniere qu'ils se sont formés (*Diss.* 6. *Art.* 28. & 29.) ont dû commencer à décrire leurs orbites avec des mouvemens, ou moins prompts, ou autrement dirigés que ceux des couches spheriques entre lesquelles ils ont pris naissance.

Si les masses centrales de ces tourbillons subalternes paroissent mal terminées, & que souvent même on les voye changer de figure, c'est que pour l'ordinaire nous ne les voyons qu'à travers les vapeurs fuligineuses qui les enveloppent ; car comme elles décrivent pour la plûpart des orbites extremement alongées, il doit souvent

vent arriver qu'en paſſant dans le voiſinage du Soleil, elles s'échauffent de maniere que leurs parties volatiles cedant à l'impreſſion du mouvement qui les agite, s'échapent de toutes parts, & forment une eſpece de fumée, qui tantôt ſe raréfiant, tantôt ſe condençant, fait prendre en apparence mille formes différentes aux maſſes qu'elles enveloppent. *Capita Cometarum atmoſphœris ingentibus cinguntur, & atmoſphœræ infernè denſiores eſſe debent, unde Nubes ſunt, non ipſa Cometarum corpora, in quibus mutationes illæ viſuntur.* M. Neuton pag. 444.

Je ne ſuppoſe rien ici que les obſervations ne confirment. On ſçait, par exemple, que la Comete qui parût en 1680. paſſa plus de 167 fois plus près du Soleil que n'en eſt la Terre à ſa moyenne diſtance; or la chaleur que produit le Soleil étant comme la denſité de ſes rayons, & leur denſité croiſſant autant que décroiſſent les quarrés des diſtances au ſommet de l'angle de leurs divergences, la chaleur qu'éprouva la Comete à ſon Perihelie dût être à peu près vingt-huit mille fois plus grande que n'eſt celle que nous éprouvons en Eté, c'eſt-à-dire, que, ſuivant le calcul des Phiſiciens, cette chaleur fût à celle du fer en fuſion, comme 100 à 1.

Si pluſieurs Cometes ont des queuës, c'eſt que comme on l'a déja dit (*Diſſ.* 7. *Art.* 39.) les vapeurs qui s'échapent de leurs maſſes embrâſées, ſont chaſſées au loin & dirigées par les rayons du Soleil, auſquels mille expériences nous obligent de donner de la force.

Les Cometes qui n'ont point de queuës ſont apparemment celles qui dans leurs cours ne s'approchent point aſſez du Soleil pour prendre feu, ou qui en s'éloignant de leur Perihelie, ont eu le tems de ſe refroidir.

Les Cometes qui conſervent leur chaleur pendant tout

le tems qu'elles employent à faire leurs révolutions, reviennent de leurs aphelies vers le Soleil avec des queuës beaucoup plus courtes que celles qu'elles offrent à nos regards, après qu'elles ont passé par leur Perihelie, & qu'elles ont acquis de nouveaux dégrés de chaleur ; & cela seul justifie tout ce qui vient d'être dit. *Universaliter caudæ omnes maximæ & fulgentissimæ è Cometis oriuntur statim post transitum eorum per regionem Solis ; conducit igitur calefactio Cometæ ad magnitudinem caudæ, & indè colligere videor quod cauda nihil aliud sit quam vapor longè tenuissimus, quem caput seu nucleus Cometæ per calorem suum emittit.* M. Neuton, *Lib.* 3. *De Mundi sistemate*, p. 467.

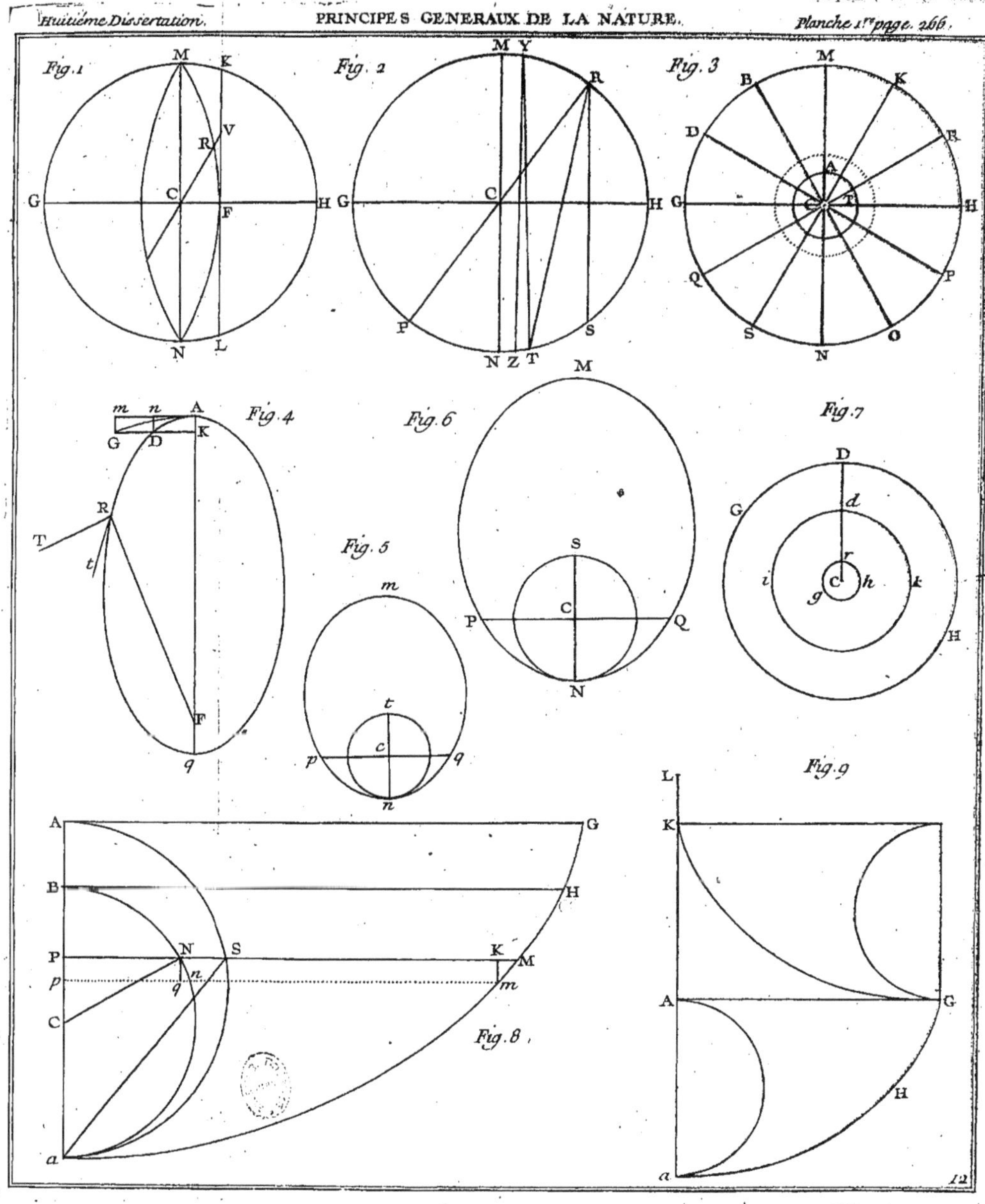
Fig. 1
M K V R C G H F N L
Fig. 2
M Y R C G H P S N Z T
Fig. 3
M B K D R A G C T H Q P S N O
Fig. 4
m n A G D K R T t F q
Fig. 5
m t c p q n
Fig. 6
M S C P Q N
Fig. 7
D d G r i C h k g H
Fig. 8
A G B H P N S K M p n q m C a
Fig. 9
L K A G H a
12

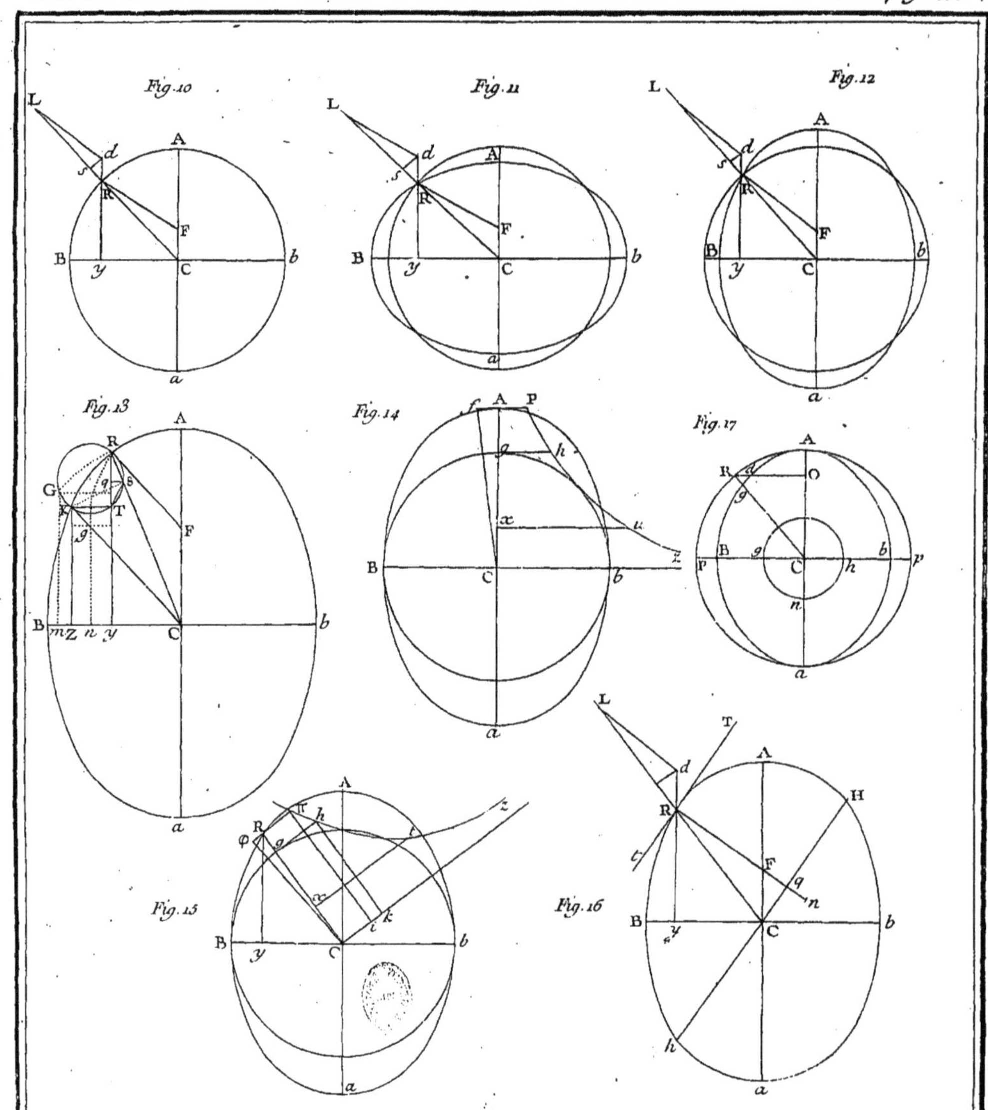
Fig. 10
Fig. 11
Fig. 12
Fig. 13
Fig. 14
Fig. 17
Fig. 15
Fig. 16

# PRINCIPES GÉNÉRAUX DE LA NATURE,

## APPLIQUÉS AU MECANISME ASTRONOMIQUE, ET COMPARÉS AUX PRINCIPES DE LA PHILOSOPHIE DE M. NEWTON.

## NEUVIÉME DISSERTATION.

*Limitation des Principes que ſuppoſe le Méchaniſme arſtonomique.*

### ARTICLE I.

N expliquant les Phénomenes que j'ai déja parcourus, j'ai fait trois ſuppoſitions différentes.

La premiere, que l'Ether eſt parfaitement fluide.

La ſeconde, que les tourbillons ſont toûjours infiniment grands, soit par rapport aux tourbillons subalternes, ausquels ils donnent la loi, soit par rapport aux masses sensibles qui se forment autour de leurs centres.

La troisiéme supposition que j'ai faite, c'est qu'il n'y a point de tourbillons dont la figure ne soit exactement spherique.

Mais parce que j'ai donné trop d'étenduë à chacune de ces suppositions, je les corrige & les limite dans cette Dissertation; & c'est en les limitant que je rends raison du reste des Phénomenes astronomiques, de ceux dont je n'ai pas fait mention dans les Dissertations précedentes.

## ARTICLE II.

On voit d'abord que si l'éther n'est pas infiniment fluide, les mouvemens translatifs des Planetes ou ceux de leurs tourbillons, doivent au moins éprouver quelque altération sensible.

Cela posé, soit AB*ab* (*Fig.* 1.) l'Equateur du tourbillon du Soleil, RFK, QEH, OMN, les Sections des couches spheriques dont le Soleil placé en S occupe le centre, GNHK le tourbillon particulier d'une Planete, & P*p* son axe projetté; si on veut que l'orbite de la Planete soit couché sur le plan AB*ab*, & que les couches sphériques du grand Tourbillon ayent le même Equateur que le Soleil, & qu'elles tournent de A vers B, il est clair que comme les couches inférieures auront plus de vitesse que les couches supérieures, l'hemisphere GTHN tourné vers S, recevra l'impression la plus forte, lorsque le tourbillon GNHK avancera moins vite que la matiere étherée, & que l'hemisphere GTHK opposé au centre S, éprouvera la plus grande résistance, lorsque la matiere étherée aura moins de viteſſe que le tourbillon de la Planete ; donc dans ces deux cas la maſſe entiere GNHK tournera d'Orient en Occident ſur un axe parallele à celui du grand tourbillon, & dont les extremités ſeront cenſées ſe confondre avec les Pôles de l'équateur AB*ab*, à cauſe de la diſtance indéfinie des étoiles fixes ; donc ſi les Pôles P & *p* ne répondent pas aux extremités de cet axe, ils ſeront obligés de tourner contre l'ordre de ces ſignes autour des Pôles du Soleil, qu'on ſuppoſe ici devoir être les mêmes que ceux de ſon tourbillon ; & delà naîtra la preſſion des équinoxes de la Planete ; c'eſt qu'alors les nœuds communs de ſon Equateur & de l'orbite qu'elle décrira, auront un mouvement rétrograde.

On voit bien que dans la ſuppoſition que l'éther manquât de fluidité, il faudroit avoir égard à la longueur des filets tangens qui frapperoient le tourbillon de la Planete ou qui lui réſiſteroient, & alors on ſe retrouveroit dans le cas de la percuſſion des ſolides ; les forces impulſives ou répulſives ſeroient entr'elles comme les viteſſes multipliés par les filets tangens ; au lieu que dans les fluides infiniment fluides ces forces (*Diſſ.* 5. *Art.* 27.) doivent être comme les quarrés des viteſſes. Il faut donc avoir plus ou moins d'égard à la grandeur des cercles de matiere qui font impreſſion ſur le tourbillon GNHK, ſuivant qu'on épaiſſit plus ou moins le fluide de l'éther.

Suppoſons maintenant que LS*l* (*Fig.* 2.) le plan de l'orbite de la Planete ſoit incliné ſur BS*b*, le plan de l'Equateur du grand tourbillon QB*qb* vû d'un point infiniment élevé au-deſſus du nœud S, & que la Planete ſe trouve hors du plan BS*b*, on concevra que ſi les parties RTN & NT*r* de l'hemiſphere inférieur RN*r* étoient également frappées, ou que les parties RT*n* & *n*T*r* de l'hemisphere supérieur R*nr*, fussent également repoussées, la masse totale RN*rn* tourneroit sur un axe R*r* perpendiculaire au rayon vecteur ST, & qu'ainsi en prenant MS*m* pour l'axe de l'orbite LS*l*, & supposant que le tourbillon de la Planete fût à sa plus grande latitude par rapport au plan BS*b*, l'axe R*r* sur lequel tourneroit ce tourbillon d'Orient en Occident deviendroit parallele à l'axe MS*m*.

Mais on voit que dans le cas dont il s'agit, le côté NT*r* doit être plus frappé que le côté RTN ; car si du centre S on décrit l'arc *ef* qu'on suppose partagé en deux arcs égaux par le plan de l'orbite LS*l*, quoique la matiere pousse les points *e* & *f* avec des vitesses égales, le point *f* recevra cependant l'impression la plus forte, parce qu'il sera frappé par le plus grand filet tangent, ce qui déterminera la masse spherique à tourner sur un axe Z*z*, qui du côté de Z fera avec le rayon vecteur ST un angle plus ou moins aigu, suivant que le centre des forces actives s'abaissera plus ou moins au-dessousdu plan LT*l* ; donc en supposant que la Planete à sa plus grande latitude aille moins vite que la matiere, le point *z* rapporté au ciel des étoiles fixes, s'abaissera au-dessous du Pôle M en s'éloignant du point Q pris ici pour le Pôle du Soleil.

Si on supposoit que la matiere avançât moins vite que la Planete, comme les filets tangens qui dans ce cas résisteroient à la partie orientale cachée derriere *n*T*r*, seroient plus grands que ceux qui résisteroient à la surface cachée derriere RT*n*, il est clair que la Planete quoiqu'à sa plus grande latitude, tourneroit sur un axe V*u*, qui du côté de V feroit avec le rayon ST un angle plus ou moins obtus, suivant que le centre des forces réactives s'abaisseroit plus ou moins au-dessous du plan ST*n*,

& qu'ainsi le point V rapporté au ciel des étoiles fixes, se trouveroit entre les Pôles M & Q.

Mais parce que dans un fluide tel que l'éther, la longueur des filets tangens n'ajoute presque rien à la force de l'action ou de la réaction de la matiere, le point V ou Z qui termine l'axe autour duquel circule le Pôle de la masse RN*rn* lorsqu'elle est à 90 dégrés de ses nœuds, doit se trouver extremement proche du Pôle M, d'où il suit que si le point C partage l'arc MQ en deux parties égales, & qu'autour de ce point on décrive une ovale étroite qui ait QM pour grand axe, la Peripherie de cette ovale pourra être prise sans erreur pour le lieu des différens points autour desquels tournera le Pôle de la masse RN*rn*, pendant que cette masse ira de l'un de ses nœuds à l'autre.

Puisque dans le tems qu'une Planete fait sa demi-révolution annuelle, ses Pôles tournent successivement autour de différens points pris dans le ciel, il est clair que son axe propre celui sur lequel elle a son mouvement journalier, doit nécessairement balancer tantôt dans un sens tantôt dans un autre.

C'est à M. Newton qu'on doit la premiere idée du balancement annuel de l'axe de la Terre, il est vrai que les Astronomes s'étoient déja apperçûs de quelques variations periodiques dans les latitudes des étoiles fixes, mais, selon eux, ces variations n'étoient qu'apparentes; elles étoient seulement causées par la différence des réfractions toûjours relatives aux différentes temperatures de l'air.

Il faut remarquer que la vitesse du mouvement circulaire des Pôles de la Planete, ne dépend point de la différence du mouvement absolu de son tourbillon & du mouvement de la matiere, elle dépend de la différence de leurs mouvemens pris de même part & suivant la direction des tangentes aux cercles que la matiere étherée décrit parallelement au plan de l'Equateur du tourbillon du Soleil; car si T*y* exprime le mouvement absolu de la Planete dans son orbite L*l*, & que T*x* exprime le mouvement de la matiere dans le cercle D*d* parallelle au grand cercle B*b*, on concevra qu'en abaissant sur D*d* la perpendiculaire *yx*, cette perpendiculaire exprimera la force avec laquelle la Planete percera les plans paralleles à l'Equateur B*b*; or le mouvement T*y* ainsi décomposé, il est évident que tous les points qui dans l'hemisphere soûtenu sur le plan D*d*, se trouveront également éloignés du point G le plus élevé au-dessus de ce plan, pousseront également de toutes parts la matiere qui s'opposera à leur mouvement suivant la direction *xy*; donc l'inégalité des impressions qui obligeront les Pôles de la Planete à tourner d'Orient en Occident, aura son principe dans la différence des mouvemens dirigés parallelement aux plans B*b* ou D*d*.

Il suit delà que pour peu que le plan de l'orbite L*l* s'éleve au-dessus du plan de l'Equateur B*b*, on peut supposer sans erreur que les filets tangens des cercles paralleles, tels que B*b* & D*d*, frapent toûjours la partie occidentale du tourbillon de la Planete, lors même que le mouvement absolu de la matiere est supposé moins prompt que celui du centre du tourbillon; cette supposition paroîtra d'autant plus legitime, qu'il sera démontré dans la suite que les Planetes à leurs moyennes distances, ont toûjours moins de vitesse absoluë que la matiere.

Supposons maintenant que le Pôle de la Planete rapporté

porté au Ciel des étoiles fixes, réponde au point P pris sur la surface de l'hemisphere projetté QB*qb*, je dis qu'à chaque demi-révolution annuelle de la Planete, ce Pôle qui sera censé tourner autour du point C d'Orient en Occident, suivant la direction PI, s'approchera nécessairement du point M, & ne cessera de s'en approcher que quand il aura atteint le demi-cercle de latitude MB*m*, après quoi passant dans l'hemisphere opposé, il commencera à s'éloigner de ce point, & s'en éloignera toujours de plus en plus, jusqu'à ce qu'il atteigne le demi-cercle de latitude MQ*bm*; ainsi en réünissant les points Z & V au point M, ce qu'on peut toujours faire sans erreur sensible, l'arc CM déterminera la quantité de degrez dont le point P s'approchera ou s'éloignera successivement du Pôle de l'orbite LS*l*. Il suit delà que l'obliquité du plan de cet orbite sur celui de l'Equateur de la Planete diminuera pendant que le Pôle P tournera sur l'hemisphere QB*qb*, & qu'elle augmentera lorsque ce Pôle achevera sa révolution sur la surface de l'hemisphere opposé.

## ARTICLE III.

Au reste, comme le méchanisme de la Nature ne comporte aucune précision mathematique, on ne peut gueres présumer que les différentes couches spheriques d'un même tourbillon, ayent toutes pour axe celui de la masse centrale qu'elles enveloppent, on a même des preuves du contraire.

Supposons que K (*Fig.* 3.) marque le premier degré de l'Ecrevisse, ce sera dans le colure MP*m* que se trouveront les Pôles de la Terre; soit P son Pôle Septentrional distant de 23 degrez 29 minutes de l'extrémité M de l'axe M*m*, comme du tems d'Hipparque le grand cercle M$\pi$*km*, où étoit ce Pôle, coupoit l'Ecliptique BC en un point *k*, plus occidental de $26^d\ 41'\ 24''$ que le point K, & qu'alors le Pôle Septentrional de la Terre placé au point $\pi$, se trouvoit éloigné de 23ᵈ 51ˡ du point M, il est clair qu'en supposant la corde P$\pi$ coupée en deux parties égales par un grand cercle N*n*, ce sera autour de l'un des points de la circonference de ce cercle qu'aura tourné le Pôle de la Terre en avançant d'Orient en Occident; que N marque ce point, il suivra de ce qu'on vient de démontrer (*Art.* 2.) qu'en prenant M*q* double de MN, le point *q* sera le Pôle de la couche spherique dans l'épaisseur de laquelle la Terre aura son Aphelie & son Perihelie, qu'ainsi le Pôle *q* & le Pôle M se trouveront partagés dans les deux hemispheres que séparera le grand cercle N*n*; ce qui sera toujours également vrai, quelle que soit la position du point N sur la circonference de ce cercle.

Maintenant que l'on prenne l'arc KF de 110 degrez, le point F marquera le dixiéme degré des Poissons; ainsi en décrivant le grand cercle MF*m*, on aura le Pôle Septentrional du Soleil (*Dis. prélim. page* v.) en un point S, éloigné de 7 degrez & demi du Pôle de l'Ecliptique; Donc puisque le Pôle S & le point *q* seront partagés dans les deux hemispheres que séparera le cercle N*n*, l'axe du Soleil sera différent de celui que terminera le point *q*, ou qui passera par ce point.

Ajoûtons à cela qu'en supposant qu'on pût s'assurer d'une position intermediaire *h* du Pôle de la Terre, l'intersection des deux grands cercles qui couperoient perpendiculairement en deux parties égales les cordes $\pi h$ & *h*P de l'arc $\pi$P, donneroient au juste la position du point N, & par conséquent celle du point *q*, & sa distance au Pole S; on auroit donc aussi l'Equateur de la couche spherique, qui auroit *q* pour Pôle, & l'angle que feroit le plan de cet Equateur avec celui de l'Ecliptique.

Mais il faut obſerver que ſi le Pôle de la Terre tourne régulierement autour du point N pris entre les points M & *q*, le mouvement des nœuds de l'Equateur de la Terre pris relativement au plan de l'Ecliptique, ne peut être uniforme; auſſi la plûpart des Aſtronomes ſoupçonnent-ils maintenant que la rétrogradation des points Equinoxiaux n'eſt point réguliere.

## ARTICLE IV.

Le mouvement des nœuds des Planetes principales, eſt une ſuite néceſſaire des principes que je viens d'établir en corrigeant ma premiere ſuppoſition.

Soit encore B*b* l'Equateur de la couche ſpherique qu'on ſuppoſe renfermer dans ſon épaiſſeur l'Aphelie & le Perihelie de la Planete qui décrit l'orbite LS*l* (*Fig.* 4. *&* 5.) de plus, ſoit FG le mouvement de cette Planete dans un tems détérminé, il eſt clair que ſi ce mouvement change de direction, & que la Planete ſorte de ſon plan du côté qui regardera l'Equateur B*b*, & qu'elle décrive FI au lieu de FG, le nœud commun S rétrogradera vers R, & qu'au contraire ce nœud avancera vers T ſuivant l'ordre des ſignes, en ſuppoſant que la Planete ſorte de ſon orbite du côté oppoſé au plan B*b*, & qu'elle décrive FH au lieu de FG.

Cette obſervation faite, & regardant le mouvement FG (*Fig.* 6.) comme compoſé des mouvemens F*x* & *x*G, le premier dirigé parallelement au plan de l'Equateur B*b*, l'autre dirigé ſuivant la perpendiculaire ſur ce plan, ſi on ſuppoſe que la Planete en s'approchant de l'Equateur B*b*, aille plus vîte que la matiere étherée ſuivant la direction F*x*, & que du mouvement F*x* ſoit retranché *xp*, à cauſe de la réſiſtance du fluide, le nœud S rétrogradera vers R; ou ſi la Planete va plus lentement que la matiere ſuivant la même direction, & qu'à ſon mouvement F*x* ſoit ajoûté le mouvement *xy* ; le nœud S, avancera vers T.

Ce ſera le contraire quand la Planete s'éloignera du plan B*b* (*Fig.* 7.) ; car que ſon mouvement pris ſuivant la direction F*x* ſoit plus prompt que celui de la matiere étherée, & que de ce mouvement ſoit retranché *xp*, le nœud S avancera vers T ; & ſi le mouvemeut F*x* de la Planete eſt plus lent que celui de la matiere, & qu'à ſon mouvement ſoit ajoûté *xy*, le nœud S rétrogradera vers R.

Pour ce qui regarde le mouvement *x*G (*Fig.* 8.), il eſt clair qu'en ſuppoſant que les plans de matiere paralleles à l'Equateur B*b* lui faſſent obſtacle, & qu'ils le réduiſent au mouvement *xz*, le nœud S avancera vers T, ou retrogradera vers R, ſuivant que la Planete s'approchera du plan B*b*, ou qu'elle s'éloignera de ce plan.

Au reſte, nous n'avons juſqu'ici que des compenſations plus ou moins exactes ; mais il eſt aiſé de faire voir que, ſans avoir égard à ces compenſations, & conformément à ce que nous apprennent les obſervations aſtronomiques, les nœuds des Planetes principales doivent néceſſairement ſe mouvoir ſuivant l'ordre des Signes.

On a vû (*Art.* 2.) que pour peu que la maſſe ſpherique RN*rn* (*Fig.* 2.) d'un tourbillon particulier, ſe trouve élevé au-deſſus de l'Equateur B*b* du grand tourbillon, la partie NT*r* de l'hemiſphere inférieur, & la plus voiſine du plan de l'Equateur B*b*, eſt toûjours plus frapée que la partie RTN du même hemiſphere ; donc puiſque le centre des forces ſe trouve au-deſſous de ST, il faut que, ſuivant la loi commune de la percuſſion, le centre de la maſſe s'éleve au-deſſus du plan de l'orbite L*l*, & qu'il ſorte de ce plan du côté oppoſé au plan de l'Equateur B*b* ; donc, ſoit que la Planete s'éloigne, ou qu'elle s'approche de cet Equateur, les nœuds de ſon orbite doivent néceſſairement ſe mouvoir ſuivant l'ordre des Signes. Il en ſeroit de même ſi on ſuppoſoit que la Planete avançât plus vîte que la matiere, c'eſt qu'alors la partie occidentale cachée derriere *n*T*r* éprouveroit une plus grande réſiſtance (*Art.* 2.) que la partie cachée derriere RT*n*, & qu'ainſi le centre des forces répulſives ſe trouveroit encore au-deſſous de la ligne ST*n*.

Plus une Planete s'éleve au-deſſus du plan de l'Equateur B*b*, plus les impreſſions que reçoivent les parties NT*r* NTR, *n*T*r* *n*TR ſont inégales, & plus par conſéquent la Planete doit s'écarter du plan L*l* du côté oppoſé à celui qui regarde l'Equateur B*b*.

Plus une Planete s'éleve au-deſſus de ſon plan dans un tems donné, plus ſes nœuds doivent avancer ; car que la Planete en partant du point F (*Fig.* 9.) ſorte de ſon orbite L*l*, & qu'elle décrive l'arc FH dans le tems qu'elle employeroit à décrire l'arc FG, ſon nœud S pris ſur l'Equateur B*b* avancera de S en T ; mais ſi on ſuppoſoit que dans un tems égal elle s'élevât juſqu'au point K, ſon nœud avanceroit de S en V.

Comme la force qui oblige la Planete à s'élever au-deſſus du Plan L*l* lui eſt continuellement appliquée, il eſt clair que la hauteur à laquelle elle s'éleve en tendant à décrire un arc déterminé FG de ſon orbite L*l*, eſt proportionnelle à la force qui la pouſſe, multipliée par le quarré du tems qu'elle employeroit à parcourir l'arc FG ; or ſi on ſuppoſe que les différences des filets tangens & les directions de leurs mouvemens reſtent les mêmes, la force qui obligera la Planete à s'élever au-deſſus du plan L*l*, ne dépendra plus que de la différence de ſa viteſſe & de celle de la matiere ; cette force ſera donc proportionnelle à la viteſſe reſpective élevée à une puiſſance qui aura pour expoſant un nombre plus petit que 2 (*Diſſ.* 5.) puiſque la fluidité de l'éther n'eſt pas infinie, & plus grande que 1, puiſque l'éther eſt fluide ; ainſi en déſignant ce nombre par $2-x$, & nommant $u$ la viteſſe reſpective ou la différence des viteſſes, & $t$ le tems de la révolution de la Planete ou celui qu'elle employeroit à décrire un arc déterminé de ſon orbite, on aura $u^{2-x} \times tt$ proportionnel à la force qui obligera la Planete à s'élever au-deſſus du plan L*l* ; mais ſi la viteſſe $u$ devenoit $nu$, expreſſion où l'on ſuppoſe que $n$ marqueroit un nombre poſitif, entier ou rompu, la force qu'auroit la Planete pour s'élever au-deſſus de ſon orbite deviendroit $\overline{n^{2-x}\, u^{2-x}} \times \frac{tt}{nn}$ : & ſi $n$ exprimoit un nombre plus petit que 1, comme dans ce cas $\overline{n^{2-x}\, u^{2-x}} \times \frac{tt}{nn}$ ſurpaſſeroit $u^{2-x} \times tt$, le mouvement angulaire des nœuds pris relativement au tems de la révolution de la Planete en deviendroit plus grand.

Que l'orbite L*l* vint à s'étendre, il eſt clair qu'afin que le mouvement angulaire de ſes nœuds reſtât toûjours le même, il faudroit que la viteſſe de la Planete & celle de la matiere augmentâſſent dans la même proportion qu'augmenteroit le diametre de l'orbite ; mais ſi ces viteſſes diminuoient, comme en effet elles diminuent dans la Nature (*Diſſ.* 6. *Art.* 17.), je dis que, ſuivant ce qui vient d'être démontré, le mouvement angulaire des nœuds de la Planete pris relativement au tems de ſa révolution autour du Soleil en deviendroit plus grand ; ce mouvement ſurpaſſeroit donc celui qu'auroient ſes nœuds, en ſuppoſant qu'elle parcourut l'orbite la moins étenduë.

Il ſuit delà que, plus les Planetes ſont élevées, toutes choſes ſuppoſées égales d'ailleurs, plus leurs nœuds doivent avancer dans les tems reſpectifs qu'elles employent à faire leurs révolutions autour du Soleil.

## ARTICLE V.

Le même méchaniſme qui fait mouvoir les nœuds des Planetes, fait encore varier l'inclinaiſon des plans de leurs orbites; car qu'une Planete ſorte du plan de la ſienne du côté oppoſé à celui qui regarde l'Equateur de la couche ſpherique dans laquelle elle fait ſa révolution, on voit qu'il faut de néceſſité que l'angle que font les deux plans, ou s'ouvre, ou ſe reſſerre, ſuivant que la Planete ou s'éloigne, ou s'approche du nœud dont ſon lieu phiſique eſt le plus voiſin; car, qu'en s'approchant du plan B*b* (*Fig.* 4.) elle décrive l'arc FH, au lieu de l'arc FG, l'angle FTB deviendra plus aigu que l'angle FSB; mais qu'en s'éloignant du plan B*b* (*Fig.* 5.) elle décrive l'arc FH, au lieu de l'arc FG, l'angle FT*b* deviendra plus ouvert que l'angle FS*b*; ainſi que la Planete parte de ſon nœud S, & qu'elle s'en éloigne de 90 dégrés, l'angle que fera le plan de ſon orbite avec le plan B*b*, s'ouvrira de plus en plus; qu'elle aille enſuite juſqu'au nœud oppoſé à celui dont elle étoit partie, l'angle que feront les deux plans ſe reſſerrera autant qu'il s'étoit ouvert.

Quelque foible que ſoit la cauſe du mouvement des nœuds d'une Planete, comme ce mouvement ſubſiſte toûjours le même, & que rien n'en change la direction, ſa trace doit enfin devenir ſenſible. Il n'en eſt pas ainſi du changement d'inclinaiſon de l'orbite de la Planete; il ne peut donner priſe aux obſervations comparées, à cauſe du court eſpace de tems dans lequel ſe font les oſcillations de l'orbite, c'eſt que chaque balancement ne dure que le tems qu'employe la Planete à faire à peu près le quart de ſa révolution.

On verra dans la ſuite qu'une cauſe ſupérieure à celle qui fait mouvoir les nœuds des Planetes principales ſuivant l'ordre des Signes, oblige ceux de la Lune à ſe mouvoir en ſens contraire; on verra auſſi que le balancement ſenſible de l'orbite de cette Planete ſubalterne naît du principe d'où ſe tire la prompte rétrogradation de ſes nœuds.

## ARTICLE VI.

Ainſi en limitant ma premiere ſuppoſition, en ſuppoſant que la matiere ait quelque priſe ſur les Planetes par ſon mouvement tranſlatif, on voit qu'elle doit faire varier & la poſition de leurs axes, & celle des plans de leurs orbites. J'ajoute qu'elle doit encore altérer la proportion des tems & des aires que décrivent leurs rayons vecteurs; c'eſt qu'il eſt démontré (*Diſſ.* 3. *Art.* 6.) qu'afin que cette proportion fût éxactement gardée, il faudroit que les Planetes circulaſſent comme ſi elles étoient dans le vuide, & qu'elles ne fuſſent que peſantes.

## ARTICLE VII.

Ma ſeconde ſuppoſition a pareillement beſoin d'être limitée, car un tourbillon quelque grand qu'il ſoit, n'a jamais qu'un rapport fini avec les tourbillons particuliers auſquels il donne la loi, ou avec la maſſe ſenſible qui ſe forme autour de ſon centre; mais cela ſuppoſé on voit que les Planetes ne peuvent recevoir toute la viteſſe réactive des colonnes qui les pouſſent vers le centre commun

commun des tendances ; car que le corps C ayant un dégré de viteſſe, frappe le corps P ſuppoſé en repos, la viteſſe communiquée au corps P dans l'inſtant du choc, ſera à la viteſſe du corps C avant le choc, comme $\frac{C}{C+P}$ à $\frac{C}{C}$ ; donc en ſuppoſant que le rapport de C à P ſoit fini, la viteſſe $\frac{C}{C+P}$ qu'acquerera la maſſe P ſera plus petite que la viteſſe primitive $\frac{C}{C}$.

## ARTICLE VIII.

Il ſuit delà que le rapport des différentes peſanteurs d'une même Planete qui en décrivant ſon orbite elliptique, s'approche ou s'éloigne du centre vers lequel elle eſt pouſſée, eſt toûjours plus grand que le rapport renverſé des quarrés de ſes diſtances à ce centre ; car ſoit P la maſſe du tourbillon particulier d'une Planete qui décrit l'orbite R*r*H (*Fig.* 10.) autour du centre F du grand tourbillon ABC, ſi on nomme R la diſtance FR, *r* la diſtance F*r*, C la colonne RA, & B la colonne *r*B, il eſt évident qu'en ſuppoſant que le rayon R ſoit plus grand que le rayon *r*, la colonne C ſera plus petite que la colonne B ; or ſuivant ce qu'on a démontré (*Diſſ.* 2. *Art.* 15. & *Diſſ.* 6. *Art.* 73.) l'impreſſion que recevra la maſſe P au point R, ſera à celle qu'elle recevra au point *r*, comme $\frac{C}{C+P} \times \frac{1}{RR}$ à $\frac{B}{B+P} \times \frac{1}{rr}$ ; donc puiſque la fraction $\frac{C}{C+P}$ ſera plus petite que la fraction $\frac{B}{B+P}$, le rapport des peſanteurs de la Planete aux points

R & *r*, comme aux autres points de ſon orbite, ſera toujours plus grand que le rapport renverſé des quarrés des diſtances FR & F*r*, ce qui dérogera au principe que ſuppoſe la ſeconde partie de la loi de Kepler; c'eſt-à-dire que les traces Elliptiques du mouvement des Planetes ſeront alterées; mais de quelle façon le ſeront-elles? c'eſt ce que nous allons examiner.

## ARTICLE IX.

D'abord il faut obſerver que ſi une Planete, peſant toûjours vers F (*Fig.* 11.) & partant d'un point quelconque R, tend à décrire dans un inſtant la ligne infiniment petite RT, faiſant avec le rayon FR un angle déterminé, & que du point où elle doit arriver en conſéquence de ſa viteſſe RT & de ſa force centripete, on abaiſſe une perpendiculaire ſur FR, cette perpendiculaire ſera toujours égale à elle-même, quelque viteſſe qu'ait la Planete pour s'approcher du foyer F; car qu'elle s'en approche avec la force centripete R*x*, elle décrira la diagonale RV; qu'elle s'en approche avec la force R*y*, elle décrira la diagonale R*v*, donc les lignes R*xy*F, & TV*v* étant paralleles, les perpendiculaires VK & UQ ſeront égales.

## ARTICLE X.

Il faut encore obſerver que les Parametres des différentes Sections dont la Planete pourra décrire l'Element en partant du point R avec une viteſſe & une direction exprimée par RT, ſeront entr'eux en raiſon renverſée des forces centripetes, avec leſquelles ces différentes ſections pourront être décrites; car ſuppoſant les mêmes choſes que dans l'Article précédent, &

nommant R$x$ $x$, R$y$ $y$, VK & UQ K, si RV est l'Element de la Section que commence à décrire la Planete avec la force centripete $x$, le Parametre de cette Section égalera (*Diss.* 7. *Art.* 26.) $\frac{KK}{x}$; de même si RU est l'Element de la section que commence à décrire la Planete avec la force centripete $y$, le Parametre de la Section sera $\frac{KK}{y}$; donc en nommant P & $p$ ces Parametres, on aura $P, p :: \frac{KK}{x}, \frac{KK}{y} :: \frac{1}{x} \frac{1}{y} :: y, x$.

Il suit delà qu'une Planete dont les chutes initiales ne sont pas en raison renversée des quarrés des distances au centre commun des circulations, est continuellement sollicitée à décrire des Sections différentes; que la Planete tende à parcourir la ligne RT (*Fig.* 12.) avec sa vitesse acquise au point R, & que dans le même instant elle tende encore à parcourir la ligne R$x$ en conséquence de sa pesanteur vers le point F, on concevra que pour obéir aux deux impressions à la fois, elle décrira l'Element RV de l'Ellipse ARV$a$; ainsi dans l'instant suivant, elle tendra à décrire la ligne V$t$ égale à la ligne RV dont elle sera le prolongement; or si la Planete en partant du point V, est poussée vers F avec une force VN qui soit à R$x$ en raison renversée des quarrés des distances FV & FR, elle décrira un second élement VS de la même Section ARV$a$; mais si elle est poussée vers F avec une force VM différente de la force VN, la trace V$q$ de son mouvement dans le second instant deviendra l'Element d'une Section dont le Parametre sera différent de celui de la Section ARV$a$; qu'on nomme X la force VN, $m$X la force VM, & $p$ le Parametre de la Section ARV$a$, il est clair qu'en faisant cette proportion, $\frac{1}{X}, \frac{1}{mX} :: p, \frac{p}{m}$, on aura $\frac{p}{m}$ pour le Parametre de la nouvelle Section que la Planete commencera à décrire en partant du point V; donc si les chutes R$x$ & VM ne sont pas en raison renversée des quarrés des distances RF & VF au centre F, il faut que la Planete soit continuellement sollicitée à décrire des Sections différentes.

## ARTICLE XI.

Ces observations faites, je dis que puisque les différentes pesanteurs des Planetes suivent un plus grand rapport que le rapport renversé des quarrés de leurs distances au centre commun vers lequel sont dirigées leurs chutes initiales, les apsides des orbites qu'elles décrivent, doivent se mouvoir continuellement en avançant suivant l'ordre des Signes; car supposant qu'une Planete, en allant de son Aphelie vers son Perihelie, eut décrit l'Element RV (*Fig.* 13.) de la Section ARV$a$ avec la vitesse RT & la force centripete R$x$, si cette Planete arrivée au point V, étoit poussée vers le foyer F avec une force centripete qui fût à R$x$ en raison renversée des quarrés de ses distances RF & VF, elle continueroit de décrire la même Section; ainsi en nommant $t$ la perpendiculaire menée du foyer F sur la tangente au point V, $r$ le rayon FV, $f$ le rayon V$f$ qui aboutiroit au foyer $f$, & $p$ le Parametre de la Section, on auroit (*Diss.* 7. *Art.* 17.) $f = \frac{prr}{4tt - pr}$; mais parce que les colonnes s'alongeroient continuellement depuis l'Aphelie jusqu'au Perihelie, SV surpasseroit QR; ainsi (*Art.* 8.)

l'impreſſion que la colonne SV feroit ſur la Planete au point V, feroit à l'impreſſion R$x$ dans une plus grande raiſon que la raiſon renverſée des quarrés des diſtances FR & FV ; donc (*Art.* 10.) le Parametre de la Section que commenceroit à décrire la Planete en partant du point V, deviendroit plus petit que celui de la Section ARV$a$. Suppoſons, par exemple, que $m$ exprimant un nombre plus grand que l'unité, la force centripete de la Planete au point V fût à celle qu'elle devroit avoir à ce point pour continuer à décrire la même Section, comme $m$X à X, le Parametre $p$ deviendroit (*Art.* 10.) $\frac{p}{m}$ plus petit que $p$, donc la ligne V$f$ ou $f$ s'accourciroit, elle ne vaudroit plus que $\frac{prr}{4mtt-pr}$ ; ainſi en ſuppoſant qu'elle égalât V$g$, le point $g$ deviendroit le ſecond foyer de la nouvelle Section que la Planete commenceroit à décrire en partant du point V ; donc l'axe $a\delta$ de cette Section paſſeroit par les points F & $g$, & paroîtroit avoir fait avec l'axe $a$A le mouvement angulaire AF$\delta$, ſuivant l'ordre des Signes.

## ARTICLE XII.

Il eſt évident que le contraire arriveroit dans la ſuppoſition que le rapport des différentes peſanteurs d'une Planete fût plus petit que le rapport renverſé des quarrés de ſes diſtances au foyer F ; c'eſt qu'alors $m$ valant moins que l'unité dans l'expreſſion $\frac{prr}{4mtt-pr}$ le rayon $f$ s'alongeroit ; ainſi en ſuppoſant qu'il égalât VG (*Fig.* 14.) le mouvement angulaire des apſides deviendroit rétrograde ; mais parce que dans un tourbillon ſpherique les colonnes qui pesent sur une Planete, s'alongent nécessairement depuis son aphelie jusqu'à son Perihelie, c'est toûjours suivant l'ordre des Signes que se meuvent les apsides de son orbite.

## ARTICLE XIII.

Il suit de ce qui vient d'être démontré que plus les colonnes qui s'appuyent sur les différens points de l'orbite que décrit une Planete, s'éloignent du rapport d'égalité, plus les apsides de cette orbite doivent avancer dans le tems d'une révolution.

## ARTICLE XIV.

Si dans un tourbillon ABC on imagine deux orbites R*r*H, *dgh* semblables (*Fig.* 10.) mais inégales en grandeur, les colonnes AR, B*r*, CH qui s'appuyeront sur les points R, *r*, H, s'éloigneront plus du rapport d'égalité que les colonnes A*d*, B*g*, C*h* qui répondront aux points correspondans *d*, *g*, *h*; donc dans le tems d'une révolution les apsides de l'orbite R*r*H auront un mouvement angulaire plus grand que ceux de l'orbite *dgh*.

Comme dans le tourbillon du Soleil les différentes excentricités ne suffisent pas pour mettre entre les colonnes qui s'appuyent sur les points des orbites inférieures un rapport d'inégalité aussi grand que celui qu'ont entr'elles les colonnes qui s'appuyent sur les points correspondans des orbites supérieures, il est évident que les apsides de celles-ci doivent plus avancer dans le tems d'une révolution que ceux des orbites inférieures, ce qui en effet s'accorde assez bien avec les observations comme on le peut voir dans la Table suivante.

*Mouvemens des Aphelies déterminés pour le tems de la révolution de chacune des Planetes.*

| | | |
|---|---|---|
| SATURNE | 40′ | 4″ |
| JUPITER | 18 | 40 |
| MARS | 2 | 8 |
| LA TERRE | 1 | 2 |
| VENUS | | 53 |
| MERCURE | | 24 |

Le tourbillon de la Terre étant peu étendu, & la Lune ayant une excentricité aſſez conſidérable par rapport à la grandeur de ſon orbite, les colonnes qui la repouſſent continuellement vers la Terre doivent être très inégales, de plus, leurs maſſes ne peuvent pas ſurpaſſer de beaucoup celle du tourbillon de la Lune; il faut donc qu'elles faſſent ſur ce tourbillon des impreſſions qui s'éloignent bien plus du rapport renverſé des quarrés des diſtances que les impreſſions réactives que reçoivent les Planetes qui circulent dans le tourbillon du Soleil; auſſi les apſides de l'orbite de la Lune avancent-ils ſuivant l'ordre des Signes à peu près de trois dégrés dans le tems d'une révolution.

## ARTICLE XV.

Au reſte l'inégalité des colonnes qu'on ſuppoſe avoir un rapport fini avec la maſſe du tourbillon d'une Planete, doit être limitée, afin que la Planete ne s'approche pas infiniment du centre de ſa circulation, ou qu'elle ne s'éloigne pas infiniment de ce centre, ce qui arriveroit ſi le rapport des viteſſes réactives plus grand que le rapport renverſé des quarrés des diſtances, venoit à égaler le rapport renverſé des cubes de ces diſtances.

## ARTICLE XVI.

Pour exprimer le rapport que les masses des colonnes ont avec celles des tourbillons sur lesquels elles réagissent, il faut avoir égard aux densités respectives de ces masses ; car suivant ce que j'ai déja démontré (*Diss.* 6. *Art.* 32.) la masse totale de l'éther pourroit être réduite à la moindre quantité possible ; ainsi on seroit en droit de supposer que celle du corps d'une Planete seroit indéfiniment plus grande que la masse que renfermeroit un égal volume de matiere étherée ; donc la matiere propre des Planetes augmente considérablement la masse des tourbillons qui les envelopent, ce qui fait le même effet que si elle augmentoit leurs densités : on peut donc supposer que ces tourbillons pris conjointement avec leurs masses centrales, sont beaucoup plus denses que les colonnes qui réagissent sur eux. Cela posé, soit $x$ la hauteur de la colonne ABEG (*Fig.* 15.), $d$ sa densité, $r$ le rayon du tourbillon BHEK, $c$ sa circonférence, & D sa densité, la masse ABHEG sera à celle du tourbillon BKEH comme $\frac{xcrd}{2} - \frac{crrd}{3}$ à $\frac{2crrD}{3}$, ou comme $3xd$ à $4rD$, en négligeant d'avoir égard au volume BHE retranché du volume ABEG.

## ARTICLE XVII.

Le rayon $r$ & la proportion des masses restant les mêmes, plus la densité du tourbillon l'emporte sur celle de la colonne, plus cette colonne doit s'élever. Supposons, par exemple, que les masses fussent entr'elles comme 60 à 1, cette proportion $3xd$, $4rD$ :: 60, 1 donneroit $xd = 80 \times rD$ ; ainsi que les densités fussent égales,

égales, $x$ la hauteur de la colonne ne vaudroit que 80 fois le rayon du tourbillon, au lieu qu'elle vaudroit huit mille fois ce rayon, en ſuppoſant que la denſité D fut cent fois plus grande que la denſité $d$.

## ARTICLE XVIII.

La hauteur de la colonne & la proportion des denſités reſtant les mêmes, le rapport des maſſes doit ſuivre la proportion inverſe des rayons, ce qui eſt évident; car ſi on ſuppoſe, par exemple, que $r$ devienne $\frac{r}{3}$, le rapport $\frac{3xd}{4rD}$ deviendra $\frac{9xd}{4rD}$, on aura donc $\frac{3xd}{4rD}$ à $\frac{9xd}{4rD}$ comme 1 à 3.

## ARTICLE XIX.

En ſuppoſant encore que les maſſes des tourbillons particuliers des Planetes, ont un rapport fini avec celles des colonnes qui les frapent, il eſt aiſé de s'appercevoir que les tems de leurs révolutions ſont plus longs que ceux des révolutions de la matiere; qu'une Planete ♄ (*Fig.* 16.) ſuppoſée à ſa moyenne diſtance du Soleil S, vint à décrire le cercle ♄A, il eſt démontré (*Diſſ.* 7. *Art.* 30.) que le tems qu'elle employeroit à faire ſa révolution autour de ce cercle, ſeroit égal à celui qu'elle employe à parcourir ſon orbite elliptique; or nommant R la diſtance S♄, C la maſſe de la colonne C♄ qui fraperoit la Planete, $p$ celle de la Planete, $u$ ſa viteſſe tranſlative, $\tau$ le tems de ſa révolution, V la viteſſe tranſlative de la matiere, & T le tems de ſa révolution; puiſque dans le cercle les forces centrifuges & centripetes ſont égales entr'elles, celles de la matiere ſeroient aux forces centrifuges & centripetes de la Planete comme $\frac{VV}{R}$ à $\frac{uu}{R}$ comme VV à *uu*, ou comme les ſinus verſes des arcs infiniment petits décrits par la matiere, aux chutes initiales de la Planete; mais (*Diſſ.* 2. *Art* 16.) par la loi de la percuſſion $\frac{CVV}{C+p}$ égaleroit *uu*, on auroit donc $V, u :: \sqrt{C+p}, \sqrt{C}$; or les diſtances ſuppoſées les mêmes, les tems ſont toujours entr'eux en raiſon renverſée des viteſſes tranſlatives; donc on auroit auſſi $\frac{1}{T}, \frac{1}{\tau} :: \sqrt{C+p}, \sqrt{C}$, ou $\tau, T :: \sqrt{1+\frac{p}{C}}, \sqrt{1}$. Donc le tems de la révolution de la Planete dans ſon orbite elliptique, ſera plus long que celui de la matiere dans le cercle ♄A.

## ARTICLE XX.

J'ajoute à cela que plus les Planetes ſont proches du Soleil, toutes choſes ſuppoſées égales d'ailleurs, (car on n'a rien de déterminé, ni ſur la grandeur des tourbillons qui les envelopent, ni ſur leurs denſités) J'ajoute donc que plus elles ſont proches du Soleil, moins les tems de leurs révolutions different de ceux des révolutions de la matiere; car que la Planete ♃ à ſa diſtance S♃, plus petite que S♄, vienne à décrire le cercle ♃B, ſi on nomme encore V & *u* les viteſſes tranſlatives de la matiere & de la Planete, T & $\tau$ les tems de leurs révolutions, & que *b* exprime l'alongement ♄♃ de la colonne C♄, on aura $\tau, T :: \sqrt{1+\frac{p}{C+b}}, \sqrt{1}$; or $\sqrt{1+\frac{p}{C+b}}$

s'approchera plus de l'unité que la quantité $\sqrt{1+\frac{p}{C}}$ ; donc plus les Planetes ſont proches du Soleil, toutes choſes ſuppoſées égales d'ailleurs, moins les tems de leurs révolutions s'écartent des tems des révolutions de la matiere, toujours proportionnels aux racines des cubes des diſtances.

## ARTICLE XXI.

Les obſervations aſtronomiques juſtifient ce qui vient d'être dit dans les deux articles précedens. On ſçait que ſuivant Kepler, la proportion des diſtances moyennes des Planetes au Soleil exprimée en nombres, donne

| | | |
|---|---|---|
| Pour | ♄ | 951000 |
| | ♃ | 519650 |
| | ♂ | 152350 |
| | ♁ | 100000 |
| | ♀ | 72400 |
| | ☿ | 38806 |

On ſçait auſſi que ſuivant cet Aſtronome, les tems des révolutions réduits en jours & en parties décimales de jours, donnent

| | | |
|---|---|---|
| Pour | ♄ | 10759J:2072 |
| | ♃ | 4332:6177 |
| | ♂ | 686:9805 |
| | ♁ | 365:2426 |
| | ♀ | 224:7395 |
| | ☿ | 87:9683 |

Or comme la colonne qui peſe ſur Mercure eſt la plus élevée, on peut ſuppoſer que ſa maſſe eſt indéfiniment grande par rapport à celle du tourbillon de la Planete ; on peut donc ſuppoſer auſſi que les chutes initiales de ce tourbillon ſont égales aux réactions de la matiere, & qu'ainſi le tems de la révolution de la matiere eſt à peu près le même que le tems de la révolution de la Planete ; en effet, le rapport de ces tems étant celui qui doit s'approcher le plus du rapport d'égalité, il peut être cenſé s'y réduire ; mais les tems des révolutions de la matiere ſuivent la loi de Kepler ; on aura donc les rapports qu'offre la table ſuivante.

| | TEMS des révolutions des Planetes. | TEMS des révolutions de la matiere. | DIFFERENCES. | RAPPORTS. | | |
|---|---|---|---|---|---|---|
| ♄ | 10759J:2072 | 10672J:0697 | 87J:1375 | 100 000 | à | 99 190 |
| ♃ | 4332:6177 | 4310:6654 | 21:9523 | 100 000 | à | 99 493 |
| ♂ | 686:9805 | 684:2922 | 2:6883 | 100 000 | à | 99 609 |
| ♁ | 365:2426 | 363:8964 | 1:3462 | 100 000 | à | 99 632 |
| ♀ | 224:7395 | 224:1742 | :5653 | 100 000 | à | 99 748 |
| ☿ | 87:9683 | 87:9683 | 0 | 100 000 | à | 100 000 |

Donc par les obſervations, 1°. les tems des révolutions des Planetes ſont plus longs que ceux des révolutions de la matiere ; 2°. le rapport de ces tems ſe rapproche du rapport d'égalité, à meſure que les diſtances diminuent.

## ARTICLE XXII.

Je ne puis me défendre de faire voir ici que dès qu'il eſt conſtaté que les tems des révolutions des Planetes ſupérieures ſont plus longs que ceux que demande la loi de Kepler, le principe de l'attraction mutuelle devient plus que ſuſpect.

Suivant M. Newton les forces attractives ſont en raiſon

directe des masses qui attirent, & en raison inverse des quarrés des distances de celles qui sont attirées ; ainsi les masses sont entr'elles en raison composée des approches initiales des corps sur lesquels elles agissent, & des quarrés de leurs distances à ces corps.

Par-là on peut comparer les masses des Planetes que d'autres accompagnent.

Soit M la masse du Soleil, *m* celle de la Terre, R leur distance respective, S le sinus verse de l'arc que décrit la terre dans un tems indéfiniment petit, *s* le sinus verse de l'arc que décrit la Lune dans un tems égal, & *r* la distance de cette Planete à la Terre, on aura M, *m* :: SRR, *srr*, & en nommant V & *u* les vitesses, T & *t* les tems des révolutions, on aura (*Diss.* 6. *Art.* 32.)

M, *m* :: VVR, *uur* :: $\frac{R^3}{TT}$, $\frac{r^3}{tt}$, patce que VV sera à *uu* comme $\frac{RR}{TT}$ à $\frac{rr}{tt}$.

Ce principe posé, M. Newton fait voir que la masse de la Terre n'est pas la deux cens milliéme partie de celle du Soleil ; or les masses de Mercure, de Venus & de Mars, doivent répondre à peu près à celle de la Terre ; donc on peut supposer sans erreur, que le centre du Soleil est le centre commun de gravité de sa masse, & de celle de chacune de ces Planetes prises séparément ;

Donc si elles pesent toutes suivant le rapport renversé des quarrés de leurs distances au centre du Soleil, il faut que les tems de leurs révolutions répondent exactement à ceux que demande la loi de Kepler ; car soit F la force centripete d'une Planete, V sa vitesse, R sa distance, & T le tems de sa révolution, on aura F

$= \frac{VV}{R} = \frac{R}{TT}$ (*Diss.* 6. *Art.* 1.) & si F est pareillement égal à $\frac{1}{RR}$, T égalera $\sqrt{R^3}$; donc le tems de la révolution de la Planete sera proportionnel à la racine quarrée du cube de sa distance au Soleil.

Mais voyons si dans l'hipotèse de l'attraction mutuelle, les tems qu'employeroient les Planetes supérieures à décrire leurs orbites, suivroient la même proportion; prenons, par exemple, Jupiter. Suivant M. Newton, la masse de cette Planete seroit à celle du Soleil comme 1 à 1067; cela posé, soit S le Soleil, (*Fig.* 17.) P Jupiter, O leur centre commun de gravité, PQZ l'orbite que parcoureroit Jupiter pendant que le Soleil décriroit SKF, PHI l'orbite que décriroit la Planete si sa masse devenoit infiniment petite par rapport à celle du Soleil, ou ce qui revient au même, si le centre O joignoit le centre S; il est clair que, suivant le principe de l'attraction, le tems dans lequel l'orbite PHI seroit décrite, répondroit aux tems des révolutions des Planetes inférieures, & qu'il seroit plus long que celui qu'employeroit Jupiter à décrire l'orbite PQZ; car nommant T & $t$ les tems des deux différentes révolutions, R & $r$ les distances SP & OP, on auroit (*Diss.* 4. *Art.* 24.) $T, t :: \sqrt{R}, \sqrt{r}$; donc, suivant le principe de l'attraction mutuelle, loin que les tems des révolutions des Planetes supérieures dûssent être plus longs que ceux que demanderoit la loi de Kepler, comme ils le sont en effet, ces tems deviendroient nécessairement plus courts. Un faux principe se décele toujours par plus d'un endroit.

## ARTICLE XXIII.

Comparons maintenant le tems de la révolution de la Lune avec celui de la matiere.

On a démontré (*Diss.* 8. *Art.* 42.) qu'un corps qui n'auroit point de force centrifuge tomberoit à notre latitude de 544$^{l}$: 346 992, ou de 3$^{pds.}$ 9$^{pouc.}$ 4$^{l}$: 346 992 dans une demi-seconde; tel est donc le sinus verse de l'arc pris sur un grand cercle, & décrit dans un tems égal par la matiere étherée vers la surface de la Terre: or la vitesse translative devant être moyenne proportionnelle entre ce sinus & le diametre du grand cercle (*Diss.* 6. *Art.* 1.), si on suppose qu'à notre latitude la longueur du rayon de la Terre soit de 19. 606 745$^{pds.}$ telle que la donnent les mesures de M. Picard (*Diss.* 8. *Art.* 42.) on trouvera qu'à l'extremité de ce rayon la matiere parcourt 12175$^{pds.}$ 2$^{pouc.}$ dans une demi-seconde; mais on a vû (*Diss.* 6. *Art.* 17.) que dans un tourbillon, les vitesses translatives sont en raison renversée des racines des distances au centre commun des circulations; de plus, on sçait par les observations les plus recentes, que la moyenne distance de la Lune est au plus de 59: 765 demi-diametres moyens de la Terre ou de 1. 171 931 287 pieds; donc à cette distance la matiere parcourt 1574$^{pds.}$ 9$^{pouc.}$ dans une demi-seconde, donc elle doit faire sa révolution en 27$^{j}$ 1$^{h}$ 25$'$, au lieu que la Lune ne fait la sienne qu'en 27$^{j}$ 7$^{h}$ 43$'$ 5$''$ ce qui suppose que sa vitesse soit à celle de la matiere comme 10. 000 à 10. 097.

## ARTICLE XXIV.

Le rapport de ces vitesses & celui des tems peuvent également servir à déterminer le rapport des réactions de la matiere & des chutes initiales de la Lune ; car aux mêmes distances les sinus verses sont en raison directe des quarrés des vitesses, ou en raison renversée des quarrés des tems ; donc les chutes initiales de la Lune, sont aux sinus verses des arcs que décrit la matiere, comme 10000 à 10195 ; donc la masse de la Lune, ou celle de son tourbillon ne reçoit qu'une partie de la vitesse réactive de la matiere étherée ; donc les chutes des corps qui sont voisins de nous, sont aux chutes de la Lune dans un plus grand rapport que le rapport renversé des quarrés de leurs distances au centre de la Terre ; aussi vient-on de voir que pendant que les chutes totales sont ici de $3^{pds.}$ $9^{pouc.}$ $4^{l}$ : 346 992 dans une demi-seconde, celle de la Lune n'est que de $0^{l}$ : 149 450 dans un tems égal, & non de $0^{l}$ : 152 364 telle qu'il faudroit qu'elle fût pour rentrer dans l'analogie que demanderoit la loi de Kepler.

Ce Phénomene se concilie avec les principes que je viens d'établir, & devient parfaitement analogue à ce que nous offre la théorie des Planetes principales.

## ARTICLE XXV.

Si on supposoit que les chutes proches de la surface de la Terre dûssent répondre à celles de la Lune, on trouveroit qu'à notre latitude les corps en obéïssant à leur pesanteur absoluë, ne tomberoient dans une demi-seconde que de $3^{pds.}$ $8^{pouc.}$ $5^{l}$ : 935 050, & que par leur pesanteur réduite, ils ne tomberoient que de $3^{pds.}$ $8^{pouc.}$ $5^{l}$ : 118 717, d'où il suit que le Pendule qu'on sçait être de $3^{pds.}$ $0^{pouc.}$ $8^{l}$ : 57, ne seroit plus que de $3^{pds.}$ $0^{pouc.}$ $0^{l}$ : 129 755, & qu'ainsi il seroit accourci de $8^{l}$ : 440 245, ce qu'il est aisé de justifier.

Nommant

Nommant

$r$ le rayon de la Terre à notre latitude,

R la moyenne diſtance de la Lune

$t$ la quantité de demi-ſecondes qu'employe la Lune à faire ſa révolution par rapport aux étoiles fixes.

$f$ la force centrifuge proche de nous, & priſe par rapport au centre de la Terre.

Z la quantité irrationnelle qui multipliant le rayon, donne la circonférence du cercle.

$s$ la quantité qui diviſant la chute des corps, donne la longueur du Pendule.

On aura la circonférence du cercle que décriroit la Lune à ſa moyenne diſtance - - - - - - $= RZ$

Le chemin que feroit la Lune dans une demi-ſeconde - - - - - - - - - - $= \frac{RZ}{t}$

Sa chute ou le quarré de ſa viteſſe diviſé par le double du rayon R - - - $= \frac{RZZ}{2tt}$

La chute totale des corps qui ſont voiſins de nous - - - - - - $= \frac{R^3ZZ}{2rrtt}$

Leur chute réelle - - - - $= \frac{R^3ZZ}{2rrtt} - f$

La longueur du Pendule - - $= \frac{R^3ZZ}{2rrtts} - \frac{f}{s}$

Mais

$r$, ſuivant les meſures de M. Picard (*Diſſ.* 8. *Art.* 42.) = 19606745 pds. = 28233712800000000 millionniéme de ligne - - *Log.* 15. 4507679774

R, ſuivant M. de la Hire = 59 : 765 demi-diametres moyens de la Terre = (*Diſſ.* 8. *Art.* 42.) 59 : 765 × 19 608 990 = 1171931287 pieds = 168 758 105 328 000 000 millionniéme de ligne - - *Log.* 17. 2272646410

*t*, = 4721170 demi-ſecondes, *Log.* 6.6740496389

*f*, (*Diſſ.* 8. *Art.* 42.) = 0$^{l}$ : 816333 *Log.* 5. 9118672783

$Z = \frac{6283185307}{1000000000}$ - - - *Log.* .7981798683

*s*, (*Diſſ.* 8. *Art.* 22.) $= \frac{ZZ}{32}$ - - *Log.* .0 9120975 83

Donc ſi on met ces valeurs à la place des quantités que renfermeront les formules $\frac{R^3 ZZ}{2rrtt} - f$ & $\frac{R^3 ZZ}{2rrtts} - \frac{f}{s}$ on trouvera qu'en ſuppoſant que la chute des corps à notre latitude, dût répondre aux chutes de la Lune, ces corps tomberoient dans une demi-ſeconde de 533$^{l}$ : 935050 ou de 3$^{pds.}$ 8$^{pouc.}$ 5$^{l}$ : 935050, & que le Pendule ſeroit de 432$^{l}$ : 129755, ou de 3$^{pds.}$ 0$^{pouc.}$ 0$^{l}$ : 129755, & par conſéquent de 8$^{l}$ : 440245 plus court que le Pendule déterminé par M. de Mairan.

## ARTICLE XXVI.

Mais on va voir que ſi la Terre peſoit vers la Lune, comme la Lune peſe vers la Terre, conformément au principe ſur lequel M. Newton fait rouler ſon ſiſtême, le chemin que feroient les corps en tombant, auſſi-bien que le Pendule, demanderoient à être beaucoup plus accourcis qu'ils n'auroient beſoin de l'être, en donnant à la Lune toute la chute reſpective des deux maſſes.

Je ſuppoſe d'abord que deux corps T & L (*Fig.* 18.)

attachés aux extremités d'un levier, ayent leur centre commun de gravité au point O, & que le corps L tende à ſe mouvoir ſuivant la direction LB ; il eſt démontré que le centre O avancera ſur la ligne O*q* parallele à la ligne LB, & cela pendant que les deux corps circuleront autour de ce centre ; ou bien ſi l'on vouloit que ce fût le corps T qui tendit à ſe mouvoir ſuivant la direction TR, parallele à LB, le centre O avanceroit encore ſur la ligne O*q*, pendant que T & L tourneroient autour de ce centre, mais en ſuivant une direction contraire à celle de la premiere circulation ; c'eſt-à-dire, que ſi on ſuppoſoit, par exemple, que dans le premier cas, la circulation ſe fit d'Orient en Occident, dans l'autre cas elle ſe feroit d'Occident en Orient.

Il eſt pareillement démontré que l'état reſpectif des deux maſſes reſteroit encore le même, en ſuppoſant, qu'outre les mouvemens particuliers qu'elles auroient, on vint à leur en imprimer un autre qui leur fût commun, ou ce qui revient au même, en ſuppoſant qu'on pouſsât le levier par le point O.

Maintenant qu'au lieu d'aſſocier les corps L & T par l'entremiſe d'un levier, on les aſſociât par l'action d'une force attractive & réciproque, capable de les empêcher de s'écarter l'un de l'autre, il eſt clair que ſi l'un des deux corps venoit à ſe mouvoir, ou qu'ils avançaſſent tous deux du même côté avec des viteſſes inégales, ils tourneroient encore autour de leur centre commun de gravité, pendant que ce centre les emporteroit ſuivant la direction de ſon mouvement propre ; tout ce que ce dernier cas donneroit de particulier, c'eſt que les traces des circulations autour du centre O, pourroient ne plus former des cercles parfaits, la nature des courbes qu'elles formeroient, dépendroit de la loi, suivant laquelle les deux corps tendroient à s'approcher l'un de l'autre, & du mouvement qui leur seroit d'abord imprimé; mais les vitesses avec lesquelles ils circuleroient autour du point O, seroient toûjours en raison renversée de leurs masses, autrement la direction de ce point changeroit.

Ce principe posé, soient L & T (*Fig.* 19.) les masses de la Lune & de la Terre, & le point O leur centre commun de gravité, si la Lune tend à s'approcher de la Terre avec une vitesse exprimée par LE, & qu'elle tende en même-tems à décrire la tangente LD, il est évident que la Terre sera déterminée à se mouvoir suivant une direction TG, contraire à la direction LD, & que les vitesses TG & LD seront en raison renversée des masses; or qu'on prenne TI pour la vitesse initiale avec laquelle la Terre tendra à s'approcher de la Lune, & qu'on mene IK parallele à TG, & EH parallele à LD, les chutes initiales TI ou GK, LE ou DH, seront de même en raison renversée des masses T & L; & si l'on mene encore les diagonales TK & LH, les triangles TOK & LOH seront semblables aussi-bien que les autres figures que les rayons vecteurs OT & OL décriront en tems égaux.

Il suit delà que nous verrons la Lune décrire autour de la Terre une figure semblable aux deux autres; car menant la ligne KP égale & parallele à TL, il est clair que lorsque T sera en K, il nous paroîtra que la Lune sera partie du point P, & que le rayon KP aura décrit un angle PKH égal à l'angle TOK ou LOH; & parce que les lignes OT, OL, OK, OH, seront toûjours dans un rapport donné, leurs ſommes qui égaleront KP & KH, auront un rapport conſtant avec les lignes OT & OK, ou OL & OH; donc il nous paroîtra que la figure KPH décrite par le rayon KP, ſera ſemblable aux figures OTK & OLH que les rayons OT & OL décriront autour du point O; ainſi, comme nous nous ſuppoſerons en repos, nous jugerons que la Lune en parcourant l'arc PH, ſe ſera détournée de la tangente PM avec une force qui lui aura fait décrire une ligne PN égale à la ſomme des ſinus verſes TI & LE; mais puiſque la Lune n'aura réellement parcouru que la ligne LE, en tombant vers le point T, ou vers le point O, ce ſera rélativement à cette chute qu'il faudra juger de celle des corps qui ſont voiſins de la ſurface de la Terre.

Cela poſé, on voit déja que puiſque le ſinus verſe PN n'eſt pas aſſez long pour répondre à la chute des corps qui ſont voiſins de nous, ni conſéquemment à la longueur du Pendule, le ſinus verſe LE plus petit que PN y répondra encore moins. Il eſt vrai que M. Newton fait voir que dans l'hipotèſe de l'attraction, l'action du Soleil ſur la Lune, lui fait perdre quelque choſe de ſa peſanteur vers la Terre, & qu'ainſi le ſinus LE qu'elle décrit dans le tems qu'elle devroit parcourir la tangente LD, eſt un peu moins long que celui qu'elle décriroit en ſuppoſant que ſa peſanteur ne fût point alterée. Cet illuſtre Géometre démontre que la peſanteur totale de la Lune eſt à celle qui lui reſte comme $178\frac{29}{40}$ à $177\frac{29}{40}$, ce qu'il eſt aiſé de vérifier ſuivant ſes principes.

Soit BCGD (*Fig.* 20.) l'orbite de la Lune, T la Terre, S le Soleil, ſi on prend SC égale à ST, & que la Lune étant ſuppoſée au point C & vers l'une de ſes quadratures, on abaiſſe ſur ST la perpendiculaire CN, il eſt clair qu'à cauſe de la grande diſproportion des rayons ST, TC, la perpendiculaire CN & la ligne TC ſeront ſuppoſées égales, auſſi-bien que les diſtances SN & ST; or la force centripete de la Terre vers le Soleil, ſera à la force centripete de la Lune vers la Terre, comme le quarré de la viteſſe de la Terre diviſé par le rayon ST, au quarré de la viteſſe de la Lune diviſé par le rayon TC; mais les viteſſes ſuivent la proportion des rayons diviſés par les tems; donc nommant F la force centripete de la Terre, R ſa diſtance au Soleil, T le tems de ſa révolution, *f* la force centripete de la Lune, *r* ſa diſtance à la Terre, & *t* le tems de ſa révolution, on aura $F, f :: \frac{R}{TT}, \frac{r}{tt} :: Rtt, rTT$; & parce que le Soleil en attirant la Terre & la Lune avec la force $Rtt$, approchera ces deux Planetes l'une de l'autre, ſi on tranſporte à la Lune ſeule la force ajoutée par l'action du Soleil à leur attraction mutuelle, cette force que je nommerai ici *y*, ſera à $Rtt$, comme NC (*r*), à SN (R); ainſi on aura $y, Rtt :: r, R$, & $y = rtt$; donc cette force ſera à la peſanteur de la Lune, comme $rtt$ à $rTT$; c'eſt-à-dire, comme le quarré du tems de la révolution de la Lune au quarré du tems de la révolution de la Terre, & par conſéquent comme 1 à $178\frac{29}{40}$.

Mais il eſt démontré (*Diſſ.* 4. *Art.* 25.) que ſi la peſanteur de la Lune augmente dans le tems des quadratures, elle diminue du double de ſon augmentation dans le tems des Sizigies; donc toute compenſation faite, ce que l'action du Soleil retranchera de la peſanteur de la

Lune, ſera à cette peſanteur, comme 1 à $178\frac{29}{40}$; donc la force centripete de cette Planete ne vaudra plus que $177\frac{29}{40}$.

Il ſuit delà que pour comparer les chutes de la Lune avec celles des corps qui ſont voiſins de la ſurface de la Terre, il faut augmenter le ſinus verſe LE (*Fig.* 19.) dans le rapport de $177\frac{29}{40}$ à $178\frac{29}{40}$.

J'ajoute qu'il faut encore déterminer la poſition du centre O ſur le rayon TL, poſition qui dépend de la proportion de la maſſe de la Lune & de celle de la Terre; or ſuivant M. Newton, ces maſſes ſont entr'elles comme 1 à 39 : 371; donc la diſtance de la Lune au point O, eſt à ſa diſtance au centre de la Terre, comme 39 : 371 à 40 : 371.

Mais ſuppoſons d'abord que les denſités des deux Planetes fuſſent égales, & qu'ainſi leurs maſſes répondiſſent à leurs volumes, qui, ſuivant M. de la Hire, ſont entr'eux comme 1 à $49\frac{1}{2}$, on trouvera qu'à notre latitude les corps ne tomberoient dans une demi-ſeconde que de $525^{l}$ : 448 257, & que le Pendule demanderoit à être accourci de $1^{pouc.}\ 2^{l}$ : 657 685.

Car nommant

$\frac{m}{n}$ le rapport de la Terre à la ſomme des deux maſſes

$=\frac{49:30}{50:30}$ *Log.* — .0087210658

$\frac{g}{h}$ le rapport du sinus verse que devroit décrire la Lune, au sinus verse qu'elle décrit en effet $= \frac{178\frac{29}{40}}{177\frac{29}{40}}$ - - - *Log.* .0024367829

Les formules $\frac{R^3ZZ}{2rrtt} - f$, & $\frac{R^3ZZ}{2rrtts} - \frac{f}{s}$ deviendroient $\frac{R^3ZZmg}{2rrttnh} - f$ & $\frac{R^3ZZmg}{2rrttnhs} - \frac{f}{s}$ d'où on tireroit la chute des corps à notre latitude de 525$^l$: 448 257 - - - - - - - - - - *Log.* 8.7205299558

& la longueur du Pendule de 425$^l$: 912 315 - - - - - - *Log.* 8.6293201975

ou de - $2^{pds.}$ $11^{pouc.}$ $5^l$: 912315

& son accourcissement de $1^{pouc.}$ $2^l$: 657 685.

Reprenons la proportion des masses telle que la donnent les principes de M. Newton, & telle qu'il la suppose, nous aurons

$\frac{m}{n} = \frac{39:371}{40:371}$ - - - - - - *Log.* — .0108930613

ce qui donnera pour la chute des corps à notre latitude 522$^l$: 822 870 - - - - - - - - - - *Log.* 8.7183545768

& pour la longueur du Pendule 423$^l$: 784 256 - - - - *Log.* 8.6271448185

ou - - $2^{pds.}$ $11^{pouc.}$ $3^l$: 784 256

& pour son accourcissement $1^{pouc.}$ $4^l$: 785 744.

ARTICLE

## ARTICLE XXVII.

Au reste de tous les Astronomes modernes, M. de la Hire est celui qui éloigne le plus la Lune de nous; on sçait, par exemple que, suivant M. Cassini, la moyenne distance de cette Planete n'est que de 58 : 15 demi-diametres de la Terre; ainsi dans l'hipotèse commune, la longueur du Pendule exprimée par $\frac{R^3ZZ}{2rrtts} - \frac{f}{s}$ ne seroit que de 397$^l$ : 983 982 *Log.* 8. 5998655935.
ou de - 2$^{pds.}$ 9$^{pouc.}$ 1$^l$ : 983 982
différence - - 3$^{pouc.}$ 6$^l$ : 586 018

Et dans l'hipotèse de M. Newton cette longueur exprimée par $\frac{R^3ZZmg}{2rrttnhs} - \frac{f}{s}$ vaudroit
390$^l$ : 296 915 ou 2$^{pds.}$ 8$^{pouc.}$
6$^l$ : 296 914 - - - - - - - *Log.* 8. 5913951171
ainsi son accourcissement seroit de
4$^{pouc.}$ 2$^l$ : 273 086.

## ARTICLE XXVIII.

### PROBLEME.

La loi de Kepler, & la longueur du Pendule supposées, trouver quelle devroit être la moyennne distance de la Lune.

### *RESOLUTION.*

Soit $p$ la longueur du Pendule $= \frac{R^3ZZ}{2rrtts} - \frac{f}{s}$ $=$ 3$^{pds.}$ 0$^{pouc.}$ 8$^l$ : 57, on aura $R = \sqrt[3]{\frac{2rrttsp + 2rrttf}{ZZ}}$

$= \sqrt[3]{\frac{2rrtt \times \overline{sp+f}}{ZZ}} =$ - - - - - - 1179500006 pieds $= 60:15$ demi-diametres moyens de la Terre.

## ARTICLE XXIX.

## PROBLEME.

L'attraction & la longueur du Pendule supposées, trouver quelle devroit être la moyenne distance de la Lune.

## *RESOLUTION.*

Soit $p$ la longueur du Pendule $= \frac{R^3 ZZmg}{2rrttnhs} - \frac{f}{s}$ $= 3^{pds.}\ 0^{pouc.}\ 8^{l}:57$, on aura $R = \sqrt[3]{\frac{2rrttnhsp + 2rrttnhf}{ZZmg}}$ $= \sqrt[3]{\frac{2rrttnh \times \overline{sp+f}}{ZZmg}} =$ - - - - - 1187180371 pieds $= 60:54$ demi-diametres moyens de la Terre.

## ARTICLE XXX.

## PROBLEME.

La loi de Kepler, la pesanteur totale & la moyenne distance de la Lune étant supposées, trouver quelle devroit être le tems de la révolution de la Planete.

## *RESOLUTION.*

Soit L la pesanteur totale $= \frac{R^3 ZZ}{2rrtt} = 544^{l}:346992$, R, suivant M. de la Hire $= 59:765$ demi-diametres moyens de la Terre.

On aura $t$ ou $\sqrt{\frac{R^3ZZ}{2rrL}} = 4\,675\,800$ demi-ſecondes $= 27^j\ 1^h\ 25'$, plus court de $6^h\ 18'\ 5''$ que le tems réel, comme on l'a déja démontré.

Et ſi R = 58 : 15 demi-diametres moyens de la Terre, comme le ſuppoſe M. Caſſini, on aura $t = 4487558$ demi-ſecondes, ou $25^j\ 23^h\ 16'\ 19''$, plus court de $1^j\ 8^h\ 26'\ 46''$ que le tems réel.

## ARTICLE XXXI.

## PROBLEME.

L'attraction mutuelle, la peſanteur totale, & la moyenne diſtance de la Lune étant ſuppoſées, trouver quel devroit être le tems de la révolution de la Planete.

## *RESOLUTION.*

Soit L la peſanteur totale $= \frac{R^3ZZmg}{2rrttnh} = 544^l : 346$ 992, R = 59 : 765 demi-diametres moyens de la Terre, on aura $t = 4\,630\,500$ demi-ſecondes, ou $26^j\ 19^h\ 7'\ 30''$, plus court de $12^h\ 35'\ 35''$ que le tems réel.

Et ſi R = 58 : 15 demi-diametres moyens de la Terre, on aura $t = 4\,444\,080$ demi-ſecondes, ou $25^j\ 17^h\ 14'\ 0''$, plus court de $1^j\ 14^h\ 29'\ 5''$ que le tems réel.

## ARTICLE XXXII.

On voit que de ce qui vient d'être démontré, il ſuit qu'il n'y a point d'attraction mutuelle, & que les peſanteurs ne ſont pas même éxactement en raiſon renverſée des quarrés des diſtances aux centres vers leſquels elles ſont dirigées, comme le demanderoit la loi de Kepler.

Mais ce qui prouve ici contre les principes de M. Newton, fait un titre bien favorable pour ceux que nous leur oppoſons ; il eſt clair que comme les maſſes des colonnes qui peſent ſur les tourbillons particuliers des Planetes ſubalternes, ne ſont point infinies, les chutes initiales de ces tourbillons (*Art.* 8.) doivent être dans un plus grand rapport que le rapport renverſé des quarrés des diſtances ; conſéquence néceſſaire, juſtifiée par le fait même, puiſque les apſides des Planetes changent de place en avançant ſuivant l'ordre des Signes, & que la proportion des tems & des diſtances eſt alterée, non comme il faudroit qu'elle le fût (*Art.* 22. & 30.) en admettant l'attraction mutuelle, mais (*Art.* 20. & 24.) comme il faut qu'elle le ſoit, en ſuppoſant les principes ſur leſquels nous raiſonnons.

## ARTICLE XXXIII.

Il ſuit des mêmes principes que les mouvemens de Jupiter doivent être troublés lorſqu'il ſe trouve en conjonction avec Saturne ; car comme ces Planetes ſervent d'appui aux colonnes les plus courtes, & que leurs tourbillons ſont ſuppoſés beaucoup plus gros que ceux des Planetes inférieures, on conçoit aiſément que quand Saturne ſe trouve dans le prolongement ♄C (*Fig.* 16.) du rayon vecteur de Jupiter, il faut qu'il intercepte une partie de la réaction de la colonne C♃ ; donc Jupiter doit alors s'élever un peu vers Saturne, ce qui en effet s'accorde avec ce que les obſervations nous apprennent.

## ARTICLE XXXIV.

J'acheve de corriger ma ſeconde ſuppoſition, & je dis qu'on n'eſt pas en droit de ſuppoſer que les tourbillons ſoient toûjours indéfiniment grands par rapport à leurs maſſes centrales ; car un tourbillon peut renfermer plus ou moins de particules héterogenes ; mais plus il en renferme, plus la maſſe qui ſe forme autour de ſon centre, doit groſſir ; cette maſſe pourroit même devenir telle, que l'eſpace qu'elle occuperoit ſeroit plus grand que celui que rempliroient les couches ſpheriques dont elle ſeroit environnée.

Or j'obſerve que plus il ſe trouve de particules héterogenes renfermées dans un tourbillon, plus leurs rencontres ſont fréquentes, ce qui ralentit à proportion leurs mouvemens ; mais plus leurs mouvemens ſont ralentis, moins la maſſe centrale qu'ils forment en ſe réüniſſant, a de force pour circuler autour d'elle-même.

J'obſerve auſſi que parce qu'une maſſe centrale eſt compoſée de particules héterogenes, il ne peut gueres arriver que ſon centre de gravité ſe rencontre au centre de ſon volume toûjours cenſé le même que celui des couches ſpheriques qui l'environnent. Cela ſuppoſé, ſoit ABCD (*Fig.* 21.) la maſſe centrale du tourbillon RN*rn*, Z le centre de gravité de cette maſſe, & L ſon centre de figure, on voit que ſuivant la loi fondamentale de la Statique, ſi le tourbillon étoit infiniment étendu, le point Z s'approcheroit infiniment de L, à cauſe de l'homogénéïté de l'éther ; mais parce qu'on donne ici peu d'étenduë au tourbillon, ce point s'éloignera du centre L, & alors les deux hemiſpheres dont les maſſes auront la plus grande inégalité poſſible, ſeront celles dont l'axe commun BC paſſera par les centres L & Z.

J'obſerve encore que ſi le tourbillon RN*rn* faiſoit ſa révolution autour d'un centre étranger T, & que ſa maſſe fût proportionnée à celles des colonnes FG, HK, &c. qui réagiroient ſur elle, l'hemiſphere qui renfermeroit le moins de matiere, obéïroit plus que l'autre à l'impreſſion qu'il recevroit de ces colonnes ; on pourroit même ſuppoſer que la différence des impreſſions ſeroit telle, que cet hemiſphere, quel que fût ſa poſition primitive, ſeroit obligé de ſe rabatre vers le centre des tendances, en tournant autour du centre de gravité Z de la maſſe totale RN*rn*.

Or comme cette maſſe circuleroit alors avec une viteſſe continuellement accelerée, elle acquerreroit un mouvement oſcillatoire ſemblable à celui qu'acquerent les corps ſuſpendus, qui après s'être éloignés de la ligne qui paſſe par le point de ſuſpenſion, & par le centre vers lequel ils tendent, retombent enſuite en conſéquence de leur tendance vers ce centre.

Mais, parce que la maſſe du tourbillon qui continueroit de circuler autour du centre T, affecteroit d'abord de garder ſon Paralleliſme, & qu'ainſi elle ſe préſenteroit inceſſamment par différens côtés à l'action des colonnes qui réagiroient ſur elle, il eſt clair que les différentes oſcillations auſquelles elle ſeroit ſucceſſivement obligée de ſe prêter s'éteindroient bientôt en ſe contrariant ; donc l'hemiſphere le moins chargé de matiere s'aſſujettiroit enfin à regarder continuellement le centre T pris pour celui des tendances ; c'eſt-à-dire que l'ordre des circulations des couches ſpheriques du tourbillon reſtant toujours le même, la maſſe entiere tourneroit ſur ſon propre centre de gravité dans un tems égal à celui qu'elle employeroit à faire sa révolution autour du centre T.

Cependant si l'orbite AB*ab* (*Fig.* 22.) que décriroit la Planete, étoit elliptique, les rayons qui partiroient du point T, ne passeroient pas toujours exactement par le centre de l'hemisphere le moins chargé de matiere; car comme tout corps qui tourne sur son centre de gravité, tire de sa force primitive, celle qui le maintient dans l'état où il se trouve, il est clair que le mouvement de rotation qu'auroit acquis la masse du tourbillon, resteroit toujours à peu près égal à lui-même, & qu'ainsi il répondroit non aux différens mouvemens angulaires du rayon vecteur de la masse, mais à son mouvement moyen, au mouvement angulaire qu'il auroit lorsqu'il atteindroit les points H & G, où l'on suppose que sa longueur seroit moyenne proportionnelle géometrique entre la moitié du grand axe A*a* (*Fig.* 22. & 23.) & le petit axe B*b*; car nommant *a* le demi-axe CA, & *b* le demi-axe CB, si du foyer T on mene le rayon TH supposé égal à $\sqrt{ab}$, l'aire du cercle HQP (*Fig.* 23.) égalera l'aire de l'Ellipse AB*ab*; donc si un mobile parcouroit uniformément la circonférence HQP dans un tems égal à celui qu'employeroit la Planete à parcourir son orbite AB*ab*, & qu'ainsi dans chacun des instans de la révolution, l'aire élementaire décrite dans le cercle fût égale à l'aire élementaire décrite dans l'Ellipse, il est évident qu'à la distance TH, les hauteurs MH & NK des triangles égaux HTM & HTN, seroient égales; donc (*Diss.* 7. *Art.* 20.) au point H, le mouvement angulaire de la Planete, égaleroit son mouvement moyen. Cela posé, on conçoit que si la masse du tourbillon se trouvoit d'abord à sa plus grande distance AT du foyer T (*Fig.* 22.), & que son rayon vecteur passât par le point K de la surface de l'hemisphere le moins chargé de matiere, ce rayon ne repasseroit par le même point que quand la masse auroit atteint l'apside inférieur *a*, après avoir parcouru la demi-Ellipse AB*a*. Mais que cette masse ne décrivit que l'arc AH de son orbite, le point K se trouveroit alors dans la partie Occidentale de l'hemisphere inférieur du tourbillon, & cela parce que l'arc qu'auroit décrit ce point autour du centre de la masse, seroit plus grand que celui qui serviroit de mesure à l'angle ATH. Au contraire quand le rayon vecteur auroit la position TG, ce seroit dans la partie Orientale de l'hemisphere inférieur que se trouveroit le point K, c'est que l'arc décrit par ce point, pendant que la masse auroit parcouru la partie *a*G de son orbite, seroit plus petit que celui qui serviroit de mesure à l'angle *a*TG.

Suivant ce qui vient d'être dit, 1°. le point K auroit sa plus grande digression Occidentale à la distance TH, & sa plus grande digression Orientale à la distance TG; 2°. l'hemisphere inférieur apperçû du centre T, paroîtroit balancer d'Occident en Orient dans la partie inférieure H*a*G de l'orbite AB*ab*, au lieu que dans le reste de l'orbite, c'est-à-dire dans la partie supérieure, cet hemisphere paroîtroit balancer d'Orient en Occident.

On voit que ce qui donneroit la loi au tourbillon, la donneroit pareillement à la masse sensible qui se formeroit autour de son centre; c'est qu'il est démontré (*Diss. 6. Art. 79.*) que toute masse centrale doit nécessairement se prêter à tous les mouvemens generaux du centre de celle dont elle fait partie; donc 1°. la Planete commenceroit par balancer sur différens axes conjointement avec son tourbillon; 2°. comme suivant les suppositions que je viens de de faire, la Planete ne seroit que foiblement sollicitée à tourner sur elle-même par l'action primitive des corpuscules qui l'auroient formée en se réünissant (*Diss.* 8. *Art.* 10.), il est clair que les différens mouvemens circulaires ausquels elle seroit successivement obligée de se prêter, détruiroient bientôt le sien propre ; donc elle n'auroit plus d'autres mouvemens que ceux que lui communiqueroit la masse entiere de son tourbillon.

Il suit delà que la Planete apperçuë du centre des tendances, offriroit des Phénomenes semblables à ceux que nous offre la Lune ; car la Lune tourne régulierement sur elle-même dans le tems moyen de sa révolution autour de la Terre, & comme la trace de son mouvement est elliptique, il nous paroît que dans les Signes voisins de part & d'autre de son Apogée, son hemisphere inférieur balance d'Orient en Occident, & que dans les autres Signes il balance d'Occident en Orient ; c'est ce qu'on peut aisément vérifier par les observations de Gassendi & de Bouillaud sur la libration de la Lune.

On voit bien que les Planetes principales ne peuvent offrir de pareils Phénomenes ; car qu'il y en eut quelqu'une dont le tourbillon eut trop peu d'étenduë pour avoir son centre de gravité au centre de son volume, il est évident que l'hemisphere qui renfermeroit le plus de matiere, & celui qui en renfermeroit le moins, seroient toujours également repoussés vers le centre commun des tendances, & cela parce que dans un tourbillon aussi étendu que celui du Soleil, la différence des rapports que les masses de l'un & de l'autre hemisphere auroient avec les masses des colonnes qui réagiroient sur elles, ou s'anéantiroit entierement, ou du moins deviendroit insensible.

## ARTICLE XXXV.

Pour corriger ma troisiéme ſuppoſition, j'obſerve que ſi le tourbillon du Soleil & ceux des étoiles fixes ſont ſpheriques, c'eſt qu'ils ſont également comprimés de toutes parts ; mais les tourbillons des Planetes ne ſont point dans ce cas ; car comme il eſt démontré que les rayons du Soleil S*f*, S*e*, S*d* (*Fig.* 24.) ont une force impulſive, l'hemiſphere inférieur P*e*Q de chacun de ces tourbillons, doit recevoir une impreſſion contraire à celle que reçoit l'hemiſphere ſupérieur par l'action des colonnes M*a*, N*b*, O*c* auſquelles il ſert d'appui ; ainſi cette double compreſſion rompant l'équilibre, il faut que la maſſe du tourbillon Q*b*P*e* prenne à peu près la forme d'un ſpheroïde applati.

## ARTICLE XXXVI.

Cependant le petit axe de la ſphere applatie, ne paſſera pas par le centre S pris pour celui du Soleil ; car ſi la direction du mouvement des couches du tourbillon ſuit l'ordre des Lettres Q, *a*, *b*, *c*, P, *d*, *e*, *f*, la matiere qui circulera dans la partie P*de*, ayant une direction contraire à celle des rayons qui partiront du Soleil, ſera moins enfoncée que celle qui ira de *e* vers *f* & vers Q : il en ſera de même de la matiere qui parcourera Q*ab*, elle oppoſera à l'impreſſion réactive des colonnes ſuperieures une plus grande réſiſtance que celle que lui oppoſera la matiere dans la partie *bc*P ; donc le ſpheroïde applati ſe trouvera poſé de biais par rapport au rayon vecteur ST (*Fig.* 25.), & ſon petit axe aura une poſition plus orientale que le diametre dont le prolongement paſſera par le centre du Soleil.

## ARTICLE XXXVII.

On voit bien que dans un tourbillon applati, les directions des pesanteurs ne doivent point concourir, comme elles concourent dans un tourbillon spherique; car en supposant que la masse QBPG (*Fig.* 26.) soit partagée en une infinité de couches spheroïdales semblables & concentriques, si on prend BPG pour la demi-ovale generatrice de l'une de ces couches, & la courbe *def* pour la demi-développée de l'ovale, on concevra que la surface formée par la révolution de cette courbe sur le petit axe BG sera le lieu des tendances réactives des différentes parties de la couche spheroïdale. Ainsi quoique dans le plan du grand cercle, & dans toute la ligne qui formera le petit axe, la réaction de la matiere soit dirigée vers le centre de la masse, il est clair que par-tout ailleurs les directions s'écarteront de ce centre.

## ARTICLE XXXVIII.

Supposons maintenant que la Section QBPG représente le plan de l'Equateur du tourbillon applati, si sur ce plan on prend différens rayons CB, CR, CP, &c. les vitesses de la matiere dans ces rayons, seront en raison renversée de leurs longueurs, & cela parce que la même quantité de matiere qui aura passé par CB, passera dans un tems égal par CR & par CP; & si on suppose que les ovales *hikl*, *mnop*, &c. representent les sections des différentes couches spheroïdales du tourbillon, les vitesses dans les espaces *i*B, *s*R, *k*P, seront en raison renversée de ces espaces ou des rayons CB, CR, CP.

## ARTICLE XXXIX.

En ſuppoſant que QBPG devienne une Zône de la maſſe ſpheroïdale, que cette Zône ſoit partagée en une infinité de Piramides unies par leurs ſommets au centre C, & que les axes de ces Piramides ſoient couchés ſur le plan QBPG, les différentes tranches que formeront dans ces Piramides les élemens interceptés des couches ſpheroïdales *hikl*, *mnop*, feront toutes équilibre entre elles.

## ARTICLE XL.

Si RC*r* repreſente une de ces Piramides, il eſt évident que les forces, ſoit actives, ſoit réactives des tranches R*r*, *sx*, *tz*, ſeront dirigées perpendiculairement ſur les plans élementaires que formeront ces tranches; ainſi en abaiſſant les perpendiculaires *y*R & *yu*, la premiere ſur le plan R*r*, l'autre ſur le côté CR, ſi R*y* exprime la force réactive du point R, R*u* exprimera l'impreſſion que ce point fera ſur le point *s*; or afin que les forces centrifuges & réactives des tranches entieres R*r* & *sx* ſoient égales, il faudra que ces forces ſoient en raiſon renverſée des quarrés des rayons CR & C*s*, d'où il ſuit (*Diſſ.* 6. *Art.* 17.) que les viteſſes aux points R & *s* ſeront réciproquement comme les racines des diſtances.

## ARTICLE XLI.

La force réactive d'un point quelconque pris ſur la ſurface d'une couche ſpheroïdale, eſt proportionnelle au quarré de la viteſſe de la matiere, diviſé par le rayon de la développée de l'ovale, qui paſſant par ce point, a pour centre celui de la masse, & pour tangente la ligne suivant la direction de laquelle la matiere affecte de se mouvoir. D'où il suit que les directions des tendances sont par-tout perpendiculaires aux élemens des couches spheroïdales du tourbillon applati.

## ARTICLE XLII.

On voit que si on prend l'ovale QBPG pour le plan de l'Equateur du tourbillon applati, les forces réactives aux extremités B & P du petit axe & du grand axe, seront entr'elles comme les rayons CB & CP ; car nommant $b$ la moitié du petit axe, $p$ la moitié du grand axe, V la vitesse au point B, & $u$ la vitesse au point P, on aura (*Art.* 38.) $V, u :: \frac{1}{b}, \frac{1}{p}$. Mais au point B le rayon de la développée égalera $\frac{pp}{b}$, & au point P, il égalera $\frac{bb}{p}$ ; donc si ces rayons divisent les quarrés des vitesses, les forces centripetes aux points B & P seront entr'elles comme CB à CP : on voit aussi que depuis le point B jusqu'au point P, les forces réactives augmenteront toûjours de plus en plus.

Il est clair que dans les ovales semblables & concentriques *hikl*, *mnop*, &c. les pesanteurs suivront encore la même proportion.

## ARTICLE XLIII.

Faisons voir maintenant que les irrégularités des mouvemens de la Lune, sont des suites nécessaires de l'applatissement du tourbillon de la Terre.

On conçoit d'abord que comme dans un tourbillon applati, les pesanteurs ne sont pas dirigées vers un centre commun, les aires que décrit le rayon vecteur de la Lune, ne peuvent être éxactement proportionnelles aux tems employés à les décrire.

## ARTICLE XLIV.

Cependant les directions des pesanteurs de la Lune, ne doivent point suivre celles des réactions de la matiere; car que la Lune fasse sa révolution dans le plan ovale QBPG (*Fig.* 27.) en avançant selon l'ordre des Lettres QBPG, si c'est vers B, c'est-à-dire vers l'une des Syzigies qu'elle avance, comme les colonnes qui pousseront la partie occidentale *fh* de l'hemisphere superieur, seront plus longues, & qu'elles auront plus de force (*Art.* 42.) que celles qui réagiront sur la partie orientale *hk* de cet hemisphere, le centre *l* de la Lune sera obligé de se détourner vers CB. De même, si c'est vers P, c'est-à-dire, vers l'une des quadratures qu'avance la Planete, les colonnes qui réagiront sur la partie orientale *hk* étant alors plus longues & ayant plus de force que celles qui pousseront la partie occidentale *hf*, le centre *l* sera pareillement obligé de se détourner vers CB : ainsi dans l'un & dans l'autre cas, les directions de la pesanteur de la Lune s'écarteront de celles des réactions de la matiere.

## ARTICLE XLV.

En supposant que les parties *flh* & *hlk* de l'hemisphere superieur du tourbillon de la Planete, fussent également poussées, il est clair que (*Diss.* 6. *Art.* 2.) si la direction du mouvement de la Lune faisoit un angle droit avec celle de la réaction de la matiere, ce mouvement ne se ralentiroit ni ne s'accelereroit, au lieu qu'il se ralentiroit (*Diss.* 6.

*Art.* 5.) ſi l'angle formé par les deux directions devenoit obtus, & qu'il s'accelereroit ſi cet angle devenoit aigu: mais dès que les parties *flh* & *hlk* de l'hemiſphere *fhkl*, ſont inégalement pouſſées, comme l'angle que fait la direction du mouvement de la Planete avec celle de ſa peſanteur, ſe reſſerre quand la Lune va des quadratures aux Syzigies, & que cet angle s'ouvre quand elle va des Syzigies aux quadratures, il eſt évident que toutes choſes ſuppoſées égales d'ailleurs, le mouvement de la Lune doit s'accelerer dans le premier cas, & que dans l'autre il doit ſe ralentir.

## ARTICLE XLVI.

Puiſque la viteſſe de la Lune augmente vers les Syzigies, & que ſa peſanteur diminue (*Art.* 42.) la courbure de la trace de ſon mouvement doit pareillement diminuer; d'où il ſuit que la Lune eſt obligée de s'éloigner de la Terre en allant vers les quadratures; & puiſque vers les quadratures ſa viteſſe diminue, & que ſa peſanteur augmente (*Ibid.*), la courbure de la trace de ſon mouvement doit pareillement augmenter; d'où il ſuit que ſi la Lune affecte de décrire une Ellipſe dont la Terre occupe le foyer, elle affecte encore d'en décrire une autre dont la Terre occupe le centre, & dont le grand axe eſt toujours tourné vers les quadratures, ce qui avoit déja été remarqué dans l'Hiſtoire de l'Academie.

## ARTICLE XLVII.

Quelle que ſoit la poſition de l'orbite de la Lune, la grande diſtance de la Planete à la Terre eſt toûjours la même; mais ſa moindre diſtance varie continuellement, elle augmente à mesure que les apsides de son orbite s'approchent des quadratures.

Supposons que la Lune tendit à décrire un orbite circulaire *abdg*, (*Fig.* 28.), on voit que quand elle iroit des Syzigies *a* & *d* vers les quadratures *b* & *g*, l'applatissement du tourbillon BPGQ l'obligeroit (*Art.* 46.) à s'écarter également de part & d'autre; mais que l'orbite *abdg* reprennant sa forme ordinaire, ait ses apsides *p* & *q* tournés du côté des quadratures, la Lune franchira ses bornes du côté de son Perigée *p*, sans que pour cela elle soit obligée de s'écarter de son orbite du côté de l'apside supérieur *q*; car qu'en partant du point *p* pour aller vers son apogée *q*, elle tende à s'éloigner du foyer T plus que ne le demandera l'applatissement du tourbillon BPGQ, l'impression qui résultera de cet applatissement, deviendra nulle, elle portera, pour ainsi dire à faux; c'est que la Lune en previendra l'effet, en suivant la trace de son mouvement propre.

## ARTICLE XLVIII.

La même cause qui détermine les nœuds des Planetes principales à se mouvoir d'Occident en Orient, détermineroit aussi ceux de la Lune à se mouvoir dans le même sens, si une cause supérieure ne les obligeoit à suivre une direction contraire.

Soit PHQK (*Fig.* 29.) le grand cercle du tourbillon applati de la Terre, HK l'Ecliptique, P & Q ses pôles; on concevra 1°. que tous les cercles de latitude (le cercle PHQK excepté) se changeront en Ellipses, & que ces Ellipses seront d'autant plus étroites, que les points *e*, *f*, &c. où elles couperont l'Ecliptique, seront plus voisins

ſins du point G, pris ici pour une des extremités de l'axe projetté du ſpheroïde.

On concevra 2° que dans une même Ellipſe, les rayons croîtront toûjours, mais que les différentielles de ces rayons ne croîtront que juſqu'au point où l'ordonnée ſur le petit axe de l'Ellipſe ſera à l'abciſſe, comme le grand diametre au petit diametre, & qu'enſuite en avançant vers les pôles, ces différentielles ſeront toûjours décroiſſantes.

Enfin 3°. on concevra qu'aux mêmes latitudes les différences des rayons ſeront d'autant plus grandes que les Ellipſes auſquelles appartiendront ces rayons ſeront plus étroites.

Cela conçû, changeons de point de vûë.

Suppoſons que l'Ecliptique BG (*Fig.* 30.) & le grand cercle PQ du ſpheroïde applati PBQG ſoient vûs l'un & l'autre de profil & par leur tranchant, & qu'ainſi l'œil du ſpectateur réponde au point T de l'interſection commune des deux orbites.

Suppoſons auſſi que C*c* repréſente le plan de l'orbite de la Lune ayant ſon nœud au point T de l'interſection commune des plans BG & PQ, ou que cette orbite ſoit repreſentée par le plan *bag* (*Fig.* 31.), en ſorte que dans la premiere poſition, les nœuds de la Lune ſoient dans les quadratures, & que dans l'autre, ils ſe trouvent dans les Syzigies; ſi on prend *mhn*k (*Fig.* 30. & 32.) pour le tourbillon de la Lune, & qu'on partage l'hemiſphere ſupérieur *mhn* en deux parties égales *hcn* & *hcm*, la premiere tournée vers le pôle P ou Q, l'autre tournée vers le plan de l'Ecliptique BG, on concevra que la partie *hcn* ſera chargée des colonnes les plus hautes & les plus fortes, que la différence des impreſſions deviendra d'autant plus grande, que la Lune aura plus de latitude, &

que cette différence, les latitudes ſuppoſées les mêmes ; croîtra encore à meſure que les plans elliptiques ſeront plus reſſerrés & plus voiſins des Syzigies.

Or cela conçû, on voit 1°. que la loi de la percuſſion demandera que le centre du tourbillon de la Lune ſorte du plan de ſon orbite du côté qui regardera celui de l'Ecliptique ; ainſi en ſuppoſant que la Planete ait ſon nœud au point T (*Fig.* 32.) & qu'elle tende à décrire l'arc CI ou *ci* dans un tems déterminé, il eſt clair que ſi en conſéquence de l'inégalité des impreſſions que recevront les parties *hcn* & *hcm* de l'hemiſphere ſupérieur *mhn*, la Lune décrit l'arc CD ou *cd*, au lieu de l'arc CI ou *ci*, le point T rétrogradera vers R ou vers *r*.

2°. On voit que dans l'eſpace de tems qu'employera la Lune à faire ſa révolution autour de la Terre, ſes nœuds rétrograderont plus ou moins, ſuivant qu'ils ſeront plus ou moins éloignés des Syzigies ; car s'ils ſe trouvent vers les quadratures, la Lune aura ſes plus grandes latitudes dans les plans elliptiques les plus étroits, dans ceux où croîtra la différence des forces ; & ſi ſes nœuds ſont vers les Syzigies, la Planete aura ſes plus grandes latitudes dans les plans elliptiques les plus ouverts, dans ceux où la différence des forces aura ſes moindres accroiſſemens ; donc ſuivant ce qu'on vient de démontrer, les nœuds de la Lune rétrograderont moins dans ce dernier cas que dans l'autre.

3°. On voit enfin que plus la Lune s'approchera des Syzigies, toutes choſes ſuppoſées égales d'ailleurs, plus la rétrogradation de ſes nœuds ſera prompte.

## ARTICLE XLIX.

Le même méchaniſme qui fait rétrograder les nœuds

de la Lune, fait encore varier l'inclinaiſon du plan de ſon orbite ; on voit que ſi la Planete s'écarte du plan CT*c* (*Fig.* 32.), & qu'elle en ſorte du côté qui regarde le plan BG, pris encore pour celui de l'Ecliptique, il faut que l'angle que font les deux plans, ou s'ouvre, ou ſe reſſerre, ſuivant que la Planete, ou s'approche, ou s'éloigne du nœud le plus voiſin de ſon lieu Phiſique ; qu'elle décrive par exemple, l'arc CD, au lieu de l'arc CI, l'angle CRB deviendra plus ouvert que l'angle CTB ; de même qu'elle décrive l'arc *cd* au lieu de l'arc *ci*, l'angle *cr*G deviendra plus aigu que l'angle *c*TG ; ainſi, que la Lune parte de ſon nœud T, & qu'elle s'en écarte de 90$^d$, le plan de ſon orbite s'abaiſſera de plus en plus ; qu'elle aille enſuite juſqu'au nœud oppoſé à celui d'où elle étoit partie, le plan de ſon orbite s'élevera autant à peu près qu'il ſe ſera abaiſſé.

Il ſuit delà que la Lune ſuppoſée à 90$^d$ de ſes nœuds, a ſa plus grande latitude quand elle eſt dans les quadratures, & que ſes nœuds ſont dans les Syzigies, & qu'elle a ſa moindre latitude quand elle ſe trouve dans les Syzigies, & que ſes nœuds ſont dans les quadratures.

## ARTICLE L.

On voit que de la maniere que l'orbite de la Lune change de poſition & d'inclinaiſon, il faut que le chemin que fait la Planete devienne tortueux & plus long que celui qu'elle feroit, en ſuppoſant que ſon orbite fût immobile ; donc plus ſes nœuds rétrogradent, plus doit-elle employer de tems à faire une révolution entiere, ſa viteſſe ſuppoſée la même.

## ARTICLE LI.

Faiſons voir maintenant que l'irrégularité des mouvemens des apſides de la Lune, vient encore de l'applatiſſement du tourbillon de la Terre.

On ſçait (*Art.* 11. & 12.) que les apſides de l'orbite d'une Planete doivent ou avancer, ſuivant l'ordre des Signes, ou rétrograder, ſelon que le rapport des peſanteurs de la Planete eſt plus grand ou plus petit que le rapport renverſé des quarrés de ſes diſtances au centre vers lequel elle eſt inceſſamment pouſſée. On ſçait auſſi que plus les colonnes qui réagiſſent ſur les Planetes ſont élevées, plus elles font d'impreſſion ſur elles, les diſtances au centre ſuppoſées les mêmes. De plus, on voit que, comme la plus grande latitude de la Lune n'eſt que de 5 dégrés 20 minutes 30 ſecondes, les différens plans ſur leſquels ſe couche ſucceſſivement ſon orbite, ſont à peu près ſemblables au plan de l'Ellipſe generatrice du tourbillon ſpheroïdal de la Terre; c'eſt même ſur ce plan qu'elle eſt couchée, lorſque ſes nœuds ſont dans les Syzigies avec le Soleil; car l'Ellipſe generatrice, celle qui a ſon petit axe commun avec le ſpheroïde, eſt cenſée la même, quelque poſition qu'on lui donne en la faiſant tourner ſur cet axe.

Or cela poſé, ſoit (*Fig.* 33. & 34.) BPGQ l'Ellipſe generatrice du tourbillon ſpheroïdal de la Terre, PCQ ſon grand axe, BCG ſon petit axe, RSVX le grand cercle d'une ſphere qu'on ſuppoſera égale au ſpheroïde, & qui par conſéquent aura pour rayon la racine cubique du quarré du demi-axe CP multiplié par le demi-axe CB; ſoit auſſi *bpgq* l'orbite elliptique de la Lune, ſi les apſides de cette orbite ſont voiſins du petit axe BG, (*Fig.* 33.) il eſt clair que le rapport des forces qu'auront les colonnes qui réagiront ſur la Lune aux points *b* & *g*, l'emportera ſur celui des forces qu'auroient les colonnes

Rb & Vg prises dans la sphere ; & qu'ainsi les apsides avanceront plus dans le tourbillon spheroïdal, qu'ils n'avanceroient dans le tourbillon spherique. Au contraire si les apsides *b* & *g* (*Fig.* 34.) sont voisins du grand axe PQ, le rapport des forces qu'auront les colonnes qui réagiront sur la Lune aux points *b* & *g* sera plus petit que le rapport des forces qu'auroient les colonnes S*b* & *xg*, prises pareillement dans la sphere ; donc dans ce cas les apsides de la Lune avanceront moins dans le tourbillon spheroïdal, qu'ils n'avanceroient dans le tourbillon spherique ; donc toutes choses supposées égales d'ailleurs, leur mouvement doit être plus prompt quand ils sont dans les Syzigies avec le Soleil, que quand ils se trouvent dans les quadratures ; ce qui s'accorde avec ce que les observations nous apprennent.

Voici cependant une remarque qu'il faut faire ; on sçait que dans un tourbillon spherique, les réactions de la matiere sont en raison renversée des quarrés des distances au centre du tourbillon, & que quand une Planete fait sa révolution autour de ce centre, les colonnes dont elle est chargée s'accourcissent autant que s'alonge son rayon vecteur : mais dans un tourbillon applati ce n'est plus la même chose ; car que la Lune ait ses apsides dans le petit axe BG (*Fig.* 33.) & qu'elle circule suivant l'ordre des Lettres *bpgq*, il est évident que depuis le point *b* le plus proche de la Terre jusqu'au point *p*, les colonnes s'accourcissent moins à proportion que n'augmente la distance de la Lune au point C, & que depuis le point *p* jusqu'au point *g*, c'est le contraire. On voit même que l'applatissement du tourbillon de la Terre pourroit être tel, que dans tout l'espace *bp*, les colonnes s'éleveroient malgré l'alongement du rayon vecteur de la Lune ; de plus on voit que le rapport des réactions de la matiere sur les points de l'arc *bp*, est plus petit que celui que demanderoit la loi de Kepler, & que ce rapport augmente depuis le point *p* jusqu'au point *g*, qu'il peut même augmenter de façon, que dans tout l'arc *pg*, il soit beaucoup plus grand que le rapport renversé des quarrés des distances de la Lune à la Terre.

Cela posé, soit (*Fig.* 33.)

| | | | | |
|---|---|---|---|---|
| CB | ou | CG | = | B |
| CP | ou | CQ | = | P |
| C*b* | | | = | *d* |
| C*p* | ou | C*q* | = | *c* |
| C*g* | | | = | D |
| B*b* | | | = | *h* |
| P*p* | ou | Q*q* | = | *i* |
| G*g* | | | = | k |

Les réactions de la matiere aux points *b*, *p* & *g*, seront (*Art.* 40. & 42.) proportionnelles à $\frac{B^3}{dd}$, $\frac{P^3}{cc}$ & $\frac{B^3}{DD}$, & si L désigne la masse de la Lune, les impressions réactives que recevra cette masse aux points *b*, *p* & *g* seront entr'elles comme $\frac{B^3 h}{hdd+Ldd}$, $\frac{P^3 i}{icc+Lcc}$ & $\frac{B^3 k}{kDD+LDD}$ ; c'est-à-dire qu'à chacun des points *b*, *p* & *g* la chute de la Lune sera proportionnelle à la vitesse réactive de l'éther multipliée par la colonne, dont la masse L portera le poids, & divisée par la somme des deux masses ; or afin que les apsides *b* & *g* restassent immobiles, il faudroit que les chutes de la Planete aux points *b*, *p* & *g* fussent entr'elles comme $\frac{1}{dd}$, $\frac{1}{cc}$, $\frac{1}{DD}$ ; donc si $\frac{B^3 h}{h+L}$

n'égale pas $\frac{P^3 i}{i+L}$, les apsides *b* & *g*, ou avanceront, ou rétrograderont quand la Lune passera du point *b* au point *p*; ils avanceront (*Art.* 11.) si $\frac{B^3 h}{h+L}$ surpasse $\frac{P^3 i}{i+L}$; ils rétrograderont au contraire (*Art.* 12.) si c'est $\frac{P^3 i}{i+L}$ qui surpasse $\frac{B^3 h}{h+L}$, c'est que dans le premier cas, le rapport des pesanteurs de la Lune aux points *b* & *p*, l'emportera sur le rapport renversé des quarrés des distances au point C, & que dans l'autre cas, ce sera le contraire. Or puisque la fraction $\frac{B^3 k}{k+L}$ sera non-seulement plus petite que $\frac{B^3 h}{h+L}$, mais qu'elle ne pourra encore égaler $\frac{P^3 i}{i+L}$, il est clair que quand la Lune passera du point *p* au point *g*, les apsides avanceront toûjours suivant l'ordre des Signes; & si on supposoit que $\frac{P^3 i}{i+L}$ surpassât $\frac{B^3 h}{h+L}$, le rapport de $\frac{P^3 i}{i+L}$ à $\frac{B^3 k}{k+L}$ en deviendroit plus grand, ce qui demanderoit que le mouvement des apsides s'accelerât encore, pendant que la Planete décriroit l'arc *pg*.

En un mot, comme le rapport de $\frac{B^3 h}{h+L}$ à $\frac{B^3 k}{k+L}$ égalera le rapport composé de $\frac{B^3 h}{h+L}$ à $\frac{P^3 i}{i+L}$ & de $\frac{P^3 i}{i+L}$ à $\frac{B^3 k}{k+L}$, il est évident que quand la Lune aura parcouru l'arc *bg*, les apsides se trouveront toujours à peu près également avancés, ſoit que la fraction $\frac{B^3 h}{h+L}$, ſoit ou plus grande ou plus petite que la fraction $\frac{P^3 i}{i+L}$.

Or les peſanteurs qu'aura la Lune aux points qui ſe répondront dans les arcs *bp* & *qb*, *pg* & *gq*, ſeront néceſſairement les mêmes ; donc ſuivant ce qui vient d'être dit, il faudra que les apſides *b* & *g* avancent lentement, ou même qu'ils rétrogradent quand la Planete décrira le petit arc *qbp*, & que leur mouvement ſoit direct & qu'il s'accelere quand elle parcourera le grand arc *pgq*.

Je dis maintenant que le contraire arrivera, lorſque les apſides de l'orbite *bpqg* ſeront tournés du côté des quadratures ; car ſuppoſant ce qui vient d'être dit, mais (*Fig.* 34.) nommant *m* la colonne P*b*, *n* la colonne G*p* ou B*q*, & *r* la colonne Q*g*, les peſanteurs aux points *b*, *p* & *g* ſeront proportionnelles à $\frac{1}{dd} \times \frac{P^3 m}{m+L}$, $\frac{1}{cc} \times \frac{B^3 n}{n+L}$, $\frac{1}{DD} \times \frac{P^3 r}{r+L}$ ; or $\frac{P^3 m}{m+L}$ ſurpaſſera $\frac{B^3 n}{n+L}$ ; donc dans tout l'arc *qbp*, le rapport des peſanteurs de la Lune ſera plus grand que le rapport renverſé des quarrés des diſtances au centre C, ce qui (*Art.* 11.) fera avancer les apſides ſuivant l'ordre des Signes : mais la raiſon de $\frac{B^3 n}{n+L}$ à $\frac{P^3 r}{r+L}$, ſera plus petite que celle de $\frac{P^3 m}{m+L}$ à $\frac{B^3 n}{n+L}$ ; donc quand la Lune parcourera le grand arc *pgq*, les apſides avanceront lentement ou rétrograderont ; ils avanceront (*Art.* 11.) ſi $\frac{B^3 n}{n+L}$ ſurpaſſe $\frac{P^3 r}{r+L}$ ; ils rétrograderont au contraire

contraire (*Art.* 12.) si c'est $\frac{P^3 r}{r+L}$ qui surpasse $\frac{B^3 n}{n+L}$.

J'ajoute à cela, que, suivant ce que j'ai déja dit dans l'Article précédent, plus le mouvement des apsides sera lent ou rétrograde, quand la Lune parcourera l'arc *pgq*, plus ce mouvement s'accelerera quand la Planete décrira l'arc *qbp*.

## ARTICLE LII.

Il est clair que les irrégularités qui sont particulieres à la Lune, & qui ont pour cause l'applatissement du tourbillon de la Terre, doivent toûjours augmenter à mesure que ce tourbillon s'applatit, & comme cet applatissement répond à peu près aux forces qui le compriment, & que ces forces sont en raison renversée des quarrés des distances de la Terre au Soleil, les irrégularités de la Lune ne doivent gueres s'éloigner de cette proportion.

## ARTICLE LIII.

Il me reste à faire voir que le mouvement réciproque des eaux de la mer, est une suite nécessaire des principes qu'on vient d'établir.

Soit *qpmnrsto* (*Fig.* 35.) la Terre environnée de son tourbillon ABDG, & L*l* le tourbillon de la Lune embrassé par la Piramide AC*a*, qu'on suppose avoir le centre de la Terre pour sommet ; si la masse de la colonne A*l*L*a*, a, comme on le doit supposer, un rapport fini avec la masse du tourbillon de la Lune, elle ne communiquera à ce tourbillon qu'une partie de sa vitesse réactive ; ainsi la pression de la partie *pq* par la colonne A*qpa*, sera moindre que la pression de la partie *rs* par la colonne D*rsd*. qu'on suppose diametralement opposé à A*qpa* ;

donc la loi de l'équilibre demandera que la Terre s'éleve un peu vers la Lune ; & comme les eaux qui se trouveront vers *pq* seront obligées de céder à l'impression des colonnes laterales B*mnb*, G*tog*, la mer s'élevera dans cet endroit au-dessus de son niveau. A l'égard des eaux qui se trouveront vers *rs*, il est clair que l'action des mêmes colonnes laterales les empêchera de s'élever autant que la Terre ; donc il se formera deux Promontoires d'eaux, l'un du côté de *pq*, l'autre du côté de *rs*, ce qui donnera à la mer une figure approchante de la surface d'un spheroïde alongé.

Supposons maintenant que APBQ (*Fig.* 36.) représente la figure oblongue de la mer, lorsque la Lune se trouve au point L ; supposons aussi que PQ soit l'axe de la Terre, il est évident que quand les deux promontoires A & B, en tournant conjointement avec la Terre autour de l'axe PQ, viennent à s'écarter du méridien où se trouve la Lune, leurs eaux doivent nécessairement retomber par leur propre poids ; donc les marées pour chaque lieu particulier, suivent toujours les retours de la Lune dans un même méridien ; c'est pour cela que la mer fluë & refluë deux fois dans l'espace de $24^h$ $49'$ ou environ, c'est-à-dire dans un tems égal à celui qu'employe la Lune à faire sa révolution journaliere autour de la Terre.

Suivant ce qui vient d'être dit, il faut que les marées arrivent plûtôt vers les Tropiques, que vers nos contrées ; mais si on suppose que les promontoires A & B s'étendent jusqu'à nous, il faut encore que nos marées soient plus grandes que celles qui arrivent vers les Tropiques ; car il est clair que, plus les eaux de la mer retombent de haut, plus elles doivent s'élever au-dessus de leur niveau lorſque quelque obſtacle borne leur cours. Mais ſi rien n'empêche les eaux de couler, ce qu'elles ont acquis de force en tombant les oblige encore à s'étendre, lors même qu'elles ont atteint leur niveau.

Cependant comme l'impreſſion à laquelle elles obéïſſent alors; s'affoiblit ſans ceſſe, il faut que les marées ayent des bornes au-delà deſquelles elles ceſſent d'être ſenſibles, auſſi ne le ſont-elles plus dès qu'elles ont une fois paſſé le 65^e^ dégré de latitude.

La mer employe moins de tems à s'approcher de nous qu'à s'en éloigner ; quand elle s'en approche, elle ſuit ſa pente naturelle, quand elle s'en éloigne, il faut qu'elle vainque la réſiſtance que lui fait ſon propre poids.

Si on ſuppoſoit que la Lune fût anéantie, les eaux de la mer formeroient toujours deux promontoires oppoſés qui auroient pour axe le petit diametre BG (*Fig.* 37.) du tourbillon de la Terre ; c'eſt que (*Art.* 42.) les colonnes de la matiere ётherée peſeroient d'autant moins, qu'elles ſeroient plus voiſines de ce diametre ; auſſi les marées ſeroient-elles alors réglées comme elles le ſont dans le tems des nouvelles & des pleines Lunes, mais elles ſeroient plus petites. Il ſuit delà que ſi dans le tems des quadratures, les promontoires ſont tournés vers les extremités P & Q du grand axe PQ, (*Fig.* 38.) c'eſt que, comme le tourbillon de la Terre eſt peu applati, ce que la Lune retranche de la peſanteur des colonnes PC ou QC dont elle porte le poids, l'emporte ſur la différence de cette peſanteur & de celle des colonnes BC ou GC couchées ſur le petit axe.

Suivant ce qui vient d'être dit, on voit que les marées ſont plus ou moins grandes, ſelon que la Lune s'approche plus ou moins du petit axe BG ; car vers le tems des quadratures la Lune ne peut produire ſon effet qu'après-avoir détruit celui qui réſulte de la figure ſpheroïdale du tourbillon de la Terre ; on a donc alors deux effets contraires produits par deux cauſes différentes, au lieu que vers le tems des conjonctions ou des oppoſitions, ces deux cauſes ſe réüniſſent pour produire le même effet.

Il ſuit de là que des nouvelles & des pleines Lunes aux quadratures, les marées du matin ſont plus grandes que celles du ſoir, & que des quadratures aux nouvelles ou aux pleines Lunes, les marées du ſoir ſont plus grandes que celles du matin, ce qui eſt évident, puiſque les marées décroiſſent depuis les pleines & les nouvelles Lunes juſqu'aux quadratures, & qu'elles augmentent depuis les quadratures juſqu'aux nouvelles & aux pleines Lunes.

Il eſt démontré (*Diſſ.* 8. *Art.* 46.) que les peſanteurs diminuent depuis les Pôles juſqu'à l'Equateur. Mais moins les eaux de la mer peſent, plus les promontoires d'où naiſſent le flux & le reflux, doivent s'élever ; donc il faut que ce ſoit aux nouvelles & aux pleines Lunes des équinoxes qu'arrivent les plus grandes marées ; c'eſt qu'alors la Lune, & par conſéquent les promontoires dont elle cauſe l'élevation, ſont dans le plan de l'Equateur, ou voiſins de ce plan.

Il ſuit des mêmes principes que les plus petites marées qu'occaſionne la Lune ſont celles qui arrivent dans les quadratures des équinoxes ; c'eſt qu'alors la Lune, & par conſéquent les promontoires qu'elle fait élever, ſont dans le plan de l'un des tropiques ou voiſins de ce plan.

Soit ABDG (*Fig.* 39.) le tourbillon applati de la Terre circulant autour de lui-même, ſuivant l'ordre des Lettres

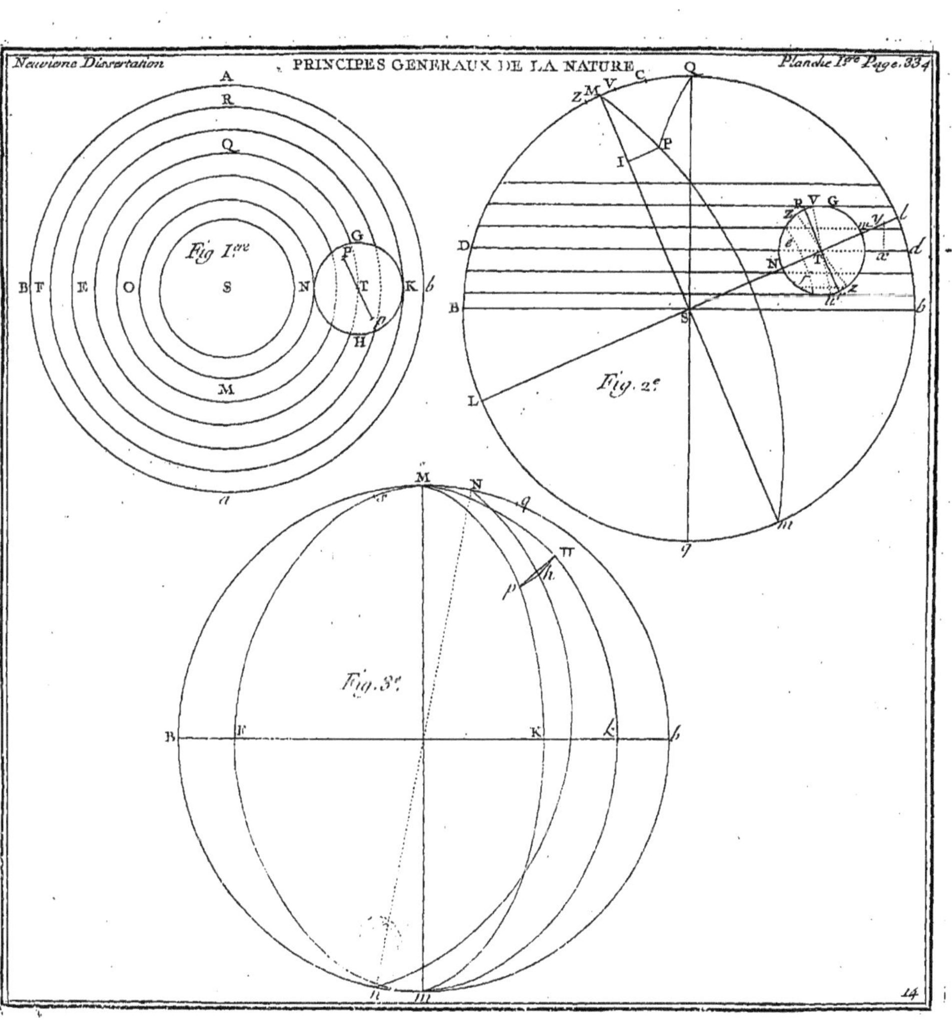
Neuvieme Dissertation
PRINCIPES GENERAUX DE LA NATURE
Planche Ire Page. 334
Fig Ire
Fig. 2e
Fig. 3e
14

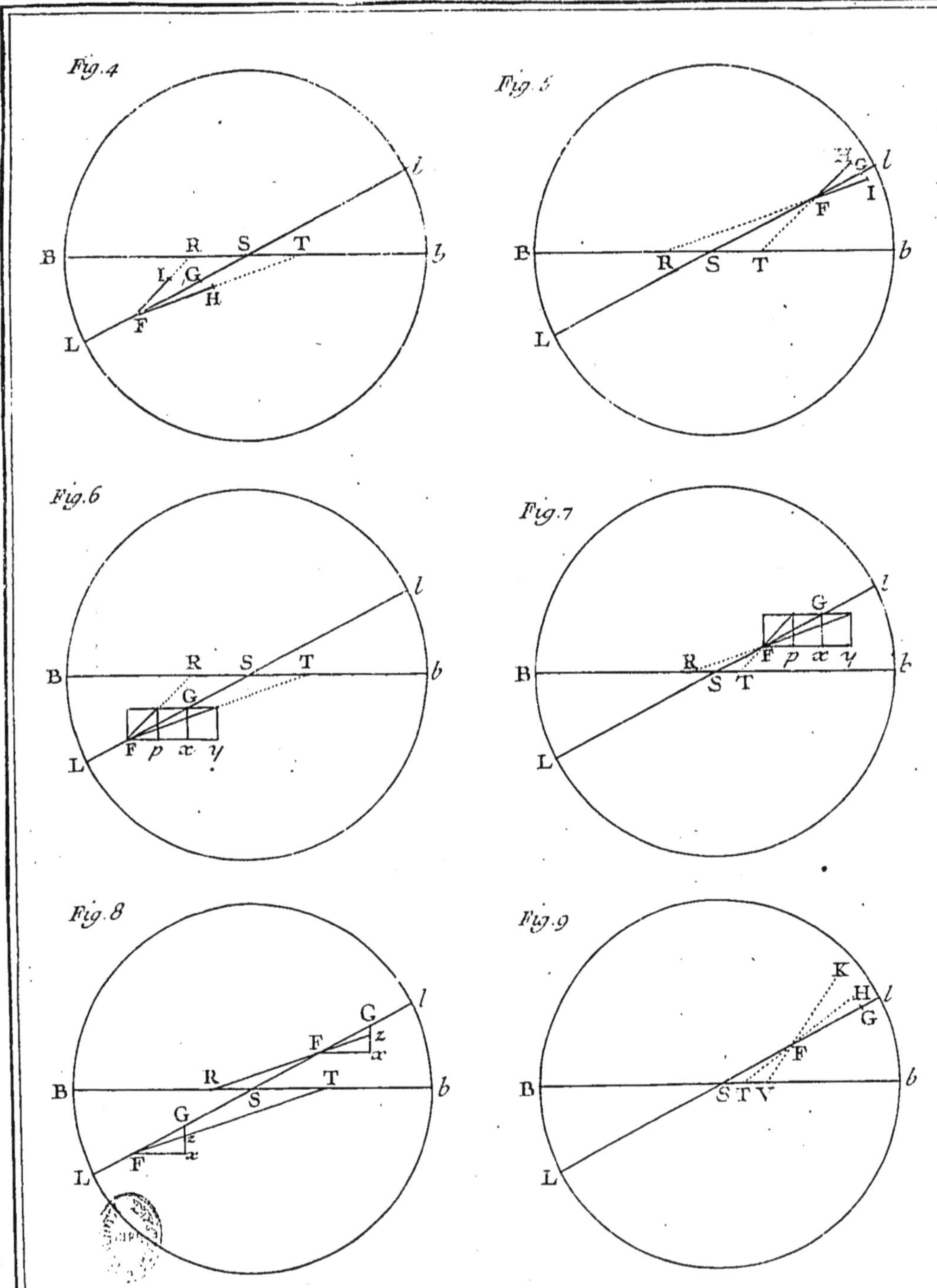
Fig. 4
B R S T b
L G H
F L l
Fig. 5
H G l
I F
B R S T b
L
Fig. 6
l
B R S T b
G
F p x y
L
Fig. 7
l G
R F p x y
B S T b
L
Fig. 8
G l
F z x
B R S T b
G
z x F
L
Fig. 9
K H l
G F
B S T V b
L

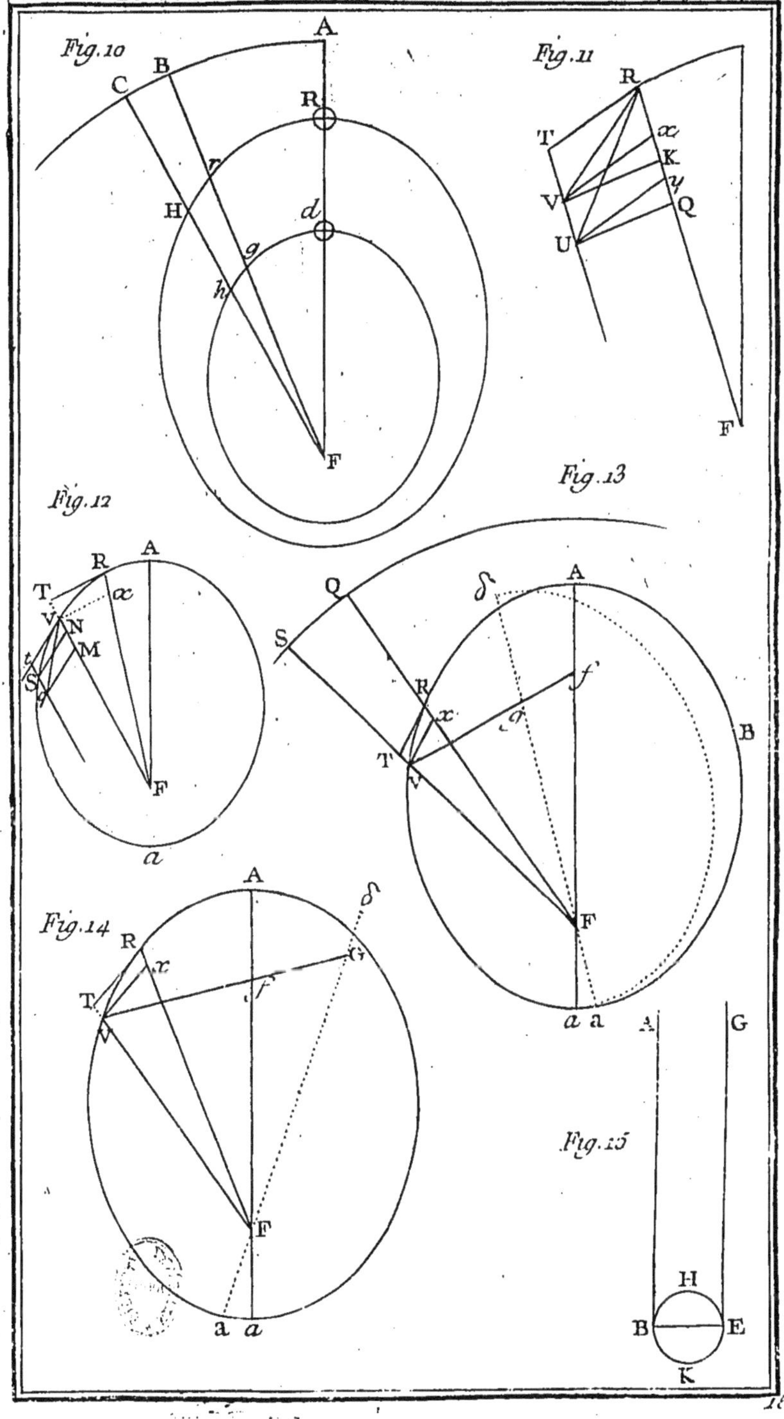

*Fig. 10*

*Fig. 11*

*Fig. 12*

*Fig. 13*

*Fig. 14*

*Fig. 15*

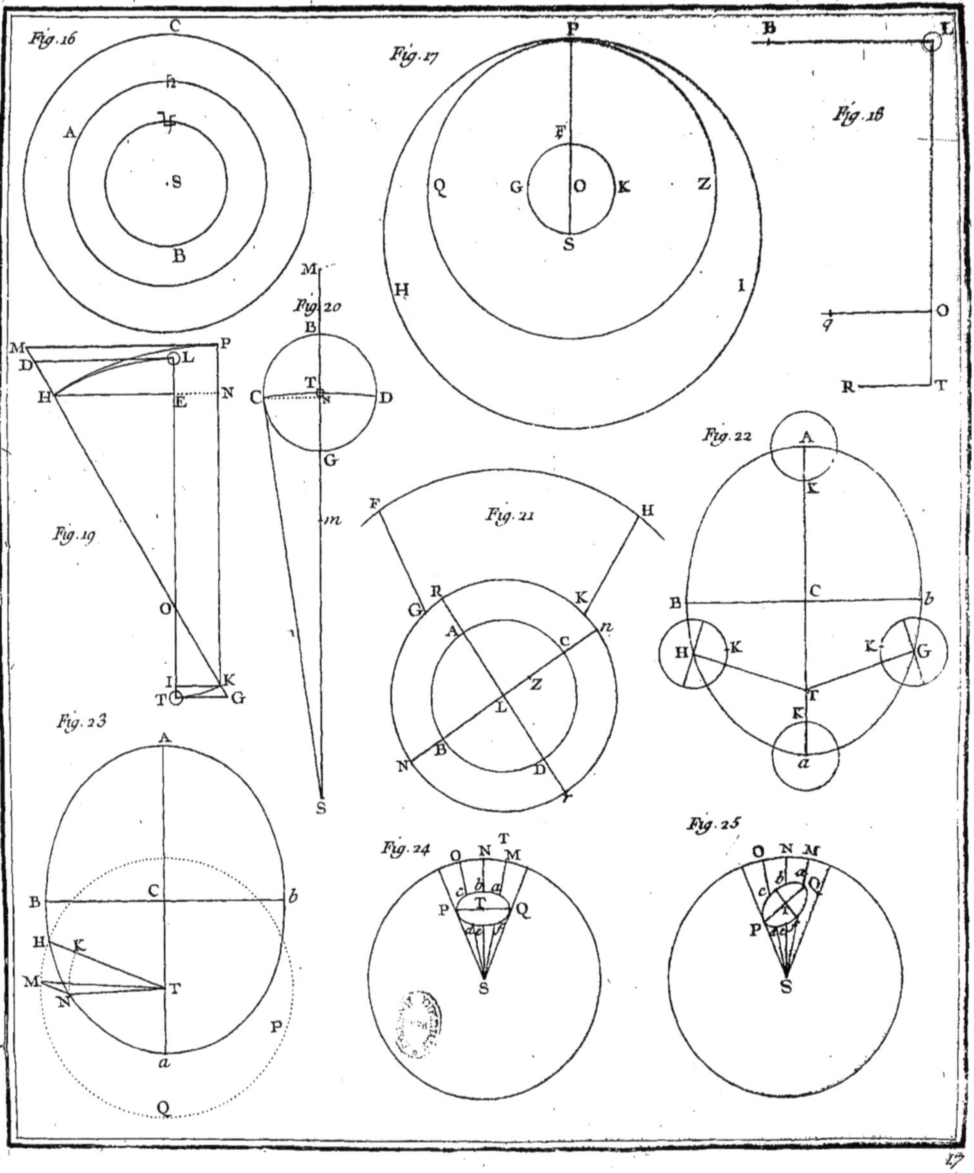

Fig. 16

Fig. 17

Fig. 18

Fig. 19

Fig. 20

Fig. 21

Fig. 22

Fig. 23

Fig. 24

Fig. 25

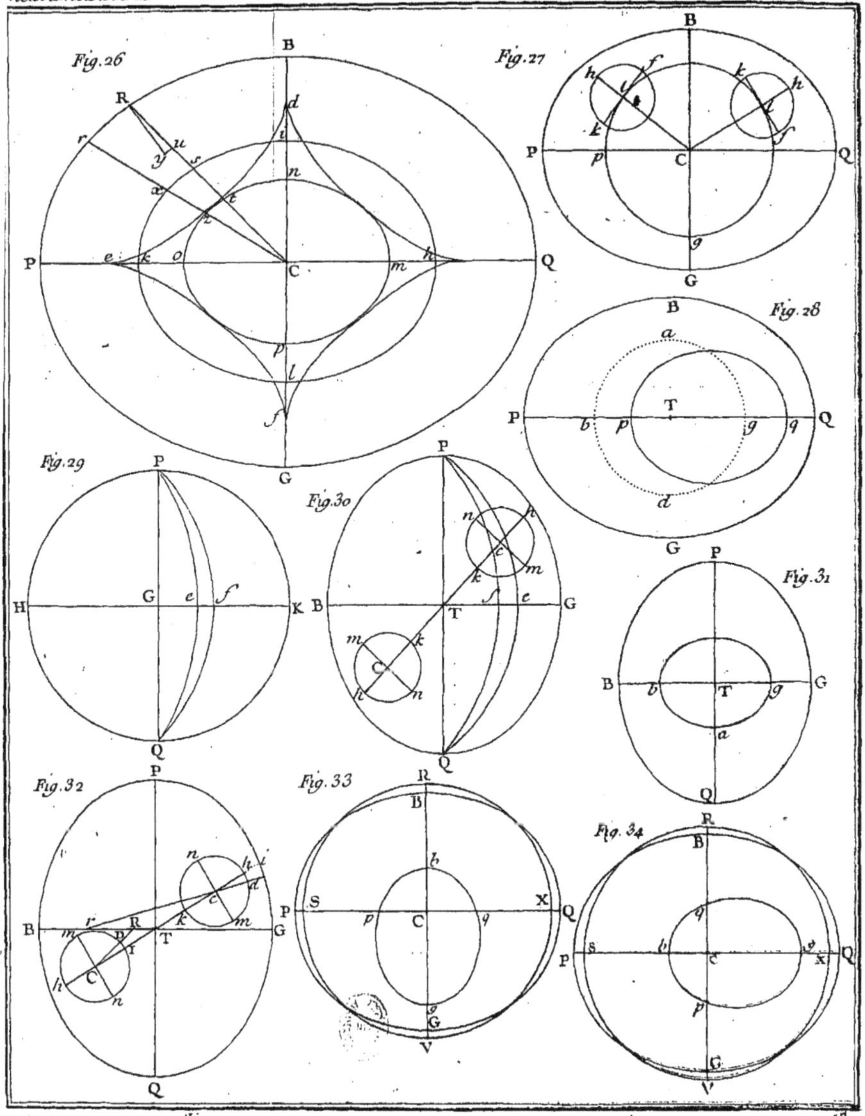

Fig. 26

Fig. 27

Fig. 28

Fig. 29

Fig. 30

Fig. 31

Fig. 32

Fig. 33

Fig. 34

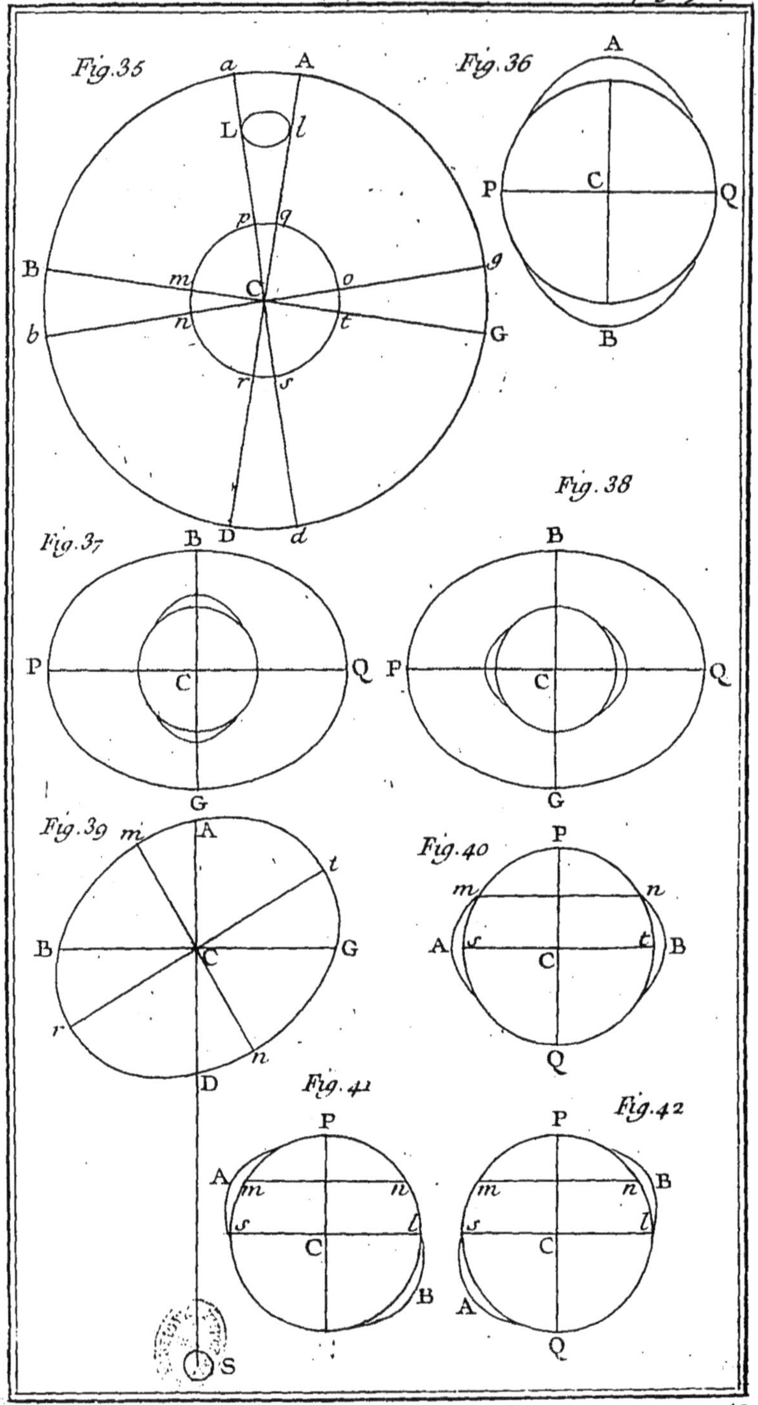

*Fig. 35*

*Fig. 36*

*Fig. 37*

*Fig. 38*

*Fig. 39*

*Fig. 40*

*Fig. 41*

*Fig. 42*

ABD, Soit SDCA une ligne qui paſſe par ſon centre & par celui du Soleil, BCG une perpendiculaire ſur SDCA, *m*C*n* le petit axe du ſpheroïde applati, qu'on ſuppoſe (*Art.* 36.) incliné du côté que circule la matiere étherée, *r*C*t* le grand axe du plan elliptique *mrnt*; comme la Lune n'arrivera aux rayons *m*C ou *n*C, *r*C ou *t*C, qu'après qu'elle aura paſſé par les rayons AC ou DC, BC ou GC, il eſt clair que les grandes & les petites marées devront néceſſairement retarder, auſſi les grandes marées n'arrivent-elles qu'un jour ou deux après les nouvelles ou les pleines Lunes, & les petites marées, qu'un jour ou deux après les quadratures.

Soit PQ l'axe de la Terre PSQ*t* (*Fig.* 40.) S*t* l'Équateur, *mn* notre parallele, P*s*Q le demi-meridien dans lequel ſe trouve le Soleil, A le promontoire qui répond aux marées du ſoir, B celui qui répond aux marées du matin; comme dans les nouvelles & dans les pleines Lunes des équinoxes nous nous trouvons également voiſins de la naiſſance des promontoires A & B, les marées du ſoir ſont néceſſairement égales à celles du matin.

En Eté, le trop grand éloignement du promontoire B (*Fig.* 41.) dans le tems des nouvelles & des pleines Lunes, donne les marées du matin plus petites que celles du ſoir.

C'eſt le contraire en hyver, le trop grand éloignement du promontoire A (*Fig.* 42.) donne les marées du ſoir plus petites que celles du matin.

La Piramide de matiere étherée dont le tourbillon de la Terre affoiblit la réaction, s'élargit ou ſe rétreſſit, ſuivant que la Lune s'approche ou qu'elle s'éloigne de la Terre, or de la largeur de cette Piramide dépend en partie la grandeur des marées; donc toutes choſes égales d'ailleurs, les marées augmentent ou diminuent ſuivant que la Lune s'approche de nous, ou qu'elle s'en éloigne.

On a déja vû que la grandeur des marées dans le tems des nouvelles ou des pleines Lunes, dépend de l'applatiſſement du tourbillon de la terre ; or plus la terre s'approche du Soleil, plus l'applatiſſement de ſon tourbillon augmente ; donc ſi la Lune étoit toujours également éloignée de nous, & que les eaux de la mer euſſent par-tout une égale peſanteur, les marées des nouvelles & des pleines Lunes augmenteroient à meſure que la Terre approcheroit de ſon Perihelie, mais on ſçait que c'eſt peu de tems après le ſolſtice d'hyver qu'elle y arrive ; donc toutes choſes égales d'ailleurs, les marées des nouvelles & des pleines Lunes ſont plus grandes au ſolſtice d'hyver qu'au ſolſtice d'Eté.

## ARTICLE LIV.

On voit préſentement que les principes de la Philoſophie moderne une fois admis, le mécaniſme aſtronomique ſe développe comme de lui-même, les Phénomenes en deviennent, pour ainſi dire, des conſéquences néceſſaires ; auſſi a-t'on déja l'expérience qu'en partant de ces principes, & cherchant ce qui doit être, on trouve sûrement ce qui eſt, avant même que d'en être informé d'ailleurs.

FIN.

# ECLAIRCISSEMENS.

*Eclairciſſement ſur le Mouvement relatif.*

## ARTICLE I.

IL eſt démontré (*Diſſ.* 1.) que ſi l'eſpace & la matiere ſont une même choſe, tout mouvement eſt relatif & réciproque ; delà j'ai inféré que dans le mécaniſme de la Nature, les cauſes qui ſont cenſées n'être qu'apparentes, doivent paroître produire les mêmes effets que produiroient les cauſes qu'on dit réelles. Quelque jour je juſtifierai la fécondité de ce principe ; ici, je me borne à faire voir l'uſage qu'on en peut faire dans les recherches phiſicomatematiques.

## ARTICLE II.

Le mécaniſme de la Nature, nous offre une infinité de cas différens, les uns ſont ſimples, les autres ſont compoſés ; or je dis qu'il n'en eſt aucun dont on ne puiſſe changer l'apparence.

1°. Deux corps M & N (*Fig.* 1.) vont ſe rencontrer au point C avec les viteſſes & ſuivant les directions qu'expriment les lignes AC & BC, ce cas eſt composé, mais ſi dans le tems que M va de A en C, mon lieu phyſique me fait parcourir la ligne PQ égale & parallele à AC, il eſt clair que quand je ſerai arrivé au point Q, il me paroîtra que M ſera reſté en repos au point C, & que N aura décrit la ligne HC égale & parallele à BA, ainſi le cas composé deviendra pour moi un cas ſimple : il en ſera de même ſi je ſuis le mouvement de N.

2°. N part de H & vient frapper M en repos au point C, le cas eſt ſimple ; mais ſi je parcours QP dans le tems que N décrit HC, on voit bien que lorſque je ſerai en P, je trouverai que M & N étant partis des points A & B, auront été ſe rencontrer au point C, en ſuivant les directions AC & BC, ce qui me rendra l'apparence du cas composé.

## Article III.

Si on ſuppoſe que M & N (*Fig.* 2.) décrivent en même-tems les lignes AG & BF, & qu'on veuille déterminer à quel point il faudra que ces corps ſoient arrivés, pour être à la moindre diſtance poſſible l'un de l'autre, on le déterminera de cette maniere.

Du point B, je mene la ligne BL parallele & égale à AG, & achevant le triangle BLF, j'obſerve que le mouvement de N ſera composé des deux mouvemens BL & LF, & que le mouvement BL égalera le mouvement AG ; donc ſi dans le tems que M va de A en G, mon lieu phiſique me fait parcourir la ligne PQ égale & parallele à AG, ou à BL, on voit que quand je ſerai arrivé au point Q, j'aurai dérobé aux deux corps, les

les mouvemens exprimés par AG & par BL ; ainsi il me paroîtra que M sera resté en repos au point G, & que N étant parti du point L, aura décrit la ligne LF ; alors menant GK perpendiculaire sur LF, il est évident que ce sera au point K que le corps N me paroîtra s'être trouvé à la moindre distance du corps M ; GK exprimera donc cette moindre distance, & la position de cette ligne sera déterminée par rapport à mon lieu phisique, ou par rapport à la trace du mouvement de N. Il ne s'agira donc plus que de trouver sur BF & sur AG, deux points tels qu'en les joignant par une ligne droite, cette ligne soit égale à GK, & également inclinée sur AG, ce que je trouverai en formant le Parallelograme KHIG ; car il est clair que les points H & I seront les seuls qui pris sur les lignes BF & AG, donneront une ligne IH égale à GK, & également inclinée sur AG.

Supposant qu'on voulût trouver à quels points des lignes AG & BF, il faudroit que fussent arrivés les corps M & N, pour être à toute autre distance l'un de l'autre qu'on voudra supposer, on le trouvera en suivant la même méthode ; car si du point G on mene sur LF la ligne GR égale à la distance supposée, & qu'on forme le Parallelograme GRST, les points S & T seront les points cherchés.

Supposant presentement que pendant que le corps M seroit en repos au point G, le corps N décrivit la ligne LF, & qu'en même tems mon lieu phisique me fit parcourir la ligne QP, le cas simple me donneroit l'apparence du cas composé, en sorte qu'arrivé au point P, je jugerois que M auroit décrit la ligne AG, & que N auroit décrit la ligne BF, d'où il suit que quand N seroit parvenu au point R, ou au point K sur la ligne

LF, il me paroîtroit qu'il se seroit trouvé au point S, ou au point H sur la ligne BF, & qu'en même tems le corps M seroit arrivé au point T ou au point I, ce qui en me donnant l'apparence du cas composé, me donneroit aussi les points où il faudroit que les deux corps arrivassent pour se trouver à une distance l'un de l'autre, déterminée par les lignes TS ou IH.

## Article IV.

Lorsqu'on connoît l'effet que produit la rencontre des corps dans les cas simples, on peut déterminer celui qu'elle doit produire dans ces cas composés ; pour cela il faut donner au cas composé l'apparence du cas simple, ou bien donner au cas simple l'apparence du cas composé.

Les corps M & N (*Fig.* 3.) ayant leur centre commun de gravité au point X, & partant en même-tems de A & de B, vont se rencontrer au point C, si je veux déterminer l'effet que doit produire leur rencontre, je puis le faire.

1°. En mettant un des deux corps en repos, pour simplifier le cas ; supposons donc que pendant que M va de A en C, mon lieu Phisique me fasse parcourir PQ, égale & parallele à AC, j'aurai l'apparence du cas simple ; ainsi lorsque je serai arrivé au point Q, il me paroîtra, comme je l'ai déja dit, que M sera resté en repos au point C, & que N aura décrit la ligne HC égale & parallele à BA. Maintenant si je prens PR double de PQ, & AD double de AC, & qu'après le choc je parcoure QR dans un tems égal à celui où avant le choc j'aurai parcouru PQ, il est évident que quand je serai arrivé en R, je ne jugerai plus que N sera venu joindre M au point C, en décrivant la ligne HC, je jugerai qu'il ſera venu trouver ce corps au point D, en parcourant la ligne KD égale & parallele à HC, auſſi-bien qu'à BA; or comme les cauſes apparentes doivent paroître produire les mêmes effets que produiroient les cauſes réelles, il arrivera que conformément à la loi de l'impulſion, je verrai qu'après le choc, les deux corps avanceront de compagnie ſur le prolongement de KD, & qu'ils auront une viteſſe qu'exprimera la ligne DL priſe égale à XA, ce qui ſuppoſe que les deux corps après s'être rencontrés au point C, auront parcouru la ligne CL égale à XC dont elle ſera le prolongement.

2°. On trouveroit la même choſe en donnant au cas ſimple l'apparence du cas composé. Imaginons nous qu N étant parti de K, vint frapper N en repos au point D, & qu'enſuite les deux corps avançaſſent ſur le prolongement de KD avec une viteſſe commune exprimée par DL, je trouverois facilement l'effet du choc dans le cas composé, en changeant cette apparence; pour cela je ferois parcourir à mon lieu Phiſique la ligne RQ, pendant que M décriroit KD, en ſorte que quand je ſerois arrivé au point Q, les deux corps me paroîtroient ne s'être rencontrés au point D, qu'après avoir décrit les lignes CD & HD; mais ſi je faiſois encore mouvoir mon lieu Phiſique avec la même viteſſe, & que je lui fiſſe parcourir QP pendant que M & N décriroient la ligne DL, je jugerois lorſque je ſerois en P, que les deux corps étant partis de A & de B, ſe ſeroient rencontrés au point C, après avoir parcouru les lignes AC & BC, & qu'enſuite ils auroient eu la direction & la viteſſe exprimée par CL.

## ARTICLE V.

Nous n'avons point eu d'égard dans l'exemple précedent à l'étenduë des masses des corps M & N, mais si on supposoit que ces corps fussent spheriques, & que la somme de leurs demi-diametres évaluée sur la ligne CH (*Fig.* 4.) égale & parallele à la ligne AB, valut CO, on détermineroit ainsi les points où dans l'instant du choc seroient arrivés les centres de ces corps en suivant les directions AC & BC, & l'effet que produiroit leur rencontre. Achevant le Parallelograme COST, on voit que les points T & S seroient les points cherchés; car les lignes AT & BS étant proportionnelles aux lignes AC, BC, les centres de ces corps arriveroient dans le même instant aux points T & S; ce seroit donc dans cet instant que se rencontreroient les deux corps, puisque par la supposition la ligne ST égaleroit la somme des demi-diametres de M & de N. Supposons maintenant que pendant que M iroit de A en T, mon lieu Phisique me fit parcourir PQ égale & parallele à AT, j'aurois l'apparence du cas simple, ainsi lorsque je serois arrivé au point Q, il me paroîtroit suivant ce qui a été dit, que M seroit resté en repos au point T, & que le centre commun de gravité des deux corps supposé au point X, sur la ligne GS égale & parallele à HO, auroit décrit XD. Mais que je prisse PR double de PQ, & AZ double de AT, & qu'après le choc je parcourusse QR dans un tems égal à celui où avant le choc, j'aurois parcouru PQ, il est évident que quand je serois arrivé au point R, je ne jugerois plus que N seroit venu joindre M, en décrivant la ligne GS, je jugerois qu'il seroit venu trouver ce corps en repos au point Z en décrivant la ligne

KY égale & parallele à la ligne GS, & que le centre commun de gravité des deux corps auroit eu la viteſſe & la direction exprimée par XF égale à XD priſe ſur GS; or puiſque les cauſes apparentes doivent paroître produire les mêmes effets que ceux qui répondent aux cauſes qu'on dit réelles, il arriveroit que conformément à la loi de l'impulſion, je jugerois qu'après le choc, les deux corps iroient de compagnie, & que leur centre commun de gravité avanceroit ſur le prolongement de KF, avec une viteſſe FL égale à XF; ce qui fait voir que les corps après s'être rencontrés aux points T & S, auroient enſuite la viteſſe & la direction DL.

On trouveroit encore la même choſe en donnant au cas ſimple l'apparence du cas composé comme dans l'exemple précedent.

Ayant encore égard à l'étenduë des maſſes de M & de N, mais ſuppoſant que les centres de ces corps ne tendiſſent point à arriver en même-tems au point C, concours des deux directions, M & N ſe rencontreroient obliquement, & l'on détermineroit ainſi l'effet que produiroit leur rencontre.

Si on ſuppoſoit que AD & BC (*Fig.* 5.) exprimaſſent les directions & les viteſſes des corps M & N, on meneroit du point B la ligne BH égale & parallele à la ligne AD, & ſur HC on meneroit l'oblique DO égale à la ſomme des demi-diametres de M & de N, enſuite achevant le Parallelograme DOST, les points S & T ſeroient ceux où ſe trouveroient les corps M & N au moment de leur rencontre; ainſi prenant BG égale à AT, & ſuppoſant que pendant que M iroit de A en T, mon lieu phiſique me fit parcourir PQ égale & parallele à AT, il eſt clair qu'arrivé au point Q, il me paroîtroit que N ayant décrit la ligne GS, auroit rencontré obliquement le corps M en repos au point T; car alors la direction GS ne passeroit pas par le centre de gravité de M.

Maintenant que je prisse PR double de PQ, & AV double de AT, & qu'après le choc je parcourusse QR dans un tems égal à celui où avant le choc j'aurois parcouru PQ, on voit que quand je serois arrivé au point R, je ne jugerois plus que N seroit venu joindre M au point T en décrivant la ligne GS, je jugerois qu'il seroit venu frapper obliquement ce corps en repos au point V en parcourant la ligne KF égale & parallele à GS; unissant donc les centres de gravité de M & de N par la ligne VF prolongée jusqu'en Y, où tomberoit la perpendiculaire KY, & coupant la ligne VY au point Z, en sorte que YZ fut à ZF comme N à M, prenant aussi VM égale à YZ, & FN égale & parallele à KZ, je trouverois qu'après le choc (*Diss.* 2. *Art.* 21.) les lignes VM & FN exprimeroient & les vitesses & les directions des corps M & N; ce qui supposeroit qu'après que ces corps se seroient rencontrés aux points T & S, ils auroient décrit, l'un la ligne TM, l'autre la ligne SN.

On trouveroit la même chose en donnant au cas simple l'apparence du cas composé comme dans les Articles précedens.

## Article VI.

Un dernier exemple tiré pareillement du fond de la matiere que je traite, achevera d'éclaircir la méthode que fournissent les transformations dont je viens de donner l'idée.

Je suppose d'abord que quand une fois un corps a commencé à se mouvoir circulairement autour de son centre de gravité, il continue de ſe mouvoir, en conſervant toûjours ſa premiere viteſſe.

La verité de cette propoſition eſt une vérité ſimple, qui ne peut être conteſtée ; en tout cas voici comment on peut la juſtifier.

Je prens deux corps M & N (*Fig.* 6. *&* 7.) attachés aux extremités d'une ligne inflexible ſur laquelle je ſuppoſe qu'ils ayent leur centre commun de gravité au point X ; je pouſſe M vers C avec la viteſſe AC, & N vers I avec la viteſſe GI, en ſorte que AC & GI ſoient les tangentes de deux arcs infiniment petits & ſemblables; comme dans ce cas le mouvement de M & celui de N ſeront compoſés, l'un des mouvemens AB & BC, l'autre des mouvemens GH & HI, ceux qui ſeront exprimés par BC & HI, ſe détruiront ; ainſi il ne reſtera que les mouvemens AB & GH égaux aux mouvemens primitifs ; car (*Fig.* 6.) du point A comme centre, ayant décrit l'arc BF, cet arc pris pour une perpendiculaire abaiſſée du ſommet de l'angle droit ABC ſur AC, ſera moyenne proportionnelle entre CF & FA ou BA ſon égale ; donc CF différence de AC & de AB ſera un infiniment petit du troiſiéme genre, auſſi-bien que la différence de GI & de GH ; donc les viteſſes ſeront toujours les mêmes.

Ce principe établi, on demande ce qui doit arriver ſi un corps M (*Fig.* 8.) attaché à un autre corps N par un fil AG, eſt pouſſée ſuivant une direction perpendiculaire ſur ce fil.

Pour réſoudre ce Problême, je commence par ſuivre la méthode que fournit la loi de la décompoſition des mouvemens, c'eſt le corps M que je pouſſe pour lui faire décrire la ligne AC ſuppoſée infiniment petite, je prens GR égale à GA, enſuite je coupe RC au point B, en ſorte que RB ſoit à BC comme M eſt à N ; enfin je prens ſur GR, GH égale à RB ; cela fait, on voit que le corps M ne peut tendre à aller de A en C, qu'il n'agiſſe ſur N avec la force RC ; donc ſuivant la loi commune, M doit aller de A en B, & N, de G en H : je prolonge maintenant la ligne AB juſqu'en F, en faiſant BF égale à AB, enſuite je prens HL de la longueur de GH, & je mene LF que je coupe au point S pour l'égaler à HB ou à GA ; je coupe auſſi la ligne SF au point D, en ſorte que SD ſoit à DF, comme M eſt à N ; enfin je prens la partie LK égale à SD : après cette nouvelle préparation, il eſt aiſé de s'appercevoir que quand le corps M tend à aller de B en F, N tend à aller de H en L, en ſuivant la direction de ſon mouvement déja acquis ; mais le corps M qui agit alors ſur N avec la nouvelle force SF, doit encore par la loi commune ſe détourner de BF, pour ſuivre la direction BD, & cela pendant que N ayant les deux mouvemens HL & LK, ſuit HK diagonale d'un parallelograme fait ſous les deux côtés HL & LK.

Ainſi par des opérations infiniment réïterées, on trouveroit de ſuite tous les points par où paſſeroient les corps M & N ; mais on va voir qu'en recourant à la méthode des transformations, on évite & l'embarras & la longueur de celle que fournit la décompoſition des mouvemens.

J'obſerve d'abord que quand M (*Fig.* 9.) arrive en B, & N en H, le point X centre commun de gravité de M & de N, arrive en O, enſuite faiſant paſſer par ce point la ligne PQ égale & parallele à AG, je poſe cette ligne de maniere que P & Q répondent perpendiculairement aux points A & G de la ligne AG ; cela fait, je je dis que si conjointement avec mon lieu phisique, je suis le mouvement de X, il arrivera que lorsque j'aurai atteint le point O, M & N auront décrit à mon égard, l'un l'arc PB, mesure de l'angle COP, l'autre l'arc QH, mesure de l'angle QOH ; ainsi je trouverai que les deux corps auront commencé à circuler sur leur centre commun de gravité ; donc si mon lieu phisique reste dans le même état, je veux dire s'il va toujours avec la même vitesse, & en suivant la même direction, M & N continueront toûjours de circuler à mon égard, ce qui n'arriveroit point si ces deux corps réellement emportés par leur centre commun de gravité, n'avoient pas à la fois un mouvement direct & circulaire ; donc ce double mouvement doit composer celui des corps unis par le fil AG.

Maintenant je prens le cas simple pour lui donner l'apparence du cas composé ; je fais circuler M & N autour du point O leur centre commun de gravité, & dans le tems que M & N décrivent les arcs PB & QH, je passe de O en X, où étant arrivé, il doit me paroître que M ayant d'abord été poussé de A en C a été contraint de se détourner vers B, en entraînant le corps N au point H ; ayant donc par ce moyen l'apparence de la premiere détermination de M & de N dans le cas composé, j'aurai de suite tout ce qui doit arriver dans ce cas.

Il est clair que si je continue de suivre la ligne OX prolongée, & que je rende toujours ma propre vitesse aux deux corps, je verrai qu'en même-tems que ces corps circuleront, leur centre commun de gravité les assujettira à suivre l'impression d'un mouvement direct & uniforme, pareil à celui que j'aurai en sens contraire ;

ce sera donc là l'effet de la premiere détermination des deux corps dans le cas composé ; car, comme je l'ai déja dit, les effets que paroissent produire les causes apparentes, doivent toûjours nous representer ceux qui répondent aux causes qu'on dit réelles.

Mais comme on pourroit demander ici une précision géometrique, je nomme V la vitesse exprimée par AC ; ainsi $\frac{VM}{M+N}$ donnera celle du mouvement direct de M & de N, ou de leur centre commun de gravité, & l'on aura pour les vitesses de leurs mouvemens circulaires & opposés $V - \frac{VM}{M+N} = \frac{VN}{M+N}$, & $V - \frac{VN}{M+N} = \frac{VM}{N+M}$.

Si on suppose que la masse du corps N (*Fig.* 10.) devienne infinie, ou que le point N soit fixe, le corps M circulera avec toute la vitesse AC ; mais que dans ce cas je suive le mouvement élementaire AC, il est clair que quand je serai arrivé en C, le point N me paroîtra avoir décrit la ligne DN, égale & parallele à CA, & cela pendant que le corps M attiré par ce point aura parcouru la partie CR de la secante NC ; ainsi en continuant de me mouvoir uniformément sur la tangente ACT, le point X me paroîtra avoir le même mouvement en sens contraire sur la ligne DNZ ; & comme le corps M continuera de circuler autour de N, je trouverai que la trace de son mouvement formera une cycloïde, donc ce sera là la courbe qu'il décrira en effet, supposé qu'étant primitivement en repos au point A, le point N auquel il sera attaché par un fil soit déterminé à se mouvoir uniformément sur la ligne NZ. C'est aussi ce qu'ont démontré M. de Maupertuis & M. Clairault d'une maniere plus recherchée & plus géométrique.

Il faut remarquer que le fil qui tiendra le corps M sera toujours également tendu, soit que ce corps circule en conséquence du mouvement primitif qui lui aura été imprimé, soit qu'il se meuve en obéissant au mouvement du point X.

Il faut encore remarquer que si le mouvement est quelque chose d'absolu, la vitesse du corps M sera toujours la même dans le premier cas, & que dans l'autre sa vitesse s'altérera à chaque instant; au point B elle sera double de la vitesse du point X; mais le mobile revenu au point A, sa vitesse sera nulle. Ainsi supposant qu'alors le fil se rompit le corps M resteroit en repos pendant que le point X continueroit d'avancer uniformément sur la ligne XZ; donc si ce corps arrivé au point A recommence à se mouvoir, c'est qu'il sera attiré par le point X; ce ne sera donc que par supposition & relativement au lieu phisique du spectateur qu'on pourra mettre la force attractive d'un côté plutôt que de l'autre. Delà j'infére que les Neutoniens ont tort de prétendre que ce qu'on appelle force centrifuge dans un corps qui leur paroît circuler autour d'un point fixe, soit une preuve de l'éxistence du mouvement absolu.

# ECLAIRCISSEMENT

*Sur l'Attraction Neutonienne.*

DANS l'expoſition que j'ai faite du ſiſtême de M. Newton, j'ai moins parlé le langage de cet illuſtre Géometre, que celui des Partiſans outrés de ſa Philoſophie : il eſt vrai que M. Newton admet le vuide, mais voilà tout ; jamais il n'a mis l'attraction au rang des Principes de la Nature ; s'il fait attirer les corps, ce n'eſt que par ſuppoſition, & pour n'avoir rien à démêler avec les Phyſiciens. Dans ſon Ouvrage intitulé *Philoſophiæ Naturalis Principia Mathematica*, il dit : *Jam pergo motum exponere corporum ſe mutuo trahentium, conſiderando vires centripetas tanquam attractiones, quamvis fortaſſe, ſi phiſicè loquamur, verius dicantur impulſus ; in Mathematicis enim jam verſamur, & propterea, miſſis diſputationibus Phiſicis, familiari utimur ſermone, quo poſſimus à Lectoribus Mathematicis facilius intelligi.*

» Le mot d'attraction a effarouché les eſprits, dit un » célebre Academicien *, pluſieurs ont craint de voir » renaître dans la Philoſophie la doctrine des qualités » occultes ; mais c'eſt une juſtice qu'on doit rendre à » M. Newton, il n'a jamais regardé l'attraction comme » une explication de la peſanteur des corps les uns vers » les autres : il a ſouvent averti qu'il n'employoit ce » terme que pour déſigner un fait, & non point une » cauſe.

* M. de Maupertuis.

» Je n'éxamine point quelle peut être la cause des » attractions, (c'est M. Newton qui parle) ce que j'ap- » pelle ici attraction peut être produit par une impul- » sion ou par d'autres moyens qui me sont inconnus ; » je n'employe ici ce mot d'attraction que pour signifier » en general une force quelconque, par laquelle les corps » tendent réciproquement les uns vers les autres, quel- » qu'en soit la cause.

Et dans l'Avertissement qui se trouve à la tête de la seconde Edition de son Traité d'Optique, il dit : » J'ai » inseré quelques nouvelles questions à la fin du troisiéme » Livre, & pour faire voir que je ne regarde point la » pesanteur comme une proprieté essentielle des corps, » j'ai ajouté une question en particulier sur la cause de » la pesanteur «. Voici celle qu'il lui assigne.

Il suppose d'abord que l'Ether est un milieu excessi- vement élastique ; puis il ajoute : » Ce milieu n'est-il pas » plus rare dans les corps denses du Soleil, des Etoiles, » des Planetes & des Cometes, que dans les espaces cé- » lestes vuides qui sont entre ces corps-là ? Et en passant » de ces corps dans des espaces fort éloignés, ce milieu » ne devient-il pas continuellement plus dense ; & par-là » n'est-il pas cause de la gravitation reciproque de ces » vastes corps & de celle de leurs parties vers ces corps » mêmes ; chaque corps faisant effort pour aller des par- » ties les plus denses du milieu vers les plus rares ? Car » si ce milieu est plus rare au-dedans du corps du Soleil » qu'à sa surface, & plus rare à sa surface qu'à un cen- » tiéme de pouce de son corps, & plus rare là qu'à un » cent-cinquantiéme de pouce de son corps, & plus rare » à ce cent-cinquantiéme de pouce que dans l'orbe de » Saturne ; je ne vois pas pourquoi l'accroissement de

» densité devroit s'arrêter en aucun endroit, & n'être
» pas plutôt continué à toutes les distances depuis le So-
» leil jusqu'à Saturne & au-delà. Et quoique cet accrois-
» ment de densité puisse être extremement lent à de
» grandes distances, cependant si la force élastique de
» ce milieu est excessivement grande, elle peut suffire à
» pousser les corps des parties les plus denses de ce mi-
» lieu vers les plus rares, avec toute cette puissance que
» nous appellons gravité.

Par-là M. Newton fait voir qu'il faut que les Planetes pesent vers le Soleil ; car un corps inégalement comprimé, doit toûjours ceder à l'impression la plus forte, il faut qu'il aille du côté qu'il est le moins poussé ; il est vrai qu'on ne voit pas que ce qui oblige les Planetes à s'approcher du Soleil, doive obliger le Soleil à s'approcher des Planetes, placé dans le milieu le plus rare, il paroît nécessaire qu'il y reste, il ne peut tendre à s'en éloigner. Par-là, on voit que l'idée qu'on donne ici de la pesanteur, n'offre rien d'analogue à celle de l'attraction mutuelle. Pourquoi donc M. Newton adopte-t'il cette mutualité de tendance que lui refusent ses propres principes ? Rien ne l'obligeoit d'y avoir recours ; au contraire même, j'ai démontré qu'en supposant qu'elle entrât dans le sistême de la Nature, elle ne serviroit qu'à défigurer les Phénomenes, ou les effets qu'elle produiroit deviendroient sensibles. Car que tous les corps tendissent les uns vers les autres.

1°. (*Diss.* 9. *Art.* 22.) Les tems des révolutions des Planetes les plus éloignées du Soleil, deviendroient plus courts que ceux que demanderoit la loi de Kepler, & suivant Kepler lui-même, ces tems sont vérifiés beaucoup plus longs.

2°. (*Diss.* 3. *Art.* 14.) Les Planetes subalternes auroient dû tourner contre l'ordre des Signes autour des Planetes principales avec lesquelles elles se sont associées.

3°. (*Diss.* 9. *Art.* 26.) La proportion des chutes de la Lune vers la Terre, & de celle des corps qui sont voisins de nous, ne subsisteroit plus.

4°. (*Diss.* 9. *Art.* 47.) La figure qu'auroit la Terre seroit différente de celle que lui donne le rapport des pesanteurs nécessairement proportionnel à celui des différentes longueurs du Pendule.

5°. (*Diss.* 9. *Art.* 48.) Il faudroit que l'axe de Jupiter fût au diametre de son Equateur, comme 6 à 7; c'est-à-dire, qu'il faudroit que cette Planete fût beaucoup plus applatie qu'on ne la trouve par le moyen du Micrometre.

6°. (*Diss.* 4. *Art.* 26.) Il arriveroit tôt ou tard que tous les corps répandus dans l'Univers se ramasseroient autour de leur centre commun de gravité.

Ainsi les Phénomenes se trouvent par-tout en contradiction avec le principe de la gravitation mutuelle; ce n'est donc qu'en pure perte que M. Newton l'introduit dans son sistême, dans un sistême qu'il prétend d'ailleurs n'avoir établi que sur des principes d'expérience.

Cependant il en faut convenir, l'idée que cet illustre Géometre nous donne de la pesanteur est beaucoup plus supportable que celle qu'en ont la plûpart de ses partisans; par-tout ils la regardent comme l'effet propre d'une qualité attractive qu'ils jugent devoir être essentiellement attachée à tous les corps; aussi ont-ils soin d'insinuer qu'on n'est point sûr que la matiere ne puisse avoir d'autres proprietés que celles que nous lui connoiſſons ; précaution dangereuſe ; car que le doute dont ils font naître l'idée fût fondé, peut-être émaneroit-il lui-même de quelqu'une des proprietés qu'auroit la matiere à notre inſçû.

ECLAIRCISSEMENT

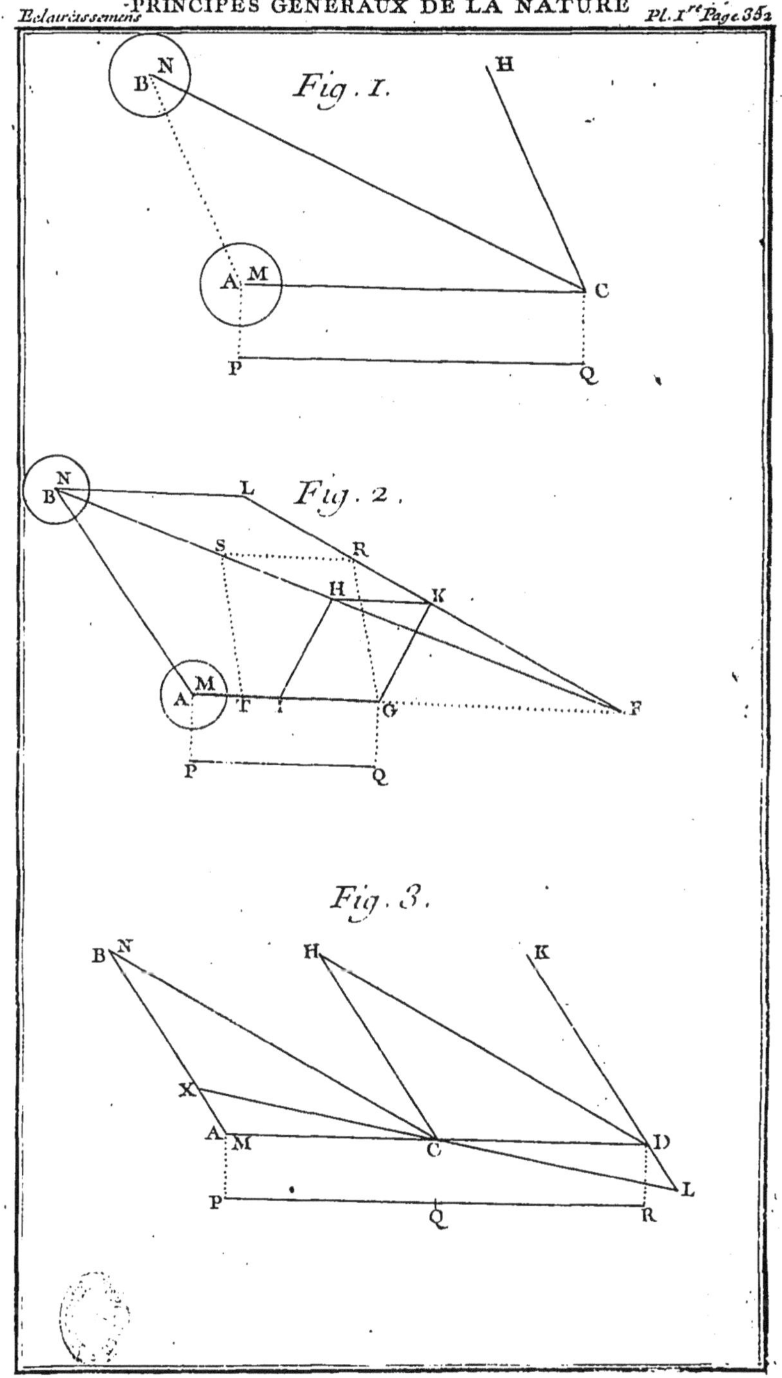
Fig. 1.
B
N
H
A
M
C
P
Q
Fig. 2.
B
N
L
S
R
H
K
A
M
T
I
G
F
P
Q
Fig. 3.
B
N
H
K
X
A
M
C
D
L
P
Q
R

Fig. 4.

Fig. 6.

Fig. 7.

Fig. 5.

Fig. 9.

Fig. 10.

Fig. 8.

# ECLAIRCISSEMENT

*Sur la pesanteur réduite & sur la grandeur du dégré *.*

QUe l'Ellipse AB*ab* (*Fig.* 1.) représente un des méridiens du spheroïde applati, sur les élémens duquel les différentes directions de la pesanteur réduite seront perpendiculaires, si on connoît le rapport du demi-axe CA au demi-axe CB, & qu'on prenne l'angle RKA de la latitude apparente d'un point quelconque R, on déterminera ainsi l'angle que sera la perpendiculaire RK avec le rayon CR.

Nommant $a$ & $b$ les demi-axes CA & CB, $x$ & $y$ les coordonnées RX & RY, $\frac{aa}{y}$ & $\frac{bb}{x}$ (*propr. de l'Ell.*) donneront les soutangentes CT & C$t$; or que $g$ soit le sinus de l'angle C$t$R égal à l'angle RKT de la latitude apparente, & que $h$ exprime le sinus de l'angle de complement CTR, on aura $g, \frac{aa}{y} :: h, \frac{bb}{x}$ & $x, y :: gbb, haa$; donc le rapport de $x$ à $y$ sera déterminé; ainsi on connoîtra l'angle CRY du triangle CYR; car nommant S le sinus total, $y$ sera à $x$, comme S à la tangente de l'angle CRY, & cette tangente qui égalera $\frac{Sx}{y}$ ou $\frac{Sgbb}{haa}$ donnera l'angle CRY ou son alterne RCT; donc

* Ce Mémoire m'a été fourni par une personne à qui je tiens par le Sang, & qui a bien voulu me suivre dans mon travail, & m'aider de ses lumieres.

l'angle de la divergence CRK égal à la différence des angles RCT & RKT, sera déterminé.

## Article II.

Cherchons maintenant le point qui sera le sommet de la plus grande divergence.

Les mêmes choses supposées que dans l'article précédent on aura TX $= \frac{aa}{y} - y = \frac{aa-yy}{y}$ & RX (*propr. de l'Ell.*) $= \frac{b}{a}\sqrt{aa-yy}$; mais à cause du triangle rectangle KRT, la perpendiculaire RX sera moyenne proportionnelle entre KX & XT; donc on aura RX $= \frac{bby}{aa}$, & la perpendiculaire RK sur la tangente RT $= \frac{b}{aa}\sqrt{a^4-aayy+bbyy}$; or qu'on abaisse KD perpendiculaire sur RC, cette perpendiculaire sera à RK comme le sinus de l'angle cherché au sinus total.

Maintenant pour avoir KD, on observera que les triangles KDC & CYR étant semblables, les côtés CR & CY seront proportionnels aux côtés CK & KD; mais CK égalera CX — KX ou $y - \frac{bby}{aa} = \frac{aay-bby}{aa}$; donc cette proportion CR, CY :: CK, KD, donnera KD $= \frac{\overline{aay-bby} \times b\sqrt{aa-yy}}{aa\sqrt{aayy-bbyy+aabb}}$; ainsi le rapport de KD à RK sera exprimé par $\frac{\overline{aay-bby} \times \sqrt{aa-yy}}{\sqrt{aayy-bbyy+aabb} \times \sqrt{a^4-aayy+bbyy}}$ qui sera un plus grand & dont la différentielle égalera o; c'est-à-dire qu'on aura

$$\left.\begin{array}{c}\dfrac{\overline{aady - bbdy} \times \sqrt{aa - yy}}{\sqrt{aayy - bbyy + aabb} \times \sqrt{a^4 - aayy + bbyy}} \\ \dfrac{- aayydy + bbyydy}{\sqrt{aa - yy} \times \sqrt{aayy - bbyy + aabb} \times \sqrt{a^4 - aayy + bbyy}} \\ \dfrac{- a^4yydy + 2aabbyydy - b^4yydy \times \sqrt{aa - yy}}{\overline{aayy - bbyy + aabb} \times \sqrt{aayy - bbyy + aabb} \times \sqrt{a^4 - aayy + bbyy}} \\ \dfrac{+ \overline{a^4yydy - 2aabbyydy + b^4yydy} \times \sqrt{aa - yy}}{\overline{a^4 - aayy + bbyy} \times \sqrt{a^4 - aayy + bbyy} \times \sqrt{aayy - bbyy + aabb}};\end{array}\right\} = 0$$

d'où on tirera $yy = \frac{aa}{2}$ & $xx = \frac{bb}{2}$ ; donc le ſommet de l'angle de la plus grande divergence ſe trouvera au point où les coordonnées $y$ & $x$ ſeront entr'elles comme le grand axe au petit axe.

## ARTICLE III.

Sur cela M. de Cury Profeſſeur de Mathématiques au College Royal, a fait obſerver à l'Auteur du Mémoire que dans le cas de la plus grande divergence, l'ordonnée RY paſſe par le 45^e^ dégré de l'arc B$i$ quart du cercle inſcrit, & que le rayon CR partage le quart de l'Ellipſe en deux parties égales, ce qu'on peut démontrer ainſi,

Nommant $z$ la partie YZ de l'ordonnée RY, ces deux proportions, $y, x, :: a, b,$ & $y, z :: a, b,$ donneront $x = z$ ; donc l'ordonnée RY paſſera par le 45^e^ dégré de l'arc B$i$. Deplus, puiſque l'aire ACB ſera à l'aire $i$CB comme $a$ à $b$, & que les triangles mixtilignes ACR & $i$CZ ſuivront la même proportion, il eſt clair que $i$CZ étant la moitié de l'aire $i$CB, ACR ſera de même la moitié de l'aire ACB.

## ARTICLE IV.

L'angle RKA de la latitude apparente d'un point quelconque R étant déterminé, si on connoît les demi-axes CA & CB, on connoîtra aussi la longueur du rayon CR; car le rapport des rayons CA & CB, donnera (*Art.* 1.) l'angle CRK de la divergence, & par conséquent les angles RCY, CRY ou son égal RCA, & l'angle CR$t$; ainsi nommant $r$ le rayon CR, S le sinus total, $g$ le sinus de la latitude observée, $h$ le sinus de son complement CTR, $m$, $n$, $v$, les sinus des angles CRY, RCY & CRT ou CR$t$; nommant encore $a$ & $b$ les demi-axes CA CB, $x$ & $y$, les coordonnées RX & RY, on aura $h, r :: v, \frac{aa}{y}$ (CT), d'où on tirera $y = \frac{haa}{rv}$, ou $yy = \frac{hha^4}{rrvv}$; on aura aussi $n, m :: y, x$, d'où on tirera $x = \frac{my}{n}$ ou $xx = \frac{mmyy}{nn}$; donc $xx + yy$ égalera $\frac{mmyy + nnyy}{nn} = \frac{SSyy}{nn} = rr$ ce qui donnera $yy = \frac{nnrr}{SS} = \frac{hha^4}{rrvv}$, $r^4 = \frac{SShha^4}{nnvv}$ & $r = \frac{\sqrt{Shaa}}{\sqrt{nv}}$.

On trouvera aussi $r = \frac{\sqrt{Sgbb}}{\sqrt{mv}}$; car puisque (*Art.* 1.) on aura $x, y :: gbb, haa$, on aura aussi $m, n :: gbb, haa$; donc $aa$ égalera $\frac{ngbb}{mh}$; ainsi cette valeur de $aa$ substituée dans le second membre de l'Equation précédente donnera $r = \frac{\sqrt{Sgbb}}{\sqrt{mu}}$.

## ARTICLE V.

Le rayon $r$ étant connu, on connoîtra aussi la grandeur du dégré auquel répondra ce rayon.

Qu'on prolonge la perpendiculaire RK jusqu'au point $q$ de la ligne CP parallele à la tangente; si on nomme $q$ cette perpendiculaire, & que $v$ exprime le sinus de l'angle RC$q$ égal à l'angle CR$t$, on aura $q = \frac{vr}{S}$; donc (*Diff.* 7. *Art.* 15.) le rayon de la dévelopée au point R, égalera $\frac{aabb \times S}{v^3 r^3}$, ce qui donnera $\frac{aabbS^3}{360 \times v^3 r^3} \times \frac{628318530718}{100000000000}$ pour la grandeur du dégré.

## ARTICLE VI.

Au reste ce n'est qu'hipotétiquement qu'on peut déterminer les différens dégrés de la Terre, on n'est pas sûr encore de la grandeur de celui auquel on a coutume de les comparer; du tems de M. Picard l'aberration de la lumiere étoit inconnue, & l'on sçait que cet Astronome négligeoit dans ses observations les corrections qu'il auroit dû faire par rapport aux réfractions & à la précession des Equinoxes.

De plus, parce que la détermination de la longueur des différens dégrés de la Terre se tire du principe de l'équilibre, & que ce principe tel qu'on l'a supposé, demandroit que les pesanteurs fussent partout en raison inverse des quarrés des distances, comme elles le seroient en effet si le tourbillon de la Terre étoit infini & parfaitement sphérique; il est clair que ce tourbillon ayant des bornes, & devant prendre la forme d'un ſpheroïde applati à cauſe de l'inégalité des forces qui le compriment, il faut que le rapport des peſanteurs ſoit alteré, ce qui doit influer ſur la proportion des différens rayons de la Terre. Auſſi la figure que lui donne M. de Maupertuis eſt-elle un peu différente de celle qui ſe tire des premieres ſuppoſitions qu'on avoit faites. Cet Illuſtre Academicien à qui nous devions déja une excellente Theorie ſur la figure des Planetes, ayant été chargé par le Miniſtere, lui & les mêmes Académiciens qui avoient meſuré le dégré du Meridien vers le cercle polaire de déterminer auſſi le dégré pris entre Paris & Amiens, & ayant trouvé celui-ci de 57183 toiſes, & l'autre de 57437 $\frac{9}{10}$, il ſuit néceſſairement que l'axe de la Terre eſt au diametre de ſon Equateur, comme 180 à 181.

PRINCIPES GENERAUX DE LA NATURE

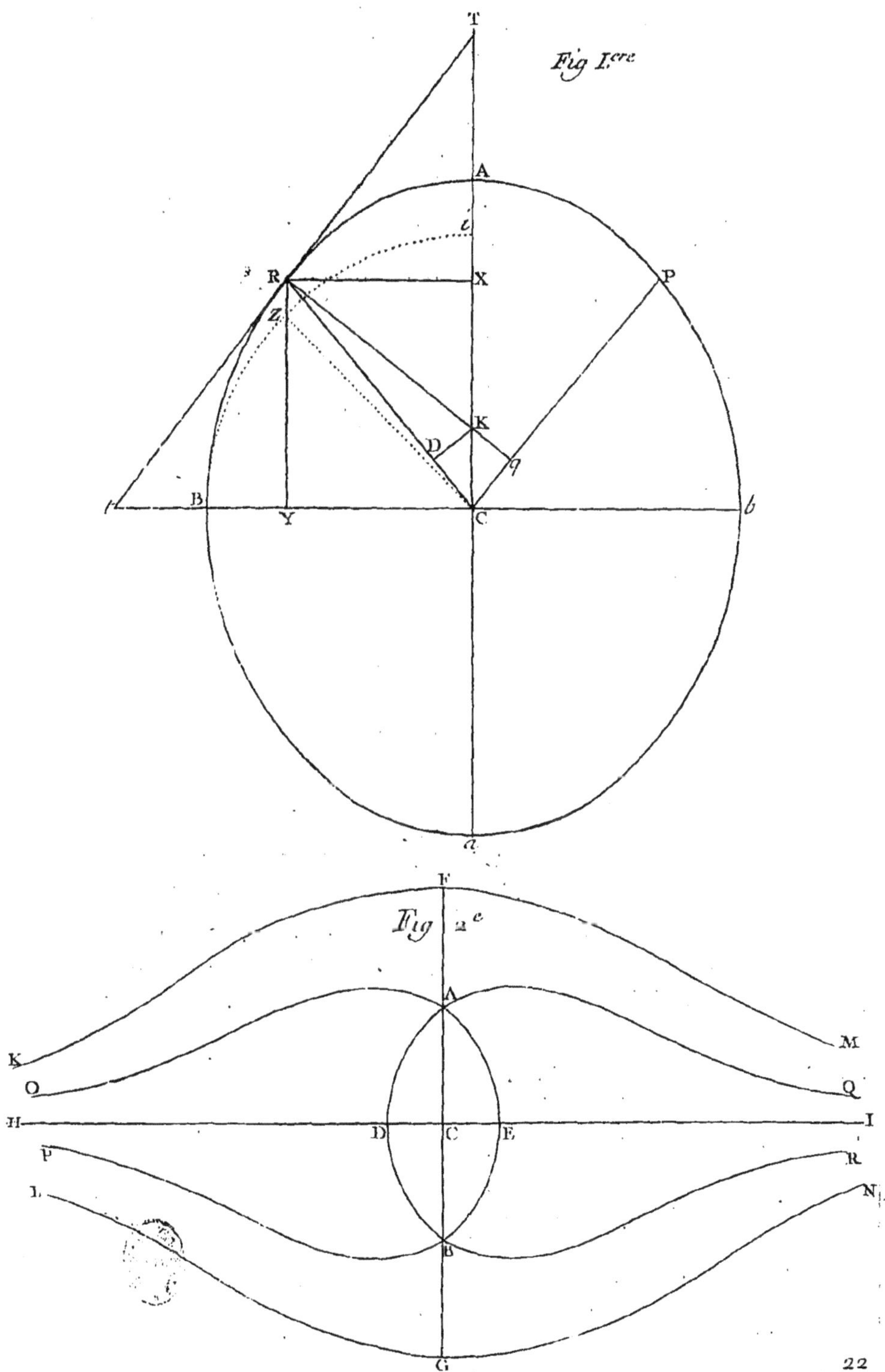

## CONSTRUCTION DE LA COURBE,

*Tirée de la Proportion qui se trouve à la* page 250.

*Par M. de* Cury.

Supposant comme dans l'Article 38. Dissertation 8. que chaque partie infiniment petite du grand diametre CA pese suivant la puissance $n$ de sa distance au centre C (*Fig.* 14.) de la masse AB$ab$, & nommant encore $p$ la pesanteur A$p$, & $f$ la force centrifuge A$f$ qu'on suppose ne pouvoir surpasser $p$, parce qu'autrement le fluide se dissiperoit, comme suivant le Méchanisme de la Nature $n$ est égale à $-2$, on a $a.\ b :: 2p+f.\ 2p$ : & la proportion générale $a^{n+1}-b^{n+1}.\ a^{n+1} :: r^{n+1}-b^{n+1}.\ y^2a^{n-1}$. de l'Article 39. Dissertation 8. deviendra $\frac{1}{a}-\frac{1}{b}.\ \frac{1}{a} :: \frac{1}{r}-\frac{1}{b}.\ \frac{y^2}{a^3}$. Or que de l'extrémité R du rayon CR (*Fig.* 15.) on abaisse la perpendiculaire R$y$ sur BC, & qu'on nomme CY ($x$), & RY ($y$), on aura $r=\sqrt{x^2+y^2}$; donc la Proposition précédente se changera en celle-ci $\frac{1}{a}-\frac{1}{b}.\ \frac{1}{a} :: \frac{1}{\sqrt{x^2+y^2}}-\frac{1}{b}.\ \frac{y^2}{a^3}$, d'où on tirera

$$y^6+x^2y^4-\frac{2a^3}{a-b}x^2y^2+\frac{a^6x^2}{\overline{a-b}^2}=0,\ \text{ou}\ x^2y^4-\frac{2a^3}{a-b}x^2y^2+\frac{a^6x^2}{\overline{a-b}^2}$$

$$-\frac{2a^3}{a-b}y^4+\frac{a^6}{\overline{a-b}^2}y^2-\frac{a^6b^2}{\overline{a-b}^2}$$

$$=\frac{a^6b^2}{\overline{a-b}^2}-y^2\times\overline{y^4-\frac{2a^3}{a-b}y^2+\frac{a^6}{\overline{a-b}^2}},\ \text{ou enfin}$$

$$x=\pm\frac{\sqrt{\frac{a^6b^2}{\overline{a-b}^2}-y^2\times\overline{y^4-\frac{2a^3}{a-b}y^2+\frac{a^6}{\overline{a-b}^2}}}}{y^2-\frac{a^3}{a-b}}$$

Mais parce que $b$ peut avoir une infinité de rapports différens avec $a$, ſelon que la force centrifuge $f$ augmente ou diminue par rapport à la peſanteur abſoluë $p$, on voit que l'équation précédente donnera auſſi une infinité de courbes différentes. Par exemple, ſi $f$ eſt égale à zero $a$ égalera $b$, & la courbe deviendra un cercle; & ſi $f$ eſt égale à $p$, $b$ égalera $\frac{2}{3}a$, & alors on aura $x = \pm \frac{\sqrt{4a^6 - y^2 \times y^4 - 6a^2y^2 + 9a^4}}{y^2 - 3a^2}$. C'eſt à cette derniere ſuppoſition qu'on s'arrete.

Suivant cette derniere ſuppoſition $x = 0$ donne $y^6 - 6a^2y^4 + 9a^4y^2 - 4a^6 = 0$; donc les racines ſont $y = a$. $y = a$. $y = -a$. $y = -a$. $y = 2a$. $y = -2a$, & ſi l'on met $a^2$ à la place de $y^2$, on aura $x^2 = 0$, ou $x = 0$, & $x = 0$. Il y a donc un point double au-deſſus & au-deſſous de $x = 0$, & dont la diſtance au centre C eſt égale à CA $= a$. On en examinera la nature plus bas.

$x = \infty$, donne $y = \pm a\sqrt{3}$.

$y = 0$, donne $x = \pm \frac{2}{3}a$.

Pour avoir les *maxima* & les *minima* de la Courbe on différenciera ſon équation, & l'on aura $\frac{dx}{dy} = \frac{3y^5 + 2x^2y^3 - 12a^2y^3 - 6a^2x^2y + 9a^4y}{6a^2xy^2 - xy^4 - 9a^4x} = \frac{3y^3 + 2x^2y - 3a^2y}{xy^2 - 3a^2x}$ en ôtant du numérateur & du dénominateur, le diviſeur commun $y^2 - 3a^2$.

$dx$ ſuppoſée égale à zero, donne $y = 0$, & $y^2 + \frac{2}{3}x^2 - a^2 = 0$. Mais on vient de voir que $y = 0$ donne auſſi $x = \pm \frac{2}{3}a$, qui eſt un des *maxima* de la Courbe. Pour avoir l'autre *maximum* qui vient de la ſuppoſition de $dx = 0$, il faut conſtruire l'équation $y^2 + \frac{2}{3}x^2 - a^2 = 0$ qu'on voit être une équation à l'ellipſe dont le grand axe est égal à $2a\sqrt{\frac{3}{2}}$, le petit axe à $2a$, & le parametre du grand axe à $\frac{4}{3}a\sqrt{\frac{3}{2}}$; & cette ellipse construite coupera la courbe cherchée aux points doubles ou $y$ égalera $\pm a$.

$dy$ supposée égale à zero donne $x = 0$, & $y = \pm\sqrt{3a^2}$. Mais de $x = 0$, on tire, suivant ce qu'on a vû, $y = \pm a$, & $y = \pm 2a$, qui sont deux *maxima* de la Courbe. Et puisque de la supposition que $dy$ soit égale à zero on tire $y = \pm a\sqrt{3}$, $x$ deviendra égale à $\infty$, suivant ce qu'on vient de démontrer.

Maintenant pour connoître la nature des points doubles dont on a parlé, il faut différencier deux fois l'équation à la Courbe, ce qui donnera $15y^4dy^2 + y^4dx^2 + 6y^3xdydx + 6x^2y^2dy^2 - 36a^2y^2dy^2 - 6a^2y^2dx^2 - 24a^2xydxdy - 6a^2x^2dy^2 + 9a^4dy^2 + 9a^4dx^2 = 0$, ou mettant zero à la place de $x$, & $\pm a$ à la place de $y$, on aura $3dy^2 = dx^2$, & $\frac{dy}{dx} = \pm\frac{1}{\sqrt{3}}$ Ainsi ces points seront des points d'intersection, & de cette proportion $dy^2$, $dx^2$ :: 1, 3, il suivra que les angles formés par les côtés de la courbe avec l'ordonnée principale à ces points doubles seront chacun de 60 dégrés. Car puisque $dy^2 + dx^2 = 1 + 3 = 4$, on aura $du$ côté de la Courbe à ces points égale à 2. Ainsi 2, 1, $\sqrt{3}$ exprimeront les rapports des petites lignes $du$, $dy$, & $dx$. Donc les deux côtés de la Courbe feront entr'eux à ces points doubles un angle de 120 dégrés.

De tout ce qu'on vient de dire, il suit que si on prend HCI (*Fig.* 2.) pour la ligne des coupées ($x$) dont on suppose l'origine au point C, & que GCF soit l'ordonnée principale ou la ligne des ordonnées ($y$), la Courbe passera par les points D & E, où l'on aura $x$ égale à $\pm\frac{2}{3}a$, ausquels points cette courbe sera perpendiculaire à la ligne HCI; elle passera aussi par les points A & B, ou $y = \pm a$, ausquels points la Courbe étant oblique à la ligne des $x$; la tangente fera avec la ligne des coupées de part & d'autre du centre C des angles de 30 : dégrés. Enfin passant par les points F & G, ou $y = \pm 2a$, la courbe sera à ces points parallele à la ligne des $x$. Et attendu que quand $x$ est égale à $\infty$, $y$ vaut $\pm a\sqrt{3}$, ce que donne aussi la supposition de $dy$ égale à zero, il est clair que les branches KF, LG, FM, & GN auront chacune un point d'inflexion, puisqu'aux points extrêmes H & I, ces branches seront encore paralleles à la ligne des $x$.

Tant que $x$ est plus petite que CD ou CE ($\frac{2}{3}a$), $y$ a six valeurs réelles, trois positives & trois négatives; la petite positive égale à la petite négative, la moyenne négative égale à la moyenne positive, & la grande positive égale à la grande négative. Lorsque $x$ est plus grande que CD ou CE ($\frac{2}{3}a$), $y$ a deux valeurs imaginaires, une positive & une négative, égales entr'elles, & quatre valeurs réelles deux positives & deux négatives, la petite positive égale à la petite négative, & la grande positive égale à la grande négative. Donc la partie de la Courbe qui est au-dessous de HCI est entierement égale & semblable à la partie de la même Courbe qui est au-dessus. Enfin on trouvera que la ligne HCI est assymptote des branches AO, AQ, BP & BR.

Le calcul nécessaire pour avoir les points d'inflexion est si long, qu'on a crû devoir le supprimer.

Au reste, il faut remarquer qu'il n'y aura que la partie ADBEA de la Courbe qui donnera le méridien de la Planete dans l'hypotèse que la force centrifuge $f$ soit égale à la pesanteur $p$.

# TABLE DES MATIERES.

## A

C

## E



## F

## M

## TABLE DES MATIERES

*Fin de la Table des Matieres.*

*On trouve chez* CHARLES-ANTOINE JOMBERT *les Livres qui suivent.*

ARchitecture de Palladio, où l'on traite des cinq Ordres, des Temples, des Bâtimens publics, des Escaliers, des Ponts, des grands Chemins & des autres Edifices des Anciens, traduit par Jean Leoni, avec les belles figures de Bernard Picart, nouvelle Edition, *in-folio*, en deux vol. grand papier, à la Haye 1726.

Architecture de Scamozzy, contenant les regles des cinq Ordres, avec la description de plusieurs Maisons publiques & particulieres, suivant la maniere des Anciens; le tout enrichi de plusieurs beaux Edifices de Rome, *in-folio*, la Haye.

Maniere de dessiner les cinq Ordres & les parties qui en dépendent, d'après l'antique, par Ab. Bosse, *in-folio*, en plus de cent Planches.

L'Art de bien bâtir, par M. le Muet, Archirecte du Roy, *in-folio*, en cent Planches.

Les Oeuvres d'Architecture d'Antoine le Pautre, Architecte du Roy, contenant la description de plusieurs Châteaux, Eglises, Portes de Ville, Fontaines, &c. de la composition de l'Auteur, *in-folio*, avec soixante Planches.

Traité de Perspective pratique avec des remarques sur l'Architecture en général, par M. Courtonne, Architecte du Roy, *in-folio*, avec quantité de Planches.

Architecture Moderne, ou l'Art de bien bâtir pour toutes sortes de personnes, *in-quarto*, deux volumes, grand papier, avec cent cinquante Planches qui représentent les Plans & Elévations de 60 distributions differentes.

De la Décoration extérieure & intérieure des Edifices modernes, & de la distribution des Maisons de Plaisance, Ouvrage dans lequel on trouvera un détail exact de tout ce qui a rapport à la distribution des Parcs & Jardins de propreté; au Jardinage; à la Sculpture, à la Serrurerie, à la Menuiserie, & à la Décoration des Appartemens de parade: par Jacques-François Blondel. Enrichi de Vignettes, Lettres grises, Fleurons & Culs de Lampe, executés par les plus habiles Graveurs; & de 155 Planches dessinées & gravées dans la derniere perfection, deux vol. *in-quarto*, grand papier.

Traité de Stereotomie, ou la Théorie & la Pratique de la coupe des pierres & des bois, par M. Frezier, Ingenieur en chef à Landau, *in-quarto*, en trois vol. avec quantité de figures, Strasbourg 1738.

Nouveau Cours de Mathématiques appliqué à l'usage de la guerre, par M. de Belidor, Commissaire Provincial d'Artillerie, & Professeur Royal de Mathématique à l'Ecole de la Fére, *in-quarto*, 1725. avec 34. Planches qui sortent.

*Idem.* La Science des Ingenieurs dans la conduite des travaux de Fortification, & d'Architecture civile, *in-quarto*, grand papier, avec 53. Planches.

*Idem, suite.* Architecture Hydraulique, ou l'Art de conduire, d'élever &

de ménager les Eaux pour tous les besoins de la vie. Premiere partie, qui contient le détail des Pompes, soupapes, Pistons, Rouës à eaux, Chapelets, & généralement de toutes les machines qui servent à élever l'eau, soit par le moyen d'une chute ou d'un courant, soit par celui du vent ou du feu, soit enfin par le moyen des hommes ou des animaux, *in-quarto*, grand papier, en deux vol. avec 100. Planches.

*Chryst-Wolfii Matheseos universæ Elementa*, in-4°. en 4. vol. *Genevæ*.

Cours de Mathématique, qui comprend les parties de cette Science les plus utiles à un homme de Guerre, par M. Ozanam, de l'Académie des Sciences, en 5. vol. *in-octav.* avec plus de 200. Planches.

*Idem.* Récréations Mathématiques & Physiques où l'on trouve plusieurs Problêmes curieux d'Arithmetique, de Géometrie, d'Optique, de Méchanique, de Gnomonique, de Cosmographie & de Physique, avec un Traité des Horloges élementaires, des Lampes perpetuelles & des Phosphores, & la description des tours de Gibeciere, derniere édition en quatre vol. *in*-8°. avec plus de 100 Planches.

Recueil des Pieces, qui ont remporté le Prix de l'Académie Royale des Sciences, depuis leur fondation en 1720. jusqu'en 1732. en 2. vol. *in-quarto*, avec quantité de Planches.

La nouvelle Mécanique ou Statique, par M. Varignon de l'Académie Royale des Sciences, en 2. vol. *in-quarto*, enrichis de 65 Planches.

L'Arithmétique des Géometres, contenant l'Arithmétique, l'Algebre, l'Analyse, les progressions, &c. & généralement tout ce que l'on renferme sous le nom d'*Elemens de Mathématiques*, par M. l'Abbé Deidier, *in-quarto*.

La Science des Géometres, ou la Théorie & la Pratique de la Géometrie, qui renferme les Elemens d'Euclide, la Trigonometrie, la Longimetrie, le Nivellement, la Planimetrie, la Géodesie, les Sections Coniques, la Stereometrie, & généralement tout ce qui concerne les proprietés des lignes, des surfaces & des solides, soit rectiligne, soit curviligne, par M. l'Abbé Deidier, *in-quarto*, enrichi de 47. Planches.

Principes généraux de la Nature, appliqués au Mécanisme Astronomique, & comparés aux Principes de la Philosophie de M. Newton. Par M. de Gamaches, Chanoine Regulier de Sainte-Croix de la Bretonnerie, & membre de l'Académie Royale des Sciences, *in-quarto*, enrichi de très-belles Vignettes & Culs de Lampe.

Le Parfait Ingénieur François, ou la Fortification réguliere & irréguliere, suivant les trois Systemes de M. de Vauban, & ceux de Messieurs Coëhorn, Pagan, de Ville, &c. avec l'attaque & défense des Places *in-quarto*, avec plus de 40. Planches, par M. l'Abbé Deidier, Paris, 1736.

Essay sur l'application des Forces centrales aux effets de la poudre à canon, par M. Bigot de Morogues, *in octavo*, 1737.

Nouveaux Elemens de Fortification, par M. le Blond, Maître de Mathematique des Pages du Roy, *in-douze*, avec figure.

*On trouve chez le meme Libraire toutes sortes de Livres d'Architecture, de Mathematique, de Geometrie, de Fortification, & autres.*

*Extrait des Registres de l'Académie Royale des Sciences.*

Du 9. Mars 1740.

MESSIEURS Cassini, le Monnier & moi, qui avions été nommés pour examiner un Ouvrage de M. de Gamaches, Chanoine Regulier de Sainte Croix de la Bretonnerie, intitulé : *Principes généraux de la Nature appliquez au Méchanisme Astronomique, & comparez aux Principes de la Philosophie de M. Newton*, en ayant fait notre rapport; la Compagnie a jugé que cet Ouvrage étoit digne d'être imprimé. En foy de quoi j'ai signé le present Certificat. A Paris ce 10. Mars 1740.

FONTENELLE, *Secret. perp. de l'Ac. Roy. des Sc.*

## *PRIVILEGE DU ROY.*

LOUIS par la grace de Dieu Roy de France & de Navarre : A nos amez & feaux Conseillers, les Gens tenans nos Cours de Parlemens, Maîtres des Requêtes ordinaires de notre Hôtel, Grand Conseil, Prevôt de Paris, Baillifs, Senechaux, leurs Lieutenans Civils & autres nos Justiciers, qu'il appartiendra, SALUT : Notre bien amé CHARLES-ANTOINE JOMBERT Libraire à Paris, & Libraire ordinaire de notre Artillerie, Nous ayant fait remontrer qu'il souhaiteroit faire imprimer & donner au Public *les Oeuvres de Géometrie de Le Clerc*, *Principes généraux de la Nature*, s'il Nous plaisoit lui accorder nos Lettres de Privilege sur ce nécessaires ; offrant pour cet effet de le faire imprimer en bon papier & beaux caracteres, suivant la feuille imprimée & attachée pour modele sous le contrescel des presentes. A ces causes voulant traiter favorablement ledit Exposant, Nous lui avons permis & permettons par ces presentes, de faire imprimer ledit Ouvrage, ci-dessus spécifié, en un ou plusieurs Volumes, conjointement ou separément, & autant de fois que bon lui semblera, & de le vendre, faire vendre & débiter partout notre Royaume pendant le tems de six années consécutives, à compter du jour de la date des presentes : Faisons défenses à toutes sortes de personnes de quelque qualité & condition qu'elles soient, d'en introduire d'Impression étrangere dans aucun lieu de notre obéissance ; comme aussi à tous Imprimeurs, Libraires & autres, d'imprimer, faire imprimer, vendre, faire vendre, debiter ni contrefaire ledit Ouvrage ci-dessus exposé, en tout ni en partie, ni d'en faire aucuns Extraits sous quelque prétexte que ce soit d'augmentation, correction, changement de titre, même de traduction en Langue Latine, Françoise ou autrement, sans la permission expresse & par écrit dudit Exposant, ou de ceux qui auront droit de lui, à peine de confiscation des Exemplaires contrefaits, de trois mille livres d'amende contre chacun des contrevenans, dont un tiers à Nous, un tiers à l'Hôtel-Dieu de Paris, l'autre tiers audit Exposant, & de tous dépens, dommages & interêts; à la charge que ces presentes seront enregistrées tout au long sur le Registre de la Communauté des Imprimeurs & Libraires de Paris dans trois mois de la date d'icelles; que l'Impression dudit Ouvrage sera faite dans notre Royaume & non ailleurs; & que l'Impétrant se conformera en tout aux Réglemens de la Librairie, & notamment à celui du dix Avril mil sept cent vingt-cinq; & qu'avant que de l'exposer en vente, les Manuscrits ou Imprimés qui auront servi de copie à l'impression dudit Ouvrage, seront remis dans le même état où les Approbations y auront été données, ès mains de notre très-cher & féal Chevalier le Sieur Daguesseau, Chancelier de France, Commandeur de nos Ordres, & qu'il en sera ensuite remis deux Exemplaires dans notre Bibliotheque publique, un dans celle de notre Château du Louvre, & un dans celle de notredit très-cher & féal Chevalier Chancelier de France le Sieur Daguesseau, Commandeur de nos Ordres; le tout à peine de nullité des presentes; du contenu desquelles vous mandons & enjoignons de faire jouir l'Exposant, ou ses ayans cause, pleinement & paisiblement, sans souffrir qu'il leur soit fait aucun trouble ou empêchemens. Voulons qu'à la copie desdites presentes, qui sera imprimée tout au long, au commencement ou à la fin dudit Ouvrage, soit tenuë pour dûëment signifiée, & qu'aux copies collationnées par l'un de nos amez & féaux Conseillers Sécretaires, foy soit ajoutée comme à l'original : Commandons au premier notre Huissier ou Sergent, de faire pour l'exécution d'icelles, tous Actes requis & nécessaires, sans demander autre permission, & nonobstant clameur de Haro, Charte normande, & Lettres à ce contraire; Car tel est notre plaisir. Donné à Versailles le dix-neuviéme jour du mois de Décembre, l'an de grace mil sept cens trente-huit, & de notre Regne le vingt-quatriéme. Par le Roy en son Conseil.

SAINSON.

*Registré sur le Registre dix de la Chambre Royale des Libraires & Imprimeurs de Paris, N°. 153. fol. 139. conformément aux anciens Reglemens, confirmés par celui du 28. Fevrier 1723. A Paris le 2. Janvier 1739.* Langlois, Syndic.

www.ingramcontent.com/pod-product-compliance
Ingram Content Group UK Ltd.
Pitfield, Milton Keynes, MK11 3LW, UK
UKHW020257230726
13925UKWH00001B/91